新装版

線形代数学

LINEAR ALGEBRA

川久保勝夫 著

日本評論社

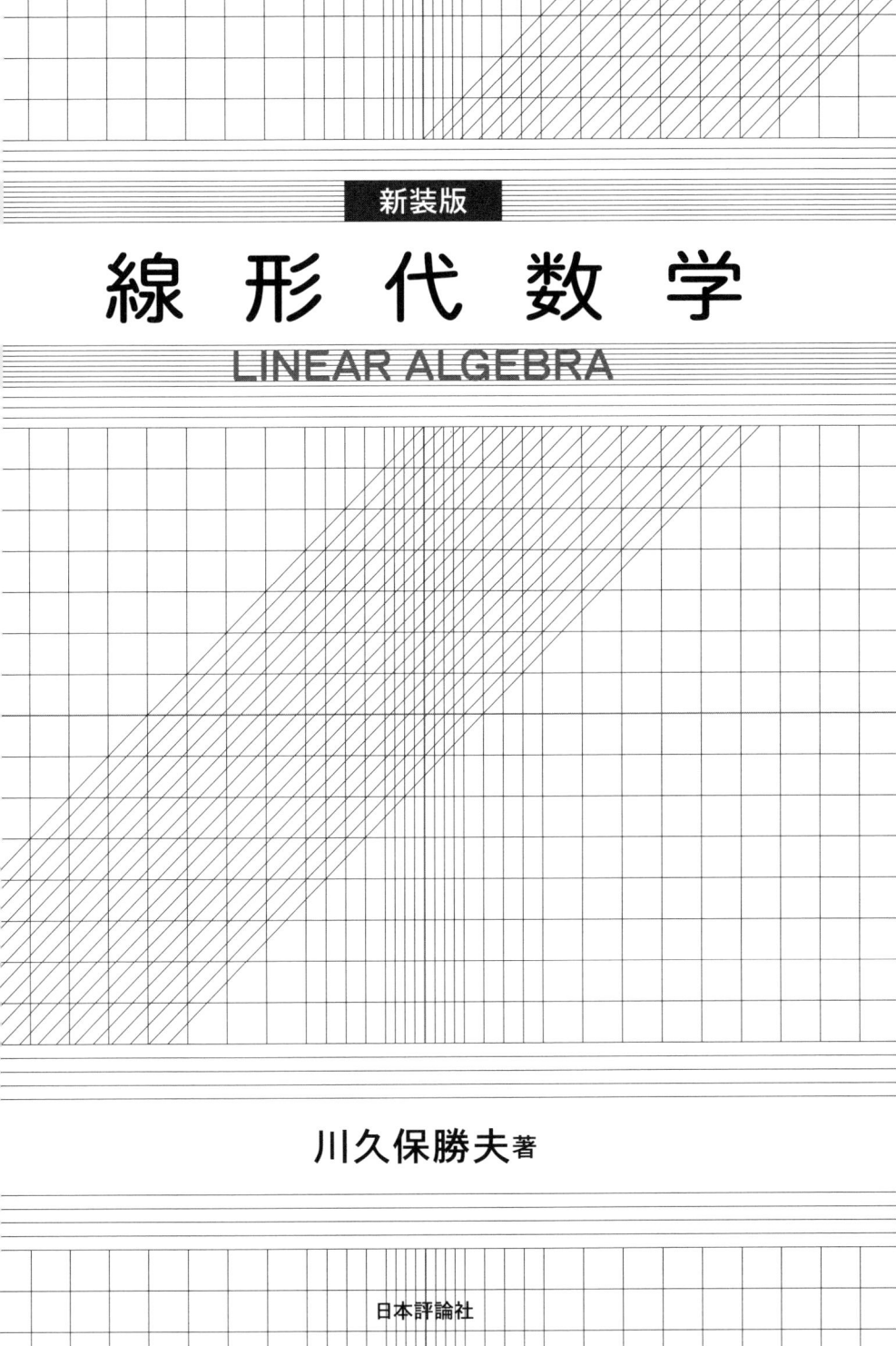

まえがき

本書は，大学の基礎教育科目として学ぶ線形代数学のテキストないしは自習書である．線形代数学の理論は，数学や物理学はもとより，工学，経済学などの分野に幅広く応用されている．微分積分学とともに線形代数学を大学初年級で学ぶことが通例になっているのは，線形代数学の持つこの普遍性によるものと考えられる．

本書の目的は，数学の基礎的な分野であるこの線形代数学を分かりやすく解説することにある．取り扱った内容は，理工系の学部で通常扱われるものをおおよそカバーした．

本書のもつ特徴は，いろいろなコンセプトをビジュアル化してとらえるという点にある．このアプローチは本書に一貫して貫かれている手法であり，精神である．

もう一つの特徴は，話しの流れを重視して，人の思考順，学習する順に話の筋を構成している点にある．

従来の教科書や参考書は，相互に関係した概念であるにもかかわらず各テーマ（トピックス）を独立に完結させているために，不自然で学習しにくいきらいがあるからである．

以上の特徴を物語る一例を挙げよう．線形代数学で扱う典型的な例として，連立１次方程式の解法がある．連立１次方程式に関するすべての定理を整理して一個所にまとめようとすると無理が生じてしまう．行列をベクトル空間の間の線形写像とみなすことによって，連立１次方程式の意味がビジュアルにとらえられるので，まず線形写像の章で扱う．そしてそれを実際に解くには，行列式や逆行列の準備が必要となり，それらを学んだ後に解法を与える．この解法の知見は，ベクトルの１次独立，１次従属，行列のランク，線形写像の基本定理などに発展し，その結果がまた一般の連立１次方程式の解法につながるといった具合である．

本書においていくつか新しい試みをしたが，特に次の点に触れておきたい．

通常，ジョルダンの標準形は複素行列のカテゴリーで与えられるが，本書では実行列のカテゴリーでもある条件のもとでジョルダンの標準形が求められることを示した．

本書ではまた，折りに触れて「コメント」を挿入した．線形代数学を学んでいくうえで多くの学生がいだく素朴な疑問に答え，指針を与えるものである．

本書の出版に至るまでに，一樂重雄氏に大変お世話になった，ここに記して，あらためて感謝の意を表する．

最後に，親愛なる我が家族，恵美子，恵理，敬康に本書を捧ぐ．

1999 年 1 月

著者

新装版発行にあたって

本書が刊行されてから早 10 年が経過した．幸い読者の支持を得て，このたびの新装版の発行に至ったことは，関係者の一人として大変嬉しい．日本評論社から新装版にあたって修正すべき点がないか点検の依頼を受けたが，もとより川久保先生のアイディアによる展開と読者に配慮した行き届いた説明に手を入れる余地はまったくなかった．ただ，読者から指摘のあった若干の計算間違いや誤植の訂正を行うことにした．

本書が多くの読者に支持されている要因は，おそらく，初学者に分かりやすい丁寧な説明と，通常の線形代数学の講義で教えられる題材をすべてカバーしていることにあるのだと思う．今後も多くの方々の数学学習の助けとなることを願うばかりである．

2010 年 7 月

一樂重雄

目次

1 ベクトル

1.1 ベクトル

数ベクトル

数をひとつひとつ考えるのではなく，いくつかの数をひとまとめにして考えるのがベクトルである．たとえば，2 つの数 2, 1 を並べた組

$$(2,1) \quad \text{または} \quad \begin{pmatrix} 2 \\ 1 \end{pmatrix}$$

がベクトルである．このベクトルは座標平面において，原点 (0, 0) から点 (2, 1) に至る矢印で表わすとビジュアルで分かりよい．

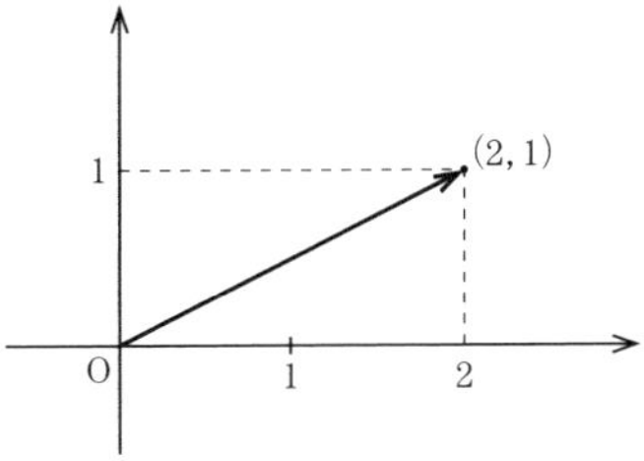

図 1.1

一般に，n 個の数 a_1, a_2, $\cdots$, a_n を並べた組を **n 項**（または **n 次元**）**数ベクトル**といい，各々の数 a_1, a_2, $\cdots$, a_n をその**成分**という．成分を縦に並べた組

$$\begin{pmatrix} a_1 \\ \vdots \\ a_n \end{pmatrix}$$

を**列ベクトル**といい，横に並べた組 $(a_1, \cdots, a_n)$ を**行ベクトル**という．ベクトルとしては列ベクトルも行ベクトルも同じであり，単なる表記法の違いだけである．後に行列によってベクトルを写すことを考えるが，そのような場合には列ベクトルが便利なので，本書では主に列ベクトルのほうを用いる．

n 項数ベクトル全体の集合を **n 項数ベクトル空間**といい，$\boldsymbol{R}^n$ で表わす．

ベクトルはまた，

$$\boldsymbol{a} = \begin{pmatrix} a_1 \\ \vdots \\ a_n \end{pmatrix}$$

のように，ボールド（太文字）1 字を用いて簡単に表わす場合がある．これらの表記は時と場合によって使いわける．

ベクトルの相等

2 つのベクトルの各成分がすべて相等しいときに，この 2 つのベクトルは等しいという．すなわち，2 つのベクトル

$$\boldsymbol{a} = \begin{pmatrix} a_1 \\ \vdots \\ a_n \end{pmatrix}, \quad \boldsymbol{b} = \begin{pmatrix} b_1 \\ \vdots \\ b_n \end{pmatrix}$$

に関して

$$\boldsymbol{a} = \boldsymbol{b} \Longleftrightarrow \begin{cases} a_1 = b_1 \\ \quad\vdots \\ a_n = b_n \end{cases}$$

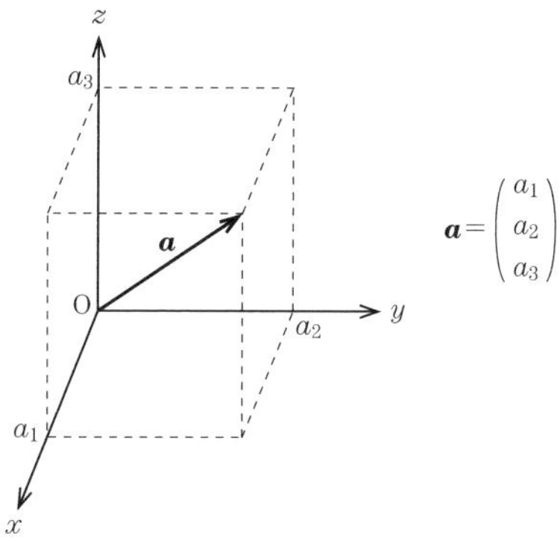

図 1.2

2 項数ベクトルが座標平面の矢印で表わされるように，3 項数ベクトルは座標空間の矢印で表わされる．

平面または空間において，点 A から点 B に至る有向線分 $\overrightarrow{\mathrm{AB}}$ もベクトルということにしよう．A をその**始点**，B を**終点**という．線分 AB の長さをベクトル $\overrightarrow{\mathrm{AB}}$ の**長さ**または**大きさ**といい，$\|\overrightarrow{\mathrm{AB}}\|$ で表わす．

問 1.1.1　次のベクトルの長さを求めよ．

$$\begin{pmatrix} 2 \\ 1 \end{pmatrix}, \quad \begin{pmatrix} 1 \\ 2 \\ 3 \end{pmatrix}$$

2 つのベクトル $\overrightarrow{\mathrm{AB}}$, $\overrightarrow{\mathrm{CD}}$ に関して，それらの長さが等しく，しかも同じ向きをもっているとき，すなわち有向線分 $\overrightarrow{\mathrm{AB}}$ を平行移動して有向線分 $\overrightarrow{\mathrm{CD}}$ に重ね合せることができるとき，$\overrightarrow{\mathrm{AB}}$ と $\overrightarrow{\mathrm{CD}}$ は**等しい**といい，

$$\overrightarrow{\mathrm{AB}} = \overrightarrow{\mathrm{CD}}$$

と表わす．

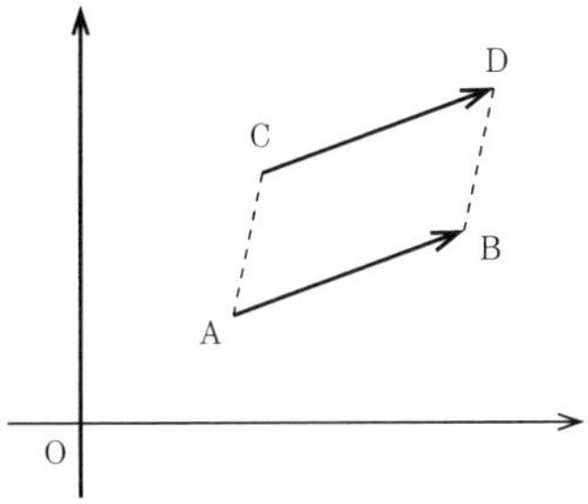

図 1.3　$\overrightarrow{\mathrm{AB}} = \overrightarrow{\mathrm{CD}}$

位置ベクトル

平面や空間の点は，原点を始点とし，その点を終点とするベクトルで表わすことができる．その場合にはとくに**位置ベクトル**とよぶ．この対応によって平面の点は 2 項数ベクトルが対応し，空間の点は 3 項数ベクトルが対応する．その結果，平面と $\boldsymbol{R}^2$，空間と $\boldsymbol{R}^3$ が同一視される．

一般に，n 次元座標空間を n 次元ユークリッド空間ともいい，n 項数ベクトル空間と同じ記号 $\boldsymbol{R}^n$ で表わすのは同じ理由による．

1.2　ベクトルの演算

数に足し算，引き算等の演算があるように，ベクトルにも足し算，引き算，スカラー倍といった演算がある．数において，その演算が数の機能を深めたように，

ベクトルにおいてその演算の意義は大きい.

ベクトルとスカラー

ベクトルの演算を考えるにあたり，スカラーなる言葉を導入することから始めよう．スカラーとは通常の数のことをいう．ただベクトルとの対比において，強調してスカラーとよぶまでのことである.

たとえば，物理学において「速度」と「速さ」を区別して考える．方向を考慮した速さを「速度」といい，方向を無視した速さを「速さ」という．このような場合,「速度はベクトルであり，速さはスカラーである」といった具合にスカラーという言葉を用いる.

ベクトルの足し算，スカラー倍

2 つの n 項数ベクトル

$$\boldsymbol{a} = \begin{pmatrix} a_1 \\ \vdots \\ a_n \end{pmatrix}, \quad \boldsymbol{b} = \begin{pmatrix} b_1 \\ \vdots \\ b_n \end{pmatrix}$$

およびスカラー k に対して，**足し算**，**スカラー倍**とよぶベクトル，$\boldsymbol{a}+\boldsymbol{b}$，$k\boldsymbol{a}$ をそれぞれ次のように定義する.

$$\boldsymbol{a}+\boldsymbol{b} = \begin{pmatrix} a_1+b_1 \\ \vdots \\ a_n+b_n \end{pmatrix}, \quad k\boldsymbol{a} = \begin{pmatrix} ka_1 \\ \vdots \\ ka_n \end{pmatrix}$$

ベクトルの足し算，スカラー倍のビジュアル化

2 項数ベクトルを例に，これらの演算の図形的意味を考えてみよう．2 つのベクトル $\boldsymbol{a} = \begin{pmatrix} a_1 \\ a_2 \end{pmatrix}$, $\boldsymbol{b} = \begin{pmatrix} b_1 \\ b_2 \end{pmatrix}$ に対して，その足し算

$$\boldsymbol{a}+\boldsymbol{b} = \begin{pmatrix} a_1+b_1 \\ a_2+b_2 \end{pmatrix}$$

は，$\boldsymbol{a}$ と $\boldsymbol{b}$ の始点を一致させて書いたとき，$\boldsymbol{a}, \boldsymbol{b}$ を 2 辺とする平行四辺形を考えて，その対角線の表わすベクトルであることが次の図 1.4 から分かる.

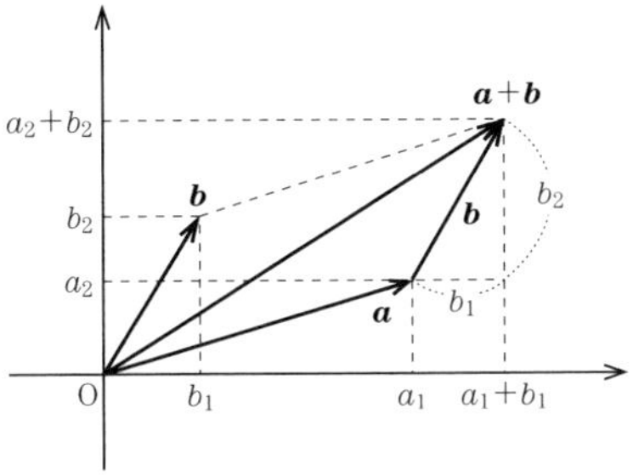

図 1.4

この図より，ベクトルの足し算 $\boldsymbol{a}+\boldsymbol{b}$ は次のようにも理解される．ベクトル $\boldsymbol{b}$ を平行移動させて，$\boldsymbol{a}$ の終点と $\boldsymbol{b}$ の始点を一致させたとき，$\boldsymbol{a}$ の始点から $\boldsymbol{b}$ の終点に至る矢印が表わすベクトルが $\boldsymbol{a}+\boldsymbol{b}$ に他ならない．

また，スカラー倍は次のような図形的意味をもつ．ベクトル $\boldsymbol{a}$ とスカラー k に対して，$k\boldsymbol{a}$ はベクトル $\boldsymbol{a}$ を含む直線上にあって，長さが $\boldsymbol{a}$ の長さの $|k|$ 倍のものである．ここで k がマイナスのときは $k\boldsymbol{a}$ は $\boldsymbol{a}$ と反対方向のベクトルを表わす．

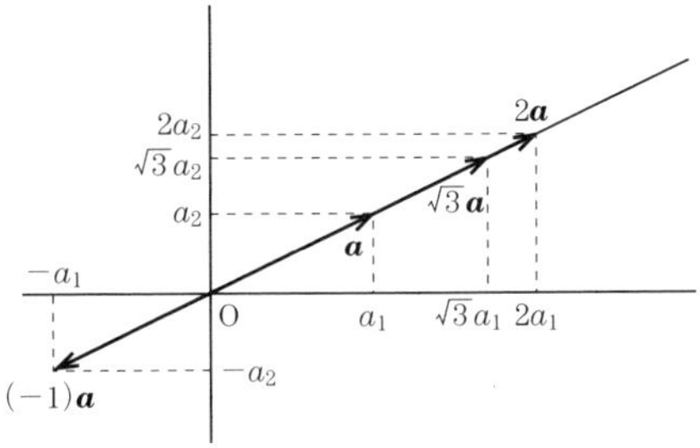

図 1.5

例題 1.2.1　次のベクトルの足し算およびスカラー倍を計算せよ．

（1）　$\begin{pmatrix} 1 \\ 0.5 \\ 2 \end{pmatrix}+\begin{pmatrix} 3 \\ 0 \\ 1.3 \end{pmatrix}$　　　（2）　$\sqrt{5}\begin{pmatrix} 1 \\ 0 \\ \sqrt{5} \end{pmatrix}$

解　（1）　$\begin{pmatrix} 1 \\ 0.5 \\ 2 \end{pmatrix}+\begin{pmatrix} 3 \\ 0 \\ 1.3 \end{pmatrix}=\begin{pmatrix} 1+3 \\ 0.5+0 \\ 2+1.3 \end{pmatrix}=\begin{pmatrix} 4 \\ 0.5 \\ 3.3 \end{pmatrix}$

（2）　$$\sqrt{5}\begin{pmatrix}1\\0\\\sqrt{5}\end{pmatrix}=\begin{pmatrix}\sqrt{5}\cdot 1\\\sqrt{5}\cdot 0\\\sqrt{5}\cdot\sqrt{5}\end{pmatrix}=\begin{pmatrix}\sqrt{5}\\0\\5\end{pmatrix}$$ ∎

ベクトルの足し算に関して，次の基本的性質が成り立つ．

$$\boldsymbol{a}+\boldsymbol{b}=\boldsymbol{b}+\boldsymbol{a} \qquad \text{交換法則}$$

$$(\boldsymbol{a}+\boldsymbol{b})+\boldsymbol{c}=\boldsymbol{a}+(\boldsymbol{b}+\boldsymbol{c}) \qquad \text{結合法則}$$

この2つの法則は，ベクトルを成分で表わしたときに，各成分について交換法則および結合法則が成り立つことから容易に示される．

逆ベクトル

ベクトル $\boldsymbol{a}$ に対して，$(-1)\boldsymbol{a}$ を $\boldsymbol{a}$ の**逆ベクトル**といい，$-\boldsymbol{a}$ で表わす．

すなわち，

$$\boldsymbol{a}=\begin{pmatrix}a_1\\\vdots\\a_n\end{pmatrix} \quad \text{に対して} \quad -\boldsymbol{a}=\begin{pmatrix}-a_1\\\vdots\\-a_n\end{pmatrix}$$

である．

ベクトル $\boldsymbol{a}$ に対して，その逆ベクトル $-\boldsymbol{a}$ は，ベクトル $\boldsymbol{a}$ と長さが同じで，向きが反対のベクトルである．

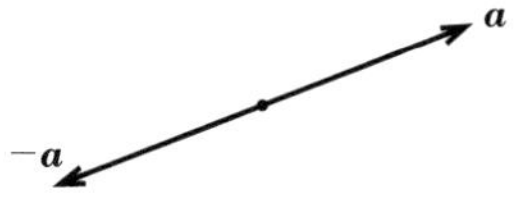

図 1.6

ゼロベクトル

すべての成分が0であるベクトルを**ゼロベクトル**といい，$\mathbf{0}$ で表わす．すなわち

$$\mathbf{0}=\begin{pmatrix}0\\\vdots\\0\end{pmatrix}$$

である．ゼロベクトル，逆ベクトルに関して次の等式が成り立つ．

$$\boldsymbol{a}+\mathbf{0}=\boldsymbol{a}, \qquad \boldsymbol{a}+(-\boldsymbol{a})=\mathbf{0}$$

ベクトルの引き算

2つのベクトル $\boldsymbol{a}, \boldsymbol{b}$ に対して引き算 $\boldsymbol{a}-\boldsymbol{b}$ を，$\boldsymbol{a}+(-\boldsymbol{b})$ によって定義する．引き算を図示すると次のようになる．足し算もあわせて書くことにする．

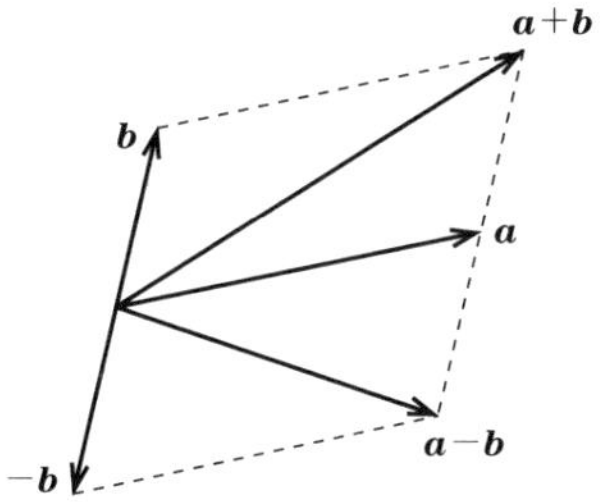

図1.7

問1.2.1　2つのベクトル $\boldsymbol{a}, \boldsymbol{b}$ が与えられたとき，ベクトルの方程式

$$\boldsymbol{x}+\boldsymbol{a}=\boldsymbol{b}$$

を満たす $\boldsymbol{x}$ を求めよ．

ベクトルのスカラー倍が満たす法則

ベクトルのスカラー倍に関して，次の基本的性質が成り立つ．

$$k(\boldsymbol{a}+\boldsymbol{b}) = k\boldsymbol{a}+k\boldsymbol{b} \qquad \text{分配法則 I}$$
$$(k+h)\boldsymbol{a} = k\boldsymbol{a}+h\boldsymbol{a} \qquad \text{分配法則 II}$$
$$(kh)\boldsymbol{a} = k(h\boldsymbol{a}) \qquad \text{結合法則}$$
$$1\,\boldsymbol{a} = \boldsymbol{a}$$

これらの等式は，ベクトルを成分で表わすことによって，いずれも容易に確かめられる．

単位ベクトル

長さが1であるベクトルを**単位ベクトル**という．$\boldsymbol{a}$ がゼロベクトルでないとき，

$$\boldsymbol{e}=\frac{1}{\|\boldsymbol{a}\|}\boldsymbol{a}$$

は $\boldsymbol{a}$ と同じ向きの単位ベクトルである．

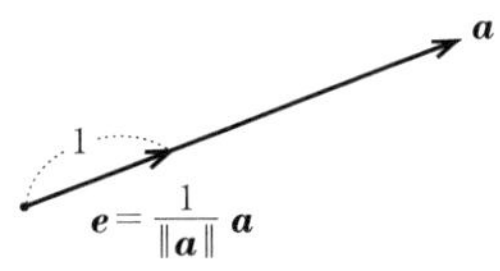

図1.8

1.3　複素平面

今まで登場したベクトルは，実数を並べた数ベクトルだった．したがってスカラーも実数だった．それに対して，複素数を並べた数ベクトルも大事な研究対象になる．この場合はもちろんスカラーは複素数である．

この節では，複素数の定義やその演算の性質等について簡単に復習しておくことにしよう．まず式

$$i^2 = -1$$

を満たす記号 i を考える．この i を虚数単位といい $\sqrt{-1}$ とも書く．そして2つの実数 a, b と虚数単位 i とでつくった式

$$a+bi$$

を**複素数**という（$a+ib$ とも書く）．2つの複素数 $a+bi$ と $c+di$ が等しいのは

$$a = c \quad \text{かつ} \quad b = d$$

のときとする．そして加減乗除の演算は次のように定義する．

$$(a+bi)+(c+di) = (a+c)+(b+d)i$$
$$(a+bi)-(c+di) = (a-c)+(b-d)i$$
$$(a+bi)(c+di) = (ac-bd)+(ad+bc)i$$
$$\frac{a+bi}{c+di} = \frac{ac+bd}{c^2+d^2}+\frac{bc-ad}{c^2+d^2}i \qquad (c^2+d^2 \neq 0)$$

すなわち，i を単に1つの文字として扱って計算し，i^2 が出たらそれを -1 でおきかえるのである．

bi という形の複素数を**純虚数**という．複素数

$$z = a+bi \qquad (a, b \in \boldsymbol{R})$$

において，a を z の**実部**といい，$\mathrm{Re}\, z$ で表わす．また b を z の**虚部**といい，$\mathrm{Im}\, z$ で表わす．ここで，虚部は bi ではないことを注意しておく．

複素数 $z = a+bi$ に対して，

$$a-bi$$

を z の**共役複素数**（または単に**共役**）といい，$\bar{z}$ で表わす．共役を2回続けるともとにもどる．すなわち，

$$\bar{\bar{z}} = z$$

が成り立つ．

定理 1.3.1 2つの複素数 z, w に対して，等式

$$\overline{z+w} = \overline{z}+\overline{w}, \qquad \overline{zw} = \overline{z}\,\overline{w}$$

が成り立つ．

証明 第1式は明らかである．

第2式は $z = a+bi$，$w = c+di$ とするとき，

$$zw = (ac-bd)+(ad+bc)i$$

であるから，

$$\overline{zw} = (ac-bd)-(ad+bc)i$$

となる．他方

$$\begin{aligned}\overline{z}\,\overline{w} &= (a-bi)(c-di)\\ &= (ac-bd)-(ad+bc)i\end{aligned}$$

であるから求める等式 $\overline{zw} = \overline{z}\,\overline{w}$ が成り立つ． ■

問 1.3.1 複素数 $z = a+bi$ について $z\bar{z} = a^2+b^2$ が成り立つことを示せ．

定義 1.3.1 複素数 $z = a+bi$ に対して，

$$|z| = \sqrt{a^2+b^2} = \sqrt{z\bar{z}}$$

で定義される実数 $|z|$ を複素数 z の**絶対値**という．

問 1.3.2 $z = 0 \Longleftrightarrow |z| = 0$ が成り立つことを示せ．

複素数は次のようにビジュアルにとらえると理解しやすい．

座標平面 $\boldsymbol{R}^2$ における点 (a, b) に複素数 $a + bi$ を対応させることによって，平面上の点全体と複素数の全体とは1対1に対応する．この対応によって，平面を複素数全体と見なして**複素（数）平面**または**ガウス平面**という．

この座標系の x 軸（横軸），y 軸（縦軸）をそれぞれ**実軸**，**虚軸**という．

複素平面において，複素数 $z = a+bi$ の位置ベクトル $\overrightarrow{\mathrm{O}z}$ の長さ $\|\overrightarrow{\mathrm{O}z}\|$ が複素数 z の絶対値に他ならない．また，$z \neq 0$ の場合，ベクトル $\overrightarrow{\mathrm{O}z}$ が実軸の正方向から角 θ の位置にあるとき，θ を z の**偏角**といい，

$$\theta = \arg z$$

と表わす．この角 θ は 2π の整数倍を除いてひとつに定まり，

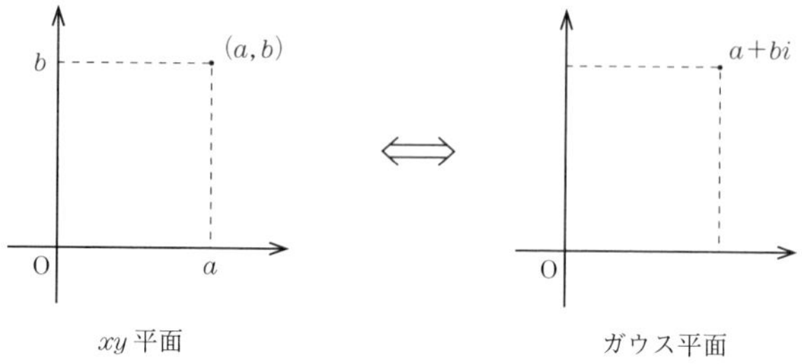

図 1.9

$$a = r\cos\theta, \qquad b = r\sin\theta, \qquad r = |z|$$

であり，

$$z = r(\cos\theta + i\sin\theta)$$

と表わされる．このような表わし方を z の**極形式**という．

以上を複素平面上で表わすと次の図のようになる．

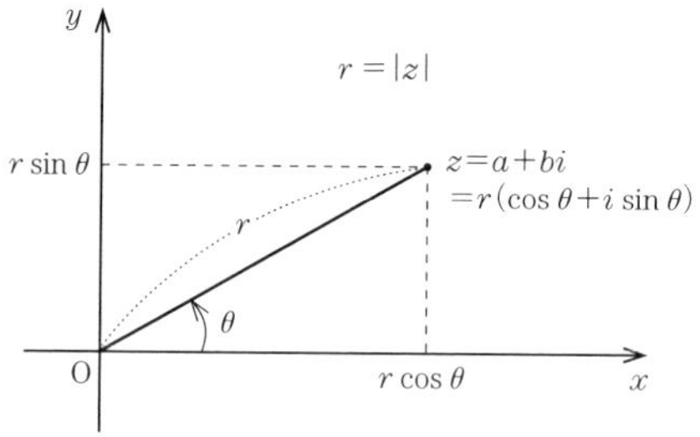

図 1.10

複素数の乗法，除法に関しては，極形式の方がビジュアルである．

定理 1.3.2

$$|zw| = |z||w|$$

$$\arg(zw) \equiv \arg z + \arg w \pmod{2\pi}$$

$w \neq 0$ のとき，

$$\left|\frac{z}{w}\right| = \frac{|z|}{|w|}$$

$$\arg\left(\frac{z}{w}\right) \equiv \arg z - \arg w \pmod{2\pi}$$

ここで，第2式と第4式は，両辺の差が 2π の整数倍であることを意味する．

注意 $A \equiv B \pmod{C}$ は，A と B が C の整数倍を除いて等しいことを表わす．すなわち，$A \equiv B \pmod{C}$ は，ある整数 n に対して，$A-B = nC$ となることを意味する．

証明
$$z = r(\cos\theta + i\sin\theta), \quad w = s(\cos\tau + i\sin\tau)$$
とすると，三角関数の加法定理から，
$$\begin{aligned} zw &= rs\{(\cos\theta\cos\tau - \sin\theta\sin\tau) + i(\cos\theta\sin\tau + \sin\theta\cos\tau)\} \\ &= rs(\cos(\theta+\tau) + i\sin(\theta+\tau)) \end{aligned}$$
この等式は定理の第1式と第2式を意味する．また，$w \neq 0$ のとき，等式
$$\begin{aligned} \frac{1}{w} &= \frac{1}{s}(\cos\tau - i\sin\tau) \\ &= \frac{1}{s}(\cos(-\tau) + i\sin(-\tau)) \end{aligned}$$
が容易に確かめられるから，第3式，第4式は第1式，第2式から導かれる．

複素数の演算を複素平面でとらえると次のようになる．

加法

$$z = a + bi, \quad w = c + di$$
に対して
$$z + w = (a+c) + (b+d)i$$
であるから，$z+w$ の位置ベクトルは，z の位置ベクトルと w の位置ベクトルの和に等しい．

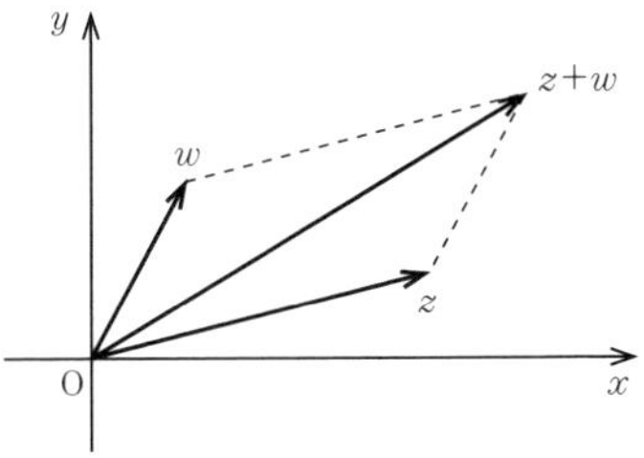

図 1.11

乗法

定理で得られた等式から，積 zw の位置ベクトルは，z の位置ベクトルを $|w|$ 倍に拡大（または縮小）したものを原点Oのまわりに角 $\arg w$ だけ回転させたものである．このことは次のようにもいいかえることができる．3点 O, 1, z を頂点とする三角形と3点 O, w, zw を頂点とする三角形は同じ向きに相似である．

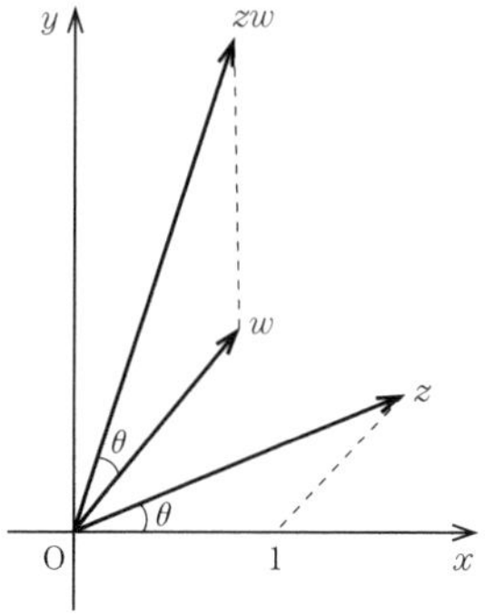

図 1.12

問 1.3.3　複素平面上の複素数 z に対して，iz と z の位置関係を調べよ．

ド・モアブルの公式

積の公式

$$(\cos\theta + i\sin\theta)(\cos\tau + i\sin\tau) = \cos(\theta+\tau) + i\sin(\theta+\tau)$$

を繰り返し適用することによって，正の整数 n に対して

$$(\cos\theta + i\sin\theta)^n = \cos n\theta + i\sin n\theta$$

が成り立つことが示される．この等式を**ド・モアブルの公式**という．

問 1.3.4　ド・モアブルの公式を数学的帰納法によって証明せよ．

1.4　複素ベクトル空間

実数を並べた数ベクトルとまったく同様に，複素数を並べた数ベクトルが考えられる．

複素数全体からなる集合を $\boldsymbol{C}$ で表わす．前節で見たように $\boldsymbol{C}$ には加減乗除の演算が定義される．そして n 個の複素数を並べた組

$$\boldsymbol{a} = \begin{pmatrix} a_1 \\ \vdots \\ a_n \end{pmatrix} \qquad a_i \in \boldsymbol{C}$$

を **n 項**（または **n 次元**）**複素ベクトル**という．ベクトルの足し算やスカラー倍は実数のときとまったく同様に定義される．スカラーはもちろん複素数である．

このような演算が導入された n 次元複素ベクトル全体からなる集合を**複素数上のベクトル空間**または簡単に**複素ベクトル空間**といい，$\boldsymbol{C}^n$ で表わす．これに対して今まで考えた n 次元実ベクトル全体からなる集合 $\boldsymbol{R}^n$ を**実数上のベクトル空間**または簡単に**実ベクトル空間**という．

ベクトル空間として，実数上で考えるのと複素数上で考えるのとではたいていの場合大差ないが，固有値や固有ベクトル，内積等を考える場合には大きな違いが生じる．後にベクトル空間を抽象的に扱うが，そのときは，両者に違いのないような一般的性質を調べることになる．大きな差異が生じる場合には，その都度コメントすることにする．

たとえば，いままで実ベクトルで見た法則は，そのまま複素ベクトルでも成立する．そして後に見るように，これらに共通して成立するこれらの法則を公理として採用することによって抽象的なベクトル空間が導入されることになる．

問　題

1. 1次元複素ベクトル空間 $\boldsymbol{C}$ は2次元実ベクトル空間とみなされることを確かめよ．

2. n 次元複素ベクトル空間 $\boldsymbol{C}^n$ は $2n$ 次元実ベクトル空間とみなされることを確かめよ．

3. 複素平面上で，任意の点 z に対して次の各点は z をどのように移動させたものであるか．

$$\bar{z}, \quad -z, \quad \frac{1+i}{\sqrt{2}}z, \quad (1+\sqrt{3}\,i)z$$

4. 次の各ベクトルの長さを求め，それぞれのベクトルと同じ向きの単位ベクトルを求めよ．

$$\begin{pmatrix} 1 \\ 1 \end{pmatrix}, \quad \begin{pmatrix} 1 \\ \sqrt{3} \end{pmatrix}, \quad \begin{pmatrix} -\sqrt{3} \\ 1 \\ 2 \end{pmatrix}$$

5. 1の n 乗根を複素数の範囲で求めよ．n が6のとき，その解を図示せよ．

2

行列

2.1 行列

m と n を 2 つの自然数とする．mn 個の数または文字

$$a_{ij} \qquad (1 \leqq i \leqq m, 1 \leqq j \leqq n)$$

を次のように長方形に並べてカッコでくくったものを **m 行 n 列の行列**という．

$$A = \begin{pmatrix} a_{11} & a_{12} & \cdots & a_{1n} \\ a_{21} & a_{22} & \cdots & a_{2n} \\ \vdots & \vdots & & \vdots \\ a_{m1} & a_{m2} & \cdots & a_{mn} \end{pmatrix}$$

m 行 n 列の行列を **$m \times n$ 型行列**，**$m \times n$ 行列**，**(m, n) 行列**などとも表現する．

そして，a_{ij} を行列 A の **(i, j) 成分**という．

行列 A の成分の横の並び

$$(a_{i1}, a_{i2}, \cdots, a_{in}), \qquad i = 1, \cdots, m$$

を A の**行**といい，上から**第 1 行，第 2 行，$\cdots$，第 m 行**という．

$$\begin{array}{r} \text{第 1 行} \longrightarrow \\ \text{第 2 行} \longrightarrow \\ \\ \text{第 } i \text{ 行} \longrightarrow \\ \\ \text{第 } m \text{ 行} \longrightarrow \end{array} \begin{pmatrix} \boxed{a_{11} \quad a_{12} \quad \cdots \quad a_{1n}} \\ \boxed{a_{21} \quad a_{22} \quad \cdots \quad a_{2n}} \\ \vdots \qquad \vdots \qquad\qquad \vdots \\ \boxed{a_{i1} \quad a_{i2} \quad \cdots \quad a_{in}} \\ \vdots \qquad \vdots \qquad\qquad \vdots \\ \boxed{a_{m1} \quad a_{m2} \quad \cdots \quad a_{mn}} \end{pmatrix}$$

また，A の成分の縦の並び

$$\begin{pmatrix} a_{1j} \\ a_{2j} \\ \vdots \\ a_{mj} \end{pmatrix}, \qquad j = 1, 2, \cdots, n$$

を A の**列**といい，左から**第 1 列，第 2 列，**$\cdots$**，第 n 列**という．

$$\begin{array}{c} \begin{array}{cccccc} \text{第} & \text{第} & & \text{第} & & \text{第} \\ 1 & 2 & & j & & n \\ \text{列} & \text{列} & & \text{列} & & \text{列} \\ \downarrow & \downarrow & & \downarrow & & \downarrow \end{array} \\ \begin{pmatrix} \boxed{\begin{matrix} a_{11} \\ a_{21} \\ \vdots \\ a_{m1} \end{matrix}} & \boxed{\begin{matrix} a_{12} \\ a_{22} \\ \vdots \\ a_{m2} \end{matrix}} & \begin{matrix} \cdots \\ \cdots \\ \\ \cdots \end{matrix} & \boxed{\begin{matrix} a_{1j} \\ a_{2j} \\ \vdots \\ a_{mj} \end{matrix}} & \begin{matrix} \cdots \\ \cdots \\ \\ \cdots \end{matrix} & \boxed{\begin{matrix} a_{1n} \\ a_{2n} \\ \vdots \\ a_{mn} \end{matrix}} \end{pmatrix} \end{array}$$

問 2.1.1　次の行列の $(2,3)$ 成分，$(4,5)$ 成分，第 3 行，第 4 列を求めよ．

$$\begin{pmatrix} 2 & 1 & 0 & 7 & 3 \\ 3 & 0 & 9 & 2 & 1 \\ 1 & 7 & 3 & 4 & 5 \\ 2 & 0 & 0 & 8 & 3 \end{pmatrix}$$

行列の略記の仕方

前出の行列のように，a_{ij} を (i, j) 成分とする行列 A を $A = (a_{ij})$ と略記する．

零行列

すべての成分が 0 である行列を**零行列**といい，O で表わす．

$$O = \begin{pmatrix} 0 & \cdots & 0 \\ \vdots & & \vdots \\ 0 & \cdots & 0 \end{pmatrix}$$

コメント　　m と n の対に対して (m, n) 型の零行列が定まるのであって，同じ零行列といってもこの型によって異なる零行列になる．しかし，特に型を強調する必要があるとき以外は単に O で表わすことが多い．

正方行列

行と列の数が等しい行列，すなわち数が正方形に並んだ $n\times n$ 行列を **n 次正方行列**という．

正方行列において，対角線上に並ぶ成分 $a_{11}, a_{22}, \cdots, a_{nn}$ を**対角成分**という．また，対角成分以外の成分はすべて 0 である行列を**対角行列**という．

$$\begin{pmatrix} a_{11} & a_{12} & \cdots & a_{1n} \\ a_{21} & a_{22} & \cdots & a_{2n} \\ \vdots & \vdots & & \vdots \\ a_{n1} & a_{n2} & \cdots & a_{nn} \end{pmatrix} \qquad \begin{pmatrix} a_{11} & 0 & \cdots & \cdots & 0 \\ 0 & a_{22} & 0 & & \vdots \\ \vdots & 0 & \ddots & \ddots & \vdots \\ \vdots & & \ddots & \ddots & 0 \\ 0 & \cdots & \cdots & 0 & a_{nn} \end{pmatrix}$$

↑ 対角成分　　　　**対角行列**

対角行列はまた

$$\begin{pmatrix} a_{11} & & & O \\ & a_{22} & & \\ & & \ddots & \\ O & & & a_{nn} \end{pmatrix}$$

のように書いたりする．

単位行列

対角成分がすべて 1 で，それ以外の成分がすべて 0 である正方行列を**単位行列**といい，E と書く．すなわち，

$$E = \begin{pmatrix} 1 & 0 & \cdots & \cdots & 0 \\ 0 & 1 & \ddots & & \vdots \\ \vdots & \ddots & \ddots & \ddots & \vdots \\ \vdots & & \ddots & \ddots & 0 \\ 0 & \cdots & \cdots & 0 & 1 \end{pmatrix}$$

コメント　零行列のときと同様，単位行列も自然数 n を決めるごとに n 次の単位行列が定まるが，特にこの n を強調する必要があるときは E_n と書き，それ以外は単に E で表わすことが多い．

クロネッカーの δ 記号

次のように定義される記号 δ_{ij} を**クロネッカーのデルタ**という．

$$\delta_{ij} = \begin{cases} 1 & (i = j) \\ 0 & (i \neq j) \end{cases}$$

注意 単位行列 E は δ_{ij} を (i, j) 成分とする行列 (δ_{ij}) に他ならない．すなわち $E = (\delta_{ij})$ と表わされる．

スカラー行列

対角成分がすべて等しい対角行列を**スカラー行列**という．

例 スカラー行列

$$\begin{pmatrix} 3 & 0 & 0 \\ 0 & 3 & 0 \\ 0 & 0 & 3 \end{pmatrix}, \quad \begin{pmatrix} \sqrt{2} & 0 & 0 & 0 \\ 0 & \sqrt{2} & 0 & 0 \\ 0 & 0 & \sqrt{2} & 0 \\ 0 & 0 & 0 & \sqrt{2} \end{pmatrix}$$

転置行列

行列 A の行と列を入れかえた行列を，行列 A の**転置行列**といい，${}^tA$ で表わす．A が $m \times n$ 行列ならば，${}^tA$ は $n \times m$ 行列である．成分で書くと，

$$A = \begin{pmatrix} a_{11} & a_{12} & \cdots & a_{1n} \\ a_{21} & a_{22} & \cdots & a_{2n} \\ \vdots & \vdots & & \vdots \\ a_{m1} & a_{m2} & \cdots & a_{mn} \end{pmatrix}$$

のとき，

$${}^tA = \begin{pmatrix} a_{11} & a_{21} & \cdots & a_{m1} \\ a_{12} & a_{22} & \cdots & a_{m2} \\ \vdots & \vdots & & \vdots \\ a_{1n} & a_{2n} & \cdots & a_{mn} \end{pmatrix}$$

である．明らかに，転置行列の転置行列は元の行列に等しい．すなわち，

$${}^t({}^tA) = A$$

例

$$A = \begin{pmatrix} 1 & 2 & 3 & 4 \\ 5 & 6 & 7 & 8 \end{pmatrix} \quad \text{のとき} \quad {}^tA = \begin{pmatrix} 1 & 5 \\ 2 & 6 \\ 3 & 7 \\ 4 & 8 \end{pmatrix}$$

対称行列，交代行列

$^tA = A$ を満足する正方行列 A を**対称行列**，

$^tA = -A$ を満足する正方行列 A を**交代行列**，

という．

行ベクトル，列ベクトル

行列のタイプのなかで，特に $1 \times n$ 行列を n 次の**行ベクトル**といい，$m \times 1$ 行列を m 次の**列ベクトル**という．

$$(a_1, \cdots, a_n) \quad \text{行ベクトル} \qquad \begin{pmatrix} a_1 \\ \vdots \\ a_m \end{pmatrix} \quad \text{列ベクトル}$$

コメント　行ベクトルは通常はカンマ「,」を入れて

$$(a_1, \cdots, a_n)$$

のように表わすのに対して，$1 \times n$ 行列ではカンマを入れずに表わす．（しかし，このことは本質的な違いではない．）行列はベクトルの概念の拡張とも考えられるが，後に見るようにベクトルと行列は異なる役割を担うことになり，両方のコンセプトが不可欠である．

「行ベクトル」と「列ベクトル」の言葉は，次のように行列の一部を取り出して考える場合にもしばしば用いられる．すなわち，行列

$$A = \begin{pmatrix} a_{11} & \cdots & a_{1n} \\ \vdots & & \vdots \\ a_{m1} & \cdots & a_{mn} \end{pmatrix}$$

が与えられたとき，その第 i 行

$$\boldsymbol{a}_i = (a_{i1} \ \cdots \ a_{in})$$

を取り出して，行ベクトルとして扱ったり，その第 j 列

$$\boldsymbol{a}_j{}' = \begin{pmatrix} a_{1j} \\ \vdots \\ a_{mj} \end{pmatrix}$$

を取り出して列ベクトルとして扱ったりする．そしてこれらを使って行列 A を

$$A = \begin{pmatrix} \boldsymbol{a}_1 \\ \boldsymbol{a}_2 \\ \vdots \\ \boldsymbol{a}_m \end{pmatrix} = (\boldsymbol{a}_1', \boldsymbol{a}_2', \cdots, \boldsymbol{a}_n')$$

などとも表わす.

例題 2.1.1 次の行列 $A = \begin{pmatrix} 3 & 5 & 1 & 1 \\ 0 & 2 & 8 & 9 \\ 7 & 0 & 0 & 4 \end{pmatrix}$ について,

(1) A の転置行列 ${}^tA$ を求めよ.

(2) A を行ベクトルを使って表わせ.

(3) A を列ベクトルを使って表わせ.

解 (1)

$${}^tA = \begin{pmatrix} 3 & 0 & 7 \\ 5 & 2 & 0 \\ 1 & 8 & 0 \\ 1 & 9 & 4 \end{pmatrix}$$

(2) $\boldsymbol{a}_1 = (3, 5, 1, 1)$, $\boldsymbol{a}_2 = (0, 2, 8, 9)$, $\boldsymbol{a}_3 = (7, 0, 0, 4)$ とおくとき,

$$A = \begin{pmatrix} \boldsymbol{a}_1 \\ \boldsymbol{a}_2 \\ \boldsymbol{a}_3 \end{pmatrix}$$

(3) $\boldsymbol{a}_1' = \begin{pmatrix} 3 \\ 0 \\ 7 \end{pmatrix}$, $\boldsymbol{a}_2' = \begin{pmatrix} 5 \\ 2 \\ 0 \end{pmatrix}$, $\boldsymbol{a}_3' = \begin{pmatrix} 1 \\ 8 \\ 0 \end{pmatrix}$, $\boldsymbol{a}_4' = \begin{pmatrix} 1 \\ 9 \\ 4 \end{pmatrix}$ とおくとき,

$$A = (\boldsymbol{a}_1', \boldsymbol{a}_2', \boldsymbol{a}_3', \boldsymbol{a}_4')$$

問 2.1.2 次の行列 $A = \begin{pmatrix} 2 & 3 & 1 & 0 \\ 0 & 7 & 4 & 0 \\ 6 & 3 & 5 & 1 \end{pmatrix}$ について,

(1) A の転置行列 ${}^tA$ を求めよ.

(2) A を行ベクトルを使って表わせ.

(3) A を列ベクトルを使って表わせ.

2.2 行列の演算

行列を単に数字の羅列と捉えるのではなく，そこに演算を導入することによって，行列に真の意義が与えられてくる．行列にもスカラー倍や足し算，引き算があるが，これらはベクトルと同様である．

行列の行列たる存在意義は，積の演算であるがこれについては次節であつかう．

スカラー倍

前に述べたように，ベクトルや行列に対比して，通常の数のことを強調して**スカラー**とよぶ．また，行列

$$A = (a_{ij})$$

が与えられたとき，そのすべての成分にスカラー（数）k をかけて得られる行列，すなわち ka_{ij} を (i, j) 成分とする行列

$$(ka_{ij})$$

を A の**スカラー倍**または $\boldsymbol{k}$ **倍**といい，kA で表わす．すなわち，

$$kA = \begin{pmatrix} ka_{11} & \cdots & ka_{1n} \\ \vdots & & \vdots \\ ka_{m1} & \cdots & ka_{mn} \end{pmatrix}$$

である．とくに，A の -1 倍を $-A$ で表わす．

行列の足し算，引き算

行列の和や差が定義されるのは，2 つの行列の型が等しい場合である．すなわち，2 つの行列

$$A = (a_{ij}), \qquad B = (b_{ij})$$

が，ともに $m \times n$ 行列のとき，

$$c_{ij} = a_{ij} + b_{ij} \qquad (i = 1, \cdots, m,\ \ j = 1, \cdots, n)$$

を (i, j) 成分とする $m \times n$ 行列 (c_{ij}) を行列 A, B の**和**（**足し算**）といい，$A+B$ で表わす．

見やすく書けば次のようになる．

$$\begin{pmatrix} a_{11} & \cdots & a_{1n} \\ \vdots & & \vdots \\ a_{m1} & \cdots & a_{mn} \end{pmatrix} + \begin{pmatrix} b_{11} & \cdots & b_{1n} \\ \vdots & & \vdots \\ b_{m1} & \cdots & b_{mn} \end{pmatrix} = \begin{pmatrix} a_{11}+b_{11} & \cdots & a_{1n}+b_{1n} \\ \vdots & & \vdots \\ a_{m1}+b_{m1} & \cdots & a_{mn}+b_{mn} \end{pmatrix}$$

同様に，2つの行列 $A=(a_{ij})$，$B=(b_{ij})$ がともに $m\times n$ 行列のとき

$$d_{ij} = a_{ij} - b_{ij} \qquad (i=1,\cdots,m,\ \ j=1,\cdots,n)$$

を (i,j) 成分とする $m\times n$ 行列 (d_{ij}) を行列 A, B の**差**（**引き算**）といい，$A-B$ で表わす．

見やすく書けば次のようになる．

$$\begin{pmatrix} a_{11} & \cdots & a_{1n} \\ \vdots & & \vdots \\ a_{m1} & \cdots & a_{mn} \end{pmatrix} - \begin{pmatrix} b_{11} & \cdots & b_{1n} \\ \vdots & & \vdots \\ b_{m1} & \cdots & b_{mn} \end{pmatrix} = \begin{pmatrix} a_{11}-b_{11} & \cdots & a_{1n}-b_{1n} \\ \vdots & & \vdots \\ a_{m1}-b_{m1} & \cdots & a_{mn}-b_{mn} \end{pmatrix}$$

例題 2.2.1　次の計算をせよ．

（1）　$\begin{pmatrix} 1 & 2 & 3 \\ 0 & 5 & 2 \end{pmatrix} + \begin{pmatrix} -2 & 7 & 1 \\ 3 & 0 & 5 \end{pmatrix}$　　（2）　$3\begin{pmatrix} 1 & 3 \\ 7 & 6 \\ 5 & 4 \end{pmatrix} - 7\begin{pmatrix} 5 & 0 \\ 2 & 3 \\ 1 & 1 \end{pmatrix}$

解　（1）　$\begin{pmatrix} 1 & 2 & 3 \\ 0 & 5 & 2 \end{pmatrix} + \begin{pmatrix} -2 & 7 & 1 \\ 3 & 0 & 5 \end{pmatrix} = \begin{pmatrix} 1-2 & 2+7 & 3+1 \\ 0+3 & 5+0 & 2+5 \end{pmatrix} = \begin{pmatrix} -1 & 9 & 4 \\ 3 & 5 & 7 \end{pmatrix}$

（2）　$3\begin{pmatrix} 1 & 3 \\ 7 & 6 \\ 5 & 4 \end{pmatrix} - 7\begin{pmatrix} 5 & 0 \\ 2 & 3 \\ 1 & 1 \end{pmatrix} = \begin{pmatrix} 3 & 9 \\ 21 & 18 \\ 15 & 12 \end{pmatrix} - \begin{pmatrix} 35 & 0 \\ 14 & 21 \\ 7 & 7 \end{pmatrix} = \begin{pmatrix} -32 & 9 \\ 7 & -3 \\ 8 & 5 \end{pmatrix}$

問 2.2.1　次の計算をせよ．

（1）　$2\begin{pmatrix} 1 & 5 & 2 & 3 \\ 2 & 7 & 0 & -1 \end{pmatrix} + 3\begin{pmatrix} 2 & 1 & 0 & 1 \\ 5 & 0 & 2 & 3 \end{pmatrix}$

（2）　$\begin{pmatrix} 2 & 1 & 4 \\ 5 & 0 & 2 \\ -1 & 3 & 7 \end{pmatrix} - 2\begin{pmatrix} 1 & 2 & 3 \\ 0 & 1 & 2 \\ 2 & 5 & 7 \end{pmatrix}$

2.3　行列の積

さて，いよいよ行列の積を導入することにしよう．以前にも述べたように，行

列の行列たる真骨頂というか，行列の深遠な意義をもっとも如実に表わしているのが，行列の積の演算である．

まず，2 つの行列 A と B の積は，これらの行列がある条件を満たしているときに始めて定義されることを注意する．その条件とは

「A の列の個数と B の行の個数が等しい」

である．すなわち，A が $m\times n$ 行列，B が $n\times r$ 行列という条件のもとに定義される．そして，積 AB は $m\times r$ 行列になる．ビジュアルにこの条件を書くと図 2.1 のようになる．

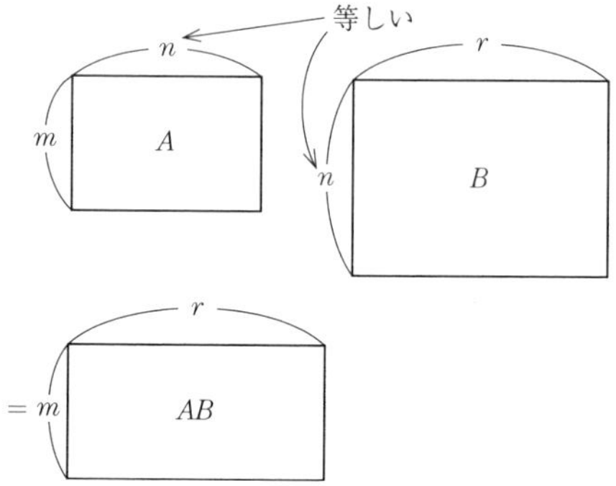

図 2.1

それでは積の定義を与えよう．

$A=(a_{ij})$ を $m\times n$ 行列，$B=(b_{ij})$ を $n\times r$ 行列とする．そのとき，

$$\begin{aligned} c_{ij} &= a_{i1}b_{1j}+a_{i2}b_{2j}+\cdots+a_{in}b_{nj} \\ &= \sum_{h=1}^{n} a_{ih}b_{hj} \qquad (1\leqq i\leqq m, 1\leqq j\leqq r) \end{aligned}$$

を (i,j) 成分とする $m\times r$ 行列 (c_{ij}) を A と B の積といい，AB で表わす．

以上をビジュアルに書くと次のようになる．

$$AB=\begin{pmatrix} \cdots & \cdots & \cdots \\ \boxed{a_{i1} \ \cdots \ a_{in}} & & \\ \cdots & \cdots & \cdots \end{pmatrix}\begin{pmatrix} \vdots & \boxed{\begin{matrix} b_{1j} \\ \vdots \\ b_{nj} \end{matrix}} & \vdots \end{pmatrix}=\begin{pmatrix} \cdots & \cdots & \cdots \\ \cdots & \boxed{c_{ij}} & \cdots \\ \cdots & \cdots & \cdots \end{pmatrix}$$

「A の i 行の成分と B の j 列の成分を順番にかけて加えた数を (i,j) 成分とする行列」

コメント Σ（シグマ）記号の意味を確認しておこう．基本的には $\sum_{h=1}^{n} X_h$ などの形で用い，これは X_h の h を1から n まで動かしたものの和を表わす．すなわち，

$$\sum_{h=1}^{n} X_h = X_1 + X_2 + \cdots + X_n$$

である．したがって，他の文字と重複しない限り，h は何の文字を使っても意味は変らない．

例題 2.3.1 次の行列の積を計算せよ．

$$\begin{pmatrix} 2 & 0 & 3 \\ 5 & 1 & 4 \end{pmatrix}\begin{pmatrix} 7 & 6 & 4 \\ 1 & 2 & 2 \\ 5 & 3 & 1 \end{pmatrix}$$

解

$$\begin{aligned} &\begin{pmatrix} 2 & 0 & 3 \\ 5 & 1 & 4 \end{pmatrix}\begin{pmatrix} 7 & 6 & 4 \\ 1 & 2 & 2 \\ 5 & 3 & 1 \end{pmatrix} \\ &= \begin{pmatrix} 2\cdot7+0\cdot1+3\cdot5 & 2\cdot6+0\cdot2+3\cdot3 & 2\cdot4+0\cdot2+3\cdot1 \\ 5\cdot7+1\cdot1+4\cdot5 & 5\cdot6+1\cdot2+4\cdot3 & 5\cdot4+1\cdot2+4\cdot1 \end{pmatrix} \\ &= \begin{pmatrix} 29 & 21 & 11 \\ 56 & 44 & 26 \end{pmatrix} \end{aligned}$$

■

コメント 行列の積の定義が自然なものであることは次第に明らかになるが，特に行列を1次変換と捉えるとその意義が分かり，連立1次方程式の解法等にその威力を発揮することになる．

他方，行列の積の演算が加法や減法と同様に定義することが考えられる．たとえば，次の2つの行列が与えられたとする．

$$A = \begin{pmatrix} 2 & 1 \\ 5 & 3 \end{pmatrix}, \quad B = \begin{pmatrix} 4 & 2 \\ 7 & 8 \end{pmatrix}$$

そのとき，行列の足し算，引き算の定義から類推して，掛け算 AB をそれぞれの行列の同じ場所どうしの数を掛けることが考えられる．すなわち

$$AB = \begin{pmatrix} 2\times4 & 1\times2 \\ 5\times7 & 3\times8 \end{pmatrix} = \begin{pmatrix} 8 & 2 \\ 35 & 24 \end{pmatrix} \quad \text{（誤った積）}$$

とすることが一応考えられる．しかし，通常このようにはしない．その理由はこのように積を定義しても，この積を応用するような場面がほとんど見当らず，そ

の意義がないからである．

連立１次方程式の行列による記述

行列の積が定義されたので，連立１次方程式を行列を使って記述してみよう．

連立１次方程式

$$\begin{cases} a_{11}x_1 + a_{12}x_2 + a_{13}x_3 = b_1 \\ a_{21}x_1 + a_{22}x_2 + a_{23}x_3 = b_2 \\ a_{31}x_1 + a_{32}x_2 + a_{33}x_3 = b_3 \end{cases}$$

が与えられたとき，

$$A = \begin{pmatrix} a_{11} & a_{12} & a_{13} \\ a_{21} & a_{22} & a_{23} \\ a_{31} & a_{32} & a_{33} \end{pmatrix}, \quad \boldsymbol{x} = \begin{pmatrix} x_1 \\ x_2 \\ x_3 \end{pmatrix}, \quad \boldsymbol{b} = \begin{pmatrix} b_1 \\ b_2 \\ b_3 \end{pmatrix}$$

とおけば，上の連立１次方程式は

$$A\boldsymbol{x} = \boldsymbol{b}$$

と表わされる．

一般の連立１次方程式もまったく同様である．

未知数の数と方程式の数が必ずしも一致しない場合の一般の連立１次方程式であってもかまわない．連立１次方程式

$$\begin{cases} a_{11}x_1 + \cdots + a_{1n}x_n = b_1 \\ \vdots \qquad\qquad \vdots \qquad \vdots \\ a_{m1}x_1 + \cdots + a_{mn}x_n = b_m \end{cases} \tag{$*$}$$

が与えられたとき，

$$A = \begin{pmatrix} a_{11} & \cdots & a_{1n} \\ \vdots & & \vdots \\ a_{m1} & \cdots & a_{mn} \end{pmatrix}, \quad \boldsymbol{x} = \begin{pmatrix} x_1 \\ \vdots \\ x_n \end{pmatrix}, \quad \boldsymbol{b} = \begin{pmatrix} b_1 \\ \vdots \\ b_m \end{pmatrix}$$

とおけば，上の連立１次方程式は

$$A\boldsymbol{x} = \boldsymbol{b}$$

と表わされる．ここで行列 A を連立１次方程式 $(*)$ の**係数行列**という．

2.4　行列の演算の法則

今まで定義した行列の演算に関して，通常の数の演算が満たす法則と類似の演

算法則が成り立つ．ただし注意することは，2つの行列 A, B の和 $A+B$，差 $A-B$，積 AB が定義されるのは，A と B の型に関する条件を満たす場合に限るということである．

2つの行列 $A=(a_{ij})$，$B=(b_{ij})$ は両者が同じ型，すなわちどちらも m 行 n 列であって，対応するすべての (i, j) 成分がすべて等しいとき，つまり，

$$a_{ij}=b_{ij} \qquad (i=1, \cdots, m,\ j=1, \cdots, n)$$

が成り立つとき，A と B は**等しい**といい，

$$A=B$$

と書く．

行列の演算がもつ性質を整理しておこう．

和の性質

$$A+B=B+A \qquad \text{（交換法則）}$$

$$(A+B)+C=A+(B+C) \qquad \text{（結合法則）}$$

$$A+O=A, \qquad A+(-A)=O$$

（ただし，O は A と同じ型の零行列）

積の性質

$$(AB)C=A(BC) \qquad \text{（積の結合法則）}$$

$$AE=EA=A, \qquad AO=OA=O$$

ここで E は単位行列であるが，A が $m\times n$ 行列のとき，AE の E は n 次単位行列であり，EA の E は m 次単位行列である．また，O は零行列であるが，AO の O は同様に n 次正方行列の零行列であり，OA の O は m 次正方行列の零行列である．最後の O は $m\times n$ 型の零行列である．

問 2.4.1 上の等式のうち，等式 $AE=EA=A$ を示せ．

スカラー倍

$$(kh)A=k(hA)$$

$$k(AB)=(kA)B=A(kB)$$

$$0A=O, \qquad 1A=A$$

和，積，スカラー倍の3つの演算相互の間に次のような分配法則が成り立つ．

分配法則

$$A(B+C) = AB+AC$$
$$(A+B)C = AC+BC$$
$$k(A+B) = kA+kB$$
$$(k+h)A = kA+hA$$

ここで，A, B, C は行列であり，k, h はスカラー（数）である．そして各等式は両辺の演算が定義される型の場合に成り立つという意味である．

積の結合法則は明らかではなく，しかも大変重要なので証明することにしよう．

積の結合法則の証明

$$A = (a_{ij}), \quad B = (b_{ij}), \quad C = (c_{ij})$$

をそれぞれ，$m\times n$，$n\times r$，$r\times s$ 型の行列とする．

まず，等式の両辺の行列の型が一致することを見よう．AB は $m\times r$ 型であり，したがって $(AB)C$ が定義されて $m\times s$ 型の行列になる．一方 BC は $n\times s$ 型であり，したがって $A(BC)$ が定義されて $m\times s$ 型の行列になる．したがって $(AB)C$ と $A(BC)$ は同じ型の行列であることがわかる．

次に，積の定義に従って計算しよう．AB の (i, j) 成分は，

$$\sum_{\lambda=1}^{n} a_{i\lambda}b_{\lambda j}$$

であるから，$(AB)C$ の (i, k) 成分は，

$$\sum_{j=1}^{r}\left(\sum_{\lambda=1}^{n} a_{i\lambda}b_{\lambda j}\right)c_{jk} = \sum_{j=1}^{r}\sum_{\lambda=1}^{n} a_{i\lambda}b_{\lambda j}c_{jk}$$

である．他方，同様に $A(BC)$ の (i, k) 成分は，

$$\sum_{\lambda=1}^{n} a_{i\lambda}\left(\sum_{j=1}^{r} b_{\lambda j}c_{jk}\right) = \sum_{\lambda=1}^{n}\sum_{j=1}^{r} a_{i\lambda}b_{\lambda j}c_{jk}$$

である．ところが，両者はともに $a_{i\lambda}b_{\lambda j}c_{jk}$ を λ と j について独立に動かして加えた値だから，その順番によらず和は一致する．したがって $(AB)C$ と $A(BC)$ は等しい行列である．

コメント　上の

$$\sum_{j=1}^{r}\left(\sum_{\lambda=1}^{n} a_{i\lambda}b_{\lambda j}\right)c_{jk} = \sum_{j=1}^{r}\sum_{\lambda=1}^{n} a_{i\lambda}b_{\lambda j}c_{jk}$$

について説明をしておこう．この式を $\sum$ 記号を用いない形に表してみると，確

かに上式が成りたつことが分かるだろう．

$$\begin{aligned}
\text{左辺} &= \sum_{j=1}^{r}(a_{i1}b_{1j}+a_{i2}b_{2j}+\cdots+a_{in}b_{nj})\,c_{jk} \\
&= \sum_{j=1}^{r}(a_{i1}b_{1j}c_{jk}+a_{i2}b_{2j}c_{jk}+\cdots+a_{in}b_{nj}c_{jk}) \\
&= a_{i1}b_{11}c_{1k}+a_{i2}b_{21}c_{1k}+\cdots+a_{in}b_{n1}c_{1k} \\
&\quad +a_{i1}b_{12}c_{2k}+a_{i2}b_{22}c_{2k}+\cdots+a_{in}b_{n2}c_{2k} \\
&\qquad\qquad \cdots \\
&\quad +a_{i1}b_{1r}c_{rk}+a_{i2}b_{2r}c_{rk}+\cdots+a_{in}b_{nr}c_{rk}
\end{aligned}$$

右辺では，かっこがついていない2つの $\sum$ があるが，これは j を1から r まで，λ を1から n まで動かして出来る rn 個の項を足し合せることを意味している．すなわち，いま計算した左辺の最後の式そのものを意味している．この場合，かっこを用いず2つの $\sum$ 記号を用いた表し方では，足す順序がはっきりしないが，足し算の結合律によって，結果は順序に依らないので問題ない．結局，左辺を分配法則と結合法則を用いて，バラバラにしたものが右辺である．

行列の演算と転置

行列の転置と行列の演算について次の関係が成り立つ．

$$\begin{aligned}
{}^t({}^tA) &= A \\
{}^t(A+B) &= {}^tA+{}^tB \\
{}^t(AB) &= {}^tB\,{}^tA \qquad \text{（順番に注意）} \\
{}^t(aA) &= a\,{}^tA
\end{aligned}$$

このうち，積についてのみ明らかでないので，確かめておくことにしよう．

$$A=(a_{ij}), \qquad B=(b_{ij})$$

をそれぞれ $m\times n$，$n\times l$ 型行列とする．AB の (i,j) 成分は

$$\sum_{\lambda=1}^{n} a_{i\lambda}b_{\lambda j}$$

であるから，${}^t(AB)$ の (j,i) 成分が同じ

$$\sum_{\lambda=1}^{n} a_{i\lambda}b_{\lambda j}$$

である．他方，${}^tB\,{}^tA$ の (j,i) 成分は

$$\sum_{\lambda=1}^{n} b_{\lambda j}a_{i\lambda} = \sum_{\lambda=1}^{n} a_{i\lambda}b_{\lambda j}$$

であるから，両者は一致する．

行列と数の性質の違い

行列の演算について，通常の数の演算が満たす法則と類似の演算法則が成り立つことを見た．このこととは反対に，ここでは数がもつ性質とは異なる性質が行列にはあることを見ることにしよう．

（I）　AB が定義されても，BA は定義されない場合がある．たとえば，

$$A = \begin{pmatrix} 1 & 2 & 0 \\ 3 & 8 & 2 \end{pmatrix}, \quad B = \begin{pmatrix} 5 \\ 2 \\ 3 \end{pmatrix}$$

に対しては AB は定義されるが，BA は定義されない．

（II）　2 つの n 次正方行列 A, B に対して，積 AB, BA がともに定義できるが，一般には交換法則

$$AB = BA$$

が成り立つとは限らない．

注意　常に $AB \neq BA$ というのではなく $AB \neq BA$ の場合も $AB = BA$ の場合もあり得るということである．

$AB = BA$ が成り立つとき，A と B は**可換**であるという．

例　$A = \begin{pmatrix} 1 & 0 \\ 1 & 1 \end{pmatrix}$, $B = \begin{pmatrix} 0 & 1 \\ 1 & 0 \end{pmatrix}$ とするとき，

$$AB = \begin{pmatrix} 0 & 1 \\ 1 & 1 \end{pmatrix}, \quad BA = \begin{pmatrix} 1 & 1 \\ 1 & 0 \end{pmatrix}$$

したがって $AB \neq BA$ である．つまり A と B は可換でない．

（III）　零行列でない 2 つの行列の積が零行列になることがある．すなわち，$A \neq O$, $B \neq O$ でかつ $AB = O$ となる行列 A, B が存在する．（ここで O は零行列を表わす）このような行列 A, B を**零因子**という．

例　$A = \begin{pmatrix} 1 & 0 \\ 0 & 0 \end{pmatrix}$, $B = \begin{pmatrix} 0 & 0 \\ 1 & 0 \end{pmatrix}$ とするとき，

$$AB = O$$

が成り立つ．したがって A, B は零因子である．

(IV) $A \neq O$ であっても $AB = E$(単位行列) となる行列 B が存在するとは限らない.

例 $A = \begin{pmatrix} 1 & 0 \\ 1 & 0 \end{pmatrix}$ のとき, $B = \begin{pmatrix} a & b \\ c & d \end{pmatrix}$ が $AB = E$ を満たすとすると,

$$a = 1,\ b = 0,\ a = 0,\ b = 1$$

でなければならないが, これは不可能である. すなわち $A \neq O$ でありながら $AB = E$ となる B は存在しない.

例題 2.4.1 次の行列のうち, 積が定義される組をすべて求め, その積を計算せよ.

$$A = \begin{pmatrix} 3 & 2 \\ 1 & 0 \\ 4 & 7 \end{pmatrix}, \quad B = \begin{pmatrix} 1 & -1 & 0 \\ 5 & 1 & -3 \\ 2 & 0 & 7 \end{pmatrix}$$

$$C = \begin{pmatrix} 2 & -1 \\ 0 & 5 \end{pmatrix}, \quad D = \begin{pmatrix} -1 \\ 0 \\ 5 \end{pmatrix}, \quad F = (0, -1, 3)$$

解答 行列 X と Y の積が定義されるのは, X の列の数と Y の行の数が等しいときであるので, 積が定義される組は, AC, BA, BD, DF, FA, FB, FD の 7 組である. それぞれの積を計算すると,

$$AC = \begin{pmatrix} 6 & 7 \\ 2 & -1 \\ 8 & 31 \end{pmatrix}, \quad BA = \begin{pmatrix} 2 & 2 \\ 4 & -11 \\ 34 & 53 \end{pmatrix}$$

$$BD = \begin{pmatrix} -1 \\ -20 \\ 33 \end{pmatrix}, \quad DF = \begin{pmatrix} 0 & 1 & -3 \\ 0 & 0 & 0 \\ 0 & -5 & 15 \end{pmatrix}$$

$$FA = (11 \quad 21), \quad FB = (1 \quad -1 \quad 24), \quad FD = (15)$$ ∎

例題 2.4.2 A, B を正方行列とするとき,

$$(A+B)^2 = A^2 + 2AB + B^2$$

は正しいか.

解答 正しくない. 分配法則を使って左辺を計算すると,

$$(A+B)^2 = (A+B)(A+B) = A(A+B) + B(A+B)$$

$$= A^2 + AB + BA + B^2$$

よって，

$$(A+B)^2 = A^2 + AB + BA + B^2$$

が正しい等式である．右辺は A と B が可換でなければ $A^2+2AB+B^2$ に等しくはならない．■

例　例題 2.4.2 の式が成り立たない例をあげよう．以前に用いた可換でない例がそれであるから，

$$A = \begin{pmatrix} 1 & 0 \\ 1 & 1 \end{pmatrix}, \quad B = \begin{pmatrix} 0 & 1 \\ 1 & 0 \end{pmatrix}$$

とすると，

$$左辺 = \begin{pmatrix} 1 & 1 \\ 2 & 1 \end{pmatrix}^2 = \begin{pmatrix} 3 & 2 \\ 4 & 3 \end{pmatrix}$$

$$右辺 = \begin{pmatrix} 1 & 0 \\ 1 & 1 \end{pmatrix}^2 + 2\begin{pmatrix} 1 & 0 \\ 1 & 1 \end{pmatrix}\begin{pmatrix} 0 & 1 \\ 1 & 0 \end{pmatrix} + \begin{pmatrix} 0 & 1 \\ 1 & 0 \end{pmatrix}^2 = \begin{pmatrix} 2 & 2 \\ 4 & 4 \end{pmatrix}$$

となるから等号は成立しない．

問 2.4.2　次の積を計算せよ．

（1）$\begin{pmatrix} 1 & -1 & 0 \\ 5 & 1 & -1 \end{pmatrix}\begin{pmatrix} 3 & 2 & 1 \\ 0 & -1 & 2 \\ 5 & 1 & 1 \end{pmatrix}$　（2）$\begin{pmatrix} 2 \\ -1 \\ 0 \end{pmatrix}\begin{pmatrix} 1 & 0 & -2 \end{pmatrix}$

（3）$\begin{pmatrix} 1 & 0 & -2 \end{pmatrix}\begin{pmatrix} 2 \\ -1 \\ 3 \end{pmatrix}$　（4）$\begin{pmatrix} 2 & 0 \\ 3 & -1 \\ 5 & 2 \end{pmatrix}\begin{pmatrix} 1 & 0 & 2 & 3 \\ -1 & 1 & 7 & 0 \end{pmatrix}$

2.5　正則行列，逆行列

正方行列のなかには正則行列とよばれるタイプの行列がある．行列を線形写像ととらえると，この正則行列のビジュアルなイメージがつかめることになるが，このアプローチについては章を改めて見ることにして，ここでは少し論理的に話を進めておくことにしよう．このような話の進め方に慣れることも数学を学ぶ上で大変重要なプロセスであるからである．

n 次正方行列 A に対して，次の式

$$AB = BA = E \qquad (\text{単位行列})$$

を満たす n 次正方行列 B が存在するとき，A は**正則**であるという．

行列 A に対して，上の式を満たす行列 B はただひとつしかないことを示そう．このような事実を数学ではしばしば

「行列 B は**一意的**である」

といういい方をする．いま行列 C があって

$$AC = E$$

を満たしたとする．すると

$$C = EC = (BA)C = B(AC) = BE = B$$

となり，

$$C = B$$

であることが示された．

上の式の変形において，行列の積の結合法則 $(BA)C = B(AC)$ が重要な役割を果たしていることに注意されたい．

また，$CA = E$ を満たす C についても同様に $C = B$ が導かれる．こうして次の定理が示された．

定理 2.5.1 n 次正方行列 A に対して，

$$AB = BA = E$$

となる n 次正方行列 B が存在するならば，それは一意的である．

定理 2.5.1 によって一意的に定まる行列 B を，A の**逆行列**といい，

$$A^{-1}$$

で表わす．

コメント 前節の例が示すように，勝手な n 次正方行列 A に対して，その逆行列が存在するとは限らない．定理は，もしも存在するならば，ただひとつであることを主張している．

後節で，与えられた n 次正方行列 A が正則になるのはどういうときか，したがって，A の逆行列が存在するのはどういうときかを考察する．

例 2.5.1　次の 2 つの行列は正則である．

$$A = \begin{pmatrix} 0 & 1 \\ 1 & 1 \end{pmatrix}, \qquad B = \begin{pmatrix} 1 & 2 & 0 \\ 0 & -1 & 1 \\ 0 & 0 & 3 \end{pmatrix}$$

実際，$X = \begin{pmatrix} -1 & 1 \\ 1 & 0 \end{pmatrix}$ に対して，

$$AX = XA = E$$

となる．同様に，

$$Y = \begin{pmatrix} 1 & 2 & -2/3 \\ 0 & -1 & 1/3 \\ 0 & 0 & 1/3 \end{pmatrix}$$

に対して，

$$BY = YB = E$$

コメント　例 2.5.1 より，

$$\begin{pmatrix} 0 & 1 \\ 1 & 1 \end{pmatrix}^{-1} = \begin{pmatrix} -1 & 1 \\ 1 & 0 \end{pmatrix} \qquad \begin{pmatrix} 1 & 2 & 0 \\ 0 & -1 & 1 \\ 0 & 0 & 3 \end{pmatrix}^{-1} = \begin{pmatrix} 1 & 2 & -2/3 \\ 0 & -1 & 1/3 \\ 0 & 0 & 1/3 \end{pmatrix}$$

であるが，この例では与えられた行列に対して逆行列が存在することを天下り的に与えている．一般に与えられた行列が正則であるかどうか判定したり，具体的にその逆行列を求めることについては後章で考察する．ただし，2 次の正方行列については具体的に計算によって求めることができる．

問 2.5.1　次の行列が正則かどうか判定せよ．

$$A = \begin{pmatrix} 0 & 0 \\ 1 & 1 \end{pmatrix}, \qquad B = \begin{pmatrix} 0 & -1 \\ 1 & 0 \end{pmatrix}$$

定理 2.5.2　A, B を n 次正則行列とする．そのとき積 AB も正則で，等式

$$(AB)^{-1} = B^{-1}A^{-1}$$

が成り立つ．

証明　A, B は n 次正則行列であるから，逆行列 A^{-1}, B^{-1} が存在する．これらは n 次正方行列であるから積 $B^{-1}A^{-1}$ を考えることができ，これと AB との積を計算すると，

$$(AB)(B^{-1}A^{-1}) = A(BB^{-1})A^{-1} = AEA^{-1} = AA^{-1} = E$$
$$(B^{-1}A^{-1})(AB) = B^{-1}(A^{-1}A)B = B^{-1}EB = B^{-1}B = E$$

よって，AB は正則であり，その逆行列は $B^{-1}A^{-1}$ で与えられる． ■

定理 2.5.3 A が正則ならば A^{-1} も正則で $(A^{-1})^{-1} = A$ である．

証明 A が正則ならば，A の逆行列 A^{-1} があって

$$AA^{-1} = A^{-1}A = E$$

が成り立つ．この式は A^{-1} が正則であること，および A^{-1} の逆行列 $(A^{-1})^{-1}$ は A であることを意味している． ■

問 2.5.2 $A = \begin{pmatrix} 2 & 1 \\ 1 & 1 \end{pmatrix}$ の逆行列 A^{-1} を求めよ．

定理 2.5.4 A が正則行列ならば，${}^tA$ も正則であって，その逆行列は，

$$({}^tA)^{-1} = {}^t(A^{-1})$$

で与えられる．

証明 仮定より，A の逆行列 A^{-1} があって $AA^{-1} = A^{-1}A = E$ が成り立つ．この式の両辺の転置行列を考えると，

$${}^t(AA^{-1}) = {}^t(A^{-1}A) = {}^tE$$

行列の積の転置の性質と ${}^tE = E$ から

$${}^t(A^{-1})\,{}^tA = {}^tA\,{}^t(A^{-1}) = E$$

が成り立つ．この式は，${}^tA$ も正則であって，しかも

$$({}^tA)^{-1} = {}^t(A^{-1})$$

であることを示している．

正方行列のべき乗

正方行列 A と自然数 n に対して

$$A^n = \underbrace{A\cdots A}_{n\text{ 個}}$$

とおき，A の**べき乗**または $\boldsymbol{n}$ **乗**という．

A が正則行列のときは，この定義は次のように一般化される．

$$A^0 = E \quad \text{単位行列} \qquad A^n = (A^{-1})^{-n} \quad (n < 0)$$

2.6　行列の分割

行列をいくつかのブロックに分けて考えると，いろいろと便利がよいことがある．ここでは，その基礎的なことをまとめ，慣れておくことにしよう．

分割の仕方は，行と列を分けることによって行列をいくつかの小さな行列に分割するというものである．その結果，あたかも“行列を成分とする行列”のように考えられ，計算や証明の見通しがよくなることがある．

$A =$

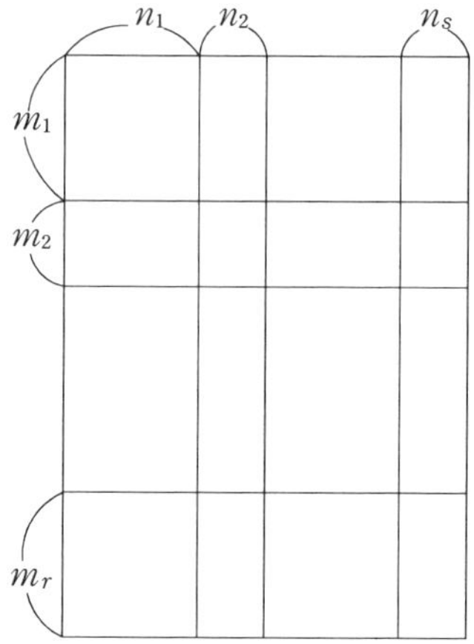

この各ブロックから得られる行列 A_{ij} を A の**小行列**といい，行列 A を

$$A = \begin{pmatrix} A_{11} & A_{12} & \cdots & A_{1s} \\ A_{21} & A_{22} & \cdots & A_{2s} \\ \vdots & \vdots & & \vdots \\ A_{r1} & A_{r2} & \cdots & A_{rs} \end{pmatrix}$$

のように表わす．これを A の**分割**という．

例

$$A = \left(\begin{array}{ccc:c} 1 & 2 & 3 & 4 \\ 5 & 6 & 7 & 8 \\ \hdashline 9 & 10 & 11 & 12 \end{array}\right) = \begin{pmatrix} A_{11} & A_{12} \\ A_{21} & A_{22} \end{pmatrix}$$

$$A_{11} = \begin{pmatrix} 1 & 2 & 3 \\ 5 & 6 & 7 \end{pmatrix}, \quad A_{12} = \begin{pmatrix} 4 \\ 8 \end{pmatrix}, \quad A_{21} = (9 \ \ 10 \ \ 11), \quad A_{22} = (12)$$

行列の分割として，とくに行ベクトルによる分割と列ベクトルによる分割がある．

すなわち，

$$A = \begin{pmatrix} a_{11} & \cdots & a_{1n} \\ a_{21} & & a_{2n} \\ \vdots & & \vdots \\ a_{m1} & \cdots & a_{mn} \end{pmatrix}$$

とするとき，A の行ベクトル

$$\boldsymbol{a}_1 = (a_{11} \ \ a_{12} \cdots a_{1n}), \ \ \boldsymbol{a}_2 = (a_{21} \ \ a_{22} \cdots a_{2n}), \cdots, \ \ \boldsymbol{a}_m = (a_{m1} \ \ a_{m2} \cdots a_{mn})$$

および，A の列ベクトル

$$\boldsymbol{a}_1' = \begin{pmatrix} a_{11} \\ a_{21} \\ \vdots \\ a_{m1} \end{pmatrix}, \ \ \boldsymbol{a}_2' = \begin{pmatrix} a_{12} \\ a_{22} \\ \vdots \\ a_{m2} \end{pmatrix}, \ \ \cdots, \ \ \boldsymbol{a}_n' = \begin{pmatrix} a_{1n} \\ a_{2n} \\ \vdots \\ a_{mn} \end{pmatrix}$$

を考えることによって，A の 2 種類のブロック分割が得られる．

$$A = \begin{pmatrix} \boldsymbol{a}_1 \\ \boldsymbol{a}_2 \\ \vdots \\ \boldsymbol{a}_m \end{pmatrix} = (\boldsymbol{a}_1' \ \ \boldsymbol{a}_2' \ \ \cdots \ \ \boldsymbol{a}_n')$$

この分割は，いろいろな定理の証明においてしばしば用いられるものである．

分割と演算

行列を分割する利点の 1 つは，和や積といった演算が見やすいという点にある．

和，スカラー倍

行列 A, B がともに $m \times n$ 行列のとき，A, B を同じ型のブロックに分割して

$$A = \begin{pmatrix} A_{11} & A_{12} & \cdots & A_{1s} \\ A_{21} & A_{22} & \cdots & A_{2s} \\ \vdots & \vdots & & \vdots \\ A_{r1} & A_{r2} & \cdots & A_{rs} \end{pmatrix}, \quad B = \begin{pmatrix} B_{11} & B_{12} & \cdots & B_{1s} \\ B_{21} & B_{22} & \cdots & B_{2s} \\ \vdots & \vdots & & \vdots \\ B_{r1} & B_{r2} & \cdots & B_{rs} \end{pmatrix}$$

とするとき，和やスカラー倍は次のようにブロックごとに考えればよい．

$$A+B=\begin{pmatrix} A_{11}+B_{11} & A_{12}+B_{12} & \cdots & A_{1s}+B_{1s} \\ A_{21}+B_{21} & A_{22}+B_{22} & \cdots & A_{2s}+B_{2s} \\ \vdots & \vdots & & \vdots \\ A_{r1}+B_{r1} & A_{r2}+B_{r2} & \cdots & A_{rs}+B_{rs} \end{pmatrix}$$

$$\lambda A=\begin{pmatrix} \lambda A_{11} & \lambda A_{12} & \cdots & \lambda A_{1s} \\ \lambda A_{21} & \lambda A_{22} & \cdots & \lambda A_{2s} \\ \vdots & \vdots & & \vdots \\ \lambda A_{r1} & \lambda A_{r2} & \cdots & \lambda A_{rs} \end{pmatrix}$$

積

ブロックに分けて考える効能は，特に積の演算をブロックごとに行うことにある．行列 A が $m\times n$ 行列，行列 B が $n\times l$ 行列とする．A と B の分割において，A の列の分け方と B の行の分け方が次のように同じであると仮定する．

$$A=\begin{array}{c} \begin{matrix} n_1 & n_2 & \cdots & n_s \end{matrix} \\ \begin{pmatrix} A_{11} & A_{12} & \cdots & A_{1s} \\ A_{21} & A_{22} & \cdots & A_{2s} \\ \vdots & \vdots & & \vdots \\ A_{r1} & A_{r2} & \cdots & A_{rs} \end{pmatrix} \end{array} \qquad B=\begin{matrix} n_1 \\ n_2 \\ \vdots \\ n_s \end{matrix}\begin{pmatrix} B_{11} & B_{12} & \cdots & B_{1t} \\ B_{21} & B_{22} & \cdots & B_{2t} \\ \vdots & \vdots & & \\ B_{s1} & B_{s2} & \cdots & B_{st} \end{pmatrix}$$

このとき，積 AB は各ブロックの行列をあたかも数であるかのように考えて形式的に行列の積をとることによって行列の積が計算できる．すなわち，

$$AB=\begin{pmatrix} C_{11} & C_{12} & \cdots & C_{1t} \\ C_{21} & C_{22} & \cdots & C_{2t} \\ \vdots & \vdots & & \vdots \\ C_{r1} & C_{r2} & \cdots & C_{rt} \end{pmatrix}$$

とおくとき，

$$C_{ij}=A_{i1}B_{1j}+\cdots+A_{is}B_{sj}=\sum_{\lambda=1}^{s}A_{i\lambda}B_{\lambda j}$$

$$(i=1,\cdots,r,\ \ j=1,\cdots,t)$$

である．ただし，$A_{i\lambda}B_{\lambda j}$ はもちろん行列 $A_{i\lambda}$ と行列 $B_{\lambda j}$ の行列としての積を表わす．なお，上の式が成り立つことは，後の問などの計算を行うことによってよく分かるので，形式的な証明は与えない．

とくに，行ベクトル，列ベクトルへの分割に関して書くと次のようにいろいろな形に表わされる．時と場合，目的によりこれらをうまく使いわけることになる．

（1） $AB = \begin{pmatrix} \boldsymbol{a}_1 \\ \boldsymbol{a}_2 \\ \vdots \\ \boldsymbol{a}_m \end{pmatrix} (\boldsymbol{b}_1' \ \cdots \ \boldsymbol{b}_l') = \begin{pmatrix} \boldsymbol{a}_1\boldsymbol{b}_1' & \boldsymbol{a}_1\boldsymbol{b}_2' & \cdots & \boldsymbol{a}_1\boldsymbol{b}_l' \\ \boldsymbol{a}_2\boldsymbol{b}_1' & \boldsymbol{a}_2\boldsymbol{b}_2' & \cdots & \boldsymbol{a}_2\boldsymbol{b}_l' \\ \vdots & \vdots & & \vdots \\ \boldsymbol{a}_m\boldsymbol{b}_1' & \boldsymbol{a}_m\boldsymbol{b}_2' & \cdots & \boldsymbol{a}_m\boldsymbol{b}_l' \end{pmatrix}$

（2） $AB = \begin{pmatrix} \boldsymbol{a}_1 \\ \boldsymbol{a}_2 \\ \vdots \\ \boldsymbol{a}_m \end{pmatrix} B = \begin{pmatrix} \boldsymbol{a}_1 B \\ \boldsymbol{a}_2 B \\ \vdots \\ \boldsymbol{a}_m B \end{pmatrix}$

（3） $AB = A(\boldsymbol{b}_1' \ \boldsymbol{b}_2' \ \cdots \ \boldsymbol{b}_l') = (A\boldsymbol{b}_1' \ A\boldsymbol{b}_2' \ \cdots \ A\boldsymbol{b}_l')$

（4） $AB = (\boldsymbol{a}_1' \ \boldsymbol{a}_2' \ \cdots \ \boldsymbol{a}_n') \begin{pmatrix} \boldsymbol{b}_1 \\ \boldsymbol{b}_2 \\ \vdots \\ \boldsymbol{b}_n \end{pmatrix} = (\boldsymbol{a}_1'\boldsymbol{b}_1 + \boldsymbol{a}_2'\boldsymbol{b}_2 + \cdots + \boldsymbol{a}_n'\boldsymbol{b}_n)$

例 A_1, B_1 が m 次正方行列，A_2, B_2 が n 次正方行列のとき，

$$\begin{pmatrix} A_1 & O \\ O & A_2 \end{pmatrix} \begin{pmatrix} B_1 & O \\ O & B_2 \end{pmatrix} = \begin{pmatrix} A_1 B_1 & O \\ O & A_2 B_2 \end{pmatrix}$$

$$\begin{pmatrix} A_1 & O \\ * & A_2 \end{pmatrix} \begin{pmatrix} B_1 & O \\ * & B_2 \end{pmatrix} = \begin{pmatrix} A_1 B_1 & O \\ * & A_2 B_2 \end{pmatrix}$$

$$\begin{pmatrix} A_1 & * \\ O & A_2 \end{pmatrix} \begin{pmatrix} B_1 & * \\ O & B_2 \end{pmatrix} = \begin{pmatrix} A_1 B_1 & * \\ O & A_2 B_2 \end{pmatrix}$$

ここで，等式の左辺の*は，ブロックのサイズさえあえば何でもよいことを意味し，右辺の*はそのサイズのある定まった行列を表わす．すなわち，ブロックに零行列がこのように入るタイプの行列は，積もまた，このタイプになることを意味する．（*の記号は同じ行列を表しているわけではない．）

この例のように，行列の分割はブロックに零行列があるとき，行列の積の計算が簡単になり，しばしば用いられる．

問 2.6.1 次の行列の積を与えられた分割を用いて計算せよ．

$$\left(\begin{array}{cc:cc} 1 & 2 & 1 & 0 \\ 3 & 4 & 0 & 1 \\ \hdashline 0 & 0 & 3 & 1 \\ 0 & 0 & 5 & 1 \end{array}\right)\left(\begin{array}{cc:cc} 1 & 1 & 1 & 0 \\ 2 & 3 & 0 & 1 \\ \hdashline 0 & 0 & 2 & 0 \\ 0 & 0 & 0 & 1 \end{array}\right)$$

問 2.6.2　$(\boldsymbol{a}_1\ \boldsymbol{a}_2\ \boldsymbol{a}_3)$ を行列の列ベクトル分割とするとき，次を計算せよ．

$$(\boldsymbol{a}_1\ \boldsymbol{a}_2\ \boldsymbol{a}_3)\begin{pmatrix} 1 \\ -1 \\ 2 \end{pmatrix}$$

問 2.6.3　$A = (\boldsymbol{a}_1\ \boldsymbol{a}_2)$ を列ベクトル分割，$B = \begin{pmatrix} 3 & 7 \\ 2 & -1 \end{pmatrix}$ のとき，積 AB の列ベクトルへの分割を求めよ．

2.7　複素行列

ベクトルに実ベクトルと複素ベクトルがあったように，行列にも実行列と複素行列がある．今まで扱ってきた実数を成分とする行列のことを強調して**実行列**といい，複素数を成分とする行列を**複素行列**という．たとえば

$$A = \begin{pmatrix} 1+i & 3 & 2+4i \\ 7i & 4-5i & 8 \end{pmatrix}$$

は 2 行 3 列の複素行列である．そして複素行列のカテゴリーではスカラーとして複素数 $\boldsymbol{C}$ を考える．

複素行列に対しても演算は同様に定義され，演算法則も同様に成り立つ．

複素共役行列

複素行列になって新たに加わる演算として複素共役行列のコンセプトがある．

$A = (a_{ij})$ を $m \times n$ 複素行列とする．各成分 a_{ij} の共役複素数 $\bar{a}_{ij}$ を (i, j) 成分とする行列を $\bar{A}$ で表わし，A の**複素共役行列**という．

例題 2.7.1　$A = \begin{pmatrix} 1+i & -2 & 3-5i \\ 7i & 2-2i & 0 \end{pmatrix}$，$B = \begin{pmatrix} 2-3i & 4+2i & i \\ 1+2i & 8 & 3-7i \end{pmatrix}$

に対して，

$$\bar{A},\quad \bar{B},\quad \bar{A}+\bar{B},\quad 2iA$$

をそれぞれ求めよ．

解答　$\bar{A}=\begin{pmatrix}1-i & -2 & 3+5i\\ -7i & 2+2i & 0\end{pmatrix}$　$\bar{B}=\begin{pmatrix}2+3i & 4-2i & -i\\ 1-2i & 8 & 3+7i\end{pmatrix}$

$$\bar{A}+\bar{B}=\begin{pmatrix}1-i+2+3i & -2+4-2i & 3+5i-i\\ -7i+1-2i & 2+2i+8 & 0+3+7i\end{pmatrix}=\begin{pmatrix}3+2i & 2-2i & 3+4i\\ 1-9i & 10+2i & 3+7i\end{pmatrix}$$

$$2iA=2i\begin{pmatrix}1+i & -2 & 3-5i\\ 7i & 2-2i & 0\end{pmatrix}=\begin{pmatrix}2i\times(1+i) & 2i\times(-2) & 2i\times(3-5i)\\ 2i\times 7i & 2i\times(2-2i) & 2i\times 0\end{pmatrix}$$

$$=\begin{pmatrix}-2+2i & -4i & 10+6i\\ -14 & 4+4i & 0\end{pmatrix}$$

■

問 2.7.1　$A=\begin{pmatrix}1+i & 3i\\ 7i & 2-5i\end{pmatrix}$ に対して，

$$\bar{A},\quad (1+2i)A,\quad {}^t\!A,\quad \frac{1}{2}(A+\bar{A}),\quad \frac{1}{2}(A-\bar{A}),\quad -\frac{i}{2}(A-\bar{A})$$

を計算せよ．

定理 2.7.1　複素行列 A, B とスカラー（複素数）λ に対して，次が成り立つ．

$$\overline{A+B}=\bar{A}+\bar{B},\qquad \overline{\lambda A}=\bar{\lambda}\bar{A}$$
$$\overline{AB}=\bar{A}\bar{B},\qquad \bar{\bar{A}}=A$$

証明　複素数の共役に関する基本的性質（定理 1.3.1）よりただちに導かれる．

複素行列 A に対して，$A^*={}^t\!\bar{A}$ とおき，A の**随伴行列**という．

定理 2.7.2　複素行列 A, B とスカラー（複素数）λ に対して，次が成り立つ．

$$(A+B)^*=A^*+B^*,\qquad (\lambda A)^*=\bar{\lambda}A^*$$
$$(AB)^*=B^*A^*,\qquad (A^*)^*=A$$

証明　転置と共役に関する基本的性質よりただちに導かれる．

問 2.7.2　$A=\begin{pmatrix}i & 2+3i & 1-i\\ 5 & 3-i & 7i\end{pmatrix}$ に対して，A^*, AA^* を計算せよ．

エルミット行列，ユニタリ行列，直交行列

$A^* = A$ を満足する正方行列 A を**エルミット行列**という．とくに A が実行列であるとき，A がエルミット行列という条件は ${}^tA = A$ であるから，A は対称行列に他ならない．

$AA^* = A^*A = E$ を満足する正方行列 A を**ユニタリ行列**という．とくに A が実行列であるとき，A がユニタリ行列という条件は $A{}^tA = {}^tAA = E$ であって，このとき A を**直交行列**という．

エルミット行列，ユニタリ行列，直交行列に関する考察は後に改めて行う．

問　題

1. $A = \begin{pmatrix} 1 & 0 \\ 2 & -1 \end{pmatrix}$, $B = \begin{pmatrix} 3 & 0 \\ -1 & 1 \\ 2 & 5 \end{pmatrix}$, $C = \begin{pmatrix} 1 & 0 & 0 \\ 7 & 3 & 1 \\ 0 & -1 & 0 \end{pmatrix}$, $D = \begin{pmatrix} 1 & 0 & 2 \\ 3 & 1 & 5 \end{pmatrix}$

に対して，次の行列を計算せよ．

（1）$2A+3DB$　（2）$BD+5C$　（3）$BA-3{}^tD$　（4）$DCB+2{}^tA$

2.
$$A = \begin{pmatrix} 1+i & 0 \\ 2 & 3i \end{pmatrix}, \qquad B = \begin{pmatrix} 3+2i & 0 \\ -1 & i \\ 2i & 1-5i \end{pmatrix}$$

$$C = \begin{pmatrix} i & 0 & 0 \\ 7+i & 3i & 1 \\ 0 & -1-i & 0 \end{pmatrix}, \qquad D = \begin{pmatrix} i & 0 & 2+i \\ 3-i & 1 & 4-i \end{pmatrix}$$

に対して，次の行列を計算せよ．

（1）$3\overline{A}-D\overline{B}$　（2）$B\overline{D}+2\overline{C}$　（3）$3\overline{BA}-7D^*$　（4）$3A^*-D\overline{C}\,\overline{B}$

3. $A = \begin{pmatrix} 1 & 9 \\ 0 & 1 \end{pmatrix}$ に対して，A の n 乗 A^n（n は整数）を求めよ．

4. 次の行列 X に対して，X の n 乗 X^n（n は自然数）を求めよ．

$$A = \begin{pmatrix} 0 & 1 & 0 \\ 0 & 0 & 1 \\ 0 & 0 & 0 \end{pmatrix}, \qquad B = \begin{pmatrix} a & 0 & 0 \\ 0 & b & 0 \\ 0 & 0 & c \end{pmatrix}$$

$$C = \begin{pmatrix} a & 0 \\ b & 1 \end{pmatrix}, \qquad D = \begin{pmatrix} 0 & 1 & 0 \\ 0 & 0 & 1 \\ 1 & 0 & 0 \end{pmatrix}$$

5. 次の行列の組は可換かどうか判定せよ.

（1） $\begin{pmatrix} a & 1 & 0 \\ 0 & b & 0 \\ 0 & 0 & c \end{pmatrix}, \begin{pmatrix} 0 & 1 & 0 \\ 0 & 0 & 1 \\ 1 & 0 & 0 \end{pmatrix}$ （2） $\begin{pmatrix} a & 0 & 0 \\ 0 & b & 0 \\ 0 & 0 & c \end{pmatrix}, \begin{pmatrix} 0 & 0 & a \\ 0 & b & 0 \\ c & 0 & 0 \end{pmatrix}$

6. 次の行列の逆行列を求めよ.

$$\begin{pmatrix} 0 & 0 & 1 \\ 1 & 0 & 0 \\ 0 & 1 & 0 \end{pmatrix}, \quad \begin{pmatrix} 0 & -1 & 0 \\ -1 & 0 & 0 \\ 0 & 0 & 1 \end{pmatrix}$$

7. 正方行列 A が $A^m = O$ を満たすとき,

$$(E-A)(E+A+A^2+\cdots+A^{m-1})$$
$$(E+A)(E-A+A^2-\cdots+(-A)^{m-1})$$

を計算し, $E-A, E+A$ が正則行列であることを示せ.

8. A を $m\times n$ 行列, E_m, E_n をそれぞれ m 次の単位行列, n 次の単位行列とする.

$$B = \begin{pmatrix} E_m & A \\ O & E_n \end{pmatrix}$$

（1） B の逆行列を求めよ.　　（2） B^k（k は整数）を求めよ.

9. A と C がそれぞれ m 次正則行列, n 次正則行列とする. 任意の $m\times n$ 行列 B に対して

$$F = \begin{pmatrix} A & B \\ O & C \end{pmatrix}$$

とおくと, F は正則行列になることを示せ.

10. 任意の実正方行列 A に対して $A+{}^tA, A^tA$ は対称行列であることを示せ.

11. 交代行列の対角成分は 0 であることを示せ.

12. 任意の実正方行列 A に対して, $A-{}^tA$ は交代行列であることを示せ.

13. 対称行列でありかつ交代行列である実正方行列は零行列に限ることを示せ.

14. 任意の実正方行列は対称行列と交代行列の和として, 一意的に表わされることを示せ.

15. エルミット行列の対角成分は実数であることを示せ.

16. 任意の複素正方行列 A に対して, $A+A^*$, AA^* はエルミット行列であることを示せ.

3 線形写像

線形代数をビジュアルにとらえる

線形代数を学ぶには，その名のとおり代数的に学ぶことは当然のことながら，代数的に定義し，代数的に考察するだけでは何をやっているのか初学者には分かりにくいきらいがある．そこでこの章では線形代数を目に見えるように，つまりビジュアル化することを考える．そのためのキーワードが「**線形写像**」である．線形写像はまた，「線形変換」とか「1 次変換」ともよばれるものである．

線形写像の幾何学的考察を通して，すでにあつかった行列の性質や，以後登場するあらゆる概念が視覚化されるのである．

3.1 写像

集合 X の元に対して，集合 Y の元を定める対応 f のことを**写像**といい，

$$f\colon X \longrightarrow Y$$

と表わす．そのとき X を f の**定義域**，Y を f の**値域**という．写像 $f\colon X \to Y$ によって X の元 x に Y の元 y が対応するとき，y を f による x の**像**といい，

$$y = f(x)$$

と書く．x が X のすべての元をわたるとき，x の像 $f(x)$ 全体のつくる Y の部分集合を，写像 f の**像**といい，$\mathrm{Im}\, f$ または $f(X)$ で表わす．すなわち，

$$\mathrm{Im}\, f = f(X) = \{f(x) \mid x \in X\}$$

一般に $\mathrm{Im}\, f$ は Y の部分集合であるが，とくに

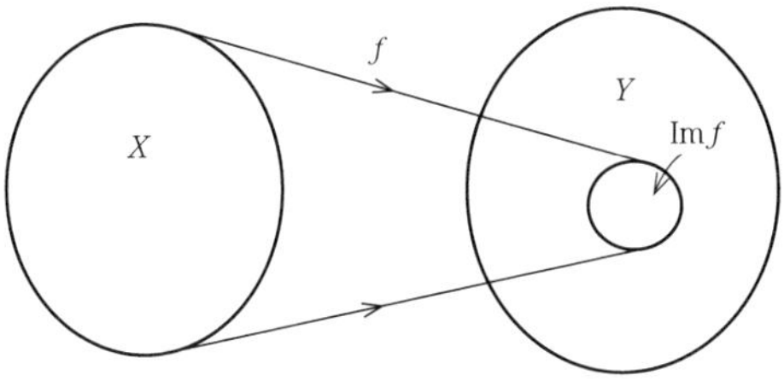

図 3.1

$$\operatorname{Im} f = Y$$

のとき，f は**全射**であるという．

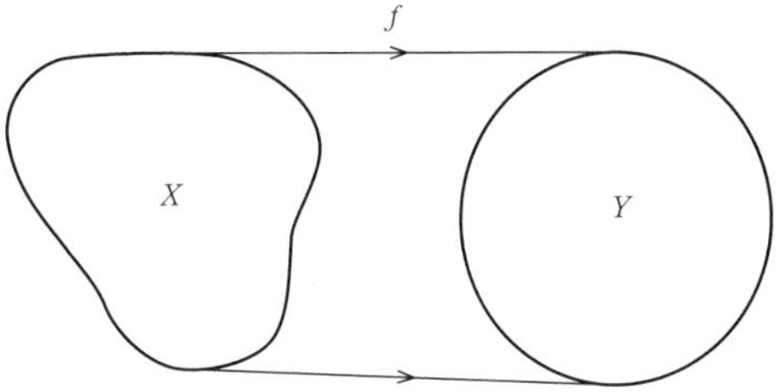

図 3.2 全射

また，写像 f が**単射**であるとは，X の任意の異なる 2 元 x_1, x_2 に対して $f(x_1) \neq f(x_2)$ が成り立つときをいう．

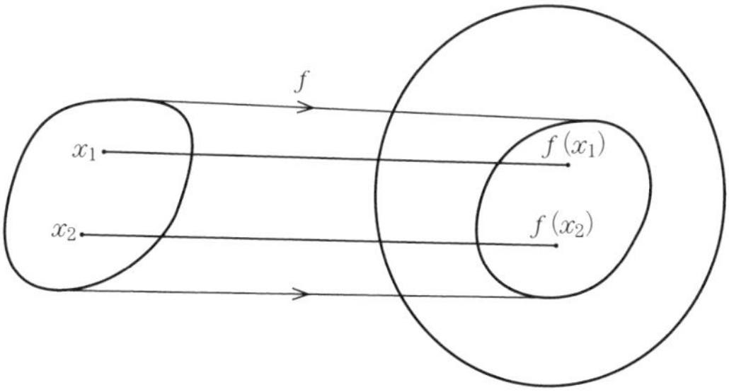

図 3.3 単射

全射かつ単射である写像は**全単射**であるという．

定義域も値域も同じ集合 X である写像 $f\colon X \to X$ であって，X の任意の元 x に対して，同じ元 x を対応させる写像を**恒等写像**といい，通常

$$\mathrm{id}\colon X \longrightarrow X$$

で表わす．

例 3.1.1　$y = f(x) = x^2$ によって与えられる写像 $f\colon \boldsymbol{R} \to \boldsymbol{R}$ は全射でもないし，単射でもない．なぜならば，写像 f の像 $\mathrm{Im}\, f$ は 0 以上の実数であるから全射でないし，$x \neq 0$ に対しては $x \neq -x$ であるが，$f(x) = f(-x)$ であるから単射でもない．

写像の合成

2 つの写像 $f\colon X \to Y$，$g\colon Y \to Z$ が与えられたとする．X の任意の元 x に対して，写像 f によって x の像 $f(x)$ が定まる．$f(x)$ は Y の元であるから，さらに写像 g によって $f(x)$ の像 $g(f(x))$ が定まる．こうして X の元 x に対して，Z の元 $g(f(x))$ が定まるから，これは集合 X から集合 Z への写像を定義する．この写像を f と g の**合成写像**といい，$g\circ f$ で表わす．すなわち

$$g\circ f\colon X \longrightarrow Z$$

という写像である．これらを図に書くと次のようになる．

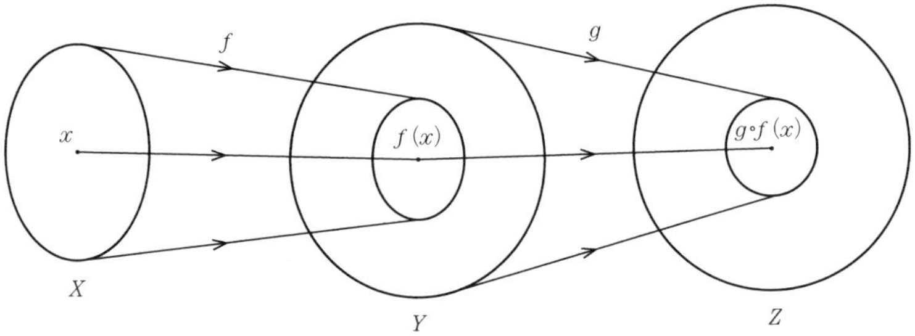

図 3.4

定理 3.1.1　写像 $f\colon X \to Y$ が全単射ならば，写像 $g\colon Y \to X$ が存在して，

$$g\circ f = \mathrm{id}, \qquad f\circ g = \mathrm{id}$$

をみたす．

証明　Y の任意の元 y に対して，f が全射の仮定より，X の元 x が存在して

$$f(x) = y$$

となる．また，f が単射であるから，この式をみたす x はただひとつである．よって対応 $y \mapsto x$ が考えられ，この対応によって写像

$$g\colon Y \longrightarrow X$$

を定義する．この写像 g は明らかに

$$g\circ f = \mathrm{id}, \qquad f\circ g = \mathrm{id}$$

をみたす. ∎

定理3.1.1によって得られた写像 $g\colon Y \to X$ を，写像 $f\colon X \to Y$ の**逆写像**といい，$g = f^{-1}$ と書く.

コメント f の逆写像 f^{-1} は，f が全単射のときにのみ定義され，そのとき f^{-1} も全単射となり，$(f^{-1})^{-1} = f$ をみたすことに注意せよ.

例題 3.1.1 $y = f(x) = ax+b\ (a \neq 0)$ で与えられる写像 $f\colon \boldsymbol{R} \to \boldsymbol{R}$ は全単射であることを示し，f の逆写像 f^{-1} を求めよ.

解答 任意の y に対して，$y = ax+b$ を x について解いて，

$$x = \frac{y-b}{a}$$

と求まるから f は全射である．また，任意の異なる x_1, x_2 に対して，

$$f(x_1)-f(x_2) = a(x_1-x_2) \neq 0$$

であるから，f は単射である．したがって f の逆写像が存在し，それは

$$f^{-1}(y) = \frac{1}{a}y-\frac{b}{a}$$

によって定義される写像 $f^{-1}\colon \boldsymbol{R} \to \boldsymbol{R}$ である. ∎

問 3.1.1

$$y = f(x) = x^3-x$$

によって定義される写像 $f\colon \boldsymbol{R} \to \boldsymbol{R}$ は全射であるが単射ではないことを示せ.

定理 3.1.2 集合 X, Y の間の2つの写像 $f\colon X \to Y$，$g\colon Y \to X$ が

$$g\circ f = \mathrm{id}$$

をみたすなら，f は単射，g は全射である．さらに，

$$f\circ g = \mathrm{id}$$

もみたすなら，f, g はいずれも全単射であって，

$$g = f^{-1}, \qquad f = g^{-1}$$

証明 $x_1, x_2 \in X$ に対して，$f(x_1) = f(x_2)$ と仮定すると，$g\circ f = \mathrm{id}$ より

$$x_1 = g\circ f(x_1) = g\circ f(x_2) = x_2$$

ゆえに，f は単射である．また，X の任意の元 x に対して

$$g \circ f(x) = g(f(x)) = x$$

であるから，g は全射である．

さらに，$f \circ g = \mathrm{id}$ ならば，同様に g が単射，f が全射が示される．しかも逆写像の定義から　$g = f^{-1}$，$f = g^{-1}$　である． ∎

3.2　線形写像

実数の集合 $\boldsymbol{R}$ 上で定義される関数のうち，最も簡単なものは

$$y = f(x) = ax$$

の形の１次関数であろう．

この関数は，x と y が比例関係になっていることを意味している．この比例関係を多変数に拡張したものが，本章の主題になる線形写像である．

線形写像は一般のベクトル空間の間の写像として定義されるものであるが，この章では数ベクトル空間の間の線形写像を扱うことにする．その理由は，最初は具体的に見える形の写像の方が，理解しやすいからである．後に抽象的扱いも行うが，じつは本質的には同じ内容であることがやがて明らかになる．

数ベクトル空間の間の線形写像

n 項数ベクトル空間 $\boldsymbol{R}^n$ から m 項数ベクトル空間 $\boldsymbol{R}^m$ への写像

$$f\colon \boldsymbol{R}^n \longrightarrow \boldsymbol{R}^m$$

が線形写像であるとは，ベクトルの和とスカラー倍という演算を保つものをいう．すなわち，

定義 3.2.1（線形写像）

写像 $f\colon \boldsymbol{R}^n \to \boldsymbol{R}^m$ が**線形写像**であるとは，$\boldsymbol{R}^n$ の任意のベクトル，$\boldsymbol{a}, \boldsymbol{b}$ と任意のスカラー（数）k に対して，

（１）　$f(\boldsymbol{a}+\boldsymbol{b}) = f(\boldsymbol{a})+f(\boldsymbol{b})$

（２）　$f(k\boldsymbol{a}) = kf(\boldsymbol{a})$

が成り立つときにいう．

注意 3.2.1 線形写像の性質は後に詳しく考察するが，簡単なものとして，ゼロベクトルはゼロベクトルに写すという性質をもつ．なぜならば，線形写像の定義の (2) より，

$$f(\mathbf{0}) = f(0\,\mathbf{0}) = 0f(\mathbf{0}) = \mathbf{0}$$

となるからである．ここで式の最後の $\mathbf{0}$ は $\boldsymbol{R}^m$ のゼロベクトルであり，その他の $\mathbf{0}$ は $\boldsymbol{R}^n$ のゼロベクトルである．

例題 3.2.1 関数 $y = f(x) = ax$ による写像は線形写像であることを示せ．

解答 任意の実数 x_1, x_2, k に対して，

（1） $f(x_1+x_2) = a(x_1+x_2) = ax_1+ax_2 = f(x_1)+f(x_2)$

（2） $f(kx_1) = a(kx_1) = k(ax_1) = kf(x_1)$

が成り立つから線形写像である．

例題 3.2.2 関数 $y = f(x) = ax+b$ による写像 $f\colon \boldsymbol{R} \to \boldsymbol{R}$ は b が零でないときは線形写像ではないことを示せ．

解答 上の注意より，もしも f が線形写像ならば，0 を 0 に写さなければならないが，この関数は $y = f(0) = a0+b = b \neq 0$ となり，条件を満たさない．

問 3.2.1 関数 $y = f(x) = ax^2$ による写像 $f\colon \boldsymbol{R} \to \boldsymbol{R}$ が線形写像になる条件を求めよ．

例題 3.2.3 $f\left(\begin{pmatrix} x_1 \\ x_2 \end{pmatrix}\right) = \begin{pmatrix} x_1+x_2 \\ 2x_1 \\ x_1-3x_2 \end{pmatrix}$ による写像 $f\colon \boldsymbol{R}^2 \longrightarrow \boldsymbol{R}^3$ は線形写像であることを示せ．

解答

$$f\left(\begin{pmatrix} x_1 \\ x_2 \end{pmatrix} + \begin{pmatrix} x_1' \\ x_2' \end{pmatrix}\right) = f\left(\begin{pmatrix} x_1+x_1' \\ x_2+x_2' \end{pmatrix}\right)$$

$$= \begin{pmatrix} x_1+x_1'+x_2+x_2' \\ 2(x_1+x_1') \\ x_1+x_1'-3(x_2+x_2') \end{pmatrix} = \begin{pmatrix} x_1+x_2 \\ 2x_1 \\ x_1-3x_2 \end{pmatrix} + \begin{pmatrix} x_1'+x_2' \\ 2x_1' \\ x_1'-3x_2' \end{pmatrix}$$

$$= f\left(\begin{pmatrix} x_1 \\ x_2 \end{pmatrix}\right) + f\left(\begin{pmatrix} x_1' \\ x_2' \end{pmatrix}\right)$$

$$f\left(k\begin{pmatrix}x_1\\x_2\end{pmatrix}\right)=f\left(\begin{pmatrix}kx_1\\kx_2\end{pmatrix}\right)=\begin{pmatrix}kx_1+kx_2\\2kx_1\\kx_1-3kx_2\end{pmatrix}=k\begin{pmatrix}x_1+x_2\\2x_1\\x_1-3x_2\end{pmatrix}=kf\left(\begin{pmatrix}x_1\\x_2\end{pmatrix}\right)$$

ゆえに f は線形写像である．

問 3.2.2

$$f\left(\begin{pmatrix}x_1\\x_2\end{pmatrix}\right)=\begin{pmatrix}ax_2+b\\cx_1{}^2+dx_2\end{pmatrix}$$

による写像 f: $\boldsymbol{R}^2\to\boldsymbol{R}^2$ が線形となるための必要十分条件を求めよ．

線形写像の合成

2 つの線形写像の合成はまた線形写像になることを示そう．

定理 3.2.1　f: $\boldsymbol{R}^n\to\boldsymbol{R}^m$, g: $\boldsymbol{R}^m\to\boldsymbol{R}^l$ を 2 つの線形写像とすると，合成写像 $g\circ f$: $\boldsymbol{R}^n\to\boldsymbol{R}^l$ は線形写像である．

証明　(1)　$\boldsymbol{R}^n$ の任意のベクトル $\boldsymbol{a}, \boldsymbol{b}$ に対して，

$$\begin{aligned}g\circ f(\boldsymbol{a}+\boldsymbol{b}) &= g(f(\boldsymbol{a}+\boldsymbol{b})) = g(f(\boldsymbol{a})+f(\boldsymbol{b}))\\ &= g(f(\boldsymbol{a}))+g(f(\boldsymbol{b})) = g\circ f(\boldsymbol{a})+g\circ f(\boldsymbol{b})\end{aligned}$$

(2)　$\boldsymbol{R}^n$ の任意のベクトル $\boldsymbol{a}$ と任意のスカラー k に対して，

$$g\circ f(k\boldsymbol{a}) = g(f(k\boldsymbol{a})) = g(kf(\boldsymbol{a})) = kg(f(\boldsymbol{a})) = kg\circ f(\boldsymbol{a})$$

以上より，合成写像 $g\circ f$ は線形写像であることが示された．

3.3　線形写像の行列表現

この節では，線形写像は行列によって書き表わされ，逆に行列は線形写像を定義することを見ることにする．その結果，両者は同一視することができる．

標準基底

$\boldsymbol{R}^n$ のベクトルを列ベクトルで表わすことにして，次のベクトルを考える．

$$\boldsymbol{e}_1=\begin{pmatrix}1\\0\\\vdots\\\vdots\\0\end{pmatrix},\ \boldsymbol{e}_2=\begin{pmatrix}0\\1\\0\\\vdots\\0\end{pmatrix},\cdots,\boldsymbol{e}_j=\begin{pmatrix}0\\\vdots\\1\\\vdots\\0\end{pmatrix}<j,\cdots,\boldsymbol{e}_n=\begin{pmatrix}0\\\vdots\\\vdots\\0\\1\end{pmatrix}$$

各 $j = 1, 2, \cdots, n$ に対して j 番目の成分が 1 で，他の成分がすべて 0 であるベクトルが $\boldsymbol{e}_j$ である．

こうしてできた n 個のベクトルの組

$$\boldsymbol{e}_1, \quad \boldsymbol{e}_2, \quad \cdots, \quad \boldsymbol{e}_n$$

を，$\boldsymbol{R}^n$ の**標準基底**という．

標準基底の写り方で行列が定まる

線形写像 $f\colon \boldsymbol{R}^n \to \boldsymbol{R}^m$ が与えられたとする．そのとき，$\boldsymbol{R}^n$ の標準基底の像 $f(\boldsymbol{e}_1), f(\boldsymbol{e}_2), \cdots, f(\boldsymbol{e}_n)$ を考える．これらの像は $\boldsymbol{R}^m$ のベクトルであるから，それぞれ m 個の成分で表わすことができる．それを次のように書き表わす．

$$f(\boldsymbol{e}_1) = \begin{pmatrix} a_{11} \\ a_{21} \\ \vdots \\ a_{m1} \end{pmatrix}, \ \cdots, \ f(\boldsymbol{e}_j) = \begin{pmatrix} a_{1j} \\ a_{2j} \\ \vdots \\ a_{mj} \end{pmatrix}, \ \cdots, \ f(\boldsymbol{e}_n) = \begin{pmatrix} a_{1n} \\ a_{2n} \\ \vdots \\ a_{mn} \end{pmatrix}$$

標準基底の像はすべて $\boldsymbol{R}^m$ の定まったベクトルであるから，とにかくこのように書き表わすことができるというわけである．

後に計算するときに便利なようにこれらを $\boldsymbol{R}^m$ の標準基底で書き表わしておこう．

$$\boldsymbol{e}_1{}', \quad \boldsymbol{e}_2{}', \quad \cdots, \quad \boldsymbol{e}_m{}'$$

を $\boldsymbol{R}^m$ の標準基底とするとき，

$$f(\boldsymbol{e}_j) = \begin{pmatrix} a_{1j} \\ a_{2j} \\ \vdots \\ \vdots \\ a_{mj} \end{pmatrix} = \begin{pmatrix} a_{1j} \\ 0 \\ \vdots \\ \vdots \\ 0 \end{pmatrix} + \begin{pmatrix} 0 \\ a_{2j} \\ 0 \\ \vdots \\ 0 \end{pmatrix} + \cdots + \begin{pmatrix} 0 \\ \vdots \\ \vdots \\ 0 \\ a_{mj} \end{pmatrix}$$

$$= a_{1j} \begin{pmatrix} 1 \\ 0 \\ \vdots \\ \vdots \\ 0 \end{pmatrix} + a_{2j} \begin{pmatrix} 0 \\ 1 \\ 0 \\ \vdots \\ 0 \end{pmatrix} + \cdots + a_{mj} \begin{pmatrix} 0 \\ \vdots \\ \vdots \\ 0 \\ 1 \end{pmatrix}$$

$$= a_{1j}\boldsymbol{e}_1{}' + a_{2j}\boldsymbol{e}_2{}' + \cdots + a_{mj}\boldsymbol{e}_m{}' = \sum_{i=1}^{m} a_{ij}\boldsymbol{e}_i{}'$$

まとめると，

$$f(\boldsymbol{e}_j) = \sum_{i=1}^{m} a_{ij}\boldsymbol{e}_i{}'$$

次に，線形写像 f に対してこのようにして得られた列ベクトルを順に並べることによって $m\times n$ 行列が定まる．この行列を A と書くことにする．すなわち

$$A = \begin{pmatrix} a_{11} & a_{12} & \cdots & a_{1j} & \cdots & a_{1n} \\ a_{21} & a_{22} & \cdots & a_{2j} & \cdots & a_{2n} \\ \vdots & \vdots & & \vdots & & \vdots \\ a_{m1} & a_{m2} & \cdots & a_{mj} & \cdots & a_{mn} \end{pmatrix}$$

以上をまとめると次のようになる．

線形写像 f: $\boldsymbol{R}^n \to \boldsymbol{R}^m$ が与えられると，それに対して $m\times n$ 行列が定まる．

線形写像 f: $\boldsymbol{R}^n \to \boldsymbol{R}^m$ に対して，標準基底という特別なベクトルの行き先により行列 A が定まったが，じつは，この行列 A が線形写像 f の情報をすべて含んでいるのである．

つまり $\boldsymbol{R}^n$ の勝手なベクトルの行き先（像）もこの行列 A によって定まってしまうのである．この

「標準基底の像によって，線形写像 f を特徴づける」

という性質は線形性の大きな特徴である．このことを次に見ることにしよう．

$\boldsymbol{R}^n$ の任意のベクトル $\boldsymbol{x}$ は

$$\boldsymbol{x} = \begin{pmatrix} x_1 \\ x_2 \\ \vdots \\ x_n \end{pmatrix}$$

と書かれる．このベクトル $\boldsymbol{x}$ は，標準基底 $\boldsymbol{e}_1, \boldsymbol{e}_2, \cdots, \boldsymbol{e}_n$ を使って，次のように書き表わすことができる．

$$\boldsymbol{x} = \begin{pmatrix} x_1 \\ x_2 \\ \vdots \\ \vdots \\ \vdots \\ \vdots \\ x_n \end{pmatrix} = \begin{pmatrix} x_1 \\ 0 \\ 0 \\ \vdots \\ \vdots \\ \vdots \\ 0 \end{pmatrix} + \begin{pmatrix} 0 \\ x_2 \\ 0 \\ \vdots \\ \vdots \\ \vdots \\ 0 \end{pmatrix} + \cdots + \begin{pmatrix} 0 \\ \vdots \\ 0 \\ x_j \\ 0 \\ \vdots \\ 0 \end{pmatrix} + \cdots + \begin{pmatrix} 0 \\ \vdots \\ \vdots \\ \vdots \\ \vdots \\ 0 \\ x_n \end{pmatrix}$$

$$= x_1 \begin{pmatrix} 1 \\ 0 \\ \vdots \\ \vdots \\ 0 \end{pmatrix} + x_2 \begin{pmatrix} 0 \\ 1 \\ 0 \\ \vdots \\ 0 \end{pmatrix} + \cdots + x_j \begin{pmatrix} 0 \\ \vdots \\ 1 \\ \vdots \\ 0 \end{pmatrix} + \cdots + x_n \begin{pmatrix} 0 \\ \vdots \\ \vdots \\ 0 \\ 1 \end{pmatrix}$$

$$= x_1\boldsymbol{e}_1 + x_2\boldsymbol{e}_2 + \cdots + x_j\boldsymbol{e}_j + \cdots + x_n\boldsymbol{e}_n$$

ここで，線形写像 $f\colon \boldsymbol{R}^n \to \boldsymbol{R}^m$ の線形性の条件 (1), (2) を繰り返し適用することによって次の式の変形が得られる．

$$\begin{aligned} f(\boldsymbol{x}) &= f(x_1\boldsymbol{e}_1 + x_2\boldsymbol{e}_2 + \cdots + x_n\boldsymbol{e}_n) \\ &= x_1 f(\boldsymbol{e}_1) + x_2 f(\boldsymbol{e}_2) + \cdots + x_n f(\boldsymbol{e}_n) \\ &= x_1 \begin{pmatrix} a_{11} \\ a_{21} \\ \vdots \\ a_{m1} \end{pmatrix} + x_2 \begin{pmatrix} a_{12} \\ a_{22} \\ \vdots \\ a_{m2} \end{pmatrix} + \cdots + x_n \begin{pmatrix} a_{1n} \\ a_{2n} \\ \vdots \\ a_{mn} \end{pmatrix} \\ &= \begin{pmatrix} x_1 a_{11} + x_2 a_{12} + \cdots + x_n a_{1n} \\ x_1 a_{21} + x_2 a_{22} + \cdots + x_n a_{2n} \\ \cdots\cdots\cdots\cdots\cdots \\ x_1 a_{m1} + x_2 a_{m2} + \cdots + x_n a_{mn} \end{pmatrix} \end{aligned}$$

この最後のベクトルは，次のように行列とベクトルの積の形に書かれる．

$$= \begin{pmatrix} a_{11} & a_{12} & \cdots & a_{1n} \\ a_{21} & a_{22} & \cdots & a_{2n} \\ \vdots & \vdots & & \vdots \\ a_{m1} & a_{m2} & \cdots & a_{mn} \end{pmatrix} \begin{pmatrix} x_1 \\ x_2 \\ \vdots \\ x_n \end{pmatrix}$$

これらは，行列 A とベクトル $\boldsymbol{x}$ で書かれて

$$= A\boldsymbol{x}$$

となる．すなわち，

> $\boldsymbol{R}^n$ の任意のベクトル $\boldsymbol{x}$ に対して
> $$f(\boldsymbol{x}) = A\boldsymbol{x}$$
> が成り立つ．

なんと簡単になったことでしょう．以上をまとめると次のようになる．

> 線形写像が与えられると，行列が定まり，線形写像はベクトルにその行列をかけることにより与えられる．

しかも，上式より次のことがいえる．

> 2つの線形写像 $f\colon \boldsymbol{R}^n \to \boldsymbol{R}^m$，$g\colon \boldsymbol{R}^n \to \boldsymbol{R}^m$ に対応する行列をそれぞれ A, B とするとき，行列として $A = B$ ならば，写像として $f = g$ が成り立つ．

コメント　先の計算で，$f(x_1\boldsymbol{e}_1+\cdots+x_n\boldsymbol{e}_n) = x_1 f(\boldsymbol{e}_1)+\cdots+x_n f(\boldsymbol{e}_n)$ を用いたが，これを $\sum$ の記号を用いて表わすと $f(\sum_{i=1}^{n} x_i\boldsymbol{e}_i) = \sum_{i=1}^{n} x_i f(\boldsymbol{e}_i)$ となる．一般に，線形性から，$\sum$ 記号とスカラーは写像の前に出せる．

行列は線形写像を定義する

線形写像に対して行列が定まり，線形写像はベクトルにその行列をかけることにより与えられることを見た．

ここでは，逆に行列が与えられると線形写像を定義することを見ることしよう．

任意の $m\times n$ 行列 $A = (a_{ij})$ が与えられたとき，写像

$$f_A\colon \boldsymbol{R}^n \longrightarrow \boldsymbol{R}^m$$

を，

$$\boldsymbol{x} = \begin{pmatrix} x_1 \\ x_2 \\ \vdots \\ x_n \end{pmatrix} \in \boldsymbol{R}^n \quad \text{に対して} \quad f_A(\boldsymbol{x}) = A\boldsymbol{x}$$

によって定義する．この写像 f_A が線形写像であることを示そう．

$\boldsymbol{R}^n$ の任意のベクトル $\boldsymbol{x}, \boldsymbol{y}$ とスカラー k に対して次の計算を行う．

（1） $f_A(\boldsymbol{x}+\boldsymbol{y}) = A(\boldsymbol{x}+\boldsymbol{y}) = A\boldsymbol{x}+A\boldsymbol{y} = f_A(\boldsymbol{x})+f_A(\boldsymbol{y})$

（2） $f_A(k\boldsymbol{x}) = A(k\boldsymbol{x}) = kA\boldsymbol{x} = kf_A(\boldsymbol{x})$

すなわち，線形性の条件 (1), (2) が成り立つから，写像 f_A は線形写像である．

こうして行列は線形写像を定義することが分かった．しかも次のことがいえる．

> 2つの $m \times n$ 行列 A, B に対して，対応する線形写像をそれぞれ f_A, f_B とするとき，写像として $f_A = f_B$ ならば行列として $A = B$ が成り立つ．

なぜならば，$\boldsymbol{R}^n$ の任意のベクトル $\boldsymbol{x}$ に対して，仮定より $A\boldsymbol{x} = f_A(\boldsymbol{x}) = f_B(\boldsymbol{x}) = B\boldsymbol{x}$ が成り立つ．$\boldsymbol{x}$ として標準基底 $\boldsymbol{e}_1, \boldsymbol{e}_2, \cdots, \boldsymbol{e}_n$ を代入することによって行列 A と B の各列ベクトルが等しいことが示され，したがって行列として $A = B$ が成り立つ．

線形写像と行列の関係のまとめ

以上をまとめておこう．

定理 3.3.1 $\boldsymbol{R}^n, \boldsymbol{R}^m$ の標準基底をそれぞれ $\boldsymbol{e}_1, \cdots, \boldsymbol{e}_n$, $\boldsymbol{e}_1{}', \cdots, \boldsymbol{e}_m{}'$ とする．任意の線形写像 f: $\boldsymbol{R}^n \to \boldsymbol{R}^m$ に対して

$$f(\boldsymbol{e}_j) = \sum_{i=1}^{m} a_{ij}\boldsymbol{e}_i{}' \qquad (1 \leqq j \leqq n)$$

によって $m\times n$ 行列

$$A = (a_{ij})$$

が定まり，$f(\boldsymbol{x}) = A\boldsymbol{x}$ が任意の $\boldsymbol{x} \in \boldsymbol{R}^n$ に対して成り立つ．

逆に任意の $m\times n$ 行列 A が与えられたとき

$$f_A(\boldsymbol{x}) = A\boldsymbol{x} \qquad (\boldsymbol{x} \in \boldsymbol{R}^n)$$

によって線形写像 f_A: $\boldsymbol{R}^n \to \boldsymbol{R}^m$ が定義される．

この対応によって，線形写像 f: $\boldsymbol{R}^n \to \boldsymbol{R}^m$ と $m\times n$ 行列 A は1対1に対応す

る．

証明　線形写像 $f\colon \boldsymbol{R}^n \to \boldsymbol{R}^m$ から上のように行列 A を定め，続いて行列 A から線形写像 $f_A\colon \boldsymbol{R}^n \to \boldsymbol{R}^m$ を考えると，任意の $\boldsymbol{x} \in \boldsymbol{R}^n$ に対して $f(\boldsymbol{x}) = A\boldsymbol{x}$ であるから $f_A = f$ が成り立つ．同様に，$m\times n$ 行列 A から出発して線形写像 $f_A\colon \boldsymbol{R}^n \to \boldsymbol{R}^m$ を考え，続いて f_A から対応する行列 A' を考えると $A' = A$ が成り立つ．以上から線形写像 $f\colon \boldsymbol{R}^n \to \boldsymbol{R}^m$ と $m\times n$ 行列 A は1対1に対応することが示された．■

例題 3.3.1　次の線形写像 f に対応する行列を求めよ．

（1）$f\left(\begin{pmatrix} x_1 \\ x_2 \\ x_3 \end{pmatrix}\right) = \begin{pmatrix} x_1-5x_2 \\ 2x_1+7x_2-3x_3 \\ -4x_2+9x_3 \end{pmatrix}$　　（2）$f\left(\begin{pmatrix} x_1 \\ x_2 \\ x_3 \end{pmatrix}\right) = \begin{pmatrix} x_2-7x_3 \\ 2x_1-5x_2 \end{pmatrix}$

解答　（1）$f\left(\begin{pmatrix} x_1 \\ x_2 \\ x_3 \end{pmatrix}\right) = \begin{pmatrix} x_1-5x_2 \\ 2x_1+7x_2-3x_3 \\ -4x_2+9x_3 \end{pmatrix} = \begin{pmatrix} 1 & -5 & 0 \\ 2 & 7 & -3 \\ 0 & -4 & 9 \end{pmatrix}\begin{pmatrix} x_1 \\ x_2 \\ x_3 \end{pmatrix}$

であるから，$A = \begin{pmatrix} 1 & -5 & 0 \\ 2 & 7 & -3 \\ 0 & -4 & 9 \end{pmatrix}$ である．

（2）$f\left(\begin{pmatrix} x_1 \\ x_2 \\ x_3 \end{pmatrix}\right) = \begin{pmatrix} x_2-7x_3 \\ 2x_1-5x_2 \end{pmatrix} = \begin{pmatrix} 0 & 1 & -7 \\ 2 & -5 & 0 \end{pmatrix}\begin{pmatrix} x_1 \\ x_2 \\ x_3 \end{pmatrix}$

であるから，$A = \begin{pmatrix} 0 & 1 & -7 \\ 2 & -5 & 0 \end{pmatrix}$ である．■

問 3.3.1　次の線形写像に対応する行列を求めよ．

（1）$f\left(\begin{pmatrix} x_1 \\ x_2 \end{pmatrix}\right) = \begin{pmatrix} 2x_1-x_2 \\ 5x_1+7x_2 \\ -3x_2 \end{pmatrix}$　　（2）$f\left(\begin{pmatrix} x_1 \\ x_2 \\ x_3 \end{pmatrix}\right) = \begin{pmatrix} x_1-2x_2+3x_3 \\ 5x_1-7x_2+4x_3 \end{pmatrix}$

コメント　$f\left(\begin{pmatrix} x_1 \\ x_2 \end{pmatrix}\right)$ などのように，(が2つあるとき，簡単のため1つに省略することもある．

3.4　線形写像の合成と行列の積の関係

線形写像と行列が1対1に対応することを示したが，次に線形写像の合成には行列の積が対応することを見ることにしよう．

この事実が，行列の積の定義が適切なものであることを物語っているのである．逆にいえば，この対応が成り立つように行列の積の定義が導入されたともいえる．

そして「行列の行列たる真骨頂が行列の積の演算にある」と以前に述べたことは，じつは，この線形写像の合成によるものであることが次第に明らかになる．いわば，線形代数という学問の骨格を成す重要な部分であるといえるところである．

2つの線形写像

$$f\colon \boldsymbol{R}^n \longrightarrow \boldsymbol{R}^m \qquad g\colon \boldsymbol{R}^m \longrightarrow \boldsymbol{R}^l$$

が与えられたとき，それぞれに対応する行列を A, B とする．また，2つの写像の合成

$$g\circ f\colon \boldsymbol{R}^n \longrightarrow \boldsymbol{R}^l$$

も線形写像になることを以前に示した．

いま，この合成写像に対応する行列を C とするとき，次の定理を得る．

定理 3.4.1　$$C = BA$$

すなわち，2つの線形写像の合成に対応する行列は，それぞれに対応する行列の積に等しい．

証明　いま，f に対応する行列を $A = (a_{ij})$，g に対応する行列を $B = (b_{ij})$ とすると，A は $m\times n$ 行列，B は $l\times m$ 行列である．

$\boldsymbol{R}^n$ の標準基底を $\boldsymbol{e}_1, \boldsymbol{e}_2, \cdots, \boldsymbol{e}_n$ とし，

$\boldsymbol{R}^m$ の標準基底を $\boldsymbol{e}_1', \cdots, \boldsymbol{e}_m'$ とし，

$\boldsymbol{R}^l$ の標準基底を $\boldsymbol{e}_1'', \cdots, \boldsymbol{e}_l''$ とする．

そのとき，各 $\boldsymbol{e}_i$ の合成写像 $g\circ f$ による像を計算する．

$$\begin{aligned} g\circ f(\boldsymbol{e}_i) &= g\Big(\sum_{j=1}^{m} a_{ji}\boldsymbol{e}_j'\Big) = \sum_{j=1}^{m} a_{ji}g(\boldsymbol{e}_j') = \sum_{j=1}^{m} a_{ji}\sum_{k=1}^{l} b_{kj}\boldsymbol{e}_k'' \\ &= \sum_{j=1}^{m}\sum_{k=1}^{l} a_{ji}b_{kj}\boldsymbol{e}_k'' = \sum_{k=1}^{l}\Big(\sum_{j=1}^{m} b_{kj}\,a_{ji}\Big)\,\boldsymbol{e}_k'' \end{aligned}$$

この値が，定義より次に等しい．

$$= \sum_{k=1}^{l} c_{ki} \boldsymbol{e}_k{}''$$

両者はベクトルとして等しいのであるから，各成分どうしが等しいということである．すなわち，各 $\boldsymbol{e}_k{}''$ の係数がそれぞれ等しい．

$$\sum_{j=1}^{m} b_{kj} a_{ji} = c_{ki}$$

この式の左辺は行列の積 BA の (k, i) 成分であり，右辺は行列 C の (k, i) 成分である．この等式がすべての $i = 1, \cdots, n$，$k = 1, \cdots, l$ について成立するので，行列としての等式

$$BA = C$$

が成り立つ． ■

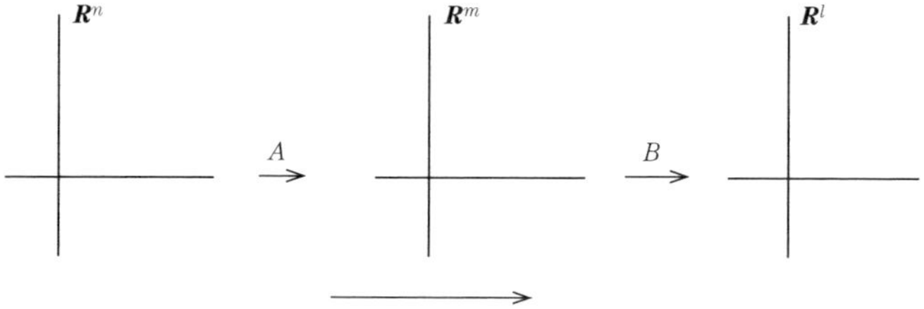

図 3.5　合成写像 $C=BA$

回転運動の合成

回転運動が線形写像であり，線形写像の合成には行列の積が対応することから，次の等式が導かれる．

$$\begin{pmatrix} \cos(\alpha+\beta) & -\sin(\alpha+\beta) \\ \sin(\alpha+\beta) & \cos(\alpha+\beta) \end{pmatrix} = \begin{pmatrix} \cos\alpha & -\sin\alpha \\ \sin\alpha & \cos\alpha \end{pmatrix} \begin{pmatrix} \cos\beta & -\sin\beta \\ \sin\beta & \cos\beta \end{pmatrix}$$

この等式はもちろん両辺の対応する各成分が等しいという意味であるから，次の等式を得る．

$$\cos(\alpha+\beta) = \cos\alpha\cos\beta - \sin\alpha\sin\beta$$

$$\sin(\alpha+\beta) = \sin\alpha\cos\beta + \cos\alpha\sin\beta$$

すなわち，三角関数の加法定理である．

例題 3.4.1　次の 2 つの線形写像について定理 3.4.1 を確かめよ．

$$f\colon \begin{pmatrix} x_1 \\ x_2 \end{pmatrix} \longmapsto \begin{pmatrix} x_2 \\ x_1 \end{pmatrix}, \qquad g\colon \begin{pmatrix} x_1 \\ x_2 \end{pmatrix} \longmapsto \begin{pmatrix} x_1-2x_2 \\ 5x_1+7x_2 \end{pmatrix}$$

解答　f に対応する行列は $\begin{pmatrix} 0 & 1 \\ 1 & 0 \end{pmatrix}$ であり，g に対応する行列は $\begin{pmatrix} 1 & -2 \\ 5 & 7 \end{pmatrix}$ である．2 つの合成 $g \circ f$ と $f \circ g$ はそれぞれ

$$g \circ f\colon \begin{pmatrix} x_1 \\ x_2 \end{pmatrix} \longmapsto \begin{pmatrix} x_2-2x_1 \\ 5x_2+7x_1 \end{pmatrix}, \qquad f \circ g\colon \begin{pmatrix} x_1 \\ x_2 \end{pmatrix} \longmapsto \begin{pmatrix} 5x_1+7x_2 \\ x_1-2x_2 \end{pmatrix}$$

であるから対応する行列はそれぞれ $\begin{pmatrix} -2 & 1 \\ 7 & 5 \end{pmatrix}$, $\begin{pmatrix} 5 & 7 \\ 1 & -2 \end{pmatrix}$ である．これらはそれぞれ行列の積 $\begin{pmatrix} 1 & -2 \\ 5 & 7 \end{pmatrix}\begin{pmatrix} 0 & 1 \\ 1 & 0 \end{pmatrix}$, $\begin{pmatrix} 0 & 1 \\ 1 & 0 \end{pmatrix}\begin{pmatrix} 1 & -2 \\ 5 & 7 \end{pmatrix}$ に等しい．

恒等写像に対応する行列

$\boldsymbol{R}^n$ から $\boldsymbol{R}^n$ への恒等写像 $\mathrm{id}\colon \boldsymbol{R}^n \to \boldsymbol{R}^n$ に対応する行列を求めておこう．

$$\mathrm{id}(\boldsymbol{e}_i) = \boldsymbol{e}_i$$

であるから，対応する行列は単位行列 E に他ならない．

定理 3.4.2　恒等写像 $\mathrm{id}\colon \boldsymbol{R}^n \to \boldsymbol{R}^n$ に対応する行列は n 次の単位行列 E である．

同型写像

線形写像 $f\colon \boldsymbol{R}^n \to \boldsymbol{R}^m$ が全単射であるとき f は**同型写像**であるという．定理 3.1.1 より，写像 $g\colon \boldsymbol{R}^m \to \boldsymbol{R}^n$ が存在して，

$$g \circ f = \mathrm{id}, \qquad f \circ g = \mathrm{id}$$

をみたす．この写像 g が線形であることを示そう．$\boldsymbol{R}^m$ の任意のベクトル $\boldsymbol{a}, \boldsymbol{b}$ に対して

$$g(\boldsymbol{a}+\boldsymbol{b}) - g(\boldsymbol{a}) - g(\boldsymbol{b})$$

を考え，このベクトルを f で写すと，f の線形性から，

$$\begin{aligned} f(g(\boldsymbol{a}+\boldsymbol{b}) - g(\boldsymbol{a}) - g(\boldsymbol{b})) &= f \circ g(\boldsymbol{a}+\boldsymbol{b}) - f \circ g(\boldsymbol{a}) - f \circ g(\boldsymbol{b}) \\ &= \boldsymbol{a}+\boldsymbol{b}-\boldsymbol{a}-\boldsymbol{b} = \boldsymbol{0} \end{aligned}$$

f は単射であるから

$$g(\boldsymbol{a}+\boldsymbol{b})-g(\boldsymbol{a})-g(\boldsymbol{b}) = \boldsymbol{0}$$

である．同様に，任意のスカラー k と $\boldsymbol{R}^m$ の任意のベクトル $\boldsymbol{a}$ に対して

$$g(k\boldsymbol{a})-kg(\boldsymbol{a}) = \boldsymbol{0}$$

が示される．したがって g は線形写像である．

線形写像 f, g に対応する行列を A, B とすると，A は $m\times n$ 行列，B は $n\times m$ 行列である．そして定理3.4.1と定理3.4.2より，等式

$$BA = E_n, \qquad AB = E_m$$

を得る．

コメント　じつは $f\colon \boldsymbol{R}^n \to \boldsymbol{R}^m$ が同型になるのは $m = n$ のときに限ることが後に示される．したがって，上の行列 A, B は正方行列になり

$$B = A^{-1}$$

が成り立つ．

逆に，A が正則行列ならば f は明らかに同型写像であるから，線形写像 f が同型写像であることと，対応する行列 A が正則であることは同値である．

例題 3.4.2　次の線形写像は同型写像であるか判定せよ．

（1）　$f\colon \begin{pmatrix} x_1 \\ x_2 \end{pmatrix} \longmapsto \begin{pmatrix} 2x_1+x_2 \\ -x_1+3x_2 \end{pmatrix}$　　（2）　$f\colon \begin{pmatrix} x_1 \\ x_2 \end{pmatrix} \longmapsto \begin{pmatrix} 2x_1-x_2 \\ 4x_1-2x_2 \end{pmatrix}$

解答　（1）　対応する行列 A は $\begin{pmatrix} 2 & 1 \\ -1 & 3 \end{pmatrix}$ であり，$B = \dfrac{1}{7}\begin{pmatrix} 3 & -1 \\ 1 & 2 \end{pmatrix}$ とおくと，$AB = BA = E$ であるから，f は同型写像である．

（2）　対応する行列 A は $\begin{pmatrix} 2 & -1 \\ 4 & -2 \end{pmatrix}$ であり，$A\begin{pmatrix} 1 \\ 2 \end{pmatrix} = A\begin{pmatrix} 0 \\ 0 \end{pmatrix} = \begin{pmatrix} 0 \\ 0 \end{pmatrix}$ が成り立つから，f は単射ではない．したがって f は同型写像でない．　■

問 3.4.1　次の線形写像は同型写像であるか判定せよ．

$$f\colon \begin{pmatrix} x_1 \\ x_2 \end{pmatrix} \longmapsto \begin{pmatrix} ax_1+bx_2 \\ cx_1+dx_2 \end{pmatrix}$$

3.5 連立1次方程式——（正則変換の場合の解法のアイデア）

行列の積の演算が準備できたところで，連立1次方程式を行列で解くアイデアを述べることにしよう．行列式や逆行列の準備をしてから述べるのが通常であるが，そういったテクニカルな部分と分けて，アイデアを先に述べておけば大変理解しやすいからである．

コメント　アイデアはテクニカルな部分と分けて，しかもビジュアルに述べる，というのが他書にない本書のセールス・ポイントである．

アイデアは1次方程式にあり

「方程式 $2x = 3$ を解きなさい」といわれたら，中学生でも解くことができる．すなわち，両辺を2で割って $x = 3/2$ となる．

じつは，連立1次方程式の正則変換の場合の解法も，このアイデアに尽きる．

ただ，1次方程式の未知数 x が「未知のベクトル」になり，係数2の部分が「行列」になり，定数3の部分が「ベクトル」になるだけである．

すなわち連立1次方程式

$$A\boldsymbol{x} = \boldsymbol{b}$$

を解くには，行列 A の逆数みたいなものが考えられればよいわけである．つまり，行列 A の逆の変換（写像）が見つかれば，$\boldsymbol{b}$ という定まったベクトルをその逆変換で写した像が $\boldsymbol{x}$ つまり，求めるベクトルになる．

連立1次方程式の解法のアイデア

$$\begin{cases} a_{11}x_1 + a_{12}x_2 + \cdots + a_{1n}x_n = b_1 \\ a_{21}x_1 + a_{22}x_2 + \cdots + a_{2n}x_n = b_2 \\ \qquad \vdots \qquad\qquad\quad \vdots \\ a_{n1}x_1 + a_{n2}x_2 + \cdots + a_{nn}x_n = b_n \end{cases}$$

という連立1次方程式が与えられたとする．ここで考えている連立1次方程式は未知数の数と式の数が一致していることに注意する．

この連立1次方程式の係数の行列，未知のベクトル，右辺の定まったベクトルをそれぞれ次のように記号で表わすことにする．

$$A = \begin{pmatrix} a_{11} & \cdots & a_{1n} \\ \vdots & & \vdots \\ a_{n1} & \cdots & a_{nn} \end{pmatrix}, \quad \boldsymbol{x} = \begin{pmatrix} x_1 \\ \vdots \\ x_n \end{pmatrix}, \quad \boldsymbol{b} = \begin{pmatrix} b_1 \\ \vdots \\ b_n \end{pmatrix}$$

この記号を用いると上の連立１次方程式は

$$A\boldsymbol{x} = \boldsymbol{b} \qquad (*)$$

と表わされる．ここで，もしも行列 A に対して

$$BA = E$$

となる行列 B，すなわち A の逆行列 A^{-1} を見つけることができたと仮定しよう．

この A の逆行列 A^{-1} を，上の連立１次方程式（＊）の両辺に左からかければ

$$A^{-1}(A\boldsymbol{x}) = A^{-1}\boldsymbol{b}$$

となる．行列の積の結合法則により，この式の左辺は

$$(A^{-1}A)\boldsymbol{x}$$

となり，$A^{-1}A$ は単位行列であるから，これは $\boldsymbol{x}$ そのものに他ならない．

こうして，未知のベクトル $\boldsymbol{x}$ は

$$\boldsymbol{x} = A^{-1}\boldsymbol{b}$$

と求まる．

以上が，一般の連立１次方程式の解法のアイデアである．

ただし，行列 A に対してその逆行列 A^{-1} が見つかったとして話を進めてある．これについては後章で解明することにしよう．

問　題

1.　次の写像 f, g の合成 $f \circ g$ と $g \circ f$ を求めよ．

（１）　$f\colon \boldsymbol{R} \longrightarrow \boldsymbol{R}$　　$g\colon \boldsymbol{R} \longrightarrow \boldsymbol{R}$

$f(x) = 2x+1$,　　$g(x) = x^3+x^2$

（２）　$f\colon \boldsymbol{R}^2 \longrightarrow \boldsymbol{R}^2$　　$g\colon \boldsymbol{R}^2 \longrightarrow \boldsymbol{R}^2$

$$f\begin{pmatrix} x_1 \\ x_2 \end{pmatrix} = \begin{pmatrix} 2x_1+x_2 \\ x_1-3x_2 \end{pmatrix} \qquad g\begin{pmatrix} x_1 \\ x_2 \end{pmatrix} = \begin{pmatrix} x_1-x_2+5 \\ 2x_1+4x_2-1 \end{pmatrix}$$

2.　次の写像は線形写像かどうか調べよ．

（１）　$f\colon \boldsymbol{R}^2 \longrightarrow \boldsymbol{R}^2$

$$f\begin{pmatrix} x_1 \\ x_2 \end{pmatrix} = \begin{pmatrix} 3x_1-x_2 \\ x_1+x_2 \end{pmatrix}$$

（２）　$f\colon \boldsymbol{R}^2 \longrightarrow \boldsymbol{R}^2$

$$f\begin{pmatrix} x_1 \\ x_2 \end{pmatrix} = \begin{pmatrix} x_1-x_2+2 \\ 2x_1+5x_2-1 \end{pmatrix}$$

（3）　$f\colon \boldsymbol{R}^2 \longrightarrow \boldsymbol{R}^3$

$$f\begin{pmatrix} x_1 \\ x_2 \end{pmatrix} = \begin{pmatrix} 2x_1 \\ x_1 - x_2 \\ 3x_1 + 5x_2 \end{pmatrix}$$

3.　次の線形写像の表現行列を求めよ．

（1）　$f\colon \boldsymbol{R}^2 \longrightarrow \boldsymbol{R}$

$$f\begin{pmatrix} x_1 \\ x_2 \end{pmatrix} = 7x_1 + 3x_2$$

（2）　$f\colon \boldsymbol{R}^2 \longrightarrow \boldsymbol{R}^2$

$$f\begin{pmatrix} x_1 \\ x_2 \end{pmatrix} = \begin{pmatrix} 3x_1 - x_2 \\ 7x_1 + 9x_2 \end{pmatrix}$$

（3）　$f\colon \boldsymbol{R}^3 \longrightarrow \boldsymbol{R}^3$

$$f\begin{pmatrix} x_1 \\ x_2 \\ x_3 \end{pmatrix} = \begin{pmatrix} x_2 + 2x_3 \\ 3x_1 - 5x_2 + 4x_3 \\ 9x_1 + 7x_2 - 8x_3 \end{pmatrix}$$

（4）　$f\colon \boldsymbol{R}^4 \longrightarrow \boldsymbol{R}^3$

$$f\begin{pmatrix} x_1 \\ x_2 \\ x_3 \\ x_4 \end{pmatrix} = \begin{pmatrix} 2x_1 + 5x_4 \\ 7x_1 - x_2 + 3x_3 + x_4 \\ 4x_2 - 3x_3 + 9x_4 \end{pmatrix}$$

4.　次の線形写像 f, g の合成 $g \circ f$ を求め，それぞれに対応する行列表現を求めよ．そして，写像の合成に行列の積が対応することを確かめよ．

（1）　$f\colon \boldsymbol{R}^2 \longrightarrow \boldsymbol{R}^2$　　$g\colon \boldsymbol{R}^2 \longrightarrow \boldsymbol{R}^2$

$$f\begin{pmatrix} x_1 \\ x_2 \end{pmatrix} = \begin{pmatrix} -x_1 + x_2 \\ 2x_1 - 5x_2 \end{pmatrix} \qquad g\begin{pmatrix} x_1 \\ x_2 \end{pmatrix} = \begin{pmatrix} 9x_1 + 5x_2 \\ 7x_1 + 4x_2 \end{pmatrix}$$

（2）　$f\colon \boldsymbol{R}^2 \longrightarrow \boldsymbol{R}^3$　　$g\colon \boldsymbol{R}^3 \longrightarrow \boldsymbol{R}^3$

$$f\begin{pmatrix} x_1 \\ x_2 \end{pmatrix} = \begin{pmatrix} 2x_1 + 3x_2 \\ x_1 - 5x_2 \\ 7x_1 + 6x_2 \end{pmatrix} \qquad g\begin{pmatrix} x_1 \\ x_2 \\ x_3 \end{pmatrix} = \begin{pmatrix} 3x_1 - x_2 + 2x_3 \\ 2x_1 + 5x_2 - x_3 \\ 7x_1 - 4x_2 + 9x_3 \end{pmatrix}$$

5.　次の連立1次方程式を行列およびベクトルを用いて表わせ．

$$\begin{cases} 2x_1 + x_2 - x_3 = 2 \\ 3x_1 + 5x_2 + 4x_3 = 7 \\ 7x_1 - 2x_2 + 9x_3 = 3 \end{cases}$$

4
行列式

連立１次方程式の解法には，逆行列が重要な役割を演じることを見た．

この章では，その逆行列を求めるときにキーになる「行列式」の概念を考察することにしよう．線形代数の別名として「行列と行列式」があることからもうかがわれるように，線形代数学をマスターする際に越えねばならないもっとも大きな山といえるものである．

4.1 行列式のイメージ

行列式とは，正方行列に対して定まる１つの数のことである．

この章ではこの行列式がどのように定義されるのか，またどういう性質をもっているのかを見ることにする．そのためにまず，行列式の直観的なイメージを述べることから始めよう．そのイメージをもって読み進めば，一見無味乾燥で，取っ付きにくく思える定義にも一筋の光明を見出すであろう．

正方行列 A に対して，これから定義するその行列式を $|A|$，または $\det A$ と書くことにする．

以前に見たように n 次の正方行列 A は，n 次元ユークリッド空間 $\boldsymbol{R}^n$ から $\boldsymbol{R}^n$ への線形写像を定義する．そのとき，この線形写像は大きく２種類に分類される．

その１は，A による $\boldsymbol{R}^n$ の像が $\boldsymbol{R}^n$ いっぱいにならない，つまり全射でない場合である．このとき A の行列式 $|A|$ は 0 になる．

その２は，A による $\boldsymbol{R}^n$ の像が $\boldsymbol{R}^n$ いっぱいになる，つまり全射の場合である．このとき A の行列式 $|A|$ は 0 にならない．

２の場合はさらに２種類に分類される．すなわち，行列式 $|A|$ が正になるか負

になるかに分けられるが，この正負は，後述するオリエンテーション（向き）を保つか保たないかということで決まる．

オリエンテーションの意味を $n=2$ の平面の場合でいえば，オリエンテーションとは「左回り」と「右回り」の2種類のことをいい，線形写像が左回りを左回りに写す場合にオリエンテーションを保つといい，左回りを右回りに写す場合にオリエンテーションを保たないという．そして，前者の場合に $|A|>0$，後者の場合に $|A|<0$ となる．

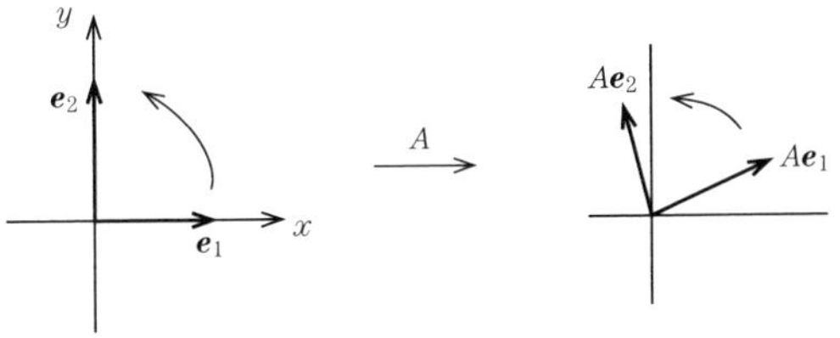

e_1 から e_2 は左回り　　Ae_1 から Ae_2 は左回り

図 4.1　オリエンテーションを保つ $|A|>0$

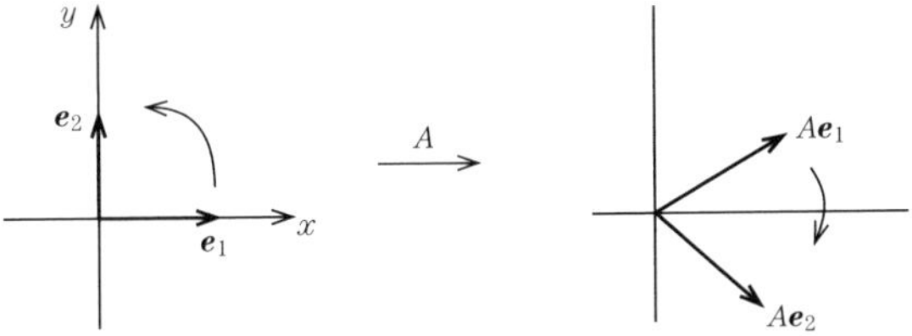

e_1 から e_2 は左回り　　Ae_1 から Ae_2 は右回り

図 4.2　オリエンテーションを保たない $|A|<0$

ついでに $n=3$ の3次元空間の場合でいえば，右手の親指，人さし指，中指の順番が保たれる場合にオリエンテーションを保つといい，右手のこの三本の指の順番が左手の三本の指の順番に写される場合にオリエンテーションを保たないという．前者の場合に $|A|>0$，後者の場合に $|A|<0$ となる．

最後に行列式の絶対値の幾何学的な意味を与えよう．n 次正方行列 A の行列式 $|A|$ の絶対値の意味は，線形写像 f_A: $\boldsymbol{R}^n \to \boldsymbol{R}^n$ の体積の倍率を表わす．

ここで体積といっているのはそれぞれの次元における体積のことである．たとえば $n=2$ のときは面積のことであり，$n=3$ のときは通常の体積のことであり，n が4以上のときの体積は想像をたくましくして納得されたい．

$n=2$ の平面の場合

$A=\begin{pmatrix} a & b \\ c & d \end{pmatrix}$ とするとき $A\boldsymbol{e}_1=\begin{pmatrix} a \\ c \end{pmatrix}$, $A\boldsymbol{e}_2=\begin{pmatrix} b \\ d \end{pmatrix}$ である.

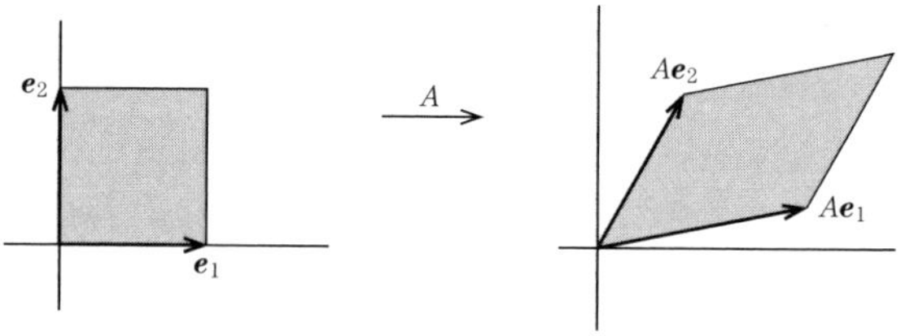

図 4.3　この面積の比が A の行列式 $|A|$ の絶対値

4.2 置換

一般の n 次正方行列の行列式を定義するためには，置換なるコンセプトを準備しなければならない.

n 個の文字 $1, 2, \cdots, n$ からなる集合を

$$M_n=\{1, 2, \cdots, n\}$$

とする．写像 σ: $M_n \to M_n$ が**全単射**であるとき，σ を M_n の**置換**という.

置換 σ による対応が

$$1 \mapsto i_1,\ \ 2 \mapsto i_2, \cdots,\ \ n \mapsto i_n$$

であるとする．つまり

$$\sigma(1)=i_1,\ \ \sigma(2)=i_2, \cdots,\ \ \sigma(n)=i_n$$

である．このとき σ を

$$\sigma=\begin{pmatrix} 1 & 2 & \cdots & n \\ i_1 & i_2 & \cdots & i_n \end{pmatrix}$$

と表わす．つまり上段にもとの数字を並べ，下段に上の数字の行き先を示すのである．もちろん σ を

$$\sigma=\begin{pmatrix} 1 & 2 & \cdots & n \\ \sigma(1) & \sigma(2) & \cdots & \sigma(n) \end{pmatrix}$$

のように書いてもよい．σ は全単射であるから $i_1, i_2, \cdots, i_n$ は互いに相異なり，したがって，$1, 2, \cdots, n$ の順列 $\langle i_1, i_2, \cdots, i_n \rangle$ が得られる.

逆に，$1, 2, \cdots, n$ の任意の順列 $\langle i_1, i_2, \cdots, i_n \rangle$ は置換

$$\sigma = \begin{pmatrix} 1 & 2 & \cdots & n \\ i_1 & i_2 & \cdots & i_n \end{pmatrix}$$

を定義する．こうして対応

$$\sigma = \begin{pmatrix} 1 & 2 & \cdots & n \\ i_1 & i_2 & \cdots & i_n \end{pmatrix} \longleftrightarrow \langle i_1, i_2, \cdots, i_n \rangle$$

によって，M_n の置換全体と M_n の順列全体とが 1 対 1 に対応する．

集合 M_n の置換全体からなる集合を S_n と書くことにすると，上の考察から S_n は $n!$ 個の元からなることが分かる．

例 S_2 は次の 2 個の元からなる．$\begin{pmatrix} 1 & 2 \\ 1 & 2 \end{pmatrix}$, $\begin{pmatrix} 1 & 2 \\ 2 & 1 \end{pmatrix}$

例 S_3 は次の $3! = 6$ 個の元からなる．

$$\begin{pmatrix} 1 & 2 & 3 \\ 1 & 2 & 3 \end{pmatrix}, \quad \begin{pmatrix} 1 & 2 & 3 \\ 1 & 3 & 2 \end{pmatrix}, \quad \begin{pmatrix} 1 & 2 & 3 \\ 2 & 1 & 3 \end{pmatrix}$$
$$\begin{pmatrix} 1 & 2 & 3 \\ 2 & 3 & 1 \end{pmatrix}, \quad \begin{pmatrix} 1 & 2 & 3 \\ 3 & 2 & 1 \end{pmatrix}, \quad \begin{pmatrix} 1 & 2 & 3 \\ 3 & 1 & 2 \end{pmatrix}$$

注意 置換というのは，文字 $1, 2, \cdots, n$ がそれぞれどの文字に写るかということを問題にしているので，上下のそれぞれの組み合せが変わらない限り，並べ方を変えてもかまわない．並べ方を変えても写像として同じであるからである．

例 $\begin{pmatrix} 1 & 2 & 3 & 4 \\ 2 & 4 & 1 & 3 \end{pmatrix} = \begin{pmatrix} 1 & 2 & 4 & 3 \\ 2 & 4 & 3 & 1 \end{pmatrix} = \begin{pmatrix} 3 & 2 & 4 & 1 \\ 1 & 4 & 3 & 2 \end{pmatrix}$

約束 動かさない文字は省略してもよい．

例 $\begin{pmatrix} 1 & 2 & 3 & 4 \\ 3 & 2 & 4 & 1 \end{pmatrix} = \begin{pmatrix} 1 & 3 & 4 \\ 3 & 4 & 1 \end{pmatrix}$

置換の積

$S_n \ni \sigma, \tau$ に対して，σ と τ の合成写像

$$\tau\circ\sigma\colon M_n \longrightarrow M_n$$

はまた全単射であるから，

$$\tau\circ\sigma \in S_n$$

である．この $\tau\circ\sigma$ を τ と σ の**積**といい，簡単に $\tau\sigma$ と書く．σ と τ が

$$\sigma = \begin{pmatrix} 1 & 2 & \cdots & n \\ i_1 & i_2 & \cdots & i_n \end{pmatrix}, \qquad \tau = \begin{pmatrix} 1 & 2 & \cdots & n \\ j_1 & j_2 & \cdots & j_n \end{pmatrix}$$

のように与えられたとき，積 $\tau\sigma$ を同様に書き表わすことを考えてみよう．

注意のところで述べたように，置換の書き方は上下の組さえ変えなければ各組の順番は自由に変えてもよい．この意味で置換 τ の上段を $i_1\ i_2\ \cdots\ i_n$ に並べかえたときの下段が $r_1\ r_2\ \cdots\ r_n$ となったとする．つまり

$$\tau = \begin{pmatrix} 1 & 2 & \cdots & n \\ j_1 & j_2 & \cdots & j_n \end{pmatrix} = \begin{pmatrix} i_1 & i_2 & \cdots & i_n \\ r_1 & r_2 & \cdots & r_n \end{pmatrix}$$

となったとする．そのとき積 $\tau\sigma$ は

$$\tau\sigma = \begin{pmatrix} i_1 & i_2 & \cdots & i_n \\ r_1 & r_2 & \cdots & r_n \end{pmatrix}\begin{pmatrix} 1 & 2 & \cdots & n \\ i_1 & i_2 & \cdots & i_n \end{pmatrix} = \begin{pmatrix} 1 & 2 & \cdots & n \\ r_1 & r_2 & \cdots & r_n \end{pmatrix}$$

で与えられる．

積 $\tau\sigma$ に関する以上の考察は，σ と τ を写像としてとらえることによって次のように理解される．

$$\begin{aligned}
\tau\sigma &= \begin{pmatrix} 1 & 2 & \cdots & n \\ \tau(1) & \tau(2) & \cdots & \tau(n) \end{pmatrix}\begin{pmatrix} 1 & 2 & \cdots & n \\ \sigma(1) & \sigma(2) & \cdots & \sigma(n) \end{pmatrix} \\
&= \begin{pmatrix} \sigma(1) & \sigma(2) & \cdots & \sigma(n) \\ \tau(\sigma(1)) & \tau(\sigma(2)) & \cdots & \tau(\sigma(n)) \end{pmatrix}\begin{pmatrix} 1 & 2 & \cdots & n \\ \sigma(1) & \sigma(2) & \cdots & \sigma(n) \end{pmatrix} \\
&= \begin{pmatrix} 1 & 2 & \cdots & n \\ \tau(\sigma(1)) & \tau(\sigma(2)) & \cdots & \tau(\sigma(n)) \end{pmatrix}
\end{aligned}$$

例　$\sigma = \begin{pmatrix} 1 & 2 & 3 & 4 \\ 3 & 2 & 4 & 1 \end{pmatrix}, \qquad \tau = \begin{pmatrix} 1 & 2 & 3 & 4 \\ 2 & 1 & 4 & 3 \end{pmatrix}$

$$\tau(\sigma(1)) = \tau(3) = 4, \qquad \tau(\sigma(2)) = \tau(2) = 1$$
$$\tau(\sigma(3)) = \tau(4) = 3, \qquad \tau(\sigma(4)) = \tau(1) = 2$$

となるから，

$$\tau\sigma = \begin{pmatrix} 1 & 2 & 3 & 4 \\ 4 & 1 & 3 & 2 \end{pmatrix}$$

4.3 置換の互換への分解

行列式というコンセプトを導入するために，置換の符号というものが必要となる．その符号を定義する準備として，置換がより簡単な互換の積に分解されることを順を追って示そう．

置換全体は「群」になる

n 文字の置換全体からなる集合 S_n が，代数学の基本的コンセプトである群とよばれるものになることを示そう．

単位置換

すべての文字を動かさない置換を**単位置換**または**恒等置換**といい，ε で表わす．

すなわち
$$\varepsilon = \begin{pmatrix} 1 & 2 & \cdots & n \\ 1 & 2 & \cdots & n \end{pmatrix}$$

逆置換

任意の置換 $\sigma = \begin{pmatrix} 1 & 2 & \cdots & n \\ i_1 & i_2 & \cdots & i_n \end{pmatrix}$ に対して，
$$\sigma^{-1} = \begin{pmatrix} i_1 & i_2 & \cdots & i_n \\ 1 & 2 & \cdots & n \end{pmatrix}$$
とおき，σ の**逆置換**という．写像として σ^{-1} は σ の逆写像に他ならない．

例　$\sigma = \begin{pmatrix} 1 & 2 & 3 & 4 \\ 3 & 4 & 2 & 1 \end{pmatrix}$ のとき　$\sigma^{-1} = \begin{pmatrix} 3 & 4 & 2 & 1 \\ 1 & 2 & 3 & 4 \end{pmatrix} = \begin{pmatrix} 1 & 2 & 3 & 4 \\ 4 & 3 & 1 & 2 \end{pmatrix}$

置換の積の演算に関して，次の定理は基本的である．

定理 4.3.1　(1)　**(結合法則)**　任意の $\sigma, \tau, \rho \in S_n$ に対して，
$$(\rho\tau)\sigma = \rho(\tau\sigma)$$
(2)　**(単位元の存在)**　任意の $\sigma \in S_n$ に対して，
$$\sigma\varepsilon = \varepsilon\sigma = \sigma \qquad (\varepsilon \text{ は単位置換})$$
(3)　**(逆元の存在)**　任意の $\sigma \in S_n$ に対して，
$$\sigma^{-1}\sigma = \sigma\sigma^{-1} = \varepsilon$$

この定理の証明はやさしいので読者の演習問題としよう．

この定理の (1), (2), (3) を満たすような演算が与えられた集合を**群**という．したがって S_n は群であり，n 次の**対称群**または**置換群**とよばれる．

群 G から G への全単射

次の定理は，G が対称群のときに後に用いるものであるが，一般の群に対して成り立つことなので一般の形で述べて，その証明を与えておくことにする．

定理 4.3.2　G の元 a, b, c で $a \neq b$ ならば，

（1）　$ac \neq bc, \quad ca \neq cb$

（2）　$a^{-1} \neq b^{-1}$

そして，G の元 c を固定するとき，対応 $a \to ac$，$a \to ca$，$a \to a^{-1}$ によって定義される G から G への 3 つの写像は，いずれも全単射である．

証明　（1）　$ac = bc$ と仮定すると，結合法則を用いて，

$$\begin{aligned} a &= ae = a(cc^{-1}) = (ac)c^{-1} = (bc)c^{-1} \\ &= b(cc^{-1}) = be = b \end{aligned}$$

となるから，対偶が示された．第 2 式の証明も同様である．

（2）　$a^{-1} = b^{-1}$ とすると，この両辺の左から a，右から b をかけて

$$(aa^{-1})b = (ab^{-1})b$$

結合法則を用いて，

$$eb = ae \quad \text{したがって} \quad b = a$$

となり，やはり対偶が示された．

(1), (2) の主張は，対応

$$a \to ac, \quad a \to ca, \quad a \to a^{-1}$$

によって定義される 3 つの写像はいずれも単射であることを意味する．

最後に，これらの写像が全射であることを示そう．

G の任意の元 d に対して，$a = dc^{-1}$ とおけば，

$$a \longrightarrow ac = (dc^{-1})c = d(c^{-1}c) = de = d$$

となり，1 番目の写像は全射である．2 番目の写像についても同様に示される．

また，G の任意の元 d に対して，$a = d^{-1}$ とおけば

$$a \longrightarrow a^{-1} = (d^{-1})^{-1} = d$$

となるから，最後の写像も全射である．　■

問 4.3.1 $\sigma = \begin{pmatrix} 1 & 2 & 3 \\ 2 & 3 & 1 \end{pmatrix}$, $\tau = \begin{pmatrix} 1 & 2 & 3 \\ 3 & 2 & 1 \end{pmatrix}$ とするとき，$\tau\sigma$，$\sigma\tau$，τ^2，$\tau\sigma\tau$，σ^{-3} を計算せよ．ここで，$\tau^2 = \tau\tau$，$\sigma^{-3} = \sigma^{-1}\sigma^{-1}\sigma^{-1}$ である．

巡回置換

行列式を定義するのに必要な「置換の符号」を導入するための準備として，巡回置換というものを考察しておこう．$M_n = \{1, 2, \cdots, n\}$ のうち，$i_1, i_2, \cdots, i_m$ 以外は動かさないで，$i_1, i_2, \cdots, i_m$ のみを

$$i_1 \to i_2, \quad i_2 \to i_3, \quad \cdots, \quad i_m \to i_1$$

のように一巡させる置換

$$\sigma = \begin{pmatrix} i_1 & i_2 & \cdots & i_m & i_{m+1} & \cdots & i_n \\ i_2 & i_3 & \cdots & i_1 & i_{m+1} & \cdots & i_n \end{pmatrix}$$

を巡回置換といい，

$$\sigma = (i_1 \ i_2 \ \cdots \ i_m)$$

と書く．

例 $\sigma = \begin{pmatrix} 1 & 2 & 3 & 4 & 5 \\ 5 & 2 & 1 & 4 & 3 \end{pmatrix}$ とすると，σ は $1 \to 5$，$5 \to 3$，$3 \to 1$ で，他の文字 2 と 4 は動かさないので $\sigma = (1 \ 5 \ 3)$ と書ける．σ はまた $\sigma = (5 \ 3 \ 1) = (3 \ 1 \ 5)$ とも書ける．

次に，任意の置換は巡回置換の積で表わされることを示そう．

定理 4.3.3 任意の置換は，共通の文字を含まないいくつかの巡回置換の積として表わされ，この表し方は積の順序を除いて一意的である．

証明 任意の置換 $\sigma = \begin{pmatrix} 1 & 2 & \cdots & n \\ i_1 & i_2 & \cdots & i_n \end{pmatrix}$ が与えられたとき，まず何か 1 つの文字，たとえば 1 をとり，それが次々とどう移っていくかを見る．

$$1 \to j_1, \quad j_1 \to j_2, \quad j_2 \to j_3 \to \cdots$$

するとこの移り変わりは，集合 $M_n = \{1, 2, \cdots, n\}$ のある部分集合をぐるっと回って 1 にもどってくるはずである．

いま，1 にもどってこないと仮定して矛盾を導くという方法でこのことを示そ

う．M_n は有限なので，永久に次々と新しい数が登場するはずがないので，いつか今まで登場した数が再び登場するはずである．同じ数が再び出るその最初の数が 1 以外のものとしよう．その数を j_k とすると，図のように $j_{k-1} \to j_k$ であり，かつ $j_m \to j_k$ であるから，この写像は単射ではない．したがって置換ではないから，このことはあり得ない．すなわち，もどってくる最初の数は 1 に他ならない．

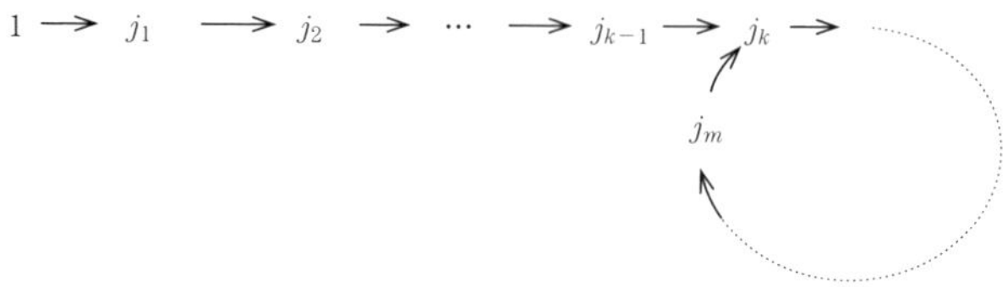

図 4.4

このことから巡回置換

$$(1\ j_1\ j_2\ \cdots\ j_{k-1})$$

が 1 つ定まる．

次に，残った文字について同様に考えれば，巡回置換が次々と得られる．この操作はもちろん有限回で終るので，σ は巡回置換の積で表わされる．

また，表わし方が積の順序を除いて一意的なのは明らかである．■

例　$\sigma = \begin{pmatrix} 1 & 2 & 3 & 4 & 5 & 6 & 7 & 8 & 9 \\ 3 & 7 & 4 & 5 & 1 & 9 & 8 & 2 & 6 \end{pmatrix}$ とする．たとえば，1 を取り，それがどう移っていくかを見る．

$$1 \to 3,\ \ 3 \to 4,\ \ 4 \to 5,\ \ 5 \to 1$$

であるから，σ と巡回置換 $(1\ 3\ 4\ 5)$ とは $1, 3, 4, 5$ については同じ変換を引き起こす．次に $1, 3, 4, 5$ 以外の文字，たとえば 2 を取ると

$$2 \to 7,\ \ 7 \to 8,\ \ 8 \to 2$$

であるから，$2, 7, 8$ については σ と巡回置換 $(2\ 7\ 8)$ とは同じ変換を引起こす．残った文字について，たとえば 6 を取り同様の考察をすると，巡回置換 $(6\ 9)$ を得る．

以上ですべての文字が登場したから，置換 σ は次の形の巡回置換の積として表わせる．

$$\sigma = (1\ 3\ 4\ 5)(2\ 7\ 8)(6\ 9)$$

注意 上の例において，3つの巡回置換の順序を変えても同じ置換であるので，順番は自由である．つまり

$$\sigma = (1\ 3\ 4\ 5)(2\ 7\ 8)(6\ 9) = (2\ 7\ 8)(6\ 9)(1\ 3\ 4\ 5)$$

コメント 注意の可換性（積の順序を変えてよい）が成り立ったのは，1つの置換を巡回置換の積に表わした場合だからである．一般には，置換の積は可換とは限らないが，共通の文字を含まない2つの巡回置換の積は可換である．

互換

巡回置換のうち，特に2文字の巡回置換 $(i\ j)$ を**互換**という．つまり，2文字 i と j を入れ換え，他の文字は動かさない置換を互換という．

定理 4.3.4 巡回置換 $(i_1\ i_2\ \cdots\ i_m)$ は次のように $m-1$ 個の互換の積で表わされる．

$$(i_1\ i_2\ \cdots\ i_m) = (i_1\ i_m)(i_1\ i_{m-1})\cdots(i_1\ i_3)(i_1\ i_2)$$

証明 各元の移っていく先を次々とフォローすることによって示される． ■

例 $(1\ 3\ 4\ 5) = (1\ 5)(1\ 4)(1\ 3)$

次の定理は置換について基本的である．

定理 4.3.5 任意の置換は互換の積で表わされる．

証明 定理 4.3.3，4.3.4 による． ■

例題 4.3.1 $\sigma = \begin{pmatrix} 1 & 2 & 3 & 4 & 5 & 6 & 7 & 8 \\ 5 & 7 & 1 & 6 & 3 & 4 & 8 & 2 \end{pmatrix}$ を互換の積に表わせ．

解答 まず σ を巡回置換の積に表わす．たとえば1をとり，それがどう移っていくかを見る．

$$1 \to 5,\ 5 \to 3,\ 3 \to 1$$

であるから σ と巡回置換 $(1\ 5\ 3)$ は $1, 5, 3$ については同じ変換を引き起こす．次に残った文字，たとえば2を取り，それがどのように移っていくかを見ると

$$2 \to 7,\ 7 \to 8,\ 8 \to 2$$

となり，2,7,8 については σ と巡回置換 $(2\ 7\ 8)$ とは同じ変換を引き起こす．残った文字，たとえば 4 を取り，同様の考察をすると，巡回置換 $(4\ 6)$ を得る．

以上ですべての文字が登場したから，置換 σ は次の形の巡回置換の積として表せる．

$$\sigma = (1\ 5\ 3)(2\ 7\ 8)(4\ 6)$$

定理 4.3.4 により各巡回置換を互換の積に書き換えて，次を得る．

$$\sigma = (1\ 3)(1\ 5)(2\ 8)(2\ 7)(4\ 6)$$ ■

問 4.3.2　$\sigma = \begin{pmatrix} 1 & 2 & 3 & 4 & 5 & 6 \\ 4 & 6 & 5 & 3 & 1 & 2 \end{pmatrix}$ を互換の積に表わせ．

4.4　置換の符号

行列式を定義する際にキーとなる「置換の符号」なるものを考察しよう．

定理 4.3.5 によって，任意の置換は互換の積で表わされるから，このことを用いて，ひとまず次のように置換の符号の定義を与えることにしよう．

定義 4.4.1　置換 σ が m 個の互換の積で表わされるとき

$$\mathrm{sgn}(\sigma) = (-1)^m$$

とおき，σ の**符号**という．

ところが，与えられた置換 σ を互換の積として表わす方法は 1 通りではない．

例　$\begin{pmatrix} 1 & 2 & 3 \\ 3 & 1 & 2 \end{pmatrix} = (1\ 3\ 2) = (1\ 2)(1\ 3) = (3\ 1)(3\ 2) = (1\ 2)(2\ 3)(1\ 3)(1\ 2)$

例　$\begin{pmatrix} 1 & 2 & 3 & 4 \\ 3 & 1 & 4 & 2 \end{pmatrix} = (1\ 3\ 4\ 2) = (1\ 2)(1\ 4)(1\ 3) = (3\ 1)(3\ 2)(3\ 4)$

$$= (2\ 4)(1\ 4)(2\ 3)(1\ 4)(1\ 2)$$

このように，与えられた置換を互換の積として表わす方法は何通りもあり，互換の個数も一定ではない．したがって上で一応与えた置換の符号の定義は，置換を互換の積として表わす方法に関係しないことを証明しないと意味をなさない．

このやっかいさを克服することが，行列式を定義する上で大きなヤマになるところである．

コメント 置換の符号が矛盾なく定義されるものであることを次に示すが，テクニカルに少し大変なので，この結果を信じて先に進み，行列式を概観してからまたもどって読んでもかまわない．

符号の定義の無矛盾性

置換の符号が矛盾なく定義されることを示すために置換による多項式の変換や，差積といったコンセプトを準備する．

n 変数 $x_1, x_2, \cdots, x_n$ の多項式 $P(x_1, x_2, \cdots, x_n)$ と置換 $\sigma \in S_n$ が与えられたとき，この変数 $x_1, x_2, \cdots, x_n$ を，それぞれ $x_{\sigma(1)}, x_{\sigma(2)}, \cdots, x_{\sigma(n)}$ でおきかえて得られる多項式を，置換 σ による多項式 P の変換といい，σP で表わす．

すなわち，

$$\sigma P(x_1, x_2, \cdots, x_n) = P(x_{\sigma(1)}, x_{\sigma(2)}, \cdots, x_{\sigma(n)})$$

である．σ, τ に対して

$$\tau(\sigma P) = (\tau\sigma)P$$

が成り立つ．ここで左辺は，多項式 P の変数 $x_1, \cdots, x_n$ を置換 σ によって $x_{\sigma(1)}, \cdots, x_{\sigma(n)}$ でおきかえ，引き続いて変数 $x_{\sigma(1)}, \cdots, x_{\sigma(n)}$ を置換 τ によって $x_{\tau\sigma(1)}, \cdots, x_{\tau\sigma(n)}$ でおきかえて得られる多項式を意味する．したがって上の等式は明らかに成り立つ．

例 $P(x_1, x_2, x_3) = x_1{}^5 + x_1{}^3 x_2{}^7 + x_1 x_2 x_3{}^2$, $\sigma = \begin{pmatrix} 1 & 2 & 3 \\ 3 & 1 & 2 \end{pmatrix}$, $\tau = \begin{pmatrix} 1 & 2 & 3 \\ 3 & 2 & 1 \end{pmatrix}$

とすると，

$$\tau\sigma = \begin{pmatrix} 1 & 2 & 3 \\ 1 & 3 & 2 \end{pmatrix}, \qquad \sigma P = x_3{}^5 + x_3{}^3 x_1{}^7 + x_3 x_1 x_2{}^2$$

したがって，

$$\tau(\sigma P) = x_1{}^5 + x_1{}^3 x_3{}^7 + x_1 x_3 x_2{}^2, \qquad (\tau\sigma)P = x_1{}^5 + x_1{}^3 x_3{}^7 + x_1 x_3 x_2{}^2$$

ここでは，**差積**ともよばれる次の多項式 $\varDelta$ を考える．

$$\begin{aligned}\varDelta = \varDelta(x_1, \cdots, x_n) &= \prod_{1\leqq i<j\leqq n}(x_i - x_j)\\ &= (x_1-x_2)(x_1-x_3)\cdots\cdots(x_1-x_n)\\ &\qquad\times(x_2-x_3)\cdots\cdots(x_2-x_n)\\ &\qquad\qquad\ddots\qquad\vdots\\ &\qquad\qquad\qquad\times(x_{n-1}-x_n)\end{aligned}$$

すなわち変数 $x_1, \cdots, x_n$ のうちの異なる2つの差 $x_i - x_j\,(i<j)$ 全体の積である．

例　$n=3$ のとき，$\varDelta = (x_1-x_2)(x_1-x_3)$
$\times(x_2-x_3)$

$n=4$ のとき $\varDelta = (x_1-x_2)(x_1-x_3)(x_1-x_4)$
$\times(x_2-x_3)(x_2-x_4)$
$\times(x_3-x_4)$

補題 4.4.1　$\sigma\in S_n$ が互換ならば

$$\sigma\varDelta = -\varDelta$$

が成り立つ．

証明　$\sigma=(i,j)\,(i<j)$ とする．$\varDelta$ の因数の中で互換 σ によって変化するのは x_i と x_j が現われるところであるから，それらを全部拾い出してみよう．

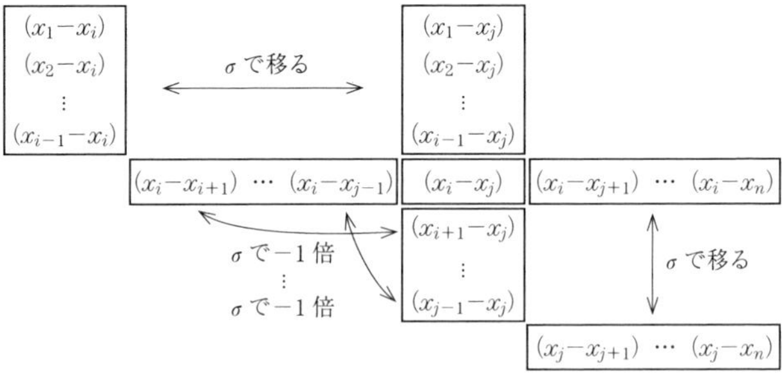

ここで (x_i-x_j) を除く因数をブロックにわけて考える．互換 σ を $\varDelta$ に施すと，「σ で移る」とあるブロックに互いに移り合う．また，「σ で -1 倍」とある部分は -1 倍で移り合うから，この符号の変化は積をとれば打ち消しあう．

そして，$x_i - x_j$ は $x_j - x_i = -(x_i - x_j)$ に移るので -1 倍になる．

結局これらすべてをトータルに考えると

$$\sigma\varDelta = -\varDelta$$

となる． ∎

さて，準備ができたので，置換の符号の定義が，置換を互換の積として表わす表わし方によらないことを示そう．

定理 4.4.1 任意の置換 σ を互換の積として表わすとき，その互換の個数が偶数個であるか奇数個であるかは，与えられた置換 σ によって定まる．

証明 与えられた置換 σ が

$$\sigma = \sigma_r \sigma_{r-1} \cdots \sigma_1 = \tau_s \tau_{s-1} \cdots \tau_1$$

と，2 通りの互換の積に表わされたとする．そのとき，補題 4.4.1 により

$$\begin{aligned}\sigma\varDelta &= (\sigma_r\sigma_{r-1} \ \cdots \ \sigma_1)\varDelta = (\sigma_r\sigma_{r-1} \ \cdots \ \sigma_2)(\sigma_1\varDelta) \\ &= (\sigma_r\sigma_{r-1} \ \cdots \ \sigma_2)(-\varDelta) = -(\sigma_r\sigma_{r-1} \ \cdots \ \sigma_2)\varDelta \\ &= (-1)^r\varDelta\end{aligned}$$

同様に，

$$\sigma\varDelta = (\tau_s\tau_{s-1} \ \cdots \ \tau_1)\varDelta = (-1)^s\varDelta$$

ゆえに，

$$(-1)^r\varDelta = (-1)^s\varDelta$$

これより，等式

$$(-1)^r = (-1)^s$$

を得る．すなわち，r と s の偶奇は一致する． ∎

偶数個の互換の積として表わされる置換を**偶置換**，奇数個の互換の積として表わされる置換を**奇置換**という．

これらの言葉を用いると，符号についての定義 4.4.1 は次のようにいい表わすことができる．置換 σ に対して，その符号 $\mathrm{sgn}(\sigma)$ を

$$\mathrm{sgn}(\sigma) = \begin{cases} +1 & (\sigma \text{ が偶置換のとき}) \\ -1 & (\sigma \text{ が奇置換のとき}) \end{cases}$$

によって定義する．定義からただちに次の定理を得る．

定理 4.4.2　任意の $\sigma, \tau \in S_n$ について，

（1）$\mathrm{sgn}(\tau\sigma) = \mathrm{sgn}(\tau)\mathrm{sgn}(\sigma)$

（2）$\mathrm{sgn}(\varepsilon) = 1$　　（ε は恒等置換）

（3）$\mathrm{sgn}(\sigma^{-1}) = \mathrm{sgn}(\sigma)$

証明　（1）定理 4.3.5 によって σ と τ は互換の積に表わされる．それを

$$\sigma = \sigma_r\sigma_{r-1}\cdots\sigma_1, \qquad \tau = \tau_s\tau_{s-1}\cdots\tau_1$$

とする．そのとき，定義より

$$\mathrm{sgn}(\sigma) = (-1)^r, \qquad \mathrm{sgn}(\tau) = (-1)^s$$

である．そして

$$\tau\sigma = \tau_s\tau_{s-1}\cdots\tau_1\,\sigma_r\sigma_{r-1}\cdots\sigma$$

であるから，

$$\mathrm{sgn}(\tau\sigma) = (-1)^{s+r} = (-1)^s(-1)^r = \mathrm{sgn}(\tau)\mathrm{sgn}(\sigma)$$

が成り立つ．

（2）恒等置換 ε は互換 0 個と考えることもできるし，または，たとえば $\varepsilon = (1\ 2)(1\ 2)$ のように 2 つの互換の積として表わされるから，偶置換である．

（3）$\sigma^{-1}\sigma = \varepsilon$ が成り立つから (1) より $\mathrm{sgn}(\sigma^{-1})\mathrm{sgn}(\sigma) = \mathrm{sgn}(\varepsilon) = 1$．そして，$\mathrm{sgn}(\sigma) = (-1)^r$ の形であるから $\mathrm{sgn}(\sigma^{-1}) = \mathrm{sgn}(\sigma)$ が成り立つ．■

定理 4.4.3　$\sigma \in S_n$ を巡回置換 $(i_1\ i_2\ \cdots\ i_m)$ とすると，

$$\mathrm{sgn}(\sigma) = (-1)^{m-1}$$

が成り立つ．

証明　定理 4.3.4 により，巡回置換 $(i_1\ i_2\ \cdots\ i_m)$ は，次のように $m-1$ 個の互換の積で表わされる．

$$(i_1\ i_2\ \cdots\ i_m) = (i_1\ i_m)(i_1\ i_{m-1})\cdots(i_1\ i_3)(i_1\ i_2)$$

よって，

$$\mathrm{sgn}(\sigma) = (-1)^{m-1}$$

が成り立つ．■

例題 4.4.1　次の置換の符号を求めよ．

（1）$\begin{pmatrix} 1 & 2 & 3 \\ 3 & 1 & 2 \end{pmatrix}$　　（2）$\begin{pmatrix} 1 & 2 & 3 & 4 \\ 3 & 1 & 4 & 2 \end{pmatrix}$

解答 (1) $\begin{pmatrix}1&2&3\\3&1&2\end{pmatrix}=(1\ 3\ 2)$ ゆえに $\mathrm{sgn}\begin{pmatrix}1&2&3\\3&1&2\end{pmatrix}=(-1)^2=1$

(2) $\begin{pmatrix}1&2&3&4\\3&1&4&2\end{pmatrix}=(1\ 3\ 4\ 2)$ ゆえに $\mathrm{sgn}\begin{pmatrix}1&2&3&4\\3&1&4&2\end{pmatrix}=(-1)^3=-1$

問 4.4.1 次の置換の符号を求めよ.

(1) $\begin{pmatrix}1&2&3&4&5\\2&3&1&5&4\end{pmatrix}$ (2) $\begin{pmatrix}1&2&3&4&5&6\\4&6&1&5&3&2\end{pmatrix}$

例 3次の対称群 S_3 の元をすべて求め, 偶置換と奇置換に分類してみよう.

S_3 は $3!=6$ 個の元からなる. まず, S_3 の元をすべて書くと,

$$e=\begin{pmatrix}1&2&3\\1&2&3\end{pmatrix},\quad \begin{pmatrix}1&2&3\\1&3&2\end{pmatrix}=(2\ 3),\quad \begin{pmatrix}1&2&3\\2&1&3\end{pmatrix}=(1\ 2),$$

$$\begin{pmatrix}1&2&3\\2&3&1\end{pmatrix}=(1\ 2\ 3),\quad \begin{pmatrix}1&2&3\\3&1&2\end{pmatrix}=(1\ 3\ 2),\quad \begin{pmatrix}1&2&3\\3&2&1\end{pmatrix}=(1\ 3)$$

であるから, 定理 4.4.3 より

偶置換は, e, $(1\ 2\ 3)$, $(1\ 3\ 2)$, 奇置換は, $(1\ 2)$, $(2\ 3)$, $(1\ 3)$

4.5 行列式の定義

準備ができたので行列式の定義を与えよう.

行列式の定義

定義 4.5.1 n 次の正方行列

$$A=\begin{pmatrix}a_{11}&a_{12}&\cdots&a_{1n}\\a_{21}&a_{22}&\cdots&a_{2n}\\\vdots&\vdots&&\vdots\\a_{n1}&a_{n2}&\cdots&a_{nn}\end{pmatrix}=(a_{ij})$$

に対して, A の成分によって定義される次の 式 (数) を A の**行列式**という.

$$\boxed{\sum_{\sigma\in S_n}\mathrm{sgn}(\sigma)\,a_{1\sigma(1)}a_{2\sigma(2)}\cdots a_{n\sigma(n)}}$$

ここで, 和は $n!$ 個の置換 $\sigma\in S_n$ すべてにわたる.

すなわち, この式の各項は A の各行から1つずつの成分 $a_{i\sigma(i)}(i=1,2,\cdots,$

n) をとってできる n 個の積に σ の符号をつけて加えたものである．σ は $\{1, 2, \cdots, n\}$ の置換であるから，各列からもちょうど1つずつとっている．

この行列式を

$$|A|,\ \ \det A,\ \ |(a_{ij})|,\ \ \begin{vmatrix} a_{11} & a_{12} & \cdots & a_{1n} \\ a_{21} & a_{22} & \cdots & a_{2n} \\ \vdots & \vdots & & \vdots \\ a_{n1} & a_{n2} & \cdots & a_{nn} \end{vmatrix}$$

などと書き表わす．

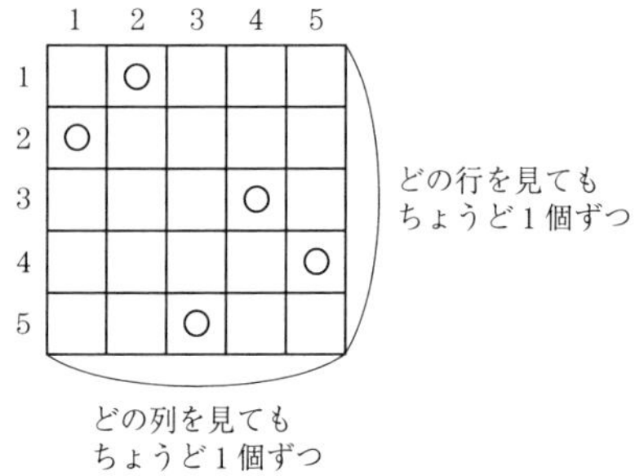

$a_{12}a_{21}a_{34}a_{45}a_{53}$ の項

図4.5

A の行列式の定義の補足説明をしよう．和の各項は，A の各行，各列から1つずつとった積になっている．どの行を見てもちょうど1個ずつで，ダブリもしないし，ない行はない．列についてもどの列を見てもちょうど1個ずつで，ダブリもしないし，ない列はない．

このようなとり方は，行の方を中心に考えれば，$1, 2, \cdots, n$ とすべてとり，これと組になる列も順番は変わるが集合としてちょうど1から n までがでる．すなわち，n 次の置換 σ によって行と列の組がいい表わされる．

図4.5の例でいえば

$$(1,2),\ \ (2,1),\ \ (3,4),\ \ (4,5),\ \ (5,3)$$

の組であるから，対応する置換 σ は

$$\sigma = \begin{pmatrix} 1 & 2 & 3 & 4 & 5 \\ 2 & 1 & 4 & 5 & 3 \end{pmatrix}$$

となる．よってこの項は，この σ を用いて，

$$\mathrm{sgn}(\sigma)\, a_{1\sigma(1)}a_{2\sigma(2)}a_{3\sigma(3)}a_{4\sigma(4)}a_{5\sigma(5)}$$

と表わされる．そして

$$\sigma = (1\ 2)(3\ 4\ 5) = (1\ 2)(3\ 5)(3\ 4)$$

と書かれるので

$$\mathrm{sgn}(\sigma) = -1$$

であり，この項は

$$-a_{12}a_{21}a_{34}a_{45}a_{53}$$

となる．このような項は置換 σ の取り方だけあるので，和は $n!$ 個あるすべての置換をわたることになる．この例でいえば $5! = 120$ 個である．

例　2 次の正方行列 $A = \begin{pmatrix} a_{11} & a_{12} \\ a_{21} & a_{22} \end{pmatrix}$ の行列式を定義にしたがって求めてみよう．$M_2 = \{1, 2\}$ の置換は $2! = 2$ 個あり，

$$\begin{pmatrix} 1 & 2 \\ 1 & 2 \end{pmatrix} = \varepsilon：偶置換, \quad \begin{pmatrix} 1 & 2 \\ 2 & 1 \end{pmatrix} = (1\ 2)：奇置換$$

であるから，

$$\mathrm{sgn}\begin{pmatrix} 1 & 2 \\ 1 & 2 \end{pmatrix} = 1, \quad \mathrm{sgn}\begin{pmatrix} 1 & 2 \\ 2 & 1 \end{pmatrix} = -1$$

となり，

$$\begin{vmatrix} a_{11} & a_{12} \\ a_{21} & a_{22} \end{vmatrix} = \mathrm{sgn}\begin{pmatrix} 1 & 2 \\ 1 & 2 \end{pmatrix} a_{11}a_{22} + \mathrm{sgn}\begin{pmatrix} 1 & 2 \\ 2 & 1 \end{pmatrix} a_{12}a_{21} = a_{11}a_{22} - a_{12}a_{21}$$

この行列式は，以前に定義したものと一致している．

例　3 次の行列式を求めよう．

$M_3 = \{1, 2, 3\}$ の置換は $3! = 6$ 個あり，

$$\begin{pmatrix} 1 & 2 & 3 \\ 1 & 2 & 3 \end{pmatrix} = \varepsilon, \begin{pmatrix} 1 & 2 & 3 \\ 2 & 3 & 1 \end{pmatrix} = (1\ 2\ 3) = (1\ 3)(1\ 2)$$

$$\begin{pmatrix} 1 & 2 & 3 \\ 3 & 1 & 2 \end{pmatrix} = (1\ 3\ 2) = (1\ 2)(1\ 3)$$

の 3 つが偶置換で，

$$\begin{pmatrix} 1 & 2 & 3 \\ 2 & 1 & 3 \end{pmatrix} = (1\ 2), \quad \begin{pmatrix} 1 & 2 & 3 \\ 3 & 2 & 1 \end{pmatrix} = (1\ 3), \quad \begin{pmatrix} 1 & 2 & 3 \\ 1 & 3 & 2 \end{pmatrix} = (2\ 3)$$

の 3 つが奇置換である．したがって，行列式は

$$\begin{vmatrix} a_{11} & a_{12} & a_{13} \\ a_{21} & a_{22} & a_{23} \\ a_{31} & a_{32} & a_{33} \end{vmatrix} = a_{11}a_{22}a_{33} + a_{12}a_{23}a_{31} + a_{13}a_{21}a_{32} - a_{12}a_{21}a_{33} - a_{13}a_{22}a_{31} - a_{11}a_{23}a_{32}$$

サラスの方法

2次および3次の行列式は，次のような図式で記憶しておくと便利である．これを**サラスの方法**という．

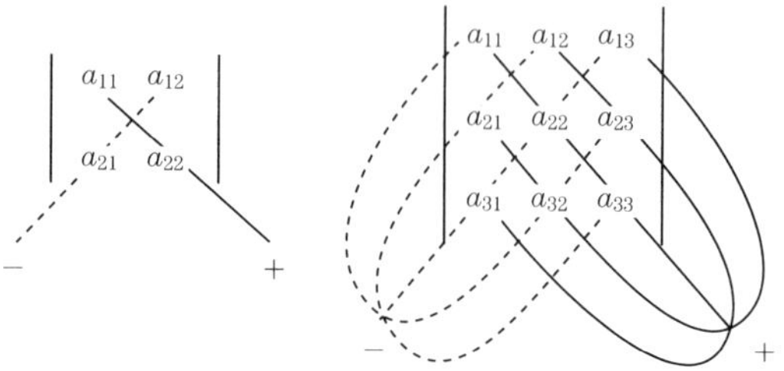

図 4.6

コメント　4次以上の行列式は，サラスの方法のように簡単にはいかないから注意しなければならない．たとえば4次の行列式は $4! = 24$ 個の項からなり図には書きにくい．高次の行列式は，以下に述べる「行列式の性質」を用いて計算する．

問 4.5.1　次の行列式を計算せよ．

(1) $\begin{vmatrix} 3 & 1 \\ 2 & 5 \end{vmatrix}$　　(2) $\begin{vmatrix} \cos\theta & -\sin\theta \\ \sin\theta & \cos\theta \end{vmatrix}$

(3) $\begin{vmatrix} 1 & 0 & 3 \\ 2 & 1 & 5 \\ 7 & 6 & 4 \end{vmatrix}$　　(4) $\begin{vmatrix} a & b & c \\ c & a & b \\ b & c & a \end{vmatrix}$

4.6 行列式の基本的性質

行列式のもつ基本的な性質を調べることにしよう．高次の行列式を順次低い次数の行列式に帰着させたり，正方行列の逆行列を求めたりする際などに役に立つものである．

行列式の基本的性質（その 1）

定理 4.6.1
$$\begin{vmatrix} a_{11} & a_{12} & \cdots & a_{1n} \\ 0 & a_{22} & \cdots & a_{2n} \\ \vdots & \vdots & & \vdots \\ 0 & a_{n2} & \cdots & a_{nn} \end{vmatrix} = a_{11} \begin{vmatrix} a_{22} & \cdots & a_{2n} \\ \vdots & & \vdots \\ a_{n2} & \cdots & a_{nn} \end{vmatrix}$$

行列の（1,1）成分以外の第 1 列の成分がすべて 0 のときである．

証明　$A = (a_{ij})$ とおく．仮定より $a_{21} = a_{31} = \cdots = a_{n1} = 0$ である．

行列式の定義を書こう．

$$|A| = \sum_{\sigma \in S_n} \mathrm{sgn}(\sigma)\, a_{1\sigma(1)} a_{2\sigma(2)} \cdots a_{n\sigma(n)}$$

$\sigma(1) > 1$ である σ については，置換であることから，$\sigma(k) = 1$ となる $k > 1$ がある．仮定より

$$a_{k\sigma(k)} = a_{k1} = 0$$

であるから，結局

$$a_{1\sigma(1)} a_{2\sigma(2)} \cdots a_{k\sigma(k)} \cdots a_{n\sigma(n)} = 0$$

である．つまり $\sigma(1) > 1$ となる項はすべて 0 となる．したがって和は $\sigma(1) = 1$ となる置換 $\sigma \in S_n$ のみをわたればよい．すなわち

$$\sigma = \begin{pmatrix} 1 & 2 & \cdots & n \\ 1 & i_2 & \cdots & i_n \end{pmatrix}$$

となる置換に関する和である．

このような置換全体は，$n-1$ 個の文字 $\{2, 3, \cdots, n\}$ の置換全体 S_{n-1} と同一視される．ゆえに，

$$\begin{aligned} |A| &= \sum_{\substack{\sigma \in S_n \\ \sigma(1)=1}} \mathrm{sgn}(\sigma)\, a_{11} a_{2\sigma(2)} \cdots a_{n\sigma(n)} \\ &= a_{11} \sum_{\substack{\sigma \in S_n \\ \sigma(1)=1}} \mathrm{sgn}(\sigma)\, a_{2\sigma(2)} \cdots a_{n\sigma(n)} \\ &= a_{11} \sum_{\tau \in S_{n-1}} \mathrm{sgn}(\tau)\, a_{2\tau(2)} \cdots a_{n\tau(n)} \end{aligned}$$

$$(\tau \text{ は } (n-1) \text{ 文字 } \{2, 3, \cdots, n\} \text{ の置換})$$

$$= a_{11}\begin{vmatrix} a_{22} & \cdots & a_{2n} \\ \vdots & & \vdots \\ a_{n2} & \cdots & a_{nn} \end{vmatrix}$$ ∎

問 4.6.1　次の行列式を計算せよ．

$$\begin{vmatrix} 2 & 3 & 0 & 1 \\ 0 & 7 & 1 & 0 \\ 0 & 0 & 3 & 1 \\ 0 & 1 & 5 & 2 \end{vmatrix}$$

対角線より左下の成分が 0 の行列

$$A = \begin{pmatrix} a_{11} & a_{12} & \cdots & a_{1n} \\ 0 & a_{22} & & \vdots \\ \vdots & & \ddots & \vdots \\ 0 & \cdots & 0 & a_{nn} \end{pmatrix}$$

を，**上三角行列**，または単に**三角行列**という．

系 4.6.1　(上) 三角行列 A の行列式 $|A|$ は，A の対角成分の積に等しい．すなわち，次が成りたつ．

$$|A| = a_{11}a_{22}\cdots a_{nn}$$

証明　前定理を帰納的に適用すればよい．すなわち前定理より，

$$|A| = a_{11}\begin{vmatrix} a_{22} & \cdots & \cdots & a_{2n} \\ 0 & \ddots & & \vdots \\ \vdots & \ddots & \ddots & \vdots \\ 0 & \cdots & 0 & a_{nn} \end{vmatrix}$$

再び前定理を適用して，

$$= a_{11}a_{22}\begin{vmatrix} a_{33} & \cdots & \cdots & a_{3n} \\ 0 & \ddots & & \vdots \\ \vdots & \ddots & \ddots & \vdots \\ 0 & \cdots & 0 & a_{nn} \end{vmatrix}$$

これを続ければ

$$= a_{11}a_{22}\cdots a_{nn}.$$ ∎

系 4.6.2 単位行列 E の行列式 $|E|$ は1である．すなわち，$|E|=1$.

証明 前系の特別な場合である． ∎

次の定理は，定理 4.6.1 の一般化であり，行列式の計算で，しばしば用いられる．

定理 4.6.2 A を r 次正方行列，D を s 次正方行列，B を $r\times s$ 行列とする．

$$\begin{vmatrix} A & B \\ O & D \end{vmatrix} = |A|\cdot|D|$$

ここで，O はすべての成分が0からなる $s\times r$ 行列を表わす．

証明 $X=\begin{pmatrix} A & B \\ O & D \end{pmatrix}=(a_{ij})$ $(n=r+s)$ とおく．行列式の定義より

$$|X|=\sum_{\sigma\in S_n}\mathrm{sgn}(\sigma)\,a_{1\sigma(1)}\cdots a_{n\sigma(n)}$$

である．仮定から

$$a_{ij}=0 \qquad (r+1\leqq i\leqq n,\ 1\leqq j\leqq r)$$

である．n 次の置換 σ が次の性質をみたすとする．

「$\{\sigma(r+1),\cdots,\sigma(n)\}$ の中に r 以下の数がある」

すなわち，$k\geqq r+1$，$\sigma(k)\leqq r$ であるような k がある．仮定より

$$a_{k\sigma(k)}=0$$

であるから，これを因子にもつ項は

$$\mathrm{sgn}(\sigma)\,a_{1\sigma(1)}\cdots a_{n\sigma(n)}=0$$

となる．つまり，X の行列式 $|X|$ を定義する置換 σ のうち，上の性質をもつ σ は除いて考えてよい．したがって，集合として

$$\{\sigma(r+1),\cdots,\sigma(n)\}=\{r+1,\cdots,n\}$$

をみたす置換 σ だけを考えればよい．置換は全単射であるから，このとき，

$$\{\sigma(1),\cdots,\sigma(r)\}=\{1,\cdots,r\}$$

もみたす．結局 σ は，それぞれの置換に分かれる．すなわち，$\{1,\cdots,r\}$ の置換 τ と $\{r+1,\cdots,n\}$ の置換 ρ が存在して，

$$\sigma=\rho\tau$$

と書かれる．上の性質をみたす σ を全部うごかすということは，τ,ρ をちょうどそれぞれ独立に S_r と $S_s{}'$ の元すべてをうごかすことと同じことになる．ただし $S_s{}'$ は s 個の文字 $\{r+1,\cdots,n\}$ の置換全体と見なしている．そして，

$$\mathrm{sgn}(\sigma) = \mathrm{sgn}(\rho\tau) = \mathrm{sgn}(\rho)\,\mathrm{sgn}(\tau)$$

であるから，

$$\begin{aligned}|X| &= \sum_{\substack{\tau\in S_r\\ \rho\in S_s'}} \mathrm{sgn}(\rho\tau)\, a_{1\tau(1)}\cdots a_{r\tau(r)}a_{r+1\rho(r+1)}\cdots a_{n\rho(n)}\\ &= \left(\sum_{\tau\in S_r}\mathrm{sgn}(\tau)\, a_{1\tau(1)}\cdots a_{r\tau(r)}\right)\left(\sum_{\rho\in S_s'}\mathrm{sgn}(\rho)\, a_{r+1\rho(r+1)}\cdots a_{n\rho(n)}\right)\\ &= |A|\cdot|D|\end{aligned}$$

■

例

$$\begin{aligned}\begin{vmatrix} a_{11} & a_{12} & a_{13} & a_{14}\\ a_{21} & a_{22} & a_{23} & a_{24}\\ 0 & 0 & a_{33} & a_{34}\\ 0 & 0 & a_{43} & a_{44}\end{vmatrix} &= \sum_{\sigma\in S_4}\mathrm{sgn}(\sigma)\, a_{1\sigma(1)}a_{2\sigma(2)}a_{3\sigma(3)}a_{4\sigma(4)}\\ &= \sum_{\substack{\sigma\in S_4\\ \{\sigma(3),\sigma(4)\}=\{3,4\}}}\mathrm{sgn}(\sigma)\, a_{1\sigma(1)}a_{2\sigma(2)}a_{3\sigma(3)}a_{4\sigma(4)}\\ &= \sum_{\substack{\tau\in S_2\\ \rho\in S_2'}}\mathrm{sgn}(\tau\rho)\, a_{1\tau(1)}a_{2\tau(2)}a_{3\rho(3)}a_{4\rho(4)}\\ &= \sum_{\tau\in S_2}\mathrm{sgn}(\tau)\, a_{1\tau(1)}a_{2\tau(2)}\cdot\sum_{\rho\in S_2'}\mathrm{sgn}(\rho)\, a_{3\rho(3)}a_{4\rho(4)}\\ &= \begin{vmatrix} a_{11} & a_{12}\\ a_{21} & a_{22}\end{vmatrix}\cdot\begin{vmatrix} a_{33} & a_{34}\\ a_{43} & a_{44}\end{vmatrix}\end{aligned}$$

行列式の基本的性質(その 2)

次の定理は行列式のいろいろな性質を導くのに基本的役割を果たすものである．

定理 4.6.3　行列 $A=(a_{ij})$ の 1 つの行を c 倍すると，行列式は c 倍になる．すなわち

$$\begin{vmatrix} a_{11} & \cdots & a_{1n}\\ \vdots & & \vdots\\ ca_{i1} & \cdots & ca_{in}\\ \vdots & & \vdots\\ a_{n1} & \cdots & a_{nn}\end{vmatrix} = c\begin{vmatrix} a_{11} & \cdots & a_{1n}\\ \vdots & & \vdots\\ a_{i1} & \cdots & a_{in}\\ \vdots & & \vdots\\ a_{n1} & \cdots & a_{nn}\end{vmatrix}$$

証明　左辺 $\displaystyle = \sum_{\sigma\in S_n}\mathrm{sgn}(\sigma)\, a_{1\sigma(1)}\cdots(ca_{i\sigma(i)})\cdots a_{n\sigma(n)}$

$\displaystyle = c\sum_{\sigma\in S_n}\mathrm{sgn}(\sigma)\, a_{1\sigma(1)}\cdots a_{i\sigma(i)}\cdots a_{n\sigma(n)}$

$=$ 右辺

■

系 4.6.3 行列 A の 1 つの行の成分がすべて 0 ならば $|A|=0$.

証明

$$i\rightarrow\begin{vmatrix} a_{11} & \cdots & a_{1n} \\ \vdots & & \vdots \\ 0 & \cdots & 0 \\ \vdots & & \vdots \\ a_{n1} & \cdots & a_{nn} \end{vmatrix} = \begin{vmatrix} a_{11} & \cdots & a_{1n} \\ \vdots & & \vdots \\ 0\times 0 & \cdots & 0\times 0 \\ \vdots & & \vdots \\ a_{n1} & \cdots & a_{nn} \end{vmatrix} = 0\times\begin{vmatrix} a_{11} & \cdots & a_{1n} \\ \vdots & & \vdots \\ 0 & \cdots & 0 \\ \vdots & & \vdots \\ a_{n1} & \cdots & a_{nn} \end{vmatrix} = 0 \qquad \blacksquare$$

定理 4.6.4 第 i 行が，2 つの行ベクトルの和である行列の行列式は，他の行は同じで第 i 行は各々のベクトルをとった行列の行列式の和になる．すなわち

$$\begin{vmatrix} a_{11} & \cdots & a_{1n} \\ \vdots & & \vdots \\ b_{i1}+c_{i1} & \cdots & b_{in}+c_{in} \\ \vdots & & \vdots \\ a_{n1} & \cdots & a_{nn} \end{vmatrix} = \begin{vmatrix} a_{11} & \cdots & a_{1n} \\ \vdots & & \vdots \\ b_{i1} & \cdots & b_{in} \\ \vdots & & \vdots \\ a_{n1} & \cdots & a_{nn} \end{vmatrix} + \begin{vmatrix} a_{11} & \cdots & a_{1n} \\ \vdots & & \vdots \\ c_{i1} & \cdots & c_{in} \\ \vdots & & \vdots \\ a_{n1} & \cdots & a_{nn} \end{vmatrix}$$

証明

$$\begin{aligned}
\text{左辺} &= \sum_{\sigma\in S_n}\operatorname{sgn}(\sigma)\, a_{1\sigma(1)}\cdots(b_{i\sigma(i)}+c_{i\sigma(i)})\cdots a_{n\sigma(n)} \\
&= \sum_{\sigma\in S_n}\operatorname{sgn}(\sigma)\{a_{1\sigma(1)}\cdots b_{i\sigma(i)}\cdots a_{n\sigma(n)}+a_{1\sigma(1)}\cdots c_{i\sigma(i)}\cdots a_{n\sigma(n)}\} \\
&= \sum_{\sigma\in S_n}\operatorname{sgn}(\sigma)\, a_{1\sigma(1)}\cdots b_{i\sigma(i)}\cdots a_{n\sigma(n)}+\sum_{\sigma\in S_n}\operatorname{sgn}(\sigma)\, a_{1\sigma(1)}\cdots c_{i\sigma(i)}\cdots a_{n\sigma(n)} \\
&= \text{右辺}
\end{aligned} \qquad \blacksquare$$

行列式の計算において重要な一連の基本的テクニックを見ていくことにしよう．

定理 4.6.5 2 つの行を入れ替えると行列式は -1 倍になる．すなわち

$$\begin{matrix} \\ \\ i\,\text{行}\rightarrow \\ \\ j\,\text{行}\rightarrow \\ \\ \\ \end{matrix}\begin{vmatrix} a_{11} & \cdots\cdots\cdots & a_{1n} \\ \vdots & & \vdots \\ a_{j1} & \cdots\cdots\cdots & a_{jn} \\ \vdots & & \vdots \\ a_{i1} & \cdots\cdots\cdots & a_{in} \\ \vdots & & \vdots \\ a_{n1} & \cdots\cdots\cdots & a_{nn} \end{vmatrix} = -\begin{vmatrix} a_{11} & \cdots\cdots\cdots & a_{1n} \\ \vdots & & \vdots \\ a_{i1} & \cdots\cdots\cdots & a_{in} \\ \vdots & & \vdots \\ a_{j1} & \cdots\cdots\cdots & a_{jn} \\ \vdots & & \vdots \\ a_{n1} & \cdots\cdots\cdots & a_{nn} \end{vmatrix}\begin{matrix} \\ \\ \leftarrow i\,\text{行} \\ \\ \leftarrow j\,\text{行} \\ \\ \\ \end{matrix}$$

証明 n 文字の各置換 σ に対して，σ に右から互換 $(i\ j)$ をかけた置換を τ とおく．すなわち，$\tau=\sigma(i\ j)$，このとき，

$$\tau(i)=\sigma(j), \qquad \tau(j)=\sigma(i), \qquad \tau(k)=\sigma(k) \quad (k\neq i,j)$$

となる．定理 4.3.2 によって，対応

$$\sigma \longrightarrow \sigma(i\ j) = \tau$$

は，S_n から S_n への全単射である．つまり，σ が置換全体 S_n をうごくと，τ も置換全体 S_n をうごく．また，符号は

$$\mathrm{sgn}(\tau) = \mathrm{sgn}(\sigma(i\ j)) = \mathrm{sgn}(\sigma)\cdot\mathrm{sgn}(i\ j) = -\mathrm{sgn}(\sigma)$$

である．以上の準備のもとに行列式を定義にしたがって計算してみる．

$$\begin{aligned}
\text{左辺} &= \sum_{\sigma\in S_n} \mathrm{sgn}(\sigma)\, a_{1\sigma(1)}\cdots a_{j\sigma(i)}\cdots a_{i\sigma(j)}\cdots a_{n\sigma(n)} \\
&= \sum_{\tau\in S_n} (-\mathrm{sgn}(\tau))\, a_{1\tau(1)}\cdots a_{j\tau(j)}\cdots a_{i\tau(i)}\cdots a_{n\tau(n)} \\
&= -\sum_{\tau\in S_n} \mathrm{sgn}(\tau)\, a_{1\tau(1)}\cdots a_{i\tau(i)}\cdots a_{j\tau(j)}\cdots a_{n\tau(n)} \\
&= \text{右辺}
\end{aligned}$$

■

2 つの行の入れ替えと行列式の関係についてのこの定理は，次のように行の置換と行列式の関係へと一般化される．

定理 4.6.6　行列の行の順序を置換 τ によって変更すると，行列式は $\mathrm{sgn}(\tau)$ 倍になる．すなわち，

$$\tau = \begin{pmatrix} 1 & 2 & \cdots & n \\ k_1 & k_2 & \cdots & k_n \end{pmatrix}$$

とするとき，

$$\begin{vmatrix} a_{k_1 1} & a_{k_1 2} & \cdots & a_{k_1 n} \\ a_{k_2 1} & a_{k_2 2} & \cdots & a_{k_2 n} \\ \vdots & \vdots & & \vdots \\ a_{k_n 1} & a_{k_n 2} & \cdots & a_{k_n n} \end{vmatrix} = \mathrm{sgn}(\tau) \begin{vmatrix} a_{11} & a_{12} & \cdots & a_{1n} \\ a_{21} & a_{22} & \cdots & a_{2n} \\ \vdots & \vdots & & \vdots \\ a_{n1} & a_{n2} & \cdots & a_{nn} \end{vmatrix}$$

証明　以前に示したように，任意の置換は互換の積に表わすことができるから，

$$\tau = \tau_m \cdots \tau_1$$

を，そのような互換の積とする．

そのとき，与えられた行列の行を置換 τ によって変更した結果は，互換 τ_1, $\tau_2, \cdots, \tau_m$ によって，この順に行を変更した結果と同じ行列になる．前定理をくり返し用いて，行の順序を τ でいれかえた行列の行列式は，もとの行列の行列式の $(-1)^m$ となり，$\mathrm{sgn}(\tau) = (-1)^m$ であったから，定理の結果を得る．

以上の定理から次の諸定理が導かれる．

定理 4.6.7　2つの行が等しい行列の行列式は0である．

証明　行列 A の第 i 行と第 j 行が等しいとする．この第 i 行と第 j 行を交換しても同じ行列 A である．

一方，定理 4.6.5 により，行を入れ替えると行列式は -1 倍になる．よって

$$|A| = -|A|$$

となるから，$2|A| = 0$．すなわち，$|A| = 0$ である．■

定理 4.6.8　行列の1つの行に任意の数をかけて，他の行に加えても，行列式の値は変わらない．すなわち，

$$\begin{array}{r} \\ \\ i\,\text{行}\rightarrow \\ \\ j\,\text{行}\rightarrow \\ \\ \\ \end{array}\begin{vmatrix} a_{11} & \cdots & a_{1n} \\ \vdots & & \vdots \\ a_{i1}+ca_{j1} & \cdots & a_{in}+ca_{jn} \\ \vdots & & \vdots \\ a_{j1} & \cdots & a_{jn} \\ \vdots & & \vdots \\ a_{n1} & \cdots & a_{nn} \end{vmatrix} = \begin{vmatrix} a_{11} & \cdots\cdots\cdots & a_{1n} \\ \vdots & & \vdots \\ a_{i1} & \cdots\cdots\cdots & a_{in} \\ \vdots & & \vdots \\ a_{j1} & \cdots\cdots\cdots & a_{jn} \\ \vdots & & \vdots \\ a_{n1} & \cdots\cdots\cdots & a_{nn} \end{vmatrix}\begin{array}{l} \\ \\ \leftarrow i\,\text{行} \\ \\ \leftarrow j\,\text{行} \\ \\ \\ \end{array}$$

証明　定理 4.6.4 と定理 4.6.3 によって，

$$\begin{array}{r} \\ \\ i\,\text{行}\rightarrow \\ \\ j\,\text{行}\rightarrow \\ \\ \\ \end{array}\begin{vmatrix} a_{11} & \cdots & a_{1n} \\ \vdots & & \vdots \\ a_{i1}+ca_{j1} & \cdots & a_{in}+ca_{jn} \\ \vdots & & \vdots \\ a_{j1} & \cdots & a_{jn} \\ \vdots & & \vdots \\ a_{n1} & \cdots & a_{nn} \end{vmatrix} = \begin{vmatrix} a_{11} & \cdots\cdots\cdots & a_{1n} \\ \vdots & & \vdots \\ a_{i1} & \cdots\cdots\cdots & a_{in} \\ \vdots & & \vdots \\ a_{j1} & \cdots\cdots\cdots & a_{jn} \\ \vdots & & \vdots \\ a_{n1} & \cdots\cdots\cdots & a_{nn} \end{vmatrix}$$

$$+c\begin{vmatrix} a_{11} & \cdots\cdots\cdots & a_{1n} \\ \vdots & & \vdots \\ a_{j1} & \cdots\cdots\cdots & a_{jn} \\ \vdots & & \vdots \\ a_{j1} & \cdots\cdots\cdots & a_{jn} \\ \vdots & & \vdots \\ a_{n1} & \cdots\cdots\cdots & a_{nn} \end{vmatrix}\begin{array}{l} \\ \\ \leftarrow i\,\text{行} \\ \\ \leftarrow j\,\text{行} \\ \\ \\ \end{array}$$

となる．この最後の行列式は，i 行と j 行が等しいから，定理 4.6.7 によって0になる．よって，定理が成り立つ．■

コメント 以上の定理を組み合せて用いることによって，行列式の計算を，より簡単な行列の行列式の計算に帰着させることができる．そのような例を考えてみよう．

例

$$\begin{vmatrix} 1 & 3 & 2 & 1 \\ 2 & 4 & 1 & 2 \\ -1 & 1 & 0 & 6 \\ -3 & -11 & -3 & -4 \end{vmatrix} = \begin{vmatrix} 1 & 3 & 2 & 1 \\ 0 & -2 & -3 & 0 \\ 0 & 4 & 2 & 7 \\ 0 & -2 & 3 & -1 \end{vmatrix}$$

以上は次の操作による．

- 1 行×(−2) を 2 行に加える．
- 1 行を 3 行に加える．
- 1 行×3 を 4 行に加える．

この形の行列の行列式は定理 4.6.1 により

$$= 1 \times \begin{vmatrix} -2 & -3 & 0 \\ 4 & 2 & 7 \\ -2 & 3 & -1 \end{vmatrix}$$

となる．3 次の行列式であるから，これはもうサラスの方法によって求めてもよいが，同様の操作を次のように続けてもよい．

- 1 行×2 を 2 行に加える
- 1 行×(−1) を 3 行に加える

その結果，

$$= \begin{vmatrix} -2 & -3 & 0 \\ 0 & -4 & 7 \\ 0 & 6 & -1 \end{vmatrix}$$

となるから，再び，定理 4.6.1 によって

$$= -2 \begin{vmatrix} -4 & 7 \\ 6 & -1 \end{vmatrix} = -2 \times (-4 \times (-1) - 6 \times 7) = 76$$

コメント 最初に与えられたのは 4 次の行列式であったから，定義にしたがって計算すると，$4! = 4 \cdot 3 \cdot 2 \cdot 1 = 24$ 個の項の和になる．24 個の置換を，もれなく，かつ重複なく考えて，これに対応する積を考えるのは大変であるが，準備した行列式の基本的性質に関する諸定理を駆使することによって，計算がはるかに楽になった．

行列式の基本的性質（その 3）

今まで，行に関する変形で行列式がどう変わるかを見てきた．次の定理は，まったく同じ性質が列に対しても成り立つことを意味する．その結果，行列式はさらに計算しやすくなる．

定理 4.6.9 行列の行と列を入れかえても，行列式の値は変わらない．すなわち

$$|{}^tA| = |A|.$$

証明 行列 $A = (a_{ij})$ の転置行列 ${}^tA$ の (i, j) 成分は a_{ji} であるから，定義により，

$$|{}^tA| = \sum_{\sigma \in S_n} \mathrm{sgn}(\sigma)\, a_{\sigma(1)1} a_{\sigma(2)2} \cdots a_{\sigma(n)n}$$

となる．ここで，$\{\sigma(1), \sigma(2), \cdots, \sigma(n)\}$ は集合として，$\{1, 2, \cdots, n\}$ に一致するから，順序を入れかえると

$$a_{\sigma(1)1} a_{\sigma(2)2} \cdots a_{\sigma(n)n} = a_{1\sigma^{-1}(1)} a_{2\sigma^{-1}(2)} \cdots a_{n\sigma^{-1}(n)}$$

である．また，$\mathrm{sgn}(\sigma^{-1}) = \mathrm{sgn}(\sigma)$ であるから，これらを使って書きかえると

$$|{}^tA| = \sum_{\sigma \in S_n} \mathrm{sgn}(\sigma^{-1})\, a_{1\sigma^{-1}(1)} a_{2\sigma^{-1}(2)} \cdots a_{n\sigma^{-1}(n)}$$

となる．ここで，σ が S_n の元すべてをうごくとき，σ^{-1} も S_n の元すべてをうごくから（定理 4.3.2），σ^{-1} を τ に書きかえて

$$= \sum_{\tau \in S_n} \mathrm{sgn}(\tau)\, a_{1\tau(1)} a_{2\tau(2)} \cdots a_{n\tau(n)}$$

これは正に A の行列式 $|A|$ に他ならない． ∎

与えられた行列の行列式を考えるには，前定理によって，行列を転置して考えても同じである．したがって今まで見てきた行列式の基本的性質は，行列式を転置した形にしても同様である．それらをまとめて列挙しておこう．

定理 4.6.10

$$\begin{vmatrix} a_{11} & 0 & \cdots & 0 \\ a_{21} & a_{22} & \cdots & a_{2n} \\ \vdots & \vdots & & \vdots \\ a_{n1} & a_{n2} & \cdots & a_{nn} \end{vmatrix} = a_{11} \begin{vmatrix} a_{22} & \cdots & a_{2n} \\ \vdots & & \vdots \\ a_{n2} & \cdots & a_{nn} \end{vmatrix}$$

$$A = \begin{pmatrix} a_{11} & 0 & \cdots & 0 \\ \vdots & a_{22} & \ddots & \vdots \\ \vdots & & \ddots & 0 \\ a_{n1} & \cdots & \cdots & a_{nn} \end{pmatrix}$$

なる形の行列を，**下三角行列**，または単に**三角行列**という．

系 4.6.4　(下) 三角行列 A の行列式 $|A|$ は，A の対角成分の積に等しい．すなわち，

$$|A| = a_{11}a_{22}\cdots a_{nn}.$$

定理 4.6.11　A を r 次正方行列，D を s 次正方行列，C を $s\times r$ 行列とする．

$$\begin{vmatrix} A & O \\ C & D \end{vmatrix} = |A|\cdot|D|$$

ここで，O はすべての成分が 0 からなる $r\times s$ 行列を表わす．

行列式の行に関して成り立つ定理 4.6.3〜4.6.8，および系 4.6.3 は，定理 4.6.9 により列に関しても同様に成り立つ．それらを定理の形にまとめておこう．

定理 4.6.12

(1)　1 つの列を c 倍すると，行列式は c 倍になる．

(2)　1 つの列の成分がすべて 0 である行列の行列式は 0 である．

(3)　1 つの列が 2 つの列ベクトルの和である行列の行列式は，他の列は同じでその列を各々の列ベクトルとした行列の行列式の和になる．

(4)　2 つの列を入れ換えると行列式は -1 倍になる．

(5)　行列の列の順序を置換 τ によって変更すると行列式は $\mathrm{sgn}(\tau)$ 倍になる．

(6)　2 つの列が等しい行列の行列式は 0 である．

(7)　1 つの列に任意の数をかけて他の列に加えても行列式の値は変わらない．

例題 4.6.1 次の行列式の値を求めよ．

(1) $\begin{vmatrix} 1 & 2 & 3 & 4 \\ 5 & 6 & 7 & 8 \\ 9 & 10 & 11 & 12 \\ 13 & 14 & 15 & 16 \end{vmatrix}$　　(2) $\begin{vmatrix} & O & & a_1 \\ & & a_2 & \\ & \cdot^{\cdot^{\cdot}} & & \\ a_n & & O & \end{vmatrix}$

解答 (1) 第2行から第1行を引くと，第2行の成分はすべて4になるから，4を行列式の外に出して第2行の成分をすべて1にした行列式に等しい．同様に，第3行から第1行を引くと，第3行の成分はすべて8になるから，8を行列式の外に出して第3行の成分がすべて1にした行列式に等しい．すると第2行と第3行が等しくなり行列式の値は0となる．

$$\begin{vmatrix} 1 & 2 & 3 & 4 \\ 5 & 6 & 7 & 8 \\ 9 & 10 & 11 & 12 \\ 13 & 14 & 15 & 16 \end{vmatrix} = \begin{vmatrix} 1 & 2 & 3 & 4 \\ 4 & 4 & 4 & 4 \\ 9 & 10 & 11 & 12 \\ 13 & 14 & 15 & 16 \end{vmatrix} = 4\begin{vmatrix} 1 & 2 & 3 & 4 \\ 1 & 1 & 1 & 1 \\ 9 & 10 & 11 & 12 \\ 13 & 14 & 15 & 16 \end{vmatrix}$$

$$= 4\begin{vmatrix} 1 & 2 & 3 & 4 \\ 1 & 1 & 1 & 1 \\ 8 & 8 & 8 & 8 \\ 13 & 14 & 15 & 16 \end{vmatrix} = 32\begin{vmatrix} 1 & 2 & 3 & 4 \\ 1 & 1 & 1 & 1 \\ 1 & 1 & 1 & 1 \\ 13 & 14 & 15 & 16 \end{vmatrix} = 0$$

(2) 第1列と第 n 列を入れかえた行列式を -1 倍すると，もとの行列式に等しい．

$$\begin{vmatrix} O & & a_1 \\ & \cdot^{\cdot^{\cdot}} & \\ a_n & & O \end{vmatrix} = -\begin{vmatrix} a_1 & 0 & \cdots\cdots & 0 \\ 0 & O & a_2 & \vdots \\ \vdots & & \cdot^{\cdot^{\cdot}} & \vdots \\ \vdots & a_{n-1} & O & 0 \\ 0 & \cdots\cdots & 0 & a_n \end{vmatrix}$$

続いて，第2列と第 $n-1$ 列を入れかえた行列式を -1 倍すると，もとの行列式に等しい．この操作を続けると，$n = 2m$ のとき，m 回の操作で対角行列になり，その行列式の $(-1)^m$ 倍したものが求める行列式である．同様に $n = 2m+1$ のとき，m 回の操作で対角行列になり，その行列式の $(-1)^m$ 倍したものが求める行列式である．

以上をまとめると，$n = 2m$ または $2m+1$ と書くとき，求める行列式の値は $(-1)^m a_1 \cdots a_n$ である．

問 4.6.2　次の行列式の値を求めよ．

（1）$\begin{vmatrix} 100 & 101 & 102 \\ 103 & 104 & 105 \\ 106 & 107 & 108 \end{vmatrix}$　　（2）$\begin{vmatrix} 1 & a & b & c+d \\ 1 & b & c & d+a \\ 1 & c & d & a+b \\ 1 & d & a & b+c \end{vmatrix}$

4.7　行列式の展開

前節では，行列式を計算する手だてとして，行列式のもつ基本的性質を調べた．この節では，前節の結果を踏まえて行列式の計算を確実に進めるために，n 次の行列式を $(n-1)$ 次の行列式を用いて表わす方法を与えよう．この方法は行列式を n に関する帰納法で定義することを可能にするものである．

また，この節の考察が逆行列が存在するための条件や，逆行列の具体的な形の究明へとつながるものである．

余因子

n 次の正方行列 $A = (a_{ij})$ から，その第 i 行と第 j 列を取り除いて得られる $(n-1)$ 次の正方行列を A_{ij} と書く．すなわち，行列 A の

$$\begin{pmatrix} a_{11} \cdots & a_{1j} & \cdots a_{1n} \\ \vdots & \vdots & \vdots \\ a_{i1} \cdots & a_{ij} & \cdots a_{in} \\ \vdots & \vdots & \vdots \\ a_{n1} \cdots & a_{nj} & \cdots a_{nn} \end{pmatrix}$$

網をかけた部分を除いて，つめた行列

$$A_{ij} = \left(\begin{array}{cc|cc} a_{11} & \cdots a_{1\,j-1} & a_{1\,j+1} & \cdots a_{1n} \\ \vdots & \vdots & \vdots & \vdots \\ a_{i-1\,1} & \cdots a_{i-1\,j-1} & a_{i-1\,j+1} & \cdots a_{i-1\,n} \\ \hline a_{i+1\,1} & \cdots a_{i+1\,j-1} & a_{i+1\,j+1} & \cdots a_{i+1\,n} \\ \vdots & \vdots & \vdots & \vdots \\ a_{n1} & \cdots a_{n\,j-1} & a_{n\,j+1} & \cdots a_{nn} \end{array}\right)$$

である．この行列 A_{ij} の行列式を $|A_{ij}|$ と書く．そして

$$\tilde{a}_{ij} = (-1)^{i+j}|A_{ij}|$$

とおいて，これを行列 A における a_{ij} の**余因子**という．

例 $A = \begin{pmatrix} 1 & 2 & 0 \\ 3 & 5 & -1 \\ 4 & 6 & 7 \end{pmatrix}$ とする．

$$A_{11} = \begin{pmatrix} 5 & -1 \\ 6 & 7 \end{pmatrix}, \quad A_{12} = \begin{pmatrix} 3 & -1 \\ 4 & 7 \end{pmatrix}, \quad A_{13} = \begin{pmatrix} 3 & 5 \\ 4 & 6 \end{pmatrix}$$

$$A_{21} = \begin{pmatrix} 2 & 0 \\ 6 & 7 \end{pmatrix}, \quad A_{22} = \begin{pmatrix} 1 & 0 \\ 4 & 7 \end{pmatrix}, \quad A_{23} = \begin{pmatrix} 1 & 2 \\ 4 & 6 \end{pmatrix}$$

$$A_{31} = \begin{pmatrix} 2 & 0 \\ 5 & -1 \end{pmatrix}, \quad A_{32} = \begin{pmatrix} 1 & 0 \\ 3 & -1 \end{pmatrix}, \quad A_{33} = \begin{pmatrix} 1 & 2 \\ 3 & 5 \end{pmatrix}$$

$$\tilde{a}_{11} = (-1)^2|A_{11}| = 35+6 = 41$$
$$\tilde{a}_{12} = (-1)^3|A_{12}| = -(21+4) = -25$$
$$\tilde{a}_{13} = (-1)^4|A_{13}| = 18-20 = -2$$
$$\tilde{a}_{21} = (-1)^3|A_{21}| = -(14-0) = -14$$
$$\tilde{a}_{22} = (-1)^4|A_{22}| = 7-0 = 7$$
$$\tilde{a}_{23} = (-1)^5|A_{23}| = -(6-8) = 2$$
$$\tilde{a}_{31} = (-1)^4|A_{31}| = -2-0 = -2$$
$$\tilde{a}_{32} = (-1)^5|A_{32}| = -(-1) = 1$$
$$\tilde{a}_{33} = (-1)^6|A_{33}| = 5-6 = -1$$

行列式の展開

定理 4.7.1 （1） $a_{i1}\tilde{a}_{i1} + a_{i2}\tilde{a}_{i2} + \cdots + a_{in}\tilde{a}_{in} = |A|$

（2） $a_{i1}\tilde{a}_{k1} + a_{i2}\tilde{a}_{k2} + \cdots + a_{in}\tilde{a}_{kn} = 0 \qquad (i \neq k)$

(1)を**第 i 行に関する（余因子）展開**という．

証明 （1） 与えられた行列 $A = (a_{ij})$ の第 i 行は

$$(a_{i1} \ \ a_{i2} \ \cdots \ a_{in}) = (a_{i1} \ \ 0 \ \cdots \ 0) + (0 \ \ a_{i2} \ \ 0 \ \cdots \ 0) + \cdots + (0 \ \cdots \ 0 \ \ a_{in})$$

のように，n 個の行ベクトルの和に書けるから，定理 4.6.4 を繰り返し適用することによって，A の行列式は

$$|A| = \begin{vmatrix} a_{11} & \cdots\cdots & a_{1n} \\ \vdots & & \vdots \\ a_{i1} & 0 \ \cdots & 0 \\ \vdots & & \vdots \\ a_{n1} & \cdots\cdots & a_{nn} \end{vmatrix} + \begin{vmatrix} a_{11} & \cdots\cdots\cdots\cdots & & a_{1n} \\ \vdots & & & \vdots \\ 0 & a_{i2} & 0 \ \cdots & 0 \\ \vdots & & & \vdots \\ a_{n1} & \cdots\cdots\cdots\cdots & & a_{nn} \end{vmatrix} + \cdots + \begin{vmatrix} a_{11} & \cdots\cdots & a_{1n} \\ \vdots & & \vdots \\ 0 & \cdots \ 0 & a_{in} \\ \vdots & & \vdots \\ a_{n1} & \cdots\cdots & a_{nn} \end{vmatrix}$$

と書ける．この式の右辺の j 番目の行列式を計算しよう．まず，第 i 行を順に 1 つ上の行と入れかえる操作で一番上に移動させる．

このとき，定理 4.6.5 により，1 つ上の行と入れかえる度に行列式は -1 倍される．そして第 i 行は $(i-1)$ 回の入れかえ操作で一番上に移動するので，一番上に移動したとき行列式は $(-1)^{i-1}$ 倍される．

次に，第 j 列を順に 1 つ左の列と入れかえる操作で一番左の列に移動させる．

このとき，行の場合と同様に，一番左に移動したとき，行列式は $(-1)^{j-1}$ 倍される．以上を式に書こう．

$$\begin{vmatrix} a_{11} & \cdots\cdots\cdots\cdots & a_{1n} \\ \vdots & & \vdots \\ 0 & \cdots \ a_{ij} \ \cdots & 0 \\ \vdots & & \vdots \\ a_{n1} & \cdots\cdots\cdots\cdots & a_{nn} \end{vmatrix} = (-1)^{i-1} \begin{vmatrix} 0 & \cdots \ a_{ij} \ \cdots & 0 \\ a_{11} & \cdots\cdots\cdots\cdots & a_{1n} \\ \vdots & & \vdots \\ a_{n1} & \cdots\cdots\cdots\cdots & a_{nn} \end{vmatrix} \leftarrow i \text{ 行がぬけてる}$$

第 i 行を上に移動

$$= (-1)^{i+j-2} \begin{vmatrix} a_{ij} & 0 & \cdots\cdots & 0 \\ a_{1j} & a_{11} & \cdots\cdots & a_{1n} \\ \vdots & \vdots & & \vdots \\ a_{nj} & a_{n1} & \cdots\cdots & a_{nn} \end{vmatrix} \leftarrow i \text{ 行がぬけてる}$$

↑ j 列がぬけてる

第 j 列を左に移動

$$= (-1)^{i+j} a_{ij} \begin{vmatrix} a_{11} & \cdots & a_{1n} \\ \vdots & & \vdots \\ a_{n1} & \cdots & a_{nn} \end{vmatrix} \leftarrow i \text{ 行がぬけてる}\quad \text{（定理 4.6.10 による．）}$$

↑ j 列がぬけてる

$$= (-1)^{i+j} a_{ij} |A_{ij}| = a_{ij} (-1)^{i+j} |A_{ij}| = a_{ij} \tilde{a}_{ij}$$

こうして，次の等式が示された．

$$\begin{vmatrix} a_{11} & \cdots\cdots\cdots & & & a_{1n} \\ \vdots & & & & \vdots \\ 0 & \cdots & 0 \quad a_{ij} \quad 0 & \cdots & 0 \\ \vdots & & & & \vdots \\ a_{n1} & \cdots\cdots\cdots & & & a_{nn} \end{vmatrix} = a_{ij}\tilde{a}_{ij}$$

この等式は，$j=1,\cdots,n$ に対して成立するので，行列式 $|A|$ をこれらの和に書いた式に代入することによって，証明したい等式

$$|A| = a_{i1}\tilde{a}_{i1}+\cdots+a_{in}\tilde{a}_{in}$$

を得る．

（2） 行列 A と $k(\neq i)$ に対して，第 k 行以外は A と同じで，第 k 行を A の第 i 行で置き換えた行列を $B=(b_{ij})$ とする．すなわち，

$$B = \begin{pmatrix} a_{11} & \cdots\cdots & a_{1n} \\ \vdots & & \vdots \\ a_{i1} & \cdots\cdots & a_{in} \\ \vdots & & \vdots \\ a_{i1} & \cdots\cdots & a_{in} \\ \vdots & & \vdots \\ a_{n1} & \cdots\cdots & a_{nn} \end{pmatrix} \begin{matrix} \\ \\ \leftarrow i\text{ 行} \\ \\ \leftarrow k\text{ 行} \\ \\ \\ \end{matrix}$$

この行列 B の第 i 行と第 k 行は一致するから，定理 4.6.7 より

$$|B| = 0$$

である．また，定義から，任意の $j=1,\cdots,n$ に対して，

$$B_{kj} = A_{kj}, \qquad b_{kj} = a_{ij}$$

である．この第 1 式より，

$$\tilde{b}_{kj} = (-1)^{k+j}|B_{kj}| = (-1)^{k+j}|A_{kj}| = \tilde{a}_{kj}$$

が成り立つ．したがって，行列 B の第 k 行に関する (1) の展開を書き下すと

$$b_{k1}\tilde{b}_{k1}+\cdots+b_{kn}\tilde{b}_{kn} = |B| = 0$$

この式の左辺に，上で得た等式を代入すれば，等式

$$a_{i1}\tilde{a}_{k1}+\cdots+a_{in}\tilde{a}_{kn} = 0$$

が得られる． ∎

定理 4.7.1 の第 i 行のかわりに第 j 列を考えることにより次の定理を得る．

定理 4.7.2　(1)　$a_{1j}\tilde{a}_{1j}+\cdots+a_{nj}\tilde{a}_{nj}=|A|$

(2)　$a_{1j}\tilde{a}_{1k}+\cdots+a_{nj}\tilde{a}_{nk}=0 \qquad (j\neq k)$

(1)を**第 j 列に関する (余因子) 展開**という．

例　前例の行列 $A=\begin{pmatrix}1 & 2 & 0\\ 3 & 5 & -1\\ 4 & 6 & 7\end{pmatrix}$ について，定理 4.7.1 と定理 4.7.2 を確かめてみよう．

まず A の行列式はサラスの方法によって求めて $|A|=-9$ となる．$\tilde{a}_{ij}$ は前例で求めてあるので，それを用いて，

$$\begin{aligned}a_{11}\tilde{a}_{11}+a_{12}\tilde{a}_{12}+a_{13}\tilde{a}_{13}&=1\times 41+2\times(-25)+0\times(-2)=41-50\\&=-9=|A|\end{aligned}$$

つまり，第 1 行に関する展開が確かめられた．

また，$i=2$，$k=3$ として式 (2) を確かめよう．

$$a_{21}\tilde{a}_{31}+a_{22}\tilde{a}_{32}+a_{23}\tilde{a}_{33}=3\times(-2)+5\times 1+(-1)\times(-1)=0$$

他の行に関しても同様に確かめられる．また，列に関する定理 4.7.2 の式 (1)，(2) も同様に確かめられる．

コメント　この節の始めにも述べたように，定理 4.7.1，定理 4.7.2 の展開を用いると行列式の計算がより低い次数の行列式の計算に帰着される．その際，展開する行または列に 0 が多いほど計算が簡単になる．そしてこの 0 を多くするためには前節で得られた定理を駆使する．例題を通してこのことを説明しよう．

例題 4.7.1　次の行列式を計算せよ．

$$\begin{vmatrix}2 & 1 & -1 & 5\\ 2 & 3 & 0 & 4\\ -5 & 4 & -7 & -8\\ 1 & -1 & 2 & 3\end{vmatrix}$$

解答　次の操作を順に行う．

（1） 第2行に第1行の（−1）倍を，第1行に第4行の（−2）倍を，第3行に第4行の5倍を加える．

（2） 第1列で展開する．

（3） 第1行に第3行の3倍を，第2行に第3行の2倍を加える．

（4） 第1列で展開する．

（5） 第1行から4をくくり出す．

$$\begin{vmatrix} 2 & 1 & -1 & 5 \\ 2 & 3 & 0 & 4 \\ -5 & 4 & -7 & -8 \\ 1 & -1 & 2 & 3 \end{vmatrix} \overset{(1)}{=} \begin{vmatrix} 0 & 3 & -5 & -1 \\ 0 & 2 & 1 & -1 \\ 0 & -1 & 3 & 7 \\ 1 & -1 & 2 & 3 \end{vmatrix} = 1\times(-1)^{4+1}\times\begin{vmatrix} 3 & -5 & -1 \\ 2 & 1 & -1 \\ -1 & 3 & 7 \end{vmatrix}$$

$$\overset{(3)}{=} -\begin{vmatrix} 0 & 4 & 20 \\ 0 & 7 & 13 \\ -1 & 3 & 7 \end{vmatrix} \overset{(4)}{=} -(-1)(-1)^{3+1}\begin{vmatrix} 4 & 20 \\ 7 & 13 \end{vmatrix} \overset{(5)}{=} 4\begin{vmatrix} 1 & 5 \\ 7 & 13 \end{vmatrix} = -88$$

例題 4.7.2 次の行列式を因数分解せよ．

$$\begin{vmatrix} a & bc & b+c \\ b & ca & c+a \\ c & ab & a+b \end{vmatrix}$$

解答 次の操作を順に行う．

（1） 第1行に第2行の（−1）倍を，第2行に第3行の（−1）倍を加える．

（2） 第1行から（$a-b$）を，第2行から（$b-c$）をくくり出す．

（3） 第3列を第1列に加える．

（4） 第1列で展開する．

$$\begin{vmatrix} a & bc & b+c \\ b & ca & c+a \\ c & ab & a+b \end{vmatrix} \overset{(1)}{=} \begin{vmatrix} a-b & c(b-a) & b-a \\ b-c & a(c-b) & c-b \\ c & ab & a+b \end{vmatrix}$$

$$= (a-b)(b-c)\begin{vmatrix} 1 & -c & -1 \\ 1 & -a & -1 \\ c & ab & a+b \end{vmatrix}$$

$$= (a-b)(b-c)\begin{vmatrix} 0 & -c & -1 \\ 0 & -a & -1 \\ a+b+c & ab & a+b \end{vmatrix}$$

$$= (a-b)(b-c)(a+b+c)(-1)^{3+1}\begin{vmatrix} -c & -1 \\ -a & -1 \end{vmatrix}$$
$$= (a-b)(b-c)(c-a)(a+b+c)$$

問 4.7.1　次の行列式の値を求めよ．

(1) $\begin{vmatrix} 1 & 0 & 2 & 0 \\ 0 & 3 & 0 & 4 \\ 5 & 0 & 6 & 0 \\ 0 & 7 & 0 & 8 \end{vmatrix}$　　(2) $\begin{vmatrix} 1 & 1 & 1 & 1 \\ 1 & 1 & 1 & -1 \\ 1 & 1 & -1 & -1 \\ 1 & -1 & -1 & -1 \end{vmatrix}$

(3) $\begin{vmatrix} 1 & 0 & 1 & 0 \\ 1 & 1 & -1 & 0 \\ 1 & 0 & 0 & 1 \\ 1 & -1 & 1 & 0 \end{vmatrix}$　　(4) $\begin{vmatrix} 1 & 1 & 1 & 1 & 1 \\ 1 & 2 & 2 & 2 & 2 \\ 1 & 2 & 3 & 3 & 3 \\ 1 & 2 & 3 & 4 & 4 \\ 1 & 2 & 3 & 4 & 5 \end{vmatrix}$

問 4.7.2　次の行列式を計算せよ．

(1) $\begin{vmatrix} 0 & a & a & a \\ b & 0 & b & b \\ c & c & 0 & c \\ d & d & d & 0 \end{vmatrix}$　　(2) $\begin{vmatrix} 1 & \omega & \omega^2 \\ \omega & \omega^2 & 1 \\ \omega^2 & 1 & \omega \end{vmatrix}$　$(\omega^3 = 1,\ \omega \neq 1)$

(3) $\begin{vmatrix} 1 & x & 1 & y \\ x & 1 & y & 1 \\ 1 & y & 1 & x \\ y & 1 & x & 1 \end{vmatrix}$

余因子行列

n 次の正方行列 $A = (a_{ij})$ に対して，a_{ij} の余因子 $\tilde{a}_{ij}$ を成分とする行列

$$\begin{pmatrix} \tilde{a}_{11} & \tilde{a}_{12} & \cdots & \tilde{a}_{1n} \\ \tilde{a}_{21} & \tilde{a}_{22} & \cdots & \tilde{a}_{2n} \\ \vdots & \vdots & & \vdots \\ \tilde{a}_{n1} & \tilde{a}_{n2} & \cdots & \tilde{a}_{nn} \end{pmatrix}$$

の転置行列

$$\widetilde{A} = \begin{pmatrix} \tilde{a}_{11} & \tilde{a}_{21} & \cdots & \tilde{a}_{n1} \\ \tilde{a}_{12} & \tilde{a}_{22} & \cdots & \tilde{a}_{n2} \\ \vdots & \vdots & & \vdots \\ \tilde{a}_{1n} & \tilde{a}_{2n} & \cdots & \tilde{a}_{nn} \end{pmatrix}$$

を A の**余因子行列**という．

この余因子行列は，行列の逆行列を求める際に重要な役割を演じることになる．次の定理は，その重要なステップである．

定理 4.7.3　n 次正方行列 A の余因子行列を $\widetilde{A}$ とすると，次が成り立つ．

$$A\widetilde{A} = \widetilde{A}A = \begin{pmatrix} |A| & & O \\ & \ddots & \\ O & & |A| \end{pmatrix} = |A|\begin{pmatrix} 1 & & O \\ & \ddots & \\ O & & 1 \end{pmatrix} = |A|\,E$$

証明　行列の積 $A\widetilde{A}$ の (i, k) 成分は，定義により

$$\sum_{j=1}^{n} a_{ij}\tilde{a}_{kj}$$

であるが，この値は定理 4.7.1 により，

$$= \begin{cases} |A| & (i = k) \\ 0 & (i \neq k) \end{cases}$$

である．したがって

$$A\widetilde{A} = \begin{pmatrix} |A| & & O \\ & \ddots & \\ O & & |A| \end{pmatrix} = |A|E$$

同様に，行列の積 $\widetilde{A}A$ の (i, k) 成分は

$$\sum_{j=1}^{n} \tilde{a}_{ji}a_{jk}$$

であるが，この値は定理 4.7.2 により

$$= \begin{cases} |A| & (i = k) \\ 0 & (i \neq k) \end{cases}$$

である．したがって，

$$\widetilde{A}A = \begin{pmatrix} |A| & & O \\ & \ddots & \\ O & & |A| \end{pmatrix} = |A|E$$

∎

問 4.7.3　次の行列 A の余因子行列 $\tilde{A}$ を求め，積 $A\tilde{A}$ を計算せよ．

(1) $\begin{pmatrix} 1 & 1 & 1 \\ 0 & 1 & -1 \\ 1 & 1 & 0 \end{pmatrix}$　　(2) $\begin{pmatrix} 2 & 0 & 4 \\ 1 & 1 & 0 \\ -3 & -1 & 5 \end{pmatrix}$

4.8 行列の積の行列式

この節では，2 つの行列の積の行列式がそれぞれの行列の行列式とどういう関係にあるかを考察する．結論は次の定理で言い表わされる．

定理 4.8.1　n 次正方行列 A, B に対して，

$$|AB| = |A|\cdot|B|$$

が成り立つ．

証明　行列 A, B をそれぞれ $A = (a_{ij})$，$B = (b_{ij})$ と書くことにする．そして，行列 B の行ベクトルを，$\boldsymbol{b}_1, \boldsymbol{b}_2, \cdots, \boldsymbol{b}_n$ とする．すなわち，

$$\boldsymbol{b}_j = (b_{j1}, b_{j2}, \cdots, b_{jn}) \qquad (j = 1, 2, \cdots, n)$$

ブロックに分けての計算法によって，

$$AB = \begin{pmatrix} a_{11} & \cdots & a_{1n} \\ \vdots & & \vdots \\ a_{n1} & \cdots & a_{nn} \end{pmatrix} \begin{pmatrix} \boldsymbol{b}_1 \\ \vdots \\ \boldsymbol{b}_n \end{pmatrix} = \begin{pmatrix} \sum_{j=1}^{n} a_{1j}\boldsymbol{b}_j \\ \vdots \\ \sum_{j=1}^{n} a_{nj}\boldsymbol{b}_j \end{pmatrix}$$

である．したがって，定理 4.6.4 と定理 4.6.3 を繰り返し用いることによって，次の等式を得る．

$$|AB| = \sum_{j_n=1}^{n}\sum_{j_{n-1}=1}^{n}\cdots\sum_{j_2=1}^{n}\sum_{j_1=1}^{n} a_{1j_1}\cdots a_{nj_n} \begin{vmatrix} \boldsymbol{b}_{j_1} \\ \vdots \\ \boldsymbol{b}_{j_n} \end{vmatrix}$$

ここで，和は $j_1, j_2, \cdots, j_n$ がそれぞれ 1 から n まで動くので n^n 個の項にわたる．しかし，定理 4.6.7 により $\boldsymbol{b}_{j_1}, \cdots, \boldsymbol{b}_{j_n}$ のうちに同じものがあれば，行列式は

$$\begin{vmatrix} \boldsymbol{b}_{j_1} \\ \vdots \\ \boldsymbol{b}_{j_n} \end{vmatrix} = 0$$

となるから，$j_1, j_2, \cdots, j_n$ がすべて異なる場合の和を考えればよい．すなわち，

これらがちょうど $1, 2, \cdots, n$ の順列となる場合に他ならない．しかも，和はちょうどすべての順列をわたる．ゆえに，

$$|AB| = \sum_{\sigma \in S_n} a_{1j_1} \cdots a_{nj_n} \begin{vmatrix} \boldsymbol{b}_{j_1} \\ \vdots \\ \boldsymbol{b}_{j_n} \end{vmatrix} \qquad \sigma = \begin{pmatrix} 1 & 2 & \cdots & n \\ j_1 & j_2 & \cdots & j_n \end{pmatrix}$$

$$= \sum_{\sigma \in S_n} a_{1\sigma(1)} \cdots a_{n\sigma(n)} \begin{vmatrix} \boldsymbol{b}_{\sigma(1)} \\ \vdots \\ \boldsymbol{b}_{\sigma(n)} \end{vmatrix}$$

ここで，定理 4.6.6 を適用して

$$= \sum_{\sigma \in S_n} a_{1\sigma(1)} \cdots a_{n\sigma(n)} \mathrm{sgn}(\sigma) \begin{vmatrix} \boldsymbol{b}_1 \\ \vdots \\ \boldsymbol{b}_n \end{vmatrix} = \left(\sum_{\sigma \in S_n} \mathrm{sgn}(\sigma)\, a_{1\sigma(1)} \cdots a_{n\sigma(n)} \right) \begin{vmatrix} \boldsymbol{b}_1 \\ \vdots \\ \boldsymbol{b}_n \end{vmatrix}$$

$$= |A| \cdot |B|$$

■

4.9 正則行列，逆行列

準備が整ったのでいよいよ逆行列について考察することにしよう．逆行列はどういうときに存在し，どのような形をしているのだろうか．じつは，これまででほとんど準備ができているので，最後の詰めを行えばよいだけである．

まず，定義を復習しておこう．n 次の正方行列 A に対して，

$$AB = BA = E \qquad (\text{単位行列})$$

を満たす n 次正方行列 B が存在するとき，A は**正則**であるという．このとき，B を A の**逆行列**といい，A^{-1} で表わす．

定理 4.9.1　正方行列 A が正則であるための必要十分条件は $|A| \neq 0$ である．このとき，A の逆行列 A^{-1} は

$$A^{-1} = \frac{1}{|A|} \widetilde{A}$$

で与えられる．ここで $\widetilde{A}$ は A の余因子行列である．

証明　A が正則であれば，ある行列 B があって $AB = E$ となる．定理 4.8.1 より

$$|A|\cdot|B| = |AB| = |E| = 1$$

であるから，特に $|A| \neq 0$ である．逆に $|A| \neq 0$ のとき，

$$B = \frac{1}{|A|}\widetilde{A}$$

とおくと，定理 4.7.3 より

$$AB = A\left(\frac{1}{|A|}\widetilde{A}\right) = \frac{1}{|A|}A\widetilde{A} = \frac{1}{|A|}|A|E = E$$

$$BA = \left(\frac{1}{|A|}\widetilde{A}\right)A = \frac{1}{|A|}(\widetilde{A}A) = \frac{1}{|A|}|A|E = E$$

であるから，A は正則である．上の式の計算から，A の逆行列は

$$A^{-1} = B = \frac{1}{|A|}\widetilde{A}$$

で与えられる．■

例題 4.9.1　次の行列 A が正則かどうかを判定し，正則の場合は A の余因子行列および逆行列を求めよ．

（1）$\begin{pmatrix} 1 & 0 & 0 \\ 2 & 0 & -1 \\ -1 & 5 & 4 \end{pmatrix}$　（2）$\begin{pmatrix} 0 & 1 & 2 \\ 2 & 0 & -1 \\ 2 & 1 & 1 \end{pmatrix}$　（3）$\begin{pmatrix} 0 & 1 & 0 & 0 \\ 1 & 0 & 0 & -1 \\ 0 & -1 & 1 & 0 \\ -1 & 0 & 0 & 0 \end{pmatrix}$

解答　（1）$|A| = 5$ であるから正則である．

$$\tilde{a}_{11} = (-1)^2\begin{vmatrix} 0 & -1 \\ 5 & 4 \end{vmatrix} = 5, \quad \tilde{a}_{12} = (-1)^3\begin{vmatrix} 2 & -1 \\ -1 & 4 \end{vmatrix} = -7$$

$$\tilde{a}_{13} = (-1)^4\begin{vmatrix} 2 & 0 \\ -1 & 5 \end{vmatrix} = 10, \quad \tilde{a}_{21} = (-1)^3\begin{vmatrix} 0 & 0 \\ 5 & 4 \end{vmatrix} = 0$$

$$\tilde{a}_{22} = (-1)^4\begin{vmatrix} 1 & 0 \\ -1 & 4 \end{vmatrix} = 4, \quad \tilde{a}_{23} = (-1)^5\begin{vmatrix} 1 & 0 \\ -1 & 5 \end{vmatrix} = -5$$

$$\tilde{a}_{31} = (-1)^4\begin{vmatrix} 0 & 0 \\ 0 & -1 \end{vmatrix} = 0, \quad \tilde{a}_{32} = (-1)^5\begin{vmatrix} 1 & 0 \\ 2 & -1 \end{vmatrix} = 1$$

$$\tilde{a}_{33} = (-1)^6\begin{vmatrix} 1 & 0 \\ 2 & 0 \end{vmatrix} = 0$$

したがって A の余因子行列 $\widetilde{A}$ は

$$\widetilde{A} = \begin{pmatrix} 5 & 0 & 0 \\ -7 & 4 & 1 \\ 10 & -5 & 0 \end{pmatrix}$$

そして，A の逆行列 A^{-1} は

$$A^{-1} = \frac{1}{|A|}\widetilde{A} = \frac{1}{5}\begin{pmatrix} 5 & 0 & 0 \\ -7 & 4 & 1 \\ 10 & -5 & 0 \end{pmatrix}$$

（2） $|A| = 0$ であるから正則ではない．

（3） A を第 1 行に関して展開して

$$|A| = -\begin{vmatrix} 1 & 0 & -1 \\ 0 & 1 & 0 \\ -1 & 0 & 0 \end{vmatrix} = 1$$

よって A は正則行列である．$|A| = 1$ であるから $A^{-1} = \widetilde{A}$ が成り立ち，$\widetilde{A}$ は定義にしたがって計算すると次のように求まる．

$$A^{-1} = \widetilde{A} = \begin{pmatrix} 0 & 0 & 0 & -1 \\ 1 & 0 & 0 & 0 \\ 1 & 0 & 1 & 0 \\ 0 & -1 & 0 & -1 \end{pmatrix}$$ ■

問 4.9.1 次の行列 A が正則かどうか判定し，正則の場合は A の余因子行列および逆行列を求めよ．

（1） $\begin{pmatrix} 2 & 0 & 1 \\ -1 & 3 & 1 \\ 8 & 2 & 5 \end{pmatrix}$ （2） $\begin{pmatrix} 2 & 0 & 1 \\ 1 & 3 & 1 \\ 8 & 2 & 5 \end{pmatrix}$

定理 4.9.2 正則行列 A に対して，

$$|A^{-1}| = |A|^{-1}$$

が成り立つ．

証明 定理 4.8.1 より

$$|A||A^{-1}| = |AA^{-1}| = |E| = 1$$

ゆえに，$|A^{-1}| = |A|^{-1}$ が成り立つ． ■

4.10　ファンデアモンデの行列式

応用上，しばしば登場する特別な形の行列式を求めておこう．

定理 4.10.1

$$\begin{vmatrix} 1 & 1 & \cdots & 1 \\ x_1 & x_2 & \cdots & x_n \\ {x_1}^2 & {x_2}^2 & \cdots & {x_n}^2 \\ \vdots & \vdots & & \vdots \\ {x_1}^{n-1} & {x_2}^{n-1} & \cdots & {x_n}^{n-1} \end{vmatrix} = \prod_{1 \leqq i < j \leqq n} (x_j - x_i)$$

ここで式の右辺は，$x_j - x_i$ という項を，条件 $1 \leqq i < j \leqq n$ をみたす組 (i, j) すべてにわたって積をとることを意味する．

たとえば，$n = 3$ のときは，

$$\prod_{1 \leqq i < j \leqq 3} (x_j - x_i) = (x_3 - x_2)(x_3 - x_1)(x_2 - x_1)$$

この行列式を**ファンデアモンデの行列式**という．

証明　$x_j = x_i$ とおけば，行列の 2 つの列が等しく，左辺は 0 であるから，x_j を変数とみた因数定理によって行列式は $x_j - x_i$ で割り切れる．したがって

$$\text{左辺} = c \prod_{i<j} (x_j - x_i)$$

と書ける．そして各 x_i を 1 次と見て両辺の次数を比較すると，いずれも $1 + 2 + \cdots + n - 1 = \dfrac{n(n-1)}{2}$ であるから c は定数である．

左辺の行列式の対角成分の積

$$x_2 {x_3}^2 \cdots {x_n}^{n-1}$$

に着目すると，この単項式が出るのは対角成分の積しかないことが分かり，この項の係数は 1 である．他方，次の式

$$\begin{aligned} \prod_{i<j} (x_j - x_i) = (x_n - x_{n-1})(x_n - x_{n-2}) \cdots\cdots (x_n - x_1) \\ (x_{n-1} - x_{n-2}) \cdots (x_{n-1} - x_1) \\ \vdots \\ (x_3 - x_2)(x_3 - x_1) \\ (x_2 - x_1) \end{aligned}$$

より，単項式

$$x_2 {x_3}^2 \cdots {x_{n-1}}^{n-2} {x_n}^{n-1}$$

の係数は

$${x_n}^{n-1},\ {x_{n-1}}^{n-2},\ \cdots,\ {x_3}^2,\ x_2$$

の順に着目することにより1であることが分かる．

したがって，最初の等式の右辺の定数 c は1であることが分かる．すなわち，求める等式が得られる． ∎

問 4.10.1　次の行列式の値を求めよ．

（1）$\begin{vmatrix} 1 & 1 & 1 & 1 \\ 2 & 3 & 5 & 7 \\ 2^2 & 3^2 & 5^2 & 7^2 \\ 2^3 & 3^3 & 5^3 & 7^3 \end{vmatrix}$　　（2）$\begin{vmatrix} 3 & 2^2 & 1 & 1 \\ 3^2 & 2^3 & 5 & 1 \\ 3^3 & 2^4 & 5^2 & 1 \\ 3^4 & 2^5 & 5^3 & 1 \end{vmatrix}$

問　題

1.　次の置換の積を計算せよ．

（1）$\begin{pmatrix} 1 & 2 & 3 & 4 & 5 \\ 3 & 4 & 5 & 2 & 1 \end{pmatrix}\begin{pmatrix} 1 & 2 & 3 & 4 & 5 \\ 2 & 3 & 5 & 1 & 4 \end{pmatrix}$　　（2）$(1\ 4)(2\ 3)(1\ 2\ 5\ 4)(3\ 4)$

2.　次の置換を巡回置換の積に分解し，さらに互換の積に分解せよ．

（1）$\begin{pmatrix} 1 & 2 & 3 & 4 & 5 & 6 & 7 & 8 & 9 \\ 5 & 6 & 8 & 7 & 4 & 9 & 1 & 3 & 2 \end{pmatrix}$　　（2）$\begin{pmatrix} 1 & 2 & 3 & 4 & 5 & 6 & 7 \\ 6 & 7 & 2 & 3 & 1 & 5 & 4 \end{pmatrix}$

3.　次の置換を互換の積に分解し，各々の置換の符号を求めよ．

（1）$(1\ 2\ 7\ 3\ 4)$　　（2）$(1\ 3\ 4\ 8\ 2\ 7)$

（3）$\begin{pmatrix} 1 & 2 & 3 & 4 & 5 & 6 \\ 3 & 6 & 5 & 1 & 4 & 2 \end{pmatrix}$　　（4）$\begin{pmatrix} 1 & 2 & 3 & 4 & 5 & 6 & 7 & 8 \\ 7 & 4 & 6 & 2 & 8 & 3 & 5 & 1 \end{pmatrix}$

4.　S_4 の元をすべて求め，偶置換と奇置換に分けよ．

5.　次の行列式の値を求めよ．

(1) $\begin{vmatrix} 2 & 1 & 0 \\ 3 & 7 & 4 \\ 0 & -1 & 5 \end{vmatrix}$　(2) $\begin{vmatrix} 1 & -1 & 3 & 0 \\ 5 & 2 & 0 & 7 \\ 0 & 3 & -1 & 2 \\ 1 & 1 & 5 & 9 \end{vmatrix}$

(3) $\begin{vmatrix} 3 & 0 & 5 & 2 & -1 \\ 1 & -1 & 0 & 0 & 3 \\ 0 & 3 & -2 & 0 & 0 \\ 0 & 0 & 1 & 0 & 1 \\ 1 & -1 & 0 & 0 & 7 \end{vmatrix}$

6.　次の等式を証明せよ.

(1) $\begin{vmatrix} 1 & a & a^3 \\ 1 & b & b^3 \\ 1 & c & c^3 \end{vmatrix} = (a-b)(b-c)(c-a)(a+b+c)$

(2) $\begin{vmatrix} 1 & ab & a+b \\ 1 & bc & b+c \\ 1 & ca & c+a \end{vmatrix} = (a-b)(b-c)(c-a)$

(3) $\begin{vmatrix} a+b+2c & a & b \\ b & b+c+2a & c \\ c & a & c+a+2b \end{vmatrix} = 2(a+b+c)^3$

7.　次の行列式を計算せよ.

(1) $\begin{vmatrix} b+c & a-c & a-b \\ b-c & c+a & b-a \\ c-b & c-a & a+b \end{vmatrix}$　(2) $\begin{vmatrix} a & a^2 & b+c \\ b & b^2 & c+a \\ c & c^2 & a+b \end{vmatrix}$

(3) $\begin{vmatrix} a & bc & a^2 \\ b & ca & b^2 \\ c & ab & c^2 \end{vmatrix}$　(4) $\begin{vmatrix} a+b+c & -c & -b \\ -c & a+b+c & -a \\ -b & -a & a+b+c \end{vmatrix}$

8.　次の行列式を計算せよ.

(1) $\begin{vmatrix} a & b & c & d \\ b & a & d & c \\ c & d & a & b \\ d & c & b & a \end{vmatrix}$　(2) $\begin{vmatrix} a & b & c & d \\ -b & a & -d & c \\ -c & d & a & -b \\ -d & -c & b & a \end{vmatrix}$

（3） $\begin{vmatrix} 1 & a & b & c \\ 1 & a^2 & b^2 & c^2 \\ 1 & a^3 & b^3 & c^3 \\ 1 & a^4 & b^4 & c^4 \end{vmatrix}$ （4） $\begin{vmatrix} 1 & a & a^2 & a^3 \\ 1 & b & b^2 & b^3 \\ 1 & 2a & 3a^2 & 4a^3 \\ 1 & 2b & 3b^2 & 4b^3 \end{vmatrix}$

9. A, B が n 次正方行列のとき，次の等式を証明せよ．

（1） $\begin{vmatrix} A & B \\ B & A \end{vmatrix} = |A+B||A-B|$

（2） $\begin{vmatrix} A & -B \\ B & A \end{vmatrix} = |A-iB||A+iB|$

10. 次の等式を証明せよ．

（1） $\begin{vmatrix} 1 & 1 & 1 & \cdots & 1 \\ 1 & 2 & 2 & \cdots & 2 \\ 1 & 2 & 3 & \cdots & 3 \\ \vdots & \vdots & \vdots & \ddots & \vdots \\ 1 & 2 & 3 & \cdots & n \end{vmatrix} = 1$ （2） $\begin{vmatrix} 1 & 2 & 3 & \cdots & n \\ -1 & 0 & 3 & \cdots & n \\ -1 & -2 & 0 & \cdots & n \\ \vdots & \vdots & \vdots & \ddots & \vdots \\ -1 & -2 & -3 & \cdots & 0 \end{vmatrix} = n!$

（3） $\begin{vmatrix} a+b & a & \cdots & a \\ a & a+b & \cdots & a \\ \vdots & \vdots & & \vdots \\ a & a & \cdots & a+b \end{vmatrix} = (na+b)b^{n-1}$

（ただし n は行列の次数）

（4） $\begin{vmatrix} 0 & 1 & 1 & 1 & \cdots & 1 \\ 1 & 0 & 1 & 1 & \cdots & 1 \\ 1 & 1 & 0 & 1 & \cdots & 1 \\ \vdots & \vdots & \vdots & & \ddots & 1 \\ 1 & 1 & 1 & & \cdots & 0 \end{vmatrix} = (-1)^{n-1}(n-1)$

（ただし n は行列の次数）

11. 次の等式を証明せよ．

（1） $\begin{vmatrix} a_n & -1 & 0 & \cdots & 0 \\ a_{n-1} & x & -1 & \ddots & \vdots \\ a_{n-2} & 0 & x & \ddots & 0 \\ \vdots & \vdots & \ddots & \ddots & -1 \\ a_0 & 0 & \cdots & 0 & x \end{vmatrix} = a_n x^n + a_{n-1}x^{n-1} + \cdots + a_0$

(2)
$$\begin{vmatrix} x & a_2 & a_3 & \cdots & a_n & 1 \\ a_1 & x & a_3 & \cdots & a_n & 1 \\ a_1 & a_2 & x & \cdots & a_n & 1 \\ \vdots & \vdots & \vdots & \ddots & \vdots & \vdots \\ a_1 & a_2 & a_3 & \cdots & x & 1 \\ a_1 & a_2 & a_3 & \cdots & a_n & 1 \end{vmatrix} = \prod_{i=1}^{n}(x-a_i)$$

(3)
$$\begin{vmatrix} 1 & 1 & 1 & \cdots & 1 \\ b_1 & a_1 & a_1 & \cdots & a_1 \\ b_2 & b_2 & a_2 & \cdots & a_2 \\ \vdots & \vdots & \ddots & \ddots & \vdots \\ b_{n-1} & b_{n-1} & \cdots & b_{n-1} & a_{n-1} \end{vmatrix} = \prod_{i=1}^{n-1}(a_i-b_i)$$

(4)
$$\begin{vmatrix} 1 & n & n & \cdots & n \\ n & 2 & n & \cdots & n \\ n & n & 3 & \cdots & n \\ \vdots & \vdots & \vdots & \ddots & \vdots \\ n & n & n & \cdots & n \end{vmatrix} = (-1)^{n-1}n!$$

(5)
$$\begin{vmatrix} 1+x^2 & x & 0 & \cdots & 0 \\ x & 1+x^2 & x & \ddots & \vdots \\ 0 & \ddots & \ddots & \ddots & 0 \\ \vdots & \ddots & \ddots & 1+x^2 & x \\ 0 & \cdots & 0 & x & 1+x^2 \end{vmatrix} = 1+x^2+x^4+\cdots+x^{2n}$$

(ただし n は行列式の次数)

12. 次の行列の余因子行列を求めよ．また，正則かどうか判定し，正則の場合はその逆行列を求めよ．

(1) $\begin{pmatrix} 1 & 2 & 3 \\ 4 & 5 & 6 \\ 7 & 8 & 9 \end{pmatrix}$　　(2) $\begin{pmatrix} 3 & 1 & 2 \\ -1 & 0 & 7 \\ 0 & -5 & 1 \end{pmatrix}$

13. 成分がすべて整数の正則行列 A について，逆行列 A^{-1} の成分もすべて整数となる必要十分条件は $|A| = \pm 1$ である．このことを示せ．

14. $f_{ij}(x)$ $(i, j = 1, 2, \cdots, n)$ を微分可能な関数とするとき，行列 $F(x) = (f_{ij}(x))$ の行列式 $|F(x)|$ も微分可能となり，

$$\frac{d}{dx}F(x) = \sum_{i=1}^{n}\begin{vmatrix} f_{11}(x) & f_{12}(x) & \cdots & f_{1n}(x) \\ \vdots & \vdots & & \vdots \\ f_{i1}'(x) & f_{i2}'(x) & \cdots & f_{in}'(x) \\ \vdots & \vdots & & \vdots \\ f_{n1}(x) & f_{n2}(x) & \cdots & f_{nn}(x) \end{vmatrix}$$

であることを示せ.

15. $A^2-A+E=0$ のとき, A は正則行列で $E-A$ は A の逆行列であることを示せ.

16. 次の行列が正則になるための条件を求め, 正則のときその逆行列を求めよ.

$$\begin{pmatrix} a & b & c \\ c & a & b \\ b & c & a \end{pmatrix}$$

17. A, B を n 次正方行列とするとき, AB が正則である必要十分条件は A も B も正則であることを示せ.

5 連立１次方程式

以前に，連立１次方程式の解法のアイデアを述べた．そこでは係数行列が逆行列をもつと仮定して話を進めてあった．そして前章で，行列がいつ逆行列をもつか，またもつとき，それはどういう形をしているかを明らかにした．

この章では連立１次方程式の解法を完全な形で与える．ただし，未知数の数と方程式の数が一致し，係数行列が正則行列の場合である．

5.1 連立１次方程式の解法

$x_1, x_2, \cdots, x_n$ を未知数とする次の連立１次方程式を考える．

$$\begin{cases} a_{11}x_1 + a_{12}x_2 + \cdots + a_{1n}x_n = b_1 \\ a_{21}x_1 + a_{22}x_2 + \cdots + a_{2n}x_n = b_2 \\ \qquad \cdots\cdots \\ a_{n1}x_1 + a_{n2}x_2 + \cdots + a_{nn}x_n = b_n \end{cases} \tag{1}$$

この方程式 (1) の係数の行列を A，未知数の列ベクトルを $\boldsymbol{x}$，定数項の列ベクトルを $\boldsymbol{b}$ とする．すなわち

$$A = \begin{pmatrix} a_{11} & a_{12} & \cdots & a_{1n} \\ a_{21} & a_{22} & \cdots & a_{2n} \\ \vdots & \vdots & & \vdots \\ a_{n1} & a_{n2} & \cdots & a_{nn} \end{pmatrix}, \quad \boldsymbol{x} = \begin{pmatrix} x_1 \\ \vdots \\ x_n \end{pmatrix}, \quad \boldsymbol{b} = \begin{pmatrix} b_1 \\ \vdots \\ b_n \end{pmatrix}$$

とすると，方程式 (1) は次のように見やすい形に整理される．

$$A\boldsymbol{x} = \boldsymbol{b} \tag{2}$$

定理 5.1.1　$|A| \neq 0$ であれば，(1) はただ１組の解をもち，その解は

$$\boldsymbol{x} = A^{-1}\boldsymbol{b}$$

で与えられる．

証明　$|A| \neq 0$ とすると，定理 4.9.1 より，A の逆行列 A^{-1} が存在する．連立１次方程式 (2) の両辺に左から A の逆行列 A^{-1} をかける

$$A^{-1}(A\boldsymbol{x}) = A^{-1}\boldsymbol{b}$$

行列の積は結合法則をみたすから，上式の左辺は次のように変形される．

$$(A^{-1}A)\boldsymbol{x} = E\boldsymbol{x} = \boldsymbol{x}$$

こうして

$$\boldsymbol{x} = A^{-1}\boldsymbol{b}$$

となり，(1) の解が求まった．　■

コメント　係数行列 A の行列式 $|A|$ が 0 の場合には，この定理は適用できない．行列式 $|A|$ が 0 の場合は，通常の１次方程式の不定や不能にあたる．この場合と，未知数の数と方程式の数が一致しない場合は，後に考察する．

5.2　クラーメルの公式

前節で連立１次方程式の解が求まったが，これをもっと洗練された形にしたのがクラーメルの公式である．

定理 5.2.1　A が n 次の正則行列であるとき，連立１次方程式

$$A\boldsymbol{x} = \boldsymbol{b}$$

は，ただ１組の解をもち，その解は次のように与えられる．

$$x_j = \frac{\Delta_j}{|A|} \qquad (j = 1, 2, \cdots, n)$$

ここで Δ_j は行列 A の第 j 列をベクトル $\boldsymbol{b}$ で置き換えた行列式である．解を具体的に書くと次の通りである．

$$x_j = \frac{\begin{vmatrix} a_{11} & \cdots & \overset{\text{第}j\text{列}}{\overset{\downarrow}{b_1}} & \cdots & a_{1n} \\ a_{21} & \cdots & b_2 & \cdots & a_{2n} \\ \vdots & & \vdots & & \vdots \\ a_{n1} & \cdots & b_n & \cdots & a_{nn} \end{vmatrix}}{\begin{vmatrix} a_{11} & \cdots\cdots\cdots & a_{1n} \\ a_{21} & \cdots\cdots\cdots & a_{2n} \\ \vdots & & \vdots \\ a_{n1} & \cdots\cdots\cdots & a_{nn} \end{vmatrix}} \qquad (j = 1, 2, \cdots, n)$$

これを**クラーメルの公式**という.

証明　仮定より $|A| \neq 0$ であるから，定理5.1.1より $\boldsymbol{x} = A^{-1}\boldsymbol{b}$ という解がただひとつ存在する.

A の列ベクトルを $\boldsymbol{a}_1, \cdots, \boldsymbol{a}_n$ とすると,

$$\boldsymbol{b} = A\boldsymbol{x} = (\boldsymbol{a}_1, \cdots, \boldsymbol{a}_n)\boldsymbol{x} = x_1\boldsymbol{a}_1 + \cdots + x_n\boldsymbol{a}_n$$

と書き表わされる．A の第 j 列を列ベクトル $\boldsymbol{b}$ で置き換えた行列の行列式を考える.

$$|\boldsymbol{a}_1 \ \cdots \ \overset{\text{第}j\text{列}}{\overset{\downarrow}{\boldsymbol{b}}} \ \cdots \ \boldsymbol{a}_n| = |\boldsymbol{a}_1 \ \cdots \ \overset{\text{第}j\text{列}}{\overset{\downarrow}{x_1\boldsymbol{a}_1 + \cdots + x_n\boldsymbol{a}_n}} \ \cdots \ \boldsymbol{a}_n|$$

定理4.6.12より

$$= x_1|\boldsymbol{a}_1 \ \cdots \ \overset{\text{第}j\text{列}}{\overset{\downarrow}{\boldsymbol{a}_1}} \ \cdots \ \boldsymbol{a}_n| + x_2|\boldsymbol{a}_1 \ \cdots \ \overset{\text{第}j\text{列}}{\overset{\downarrow}{\boldsymbol{a}_2}} \ \cdots \ \boldsymbol{a}_n| + \cdots$$

$$+ x_j|\boldsymbol{a}_1 \ \cdots \ \overset{\text{第}j\text{列}}{\overset{\downarrow}{\boldsymbol{a}_j}} \ \cdots \ \boldsymbol{a}_n| + \cdots + x_n|\boldsymbol{a}_1 \ \cdots \ \boldsymbol{a}_n \ \cdots \ \boldsymbol{a}_n|$$

ここで，j 番目以外は2つの列が等しい行列の行列式であるので0になる．そして j 番目のみ

$$x_j|A|$$

である．したがって等式

$$|\boldsymbol{a}_1 \ \cdots \ \overset{\text{第}j\text{列}}{\overset{\downarrow}{\boldsymbol{b}}} \ \cdots \ \boldsymbol{a}_n| = x_j|A|$$

が成り立つ．この両辺を $|A|(\neq 0)$ で割るとクラーメルの公式になる. ■

例題 5.2.1　クラーメルの公式を用いて，次の連立1次方程式を解け.

$$\begin{cases} 2x_1 - \ x_2 + 3x_3 = 6 \\ -x_1 + \ x_2 - 5x_3 = -2 \\ 7x_1 - 2x_2 + 4x_3 = 3 \end{cases}$$

解答 係数行列の行列式は，$|A| = \begin{vmatrix} 2 & -1 & 3 \\ -1 & 1 & -5 \\ 7 & -2 & 4 \end{vmatrix} = 4$

したがって，解は

$$x_1 = \frac{1}{4}\begin{vmatrix} 6 & -1 & 3 \\ -2 & 1 & -5 \\ 3 & -2 & 4 \end{vmatrix} = -\frac{13}{2}$$

$$x_2 = \frac{1}{4}\begin{vmatrix} 2 & 6 & 3 \\ -1 & -2 & -5 \\ 7 & 3 & 4 \end{vmatrix} = \frac{-139}{4}$$

$$x_3 = \frac{1}{4}\begin{vmatrix} 2 & -1 & 6 \\ -1 & 1 & -2 \\ 7 & -2 & 3 \end{vmatrix} = -\frac{21}{4}$$

問　題

1. クラーメルの公式を用いて，次の連立 1 次方程式を解け．

（1）$\begin{cases} 3x_1 - \ x_2 + 4x_3 = 7 \\ 2x_1 + 5x_2 - \ x_3 = -2 \\ x_1 + 3x_2 + \ x_3 = 1 \end{cases}$　（2）$\begin{cases} 2ix_1 - \ x_2 + (2+i)x_3 = 2 \\ x_1 + 2ix_2 - x_3 = 1+2i \\ -x_1 + (1+2i)x_2 + ix_3 = -3 \end{cases}$

2. クラーメルの公式を用いて，次の連立 1 次方程式を解け．

$$\begin{cases} 3x_1 - \ x_2 + \ x_3 + 2x_4 = 5 \\ 5x_1 - 2x_2 + 7x_3 + \ x_4 = 8 \\ -x_1 + 2x_2 - \ x_3 + \ x_4 = -2 \\ x_1 - \ x_2 + \ x_3 + 2x_4 = 3 \end{cases}$$

3. クラーメルの公式を用いて，次の連立 1 次方程式を解け．ただし，係数の行列式は 0 でないものとする．

（1）$\begin{cases} ax + by + cz = k \\ a^2x + b^2y + c^2z = k^2 \\ a^3x + b^3y + c^3z = k^3 \end{cases}$　（2）$\begin{cases} ax + by + cz = a \\ bx + cy + az = b \\ cx + ay + bz = c \end{cases}$

6 ベクトル空間

今まで，平面のベクトル (2 項数ベクトル)，空間のベクトル (3 項数ベクトル)，さらに一般にして，n 項数ベクトルを考えた．

これらを抽象して一般のベクトル空間というものを考え，そのベクトル空間において基本的な概念である部分空間，1 次独立，1 次従属，基底，次元等について考察するのがこの章の目標である．

6.1 抽象的ベクトル空間

n 項数ベクトル空間がもつ性質を公理として採用して，抽象的ベクトル空間が定義される．

n 項数ベクトル空間においては，零ベクトル $\mathbf{0}$ や，任意のベクトル $\boldsymbol{a}$ に対してその逆ベクトル $-\boldsymbol{a}$ は具体的に与えることができるが，抽象的なベクトル空間においてはその存在を要請することになる．このことが抽象的ベクトル空間の抽象的たるゆえんである．

定義 6.1.1 集合 V に和とスカラー倍という 2 つの演算が定義されている．

ベクトルの和 V の任意の 2 元 $\boldsymbol{a}, \boldsymbol{b}$ に対して和 $\boldsymbol{a}+\boldsymbol{b} \in V$ が定義される．

ベクトルのスカラー倍 V の任意の元 $\boldsymbol{a}$ とスカラー (実数) λ に対して $\boldsymbol{a}$ の λ 倍 $\lambda\boldsymbol{a} \in V$ が定義される．

$\boldsymbol{a}, \boldsymbol{b}, \boldsymbol{c}$ を V の任意の元，λ, μ を任意のスカラーとするとき，上の演算に関し

て，次の (1)～(8) を満たす．

（1） $\boldsymbol{a}+\boldsymbol{b} = \boldsymbol{b}+\boldsymbol{a}$

（2） $(\boldsymbol{a}+\boldsymbol{b})+\boldsymbol{c} = \boldsymbol{a}+(\boldsymbol{b}+\boldsymbol{c})$

（3） 次の性質をみたす V の元 $\boldsymbol{0}$ がある．V の任意の元 $\boldsymbol{a}$ に対して，

$$\boldsymbol{a}+\boldsymbol{0} = \boldsymbol{a}$$

をみたす．

（4） V の任意の元 $\boldsymbol{a}$ に対して

$$\boldsymbol{a}+\boldsymbol{a}' = \boldsymbol{0}$$

となる V の元 $\boldsymbol{a}'$ がある．

（5） $(\lambda\mu)\boldsymbol{a} = \lambda(\mu\boldsymbol{a})$

（6） $(\lambda+\mu)\boldsymbol{a} = \lambda\boldsymbol{a}+\mu\boldsymbol{a}$

（7） $\lambda(\boldsymbol{a}+\boldsymbol{b}) = \lambda\boldsymbol{a}+\lambda\boldsymbol{b}$

（8） $1\,\boldsymbol{a} = \boldsymbol{a}$

以上の**ベクトル空間の公理** (1)～(8) をみたす2つの演算が定義された集合 V を，**$\boldsymbol{R}$ 上のベクトル空間**，または**実数上のベクトル空間**（または，**実ベクトル空間**）といい，V の元を**ベクトル**という．

コメント 公理 (1), (2) により，任意の3つのベクトル $\boldsymbol{a}, \boldsymbol{b}, \boldsymbol{c}$ に対して $(\boldsymbol{a}+\boldsymbol{b})+\boldsymbol{c}$ を $\boldsymbol{a}+\boldsymbol{b}+\boldsymbol{c}$ とカッコをつけないで書いたり，加える順序をかえて $\boldsymbol{b}+\boldsymbol{c}+\boldsymbol{a}$ のようにしてもよいことが保証される．

スカラーとして，実数 $\boldsymbol{R}$ のかわりに複素数 $\boldsymbol{C}$ を用いても同様にベクトル空間が定義される．このベクトル空間を，**$\boldsymbol{C}$ 上のベクトル空間**，または**複素数上のベクトル空間**（または**複素ベクトル空間**）という．さらに $\boldsymbol{R}$ や $\boldsymbol{C}$ のかわりに，一般に $\boldsymbol{R}$ や $\boldsymbol{C}$ と同じように積と和が具合よく定義できている集合を**体**とよび，それを用いて，一般のベクトル空間が定義される．

定理 6.1.1 ベクトル空間 V において，公理 (3) のベクトル $\boldsymbol{0}$ はただ1つである．また，公理 (4) におけるベクトル $\boldsymbol{a}'$ は，与えられたベクトル $\boldsymbol{a}$ に対してただ1つである．

証明 ベクトル $\boldsymbol{0}'$ が，任意のベクトル $\boldsymbol{a}$ に対して，$\boldsymbol{a}+\boldsymbol{0}' = \boldsymbol{a}$ をみたしたとする．$\boldsymbol{a}$ として $\boldsymbol{0}$ をとることによって

$$\mathbf{0}+\mathbf{0}' = \mathbf{0}$$

他方，公理 (3) の $\boldsymbol{a}$ として $\mathbf{0}'$ をとることにより

$$\mathbf{0}'+\mathbf{0} = \mathbf{0}' \quad \text{したがって} \quad \mathbf{0}' = \mathbf{0}$$

が成り立つ．次に，$\boldsymbol{a}+\boldsymbol{a}'' = \mathbf{0}$ とすると，

$$\boldsymbol{a}'+(\boldsymbol{a}+\boldsymbol{a}'') = \boldsymbol{a}'+\mathbf{0} = \boldsymbol{a}'$$

一方，公理 (2) により

$$\boldsymbol{a}'+(\boldsymbol{a}+\boldsymbol{a}'') = (\boldsymbol{a}'+\boldsymbol{a})+\boldsymbol{a}'' = \mathbf{0}+\boldsymbol{a}'' = \boldsymbol{a}''$$

であるから　$\boldsymbol{a}' = \boldsymbol{a}''$　が成り立つ． ■

定理 6.1.1 により，公理 (4) における $\boldsymbol{a}'$ は $\boldsymbol{a}$ に対して一意的に定まるから，この $\boldsymbol{a}'$ を $\boldsymbol{a}$ の**逆ベクトル**といい，$-\boldsymbol{a}$ で表わす．

問 6.1.1　任意のベクトル $\boldsymbol{a}$ に対して，$0\boldsymbol{a} = \mathbf{0}$，$(-1)\boldsymbol{a} = -\boldsymbol{a}$，$-(-\boldsymbol{a}) = \boldsymbol{a}$ であり，任意のスカラー λ に対して $\lambda\mathbf{0} = \mathbf{0}$ であることを示せ．

定理 6.1.2　ベクトル $\boldsymbol{a}$ およびスカラー λ に対して，$\lambda\boldsymbol{a} = \mathbf{0}$ であれば，$\lambda = 0$ かまたは $\boldsymbol{a} = \mathbf{0}$ である．

証明　$\lambda \neq 0$ とすると，$\lambda^{-1}(\lambda\boldsymbol{a}) = \lambda^{-1}\mathbf{0} = \mathbf{0}$．

他方，ベクトル空間の公理によって

$$\lambda^{-1}(\lambda\boldsymbol{a}) = (\lambda^{-1}\lambda)\boldsymbol{a} = 1\,\boldsymbol{a} = \boldsymbol{a}$$

よって，$\boldsymbol{a} = \mathbf{0}$ である． ■

ベクトル空間の例

例　次はベクトル空間である．

（1）　n 項数ベクトル空間 $\boldsymbol{R}^n$，複素数上の n 項数ベクトル空間 $\boldsymbol{C}^n$

（2）　$m\times n$ 行列全体

任意の自然数の組 (m, n) に対して，実数を成分とする $m\times n$ 行列全体は行列の和およびスカラー倍の演算によって $\boldsymbol{R}$ 上のベクトル空間となる．同様に複素数を成分とする $m\times n$ 行列全体は $\boldsymbol{C}$ 上のベクトル空間となる．

（3）　実数を係数とする変数 x の多項式全体

$$\boldsymbol{R}[x] = \{a_0+a_1x+\cdots+a_nx^n \mid a_i \in \boldsymbol{R},\ n = 0, 1, 2, \cdots\}$$

は通常の和と実数倍の演算に関してベクトル空間になる．

（4） n 次以下の多項式全体

実数を係数とする変数 x の多項式で，次数が n 以下のもの

$$a_n x^n + a_{n-1} x^{n-1} + \cdots + a_0$$

の全体を $\boldsymbol{R}[x]_n$ と書くとき，$\boldsymbol{R}[x]_n$ は通常の和と実数倍の演算に関してベクトル空間になる．

（5） 開区間 (a, b) 上で定義された実数値連続関数全体を $C(a, b)$ と書くとき，$C(a, b)$ は関数の和と関数の実数倍の演算に関してベクトル空間になる．

（6） n 個の文字 $x_1, x_2, \cdots, x_n$ の1次式

$$f(x_1, \cdots, x_n) = a_1 x_1 + a_2 x_2 + \cdots + a_n x_n$$

全体からなる集合は，通常の和と実数倍の演算に関してベクトル空間になる．

6.2　1次結合と部分空間

ベクトル空間 V のベクトル $\boldsymbol{a}_1, \cdots, \boldsymbol{a}_n$ とスカラー $c_1, \cdots, c_n$ に対して，スカラー倍の和

$$c_1 \boldsymbol{a}_1 + c_2 \boldsymbol{a}_2 + \cdots + c_n \boldsymbol{a}_n$$

をベクトル $\boldsymbol{a}_1, \cdots, \boldsymbol{a}_n$ の**1次結合**という．

n 項数ベクトル空間 $\boldsymbol{R}^n$ において，$\boldsymbol{R}^n$ の標準基底

$$\boldsymbol{e}_1 = \begin{pmatrix} 1 \\ 0 \\ \vdots \\ \vdots \\ 0 \end{pmatrix}, \quad \boldsymbol{e}_2 = \begin{pmatrix} 0 \\ 1 \\ 0 \\ \vdots \\ 0 \end{pmatrix}, \quad \cdots, \quad \boldsymbol{e}_n = \begin{pmatrix} 0 \\ \vdots \\ \vdots \\ 0 \\ 1 \end{pmatrix}$$

を用いると，$\boldsymbol{R}^n$ の任意のベクトル $\boldsymbol{x}$ は．

$$\boldsymbol{x} = \begin{pmatrix} x_1 \\ x_2 \\ \vdots \\ \vdots \\ x_n \end{pmatrix} = x_1 \begin{pmatrix} 1 \\ 0 \\ \vdots \\ \vdots \\ 0 \end{pmatrix} + x_2 \begin{pmatrix} 0 \\ 1 \\ 0 \\ \vdots \\ 0 \end{pmatrix} + \cdots + x_n \begin{pmatrix} 0 \\ \vdots \\ \vdots \\ 0 \\ 1 \end{pmatrix}$$
$$= x_1 \boldsymbol{e}_1 + x_2 \boldsymbol{e}_2 + \cdots + x_n \boldsymbol{e}_n$$

と書き表わされる．すなわち，任意の n 項数ベクトルは $\boldsymbol{R}^n$ の標準基底 $\boldsymbol{e}_1, \boldsymbol{e}_2, \cdots, \boldsymbol{e}_n$ の1次結合として書き表わされる．

問 6.2.1　ベクトル $\boldsymbol{x}$ をベクトル $\boldsymbol{a}, \boldsymbol{b}$ の 1 次結合として書き表わせ．

（1）　$\boldsymbol{x} = \begin{pmatrix} 4 \\ 5 \end{pmatrix},\ \boldsymbol{a} = \begin{pmatrix} 2 \\ 1 \end{pmatrix},\ \boldsymbol{b} = \begin{pmatrix} 1 \\ 2 \end{pmatrix}$　　（2）　$\boldsymbol{x} = \begin{pmatrix} 5 \\ 11 \end{pmatrix},\ \boldsymbol{a} = \begin{pmatrix} 3 \\ 1 \end{pmatrix},\ \boldsymbol{b} = \begin{pmatrix} 2 \\ -4 \end{pmatrix}$

部分空間

ベクトル空間 V の空でない部分集合 W が，V における和とスカラー倍の演算によってベクトル空間になるとき，W を V の**部分空間**，または**部分ベクトル空間**という．

定理 6.2.1　ベクトル空間 V の部分集合 W が部分空間であるための必要十分条件は，次の 3 つの条件が成り立つことである．

（1）　$W \neq \phi$　　（ϕ は空集合）

（2）　$\boldsymbol{a}, \boldsymbol{b} \in W \Rightarrow \boldsymbol{a}+\boldsymbol{b} \in W$

（3）　$\boldsymbol{a} \in W,\ \lambda \in \boldsymbol{R} \Rightarrow \lambda\boldsymbol{a} \in W$

証明　和とスカラー倍の演算で W が閉じてさえいれば

$$0\,\boldsymbol{a} = \boldsymbol{0} \quad \text{より} \quad \boldsymbol{0} \in W$$

であり，

$$(-1)\,\boldsymbol{a} = -\boldsymbol{a}$$

であるから公理 (3), (4) は保証され，W の演算が V の演算より導入したものであるから，その他の公理は当然 W で成り立つ．　■

定理の条件 (2), (3) は次の条件（$*$）と同値である．

（$*$）　任意の $\boldsymbol{a}, \boldsymbol{b} \in W$ と任意の $\lambda, \mu \in \boldsymbol{R}$ に対して，$\lambda\boldsymbol{a}+\mu\boldsymbol{b} \in W$

つまり，W の任意の元の任意の 1 次結合がまた W の元である．

念のために，条件 (2), (3) と条件（$*$）が同値であることを確かめておこう．(2), (3) を仮定する．(3) を用いて，$\lambda\boldsymbol{a} \in W$，$\mu\boldsymbol{b} \in W$．(2) を用いて $\lambda\boldsymbol{a}+\mu\boldsymbol{b} \in W$ となり，（$*$）が示される．（$*$）において，$\lambda = \mu = 1$ とすれば (2) が示され，（$*$）において，$\mu = 0$ とすれば (3) が示される．

また，（$*$）をくり返して用いれば，任意の 1 次結合も W に含まれることが分かる．

部分空間の例

例　ベクトル空間 V のゼロベクトル $\mathbf{0}$ だけからなる集合 $\{\mathbf{0}\}$，および V 自身は V の部分空間である．

次の定理は，V のいくつかのベクトルから V の部分空間をつくる基本的方法である．

定理 6.2.2　V を $\boldsymbol{R}$ 上のベクトル空間，$\boldsymbol{a}_1, \cdots, \boldsymbol{a}_r$ を V のベクトルとする．$\boldsymbol{a}_1, \cdots, \boldsymbol{a}_r$ の1次結合全体の集合，すなわち，

$$W = \{x_1\boldsymbol{a}_1 + x_2\boldsymbol{a}_2 + \cdots + x_r\boldsymbol{a}_r \mid x_i \in \boldsymbol{R},\ i = 1, \cdots, r\}$$

は V の部分空間になる．

証明　$\boldsymbol{a}_i \in W$ より，W は空ではない．$\boldsymbol{x}, \boldsymbol{y}$ を W の任意のベクトルとすると，仮定より，

$$\boldsymbol{x} = x_1\boldsymbol{a}_1 + x_2\boldsymbol{a}_2 + \cdots + x_r\boldsymbol{a}_r, \qquad \boldsymbol{y} = y_1\boldsymbol{a}_1 + y_2\boldsymbol{a}_2 + \cdots + y_r\boldsymbol{a}_r$$

と書かれる．任意の $\lambda, \mu \in \boldsymbol{R}$ に対して，ベクトル空間の公理を使って整理すると，

$$\lambda\boldsymbol{x} + \mu\boldsymbol{y} = (\lambda x_1 + \mu y_1)\boldsymbol{a}_1 + (\lambda x_2 + \mu y_2)\boldsymbol{a}_2 + \cdots + (\lambda x_r + \mu y_r)\boldsymbol{a}_r$$

は，$\boldsymbol{a}_1, \cdots, \boldsymbol{a}_r$ の1次結合であるから，定義より

$$\lambda\boldsymbol{x} + \mu\boldsymbol{y} \in W$$

である．したがって W は V の部分空間である．　■

定理 6.2.2 によって保証される部分空間 W を，$\boldsymbol{a}_1, \cdots, \boldsymbol{a}_r$ によって**生成される**，または**張られる**部分空間といい，$S[\boldsymbol{a}_1, \cdots, \boldsymbol{a}_r]$ で表わす．そして，$\boldsymbol{a}_1, \cdots, \boldsymbol{a}_r$ を W の**生成系**という．

例　開区間 (a, b) で定義される連続関数全体のつくるベクトル空間 V において，微分可能な関数全体 W は V の部分空間である．

定理 6.2.3　A を $m \times n$ 行列とするとき，

$$W = \{\boldsymbol{x} \in \boldsymbol{R}^n \mid A\boldsymbol{x} = \mathbf{0}\}$$

は $\boldsymbol{R}^n$ の部分空間である．

証明　部分空間の条件 (1)～(3) をチェックしよう．

（1） $A\mathbf{0}=\mathbf{0}$ であるから $\mathbf{0}\in W$，したがって W は空集合ではない．

（2） 任意の $\boldsymbol{x},\boldsymbol{y}\in W$ に対して

$$A(\boldsymbol{x}+\boldsymbol{y})=A\boldsymbol{x}+A\boldsymbol{y}=\mathbf{0}+\mathbf{0}=\mathbf{0}\quad よって\quad \boldsymbol{x}+\boldsymbol{y}\in W$$

（3） 任意の $\boldsymbol{x}\in W$ と任意の $\lambda\in\boldsymbol{R}$ に対して，

$$A(\lambda\boldsymbol{x})=\lambda A\boldsymbol{x}=\lambda\mathbf{0}=\mathbf{0}\quad よって\quad \lambda\boldsymbol{x}\in W$$

以上より W は V の部分空間であることが示された． ∎

定理によって示された部分空間 W を，同次形の連立１次方程式 $A\boldsymbol{x}=\mathbf{0}$ の**解空間**という．

問 6.2.2 $\boldsymbol{R}^2$ 内の次の直線，曲線が $\boldsymbol{R}^2$ の部分空間かどうか判定せよ．

（1） $y=3x$ をみたすベクトル $\begin{pmatrix} x \\ y \end{pmatrix}$ の全体．

（2） $y=2x+1$ をみたすベクトル $\begin{pmatrix} x \\ y \end{pmatrix}$ の全体．

（3） $y=x^2$ をみたすベクトル $\begin{pmatrix} x \\ y \end{pmatrix}$ の全体．

6.3 線形写像

以前に，数ベクトル空間の間の線形写像を定義したが，ここでは，一般のベクトル空間の間の線形写像を定義することにしよう．といっても，じつは形の上でも本質的にも以前となんら変わりがない．

定義 6.3.1 V, W を $\boldsymbol{R}$ 上のベクトル空間とする．V から W への写像 $f\colon V\to W$ が**線形写像**であるとは，次の (1), (2) をみたすときにいう．

（1） $f(\boldsymbol{x}+\boldsymbol{y})=f(\boldsymbol{x})+f(\boldsymbol{y})\qquad(\boldsymbol{x},\boldsymbol{y}\in V)$

（2） $f(\lambda\boldsymbol{x})=\lambda f(\boldsymbol{x})\qquad(\lambda\in\boldsymbol{R},\boldsymbol{x}\in V)$

線形写像の合成

定理 6.3.1 V, W, X を $\boldsymbol{R}$ 上のベクトル空間とし，

$$f\colon V\longrightarrow W,\qquad g\colon W\longrightarrow X$$

を線形写像とするとき，合成写像

$$g\circ f\colon V \longrightarrow X$$

は線形写像になる．

証明 線形性の条件をチェックしよう．

（1） $\boldsymbol{x}, \boldsymbol{y}$ を V の任意の2元とする．

$$\begin{aligned} g\circ f(\boldsymbol{x}+\boldsymbol{y}) &= g(f(\boldsymbol{x}+\boldsymbol{y})) = g(f(\boldsymbol{x})+f(\boldsymbol{y})) && (f\text{ の線形性より}) \\ &= g(f(\boldsymbol{x}))+g(f(\boldsymbol{y})) && (g\text{ の線形性より}) \\ &= g\circ f(\boldsymbol{x})+g\circ f(\boldsymbol{y}) \end{aligned}$$

（2） λ を任意の実数，$\boldsymbol{x}$ を V の任意の元とする．

$$\begin{aligned} g\circ f(\lambda\boldsymbol{x}) &= g(f(\lambda\boldsymbol{x})) = g(\lambda f(\boldsymbol{x})) && (f\text{ の線形性より}) \\ &= \lambda g(f(\boldsymbol{x})) && (g\text{ の線形性より}) \\ &= \lambda g\circ f(\boldsymbol{x}) \end{aligned}$$

(1), (2) より合成写像 $g\circ f$ は V から X への線形写像である． ■

線形写像の像空間と核空間

定義 6.3.2 V, W を2つのベクトル空間，$f\colon V\to W$ を線形写像とするとき，写像のところで定義したように，

$$\mathrm{Im}\, f = \{f(\boldsymbol{x}) \mid \boldsymbol{x}\in V\}$$

とおき，f の**像空間**という．f の像空間は $f(V)$ とも書く．また，

$$\mathrm{Ker}\, f = \{\boldsymbol{x}\in V \mid f(\boldsymbol{x}) = \boldsymbol{0}\}$$

とおき，f の**核空間**という．

線形写像に関する基本定理のもとになるのが，次の定理である．

定理 6.3.2 f をベクトル空間 V から W への線形写像とする．

（1） f の像空間，$\mathrm{Im}\, f$ は W の部分空間である．

（2） f の核空間，$\mathrm{Ker}\, f$ は V の部分空間である．

証明 （1） $\boldsymbol{0}\in V$ であるから，

$$f(\boldsymbol{0}) = \boldsymbol{0}\in \mathrm{Im}\, f$$

となり，$\mathrm{Im}\, f$ は空集合ではない．また，任意の $\lambda, \mu\in\boldsymbol{R}$ と任意の $f(\boldsymbol{x}), f(\boldsymbol{y}) \in \mathrm{Im}\, f$ に対して，

$$\lambda f(\boldsymbol{x})+\mu f(\boldsymbol{y}) = f(\lambda\boldsymbol{x}+\mu\boldsymbol{y})\in \mathrm{Im}\, f$$

であるから，$\mathrm{Im}\, f$ は W の部分空間である．

（2）　$\mathbf{0} \in \mathrm{Ker}\, f$．また，任意の $\lambda, \mu \in \boldsymbol{R}$ と任意の $\boldsymbol{x}, \boldsymbol{y} \in \mathrm{Ker}\, f$ に対して，

$$f(\lambda \boldsymbol{x} + \mu \boldsymbol{y}) = \lambda f(\boldsymbol{x}) + \mu f(\boldsymbol{y}) = \lambda \mathbf{0} + \mu \mathbf{0} = \mathbf{0} + \mathbf{0} = \mathbf{0}$$

であるから，

$$\lambda \boldsymbol{x} + \mu \boldsymbol{y} \in \mathrm{Ker}\, f$$

となり，$\mathrm{Ker}\, f$ は V の部分空間である．■

例題 6.3.1　次の線形写像の像空間，核空間を求めよ．

$$f : \boldsymbol{R}^3 \longrightarrow \boldsymbol{R}^3, \qquad f\begin{pmatrix} x \\ y \\ z \end{pmatrix} = \begin{pmatrix} 2x+z \\ -x+y \\ x+y+z \end{pmatrix}$$

解答　f の像空間は，

$$\mathrm{Im}\, f = \left\{ \begin{pmatrix} 2x+z \\ -x+y \\ x+y+z \end{pmatrix} \in \boldsymbol{R}^3 \,\middle|\, \begin{pmatrix} x \\ y \\ z \end{pmatrix} \in \boldsymbol{R}^3 \right\}$$

である．ここで $u = 2x+z, v = -x+y, w = x+y+z$ とおいて，この連立 1 次方程式から x, y, z を消去すると，$w = u+v$ という関係式が得られる．

逆にこの式をみたすベクトル $\begin{pmatrix} u \\ v \\ w \end{pmatrix}$ は，上の議論を逆にたどることによって，$\mathrm{Im}\, f$ の元であることがわかる．よって

$$\mathrm{Im}\, f = \left\{ \begin{pmatrix} u \\ v \\ w \end{pmatrix} \in \boldsymbol{R}^3 \,\middle|\, w = u+v \right\}$$

となり，$\mathrm{Im}\, f$ は $\boldsymbol{R}^3$ 内の原点を通る平面である．f の核空間は，

$$\mathrm{Ker}\, f = \left\{ \begin{pmatrix} x \\ y \\ z \end{pmatrix} \in \boldsymbol{R}^3 \,\middle|\, 2x+z = 0,\ -x+y = 0,\ x+y+z = 0 \right\}$$

であるから，$z = -2x, y = x$（x は任意）となり，

$$\mathrm{Ker}\, f = \left\{ \begin{pmatrix} x \\ x \\ -2x \end{pmatrix} \in \boldsymbol{R}^3 \,\middle|\, x \in \boldsymbol{R} \right\}$$

これは原点を通る直線である．■

問 6.3.1　次の線形写像の像空間，核空間を求めよ．

（1）　$f\colon \boldsymbol{R}^2 \longrightarrow \boldsymbol{R}^3, \quad f\begin{pmatrix} x \\ y \end{pmatrix} = \begin{pmatrix} x+y \\ x \\ x-y \end{pmatrix}$

（2）　$f\colon \boldsymbol{R}^4 \longrightarrow \boldsymbol{R}^3, \quad f\begin{pmatrix} x \\ y \\ z \\ w \end{pmatrix} = \begin{pmatrix} z+w \\ x+w \\ x-z \end{pmatrix}$

1次結合の行列表記と線形写像

いくつかのベクトルをまとめて考え，それらの1次結合で書かれるいくつかのベクトルもひとまとめにすると見やすくなることがある．ここではそのような表記法を導入し，慣れておくことにする．この方法は後に，ベクトル空間の基底を考えるとき等にしばしば用いられるものである．

ベクトル空間 V の m 個のベクトルの組 $\boldsymbol{u}_1, \cdots, \boldsymbol{u}_m$ と $m\times n$ 行列 $A=(a_{ij})$ に対して

$$
\begin{aligned}
(\boldsymbol{u}_1, \cdots, \boldsymbol{u}_m)A &= (\boldsymbol{u}_1, \cdots, \boldsymbol{u}_m)\begin{pmatrix} a_{11} & \cdots & a_{1n} \\ \vdots & & \vdots \\ a_{m1} & \cdots & a_{mn} \end{pmatrix} \\
&= (a_{11}\boldsymbol{u}_1+\cdots+a_{m1}\boldsymbol{u}_m, \cdots, a_{1n}\boldsymbol{u}_1+\cdots+a_{mn}\boldsymbol{u}_m)
\end{aligned}
$$

と定義する．これはベクトルの組 $(\boldsymbol{u}_1, \cdots, \boldsymbol{u}_m)$ をあたかもベクトルを成分とする行ベクトルであるかのように考えた行列の積に他ならない．

こうして，ベクトルの組と行列に対して新しいベクトルの組が定義された．

次に，この表記法と線形写像との関係を見ることにしよう．

定理 6.3.3　V, W をベクトル空間，$f\colon V\to W$ をそれらの間の線形写像とする．V の m 個のベクトル $\boldsymbol{u}_1, \cdots, \boldsymbol{u}_m$，$V$ の n 個のベクトルの組 $\boldsymbol{v}_1, \cdots, \boldsymbol{v}_n$ と $m\times n$ 行列 $A=(a_{ij})$ が，次の関係をみたしているとする．

$$(\boldsymbol{v}_1, \cdots, \boldsymbol{v}_n) = (\boldsymbol{u}_1, \cdots, \boldsymbol{u}_m)A \quad \text{すなわち} \quad \boldsymbol{v}_j = \sum_{i=1}^{m} a_{ij}\boldsymbol{u}_i \ (j=1, \cdots, n)$$

そのとき，

$$(f(\boldsymbol{v}_1), \cdots, f(\boldsymbol{v}_n)) = (f(\boldsymbol{u}_1), \cdots, f(\boldsymbol{u}_m))A$$

が成り立つ．

証明　$\boldsymbol{v}_j$ の式の両辺を写像 f で写すと，f の線形性により

$$f(\boldsymbol{v}_j) = \sum_{i=1}^{m} a_{ij} f(\boldsymbol{u}_i)$$

となるが，この等式を $j = 1, \cdots, n$ の順に並べると，

$$\begin{aligned}(f(\boldsymbol{v}_1), \cdots, f(\boldsymbol{v}_n)) &= \left(\sum_{i=1}^{m} a_{i1} f(\boldsymbol{u}_i), \cdots, \sum_{i=1}^{m} a_{in} f(\boldsymbol{u}_i)\right) \\ &= (f(\boldsymbol{u}_1), \cdots, f(\boldsymbol{u}_m))A\end{aligned}$$

となり，定理の主張の式が得られた．　■

6.4　1次独立と1次従属

1次独立と1次従属は線形代数学の基本事項の1つであり，必ずマスターしておかなければならないコンセプトである．別のいい方をすれば，ベクトルと行列を理解する上で，越えなければならない重要なハードルの1つといえるものである．1次独立と1次従属の考え方は初学者には少しとっつきにくいきらいがある．しかし少し慣れればごく自然なものであることが分かるはずである．

この節で扱うベクトルは，一般のベクトル空間のベクトルであるが，数ベクトル空間のベクトルと思っていてもさしつかえない．

1次関係

ベクトル $\boldsymbol{a}_1, \boldsymbol{a}_2, \cdots, \boldsymbol{a}_m$ が

$$c_1\boldsymbol{a}_1 + c_2\boldsymbol{a}_2 + \cdots + c_m\boldsymbol{a}_m = \boldsymbol{0} \qquad (c_i \in \boldsymbol{R})$$

をみたすとき，これをベクトル $\boldsymbol{a}_1, \boldsymbol{a}_2, \cdots, \boldsymbol{a}_m$ の**1次関係**という．

すべての c_i が0のとき，

$$0\,\boldsymbol{a}_1 + 0\,\boldsymbol{a}_2 + \cdots + 0\,\boldsymbol{a}_m = \boldsymbol{0}$$

はどんな $\boldsymbol{a}_1, \boldsymbol{a}_2, \cdots, \boldsymbol{a}_m$ についても成り立つ．これを**自明な1次関係**という．

1次独立

ベクトルの組 $\boldsymbol{a}_1, \boldsymbol{a}_2, \cdots, \boldsymbol{a}_m$ について，1次関係

$$c_1\boldsymbol{a}_1 + c_2\boldsymbol{a}_2 + \cdots + c_m\boldsymbol{a}_m = \boldsymbol{0}$$

が成り立つのは，自明な1次関係つまり，$c_1 = c_2 = \cdots = c_m = 0$ の場合のみであるとき，$\boldsymbol{a}_1, \boldsymbol{a}_2, \cdots, \boldsymbol{a}_m$ は**1次独立**であるという．

1次従属

ベクトルの組 $\boldsymbol{a}_1, \boldsymbol{a}_2, \cdots, \boldsymbol{a}_m$ が1次独立でないとき，**1次従属**であるという．すなわち，$\boldsymbol{a}_1, \boldsymbol{a}_2, \cdots, \boldsymbol{a}_m$ が1次従属であるとは，1次関係

$$c_1\boldsymbol{a}_1 + c_2\boldsymbol{a}_2 + \cdots + c_m\boldsymbol{a}_m = \boldsymbol{0}$$

をみたす $c_1, c_2, \cdots, c_m$ で，そのうちの少なくとも1つが0でないものが存在するときにいう．

例題 6.4.1　$\boldsymbol{R}^3$ のベクトル

$$\boldsymbol{a}_1 = \begin{pmatrix} 3 \\ 1 \\ 2 \end{pmatrix}, \quad \boldsymbol{a}_2 = \begin{pmatrix} 2 \\ 1 \\ 1 \end{pmatrix}, \quad \boldsymbol{a}_3 = \begin{pmatrix} 1 \\ 2 \\ -1 \end{pmatrix}$$

について，$\{\boldsymbol{a}_1, \boldsymbol{a}_2\}$，$\{\boldsymbol{a}_2, \boldsymbol{a}_3\}$，$\{\boldsymbol{a}_1, \boldsymbol{a}_3\}$ はそれぞれ1次独立であるが，$\{\boldsymbol{a}_1, \boldsymbol{a}_2, \boldsymbol{a}_3\}$ は1次従属であることを示せ．

解答　スカラー（実数）c_1, c_2 によって1次関係 $c_1\boldsymbol{a}_1 + c_2\boldsymbol{a}_2 = \boldsymbol{0}$ が成り立つことと，連立1次方程式

$$\begin{cases} 3c_1 + 2c_2 = 0 \\ c_1 + c_2 = 0 \\ 2c_1 + c_2 = 0 \end{cases}$$

が成り立つことと同値である．この連立1次方程式は $c_1 = c_2 = 0$ しか解をもたないので，$\{\boldsymbol{a}_1, \boldsymbol{a}_2\}$ は1次独立である．同様にベクトルの組 $\{\boldsymbol{a}_2, \boldsymbol{a}_3\}$，$\{\boldsymbol{a}_1, \boldsymbol{a}_3\}$ が1次独立であることが示される．

次に，スカラー c_1, c_2, c_3 によって1次関係 $c_1\boldsymbol{a}_1 + c_2\boldsymbol{a}_2 + c_3\boldsymbol{a}_3 = \boldsymbol{0}$ が成り立つことと，連立1次方程式

$$\begin{cases} 3c_1 + 2c_2 + c_3 = 0 \\ c_1 + c_2 + 2c_3 = 0 \\ 2c_1 + c_2 - c_3 = 0 \end{cases}$$

が成り立つことと同値である．この連立1次方程式を解くと，

$$5c_1 = -3c_2, \quad 5c_3 = -c_2$$

となるので，たとえば $c_1 = 3$，$c_2 = -5$，$c_3 = 1$ を解にもつ．すなわち

$$3\,\boldsymbol{a}_1 - 5\,\boldsymbol{a}_2 + \boldsymbol{a}_3 = \boldsymbol{0}$$

が成り立つので，$\boldsymbol{a}_1, \boldsymbol{a}_2, \boldsymbol{a}_3$ は1次従属である．　∎

例題 6.4.2　$\boldsymbol{R}^3$ のベクトル $\boldsymbol{a}_1 = \begin{pmatrix} 3 \\ 1 \\ 2 \end{pmatrix}$, $\boldsymbol{a}_2 = \begin{pmatrix} 2 \\ 1 \\ 1 \end{pmatrix}$, $\boldsymbol{a}_3 = \begin{pmatrix} 1 \\ -1 \\ 5 \end{pmatrix}$ の組 $\boldsymbol{a}_1, \boldsymbol{a}_2, \boldsymbol{a}_3$ が1次独立であることを示せ．

解答　スカラー c_1, c_2, c_3 によって1次関係 $c_1\boldsymbol{a}_1 + c_2\boldsymbol{a}_2 + c_3\boldsymbol{a}_3 = \boldsymbol{0}$ が成り立つとする．この関係は成分で書くと次の連立1次方程式と同値になる．

$$\begin{cases} 3c_1 + 2c_2 + c_3 = 0 \\ c_1 + c_2 - c_3 = 0 \\ 2c_1 + c_2 + 5c_3 = 0 \end{cases}$$

この連立1次方程式は，クラーメルの公式を用いてもよいし，消去法で解いてもよいが，ただ1つの解

$$c_1 = c_2 = c_3 = 0$$

をもつことが示される．したがってベクトルの組 $\boldsymbol{a}_1, \boldsymbol{a}_2, \boldsymbol{a}_3$ は1次独立である．

コメント　1次独立，1次従属のコンセプトの直観的イメージをあらかじめ述べておくことにしよう．このことはやがてきちんと証明されることである．

一言でいえば，ベクトルの組が無駄のない組になっているのが1次独立であり，無駄のある組になっているのが1次従属である．

もう少し説明を加えると次のようになる．ベクトルの組 $\boldsymbol{a}_1, \cdots, \boldsymbol{a}_m$ が与えられたとき，これらによって生成される部分空間 $S[\boldsymbol{a}_1, \cdots, \boldsymbol{a}_m]$ を考える．$\boldsymbol{a}_1, \cdots, \boldsymbol{a}_m$ からどの1個を取り去っても生成する部分空間が小さくなってしまうとき1次独立である．他方，あるベクトルを取り去っても生成する部分空間に変わりがないのが1次従属である．

例題 6.4.1 の例でいえば，

$$S[\boldsymbol{a}_1] \neq S[\boldsymbol{a}_1, \boldsymbol{a}_2] \neq S[\boldsymbol{a}_2]$$

であるから，$\boldsymbol{a}_1, \boldsymbol{a}_2$ は1次独立であるが，$\boldsymbol{a}_3 = 5\,\boldsymbol{a}_2 - 3\,\boldsymbol{a}_1$ であるから，

$$S[\boldsymbol{a}_1, \boldsymbol{a}_2] = S[\boldsymbol{a}_1, \boldsymbol{a}_2, \boldsymbol{a}_3]$$

が成り立ち，$\boldsymbol{a}_1, \boldsymbol{a}_2, \boldsymbol{a}_3$ は1次従属である．

例題 6.4.2 の例は $\boldsymbol{a}_1, \boldsymbol{a}_2, \boldsymbol{a}_3$ のうちのどの1つをとっても生成する部分空間が小さくなるので，この組は1次独立である．

ベクトルの特別なタイプの組に対しては1次独立と1次従属の判定が明らかな場合がある．そのような例をあげよう．

例 1　ゼロベクトルを含むベクトルの組 $\mathbf{0}, \boldsymbol{a}_2, \boldsymbol{a}_3, \cdots, \boldsymbol{a}_m$ は1次従属である．なぜならば

$$1\,\mathbf{0}+0\boldsymbol{a}_2+\cdots+0\boldsymbol{a}_m=\mathbf{0}$$

となるからである．

例 2　$\boldsymbol{a}\neq\mathbf{0}$ のとき，$\boldsymbol{a}$ ひとつだけ（の組）は1次独立である．

なぜならば，$c\boldsymbol{a}=\mathbf{0}$ ならば，$c=0$ であるからである．

例 3　$\boldsymbol{a}_1, \cdots, \boldsymbol{a}_m$ の中に等しいものがあれば1次従属である．たとえば，$\boldsymbol{a}_1=\boldsymbol{a}_2$ とすると，

$$1\,\boldsymbol{a}_1+(-1)\,\boldsymbol{a}_2+0\,\boldsymbol{a}_3+\cdots+0\,\boldsymbol{a}_m=\mathbf{0}$$

となるからである．

例題 6.4.3　$\boldsymbol{R}^n$ の標準基底 $\boldsymbol{e}_1=\begin{pmatrix}1\\0\\\vdots\\\vdots\\0\end{pmatrix}, \boldsymbol{e}_2=\begin{pmatrix}0\\1\\0\\\vdots\\0\end{pmatrix}, \cdots, \boldsymbol{e}_n=\begin{pmatrix}0\\\vdots\\\vdots\\0\\1\end{pmatrix}$ は1次独立であることを示せ．

解答　$c_1\boldsymbol{e}_1+c_2\boldsymbol{e}_2+\cdots+c_n\boldsymbol{e}_n=\mathbf{0}$ とする．これより次の等式を得る．

$$\begin{pmatrix}c_1\\\vdots\\c_n\end{pmatrix}=\begin{pmatrix}0\\\vdots\\0\end{pmatrix}$$

つまり，$c_1=c_2=\cdots=c_n=0$. 定義より，このことは，$\boldsymbol{e}_1, \cdots, \boldsymbol{e}_n$ が1次独立であることを意味する．■

定理 6.4.1　ベクトルの組 $\boldsymbol{a}_1, \cdots, \boldsymbol{a}_n$ について次の (1) と (2) は同値である．

（1）　$\boldsymbol{a}_1, \cdots, \boldsymbol{a}_n$ は1次独立である．

（2）　$\boldsymbol{a}_1, \cdots, \boldsymbol{a}_n$ の1次結合で表わされる元の表わし方は一意的である．すなわち，

$$c_1\boldsymbol{a}_1+\cdots+c_n\boldsymbol{a}_n=c_1'\boldsymbol{a}_1+\cdots+c_n'\boldsymbol{a}_n$$

ならば，$c_1=c_1', \cdots, c_n=c_n'$ である．

証明　(1) ⇒ (2)　(2) の等式を移項する．

$$(c_1-c_1')\,\boldsymbol{a}_1+\cdots+(c_n-c_n')\,\boldsymbol{a}_n=\mathbf{0}$$

(1) の仮定より

$$c_1-c_1'=0,\cdots,c_n-c_n'=0 \quad \text{つまり} \quad c_1=c_1',\cdots,c_n=c_n'$$

であるから，表わし方は一意的である．

(2) ⇒ (1)　1 次関係 $c_1\boldsymbol{a}_1+\cdots+c_n\boldsymbol{a}_n=\boldsymbol{0}$ をみたす c_i として，$c_i=0$ $(i=1,\cdots,n)$ があるが，仮定よりこの他にはこの式をみたすものはない．つまり

$$c_i=0 \qquad (i=1,\cdots,n)$$

が成り立ち，これは $\boldsymbol{a}_1,\cdots,\boldsymbol{a}_n$ が 1 次独立であることを意味する．∎

問 6.4.1　次の各ベクトルの組について，1 次独立か 1 次従属かを判定せよ．

(1) $\begin{pmatrix}1\\0\\1\end{pmatrix},\begin{pmatrix}0\\1\\1\end{pmatrix},\begin{pmatrix}1\\1\\0\end{pmatrix}$　　(2) $\begin{pmatrix}1\\2\\0\end{pmatrix},\begin{pmatrix}-1\\0\\1\end{pmatrix},\begin{pmatrix}-1\\2\\2\end{pmatrix}$

(3) $\begin{pmatrix}1\\2\\0\end{pmatrix},\begin{pmatrix}-1\\0\\1\end{pmatrix},\begin{pmatrix}0\\-1\\1\end{pmatrix}$　　(4) $\begin{pmatrix}1\\2\\0\end{pmatrix},\begin{pmatrix}-1\\0\\1\end{pmatrix},\begin{pmatrix}0\\-1\\1\end{pmatrix},\begin{pmatrix}0\\0\\1\end{pmatrix}$

1 次独立と 1 次従属の幾何学的意味

1 次独立と 1 次従属の幾何学的意味を 2 次元平面 $\boldsymbol{R}^2$ のベクトル，空間 $\boldsymbol{R}^3$ のベクトルで考察してみる．

定理 6.4.2　平面 $\boldsymbol{R}^2$ の 2 点 A, B の座標をそれぞれ (a_1,a_2)，(b_1,b_2) とし，原点を O とする．そのとき，次の (1), (2), (3) は同値である．

(1)　2 項数ベクトルの組 (a_1,a_2), (b_1,b_2) は 1 次独立である．

(2)　ベクトルの組 $\overrightarrow{\mathrm{OA}},\overrightarrow{\mathrm{OB}}$ は 1 次独立である．

(3)　3 点 O, A, B は同一直線上にない．

証明　(1) と (2) の同値性．平面のベクトルは 2 項数ベクトルで表わされ，幾何学的ベクトルの和は，対応する 2 項数ベクトルの和が対応し，スカラー倍も同様に対応する．したがって平面の幾何学的ベクトルの組が 1 次独立であることと，対応する 2 項数ベクトルの組が 1 次独立であることは同値である．

(2) ⇒ (3)　対偶を示す．3 点 O, A, B が同一直線上にあるとする．もしも A = B = O とするとき $\overrightarrow{\mathrm{OA}}=\overrightarrow{\mathrm{OB}}=\boldsymbol{0}$ であるから例 1 よりベクトルの組 $\overrightarrow{\mathrm{OA}}$, $\overrightarrow{\mathrm{OB}}$ は 1 次従属である．もしも A ≠ O とすると，仮定より

$$\overrightarrow{\mathrm{OB}} = k\overrightarrow{\mathrm{OA}}$$

となるスカラー k が存在する．

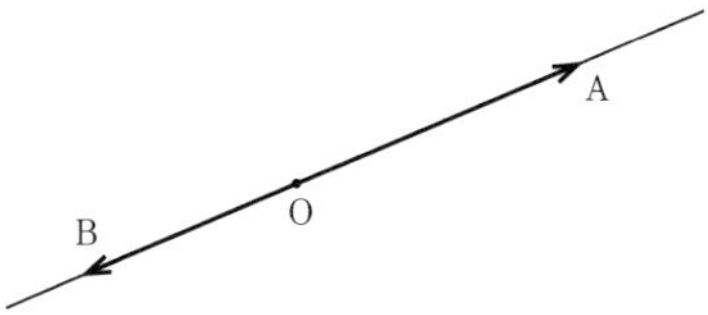

図 6.1　$\overrightarrow{\mathrm{OA}}$ と $\overrightarrow{\mathrm{OB}}$ は 1 次従属

この式は，移項して

$$k\overrightarrow{\mathrm{OA}} + (-1)\overrightarrow{\mathrm{OB}} = \mathbf{0}$$

となるから，$\overrightarrow{\mathrm{OA}}, \overrightarrow{\mathrm{OB}}$ は 1 次従属である．$\mathrm{B} \neq \mathrm{O}$ のときも同様である．

(3) ⇒ (2)　対偶を示す．ベクトル $\overrightarrow{\mathrm{OA}}$，$\overrightarrow{\mathrm{OB}}$ が 1 次従属であるとする．すなわち，1 次関係

$$c_1\overrightarrow{\mathrm{OA}} + c_2\overrightarrow{\mathrm{OB}} = \mathbf{0}$$

であって，c_1 か c_2 が 0 でないものが存在する．いま $c_1 \neq 0$ とすると，両辺を c_1 で割り，移項することによって

$$\overrightarrow{\mathrm{OA}} = c'\overrightarrow{\mathrm{OB}} \qquad \left(c' = -\frac{c_2}{c_1}\right)$$

という形に書ける．この式はベクトル $\overrightarrow{\mathrm{OA}}$ は，ベクトル $\overrightarrow{\mathrm{OB}}$ を含む直線上にあることを意味する．ただし $\overrightarrow{\mathrm{OB}} = \mathbf{0}$ のとき，$\overrightarrow{\mathrm{OA}} = \mathbf{0}$ となり，$\mathrm{A} = \mathrm{B} = \mathrm{O}$ であるから，3 点 O, A, B は一致する．この場合はもちろん原点 O を含む勝手な直線上にあると考えられる．また，$c_2 \neq 0$ の場合も同様に示される．■

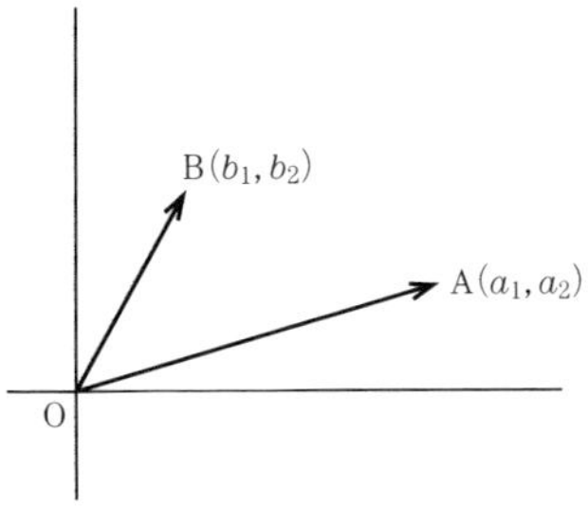

図 6.2　$\overrightarrow{\mathrm{OA}}$，$\overrightarrow{\mathrm{OB}}$ は 1 次独立

次に 3 次元空間 $\boldsymbol{R}^3$ のベクトルの組について考えてみよう．

定理 6.4.3　3次元空間 $\boldsymbol{R}^3$ の3点A, B, Cの座標をそれぞれ (a_1, a_2, a_3)，(b_1, b_2, b_3)，(c_1, c_2, c_3) とし，原点をOとする．このとき次の(1), (2), (3)は同値である．

（1）　3項数ベクトルの組 (a_1, a_2, a_3)，(b_1, b_2, b_3)，(c_1, c_2, c_3) は1次独立である．

（2）　ベクトルの組 $\overrightarrow{\mathrm{OA}}, \overrightarrow{\mathrm{OB}}, \overrightarrow{\mathrm{OC}}$ は1次独立である．

（3）　4点O, A, B, Cは同一平面上にない．

証明　(1)と(2)の同値性は定理6.4.2の証明と同様である．

(2) ⇒ (3) 対偶で示す．4点O, A, B, Cが同一平面上にあるとする．$\overrightarrow{\mathrm{OA}}$ と $\overrightarrow{\mathrm{OB}}$ が同一直線上にあれば定理6.4.2の証明法で $\overrightarrow{\mathrm{OA}}, \overrightarrow{\mathrm{OB}}$ は1次従属になり，したがって $\overrightarrow{\mathrm{OA}}, \overrightarrow{\mathrm{OB}}, \overrightarrow{\mathrm{OC}}$ は1次従属である．$\overrightarrow{\mathrm{OA}}$ と $\overrightarrow{\mathrm{OB}}$ が同一直線上にないときは，$\overrightarrow{\mathrm{OA}}$ と $\overrightarrow{\mathrm{OB}}$ の張る空間は平面になり，仮定より $\overrightarrow{\mathrm{OC}}$ はこの平面内にある．すなわち $\overrightarrow{\mathrm{OC}}$ は $\overrightarrow{\mathrm{OA}}$ と $\overrightarrow{\mathrm{OB}}$ の1次結合で書かれ，したがって $\overrightarrow{\mathrm{OA}}, \overrightarrow{\mathrm{OB}}, \overrightarrow{\mathrm{OC}}$ は1次従属である．

(3) ⇒ (2)　対偶で示す．ベクトルの組 $\overrightarrow{\mathrm{OA}}, \overrightarrow{\mathrm{OB}}, \overrightarrow{\mathrm{OC}}$ が1次従属とする．すなわち

$$p\overrightarrow{\mathrm{OA}} + q\overrightarrow{\mathrm{OB}} + r\overrightarrow{\mathrm{OC}} = \boldsymbol{0}$$

で，p, q, r のうち少なくとも1つが0でない1次関係式が成り立つ．

いま，$p \neq 0$ とする．両辺を p で割ることによって $p = 1$ としてよい．つまり，

$$\overrightarrow{\mathrm{OA}} + q\overrightarrow{\mathrm{OB}} + r\overrightarrow{\mathrm{OC}} = \boldsymbol{0}$$

となる．したがってベクトル $\overrightarrow{\mathrm{OA}}$ はベクトル $\overrightarrow{\mathrm{OB}}$，$\overrightarrow{\mathrm{OC}}$ の張る平面上にある．ここで $\overrightarrow{\mathrm{OB}}$，$\overrightarrow{\mathrm{OC}}$ の張る平面といったのは，実際に平面である場合と直線である場合と，原点のみの場合とが考えられる．しかし，いずれの場合もO, A, B, Cはある1つの平面上にあるといえる．　∎

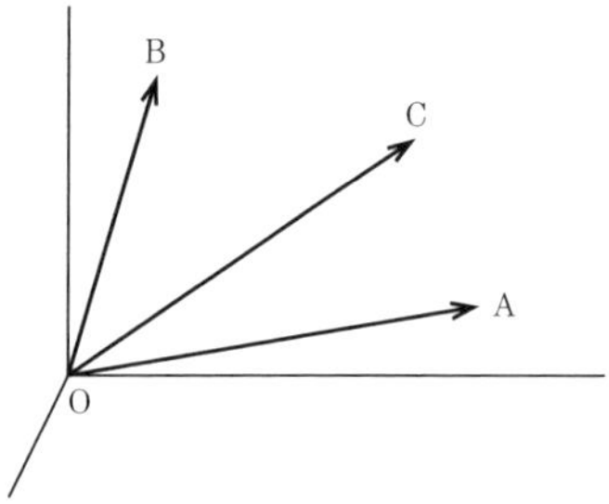

図 6.3　$\overrightarrow{\mathrm{OA}}, \overrightarrow{\mathrm{OB}}, \overrightarrow{\mathrm{OC}}$ が1次従属 = 4点O, A, B, Cが同一平面上にある．

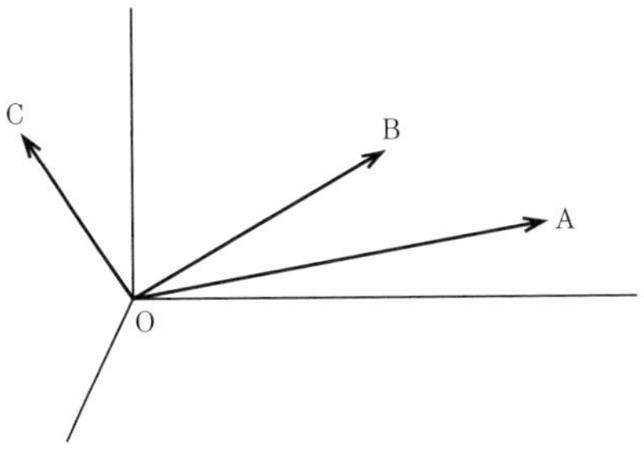

図 6.4　$\overrightarrow{\mathrm{OA}}, \overrightarrow{\mathrm{OB}}, \overrightarrow{\mathrm{OC}}$ が 1 次独立 ＝ 4 点 O, A, B, C が同一平面上にない．

1 次独立，1 次従属の基本的性質

1 次独立，1 次従属についての基本的性質のいくつかを定理としてまとめておこう．

定理 6.4.4　ベクトルの組 $\boldsymbol{a}_1, \cdots, \boldsymbol{a}_r$ のうち，1 つのベクトルが残りのベクトルの 1 次結合として表示できることと，ベクトルの組 $\boldsymbol{a}_1, \cdots, \boldsymbol{a}_r$ が 1 次従属であることとは同値である．

また，どのベクトルも残りのベクトルの 1 次結合で表示できないことと，ベクトルの組 $\boldsymbol{a}_1, \cdots, \boldsymbol{a}_r$ が 1 次独立であることとは同値である．

証明　$\boldsymbol{a}_1$ が他の残りのベクトルの 1 次結合として表示できる場合，それを

$$\boldsymbol{a}_1 = c_2\boldsymbol{a}_2 + \cdots + c_r\boldsymbol{a}_r$$

としよう．この式の右辺を移項して

$$1 \cdot \boldsymbol{a}_1 + (-c_2)\boldsymbol{a}_2 + \cdots + (-c_r)\boldsymbol{a}_r = \boldsymbol{0}$$

となり，$\boldsymbol{a}_1$ の係数は 1 であるから，$\boldsymbol{a}_1, \cdots, \boldsymbol{a}_r$ は 1 次従属である．$\boldsymbol{a}_1$ 以外のベクトル $\boldsymbol{a}_i$ が他のベクトルの 1 次結合として表示できる場合も議論は同様である．

逆に $\boldsymbol{a}_1, \cdots \boldsymbol{a}_r$ が 1 次従属であるとすると，1 次関係式

$$c_1\boldsymbol{a}_1 + \cdots + c_r\boldsymbol{a}_r = \boldsymbol{0}$$

で，少なくとも 1 つの c_i が 0 でないものがある．たとえばそれを c_1 としよう．そのとき，上式を c_1 で割り，初項以外を右辺に移項することによって

$$\boldsymbol{a}_1 = \left(-\frac{c_2}{c_1}\right)\boldsymbol{a}_2 + \cdots + \left(-\frac{c_r}{c_1}\right)\boldsymbol{a}_r$$

となるから，$\boldsymbol{a}_1$ は他の残りのベクトルの 1 次結合で表わされた．0 でない係数が c_1 でない場合も同様である．最後に，

「どのベクトルも残りのベクトルの1次結合として表示できない」

というのは

「ある1つのベクトルが残りのベクトルの1次結合として表示できる」

の否定であり，「1次独立」は「1次従属」の否定であるから，定理の後半は定理の前半から導かれる. ■

定理 6.4.5　ベクトルの組 $\boldsymbol{a}_1, \cdots, \boldsymbol{a}_s$ に対して

(1)　$\boldsymbol{a}_1, \cdots, \boldsymbol{a}_r$ $(r < s)$ が1次従属であれば $\boldsymbol{a}_1, \cdots, \boldsymbol{a}_s$ も1次従属である.

(2)　$\boldsymbol{a}_1, \cdots, \boldsymbol{a}_s$ が1次独立であれば，$\boldsymbol{a}_1, \cdots, \boldsymbol{a}_r$ $(r < s)$ も1次独立である.

証明　(1)　$\boldsymbol{a}_1, \cdots, \boldsymbol{a}_r$ が1次従属ならば自明でない関係式

$$c_1\boldsymbol{a}_1 + \cdots + c_r\boldsymbol{a}_r = \boldsymbol{0} \qquad (\text{ある } i \text{ で } c_i \neq 0)$$

が存在する. これより

$$c_1\boldsymbol{a}_1 + \cdots + c_r\boldsymbol{a}_r + 0\,\boldsymbol{a}_{r+1} + \cdots + 0\,\boldsymbol{a}_s = \boldsymbol{0}$$

という等式を得る. これは $\boldsymbol{a}_1, \cdots, \boldsymbol{a}_s$ に関する自明でない関係式であるから $\boldsymbol{a}_1, \cdots, \boldsymbol{a}_s$ は1次従属である.

(2) は (1) の対偶である. ■

定理 6.4.6　$\boldsymbol{a}_1, \cdots, \boldsymbol{a}_r$ が1次独立で，$\boldsymbol{a}_1, \cdots, \boldsymbol{a}_r, \boldsymbol{a}$ が1次従属であれば，$\boldsymbol{a}$ は $\boldsymbol{a}_1, \cdots, \boldsymbol{a}_r$ の1次結合として一意的に表わされる.

証明　仮定より，自明でない関係式 $c_1\boldsymbol{a}_1 + \cdots + c_r\boldsymbol{a}_r + c\boldsymbol{a} = \boldsymbol{0}$ が存在する. もしも $c = 0$ ならば，

$$c_1\boldsymbol{a}_1 + \cdots + c_r\boldsymbol{a}_r = \boldsymbol{0}$$

となり，ある i で $c_i \neq 0$ であるから，これは $\boldsymbol{a}_1, \cdots, \boldsymbol{a}_r$ が1次独立であるという仮定に反する. したがって $c \neq 0$ でなければならない. そのとき

$$\boldsymbol{a} = -\frac{c_1}{c}\boldsymbol{a}_1 - \frac{c_2}{c}\boldsymbol{a}_2 - \cdots - \frac{c_r}{c}\boldsymbol{a}_r$$

となるから，$\boldsymbol{a}$ は，$\boldsymbol{a}_1, \cdots, \boldsymbol{a}_r$ の1次結合で表わされる.

次に一意性を示そう. いま，$\boldsymbol{a}$ が $\boldsymbol{a}_1, \cdots, \boldsymbol{a}_r$ の1次結合として，

$$\boldsymbol{a} = c_1\boldsymbol{a}_1 + \cdots + c_r\boldsymbol{a}_r = c_1'\boldsymbol{a}_1 + \cdots + c_r'\boldsymbol{a}_r$$

と，2通りに書かれたとする. この等式を移項することによって

$$(c_1 - c_1')\boldsymbol{a}_1 + \cdots + (c_r - c_r')\boldsymbol{a}_r = \boldsymbol{0}$$

となるが，$\boldsymbol{a}_1, \cdots, \boldsymbol{a}_r$ が1次独立であるという仮定より，

$$c_1 - c_1' = 0, \cdots, c_r - c_r' = 0 \quad \text{つまり} \quad c_1 = c_1', \cdots, c_r = c_r'$$

となり一意性が示された.

定理 6.4.7 $\boldsymbol{u}_1, \cdots, \boldsymbol{u}_m$ が1次独立なベクトルで, A が $m \times n$ 行列のとき,

$$(\boldsymbol{u}_1, \cdots, \boldsymbol{u}_m)A = (\boldsymbol{0}, \cdots, \boldsymbol{0})$$

ならば $A = O$（零行列）である.

証明 $A = (a_{ij})$ とおくと

$$(\boldsymbol{u}_1, \cdots, \boldsymbol{u}_m)\begin{pmatrix} a_{11} & \cdots & a_{1n} \\ \vdots & & \vdots \\ a_{m1} & \cdots & a_{mn} \end{pmatrix} = (\boldsymbol{0}, \cdots, \boldsymbol{0})$$

左辺の積をとり, 第 j 成分を比較すると,

$$a_{1j}\boldsymbol{u}_1 + \cdots + a_{mj}\boldsymbol{u}_m = \boldsymbol{0}$$

仮定より, $\boldsymbol{u}_1, \cdots, \boldsymbol{u}_m$ が1次独立であるから, $a_{1j} = \cdots = a_{mj} = 0$.

これがすべての $j = 1, \cdots, n$ に対して成り立つから, 結局

$$a_{ij} = 0 \ (1 \leqq i \leqq m, 1 \leqq j \leqq n) \quad \text{すなわち} \quad A = O$$ ∎

定理 6.4.8 $\boldsymbol{u}_1, \cdots, \boldsymbol{u}_m$ を1次独立なベクトルとする. 2つの $m \times n$ 行列 A, B に対して

$$(\boldsymbol{u}_1, \cdots, \boldsymbol{u}_m)A = (\boldsymbol{u}_1, \cdots, \boldsymbol{u}_m)B$$

ならば $A = B$ である.

証明 右辺を左辺に移項し, 行列の積の分配法則を使うと

$$(\boldsymbol{u}_1, \cdots, \boldsymbol{u}_m)(A - B) = (\boldsymbol{0}, \cdots, \boldsymbol{0})$$

となる. したがって前定理より $A - B = O$. すなわち $A = B$ である.

6.5 連立斉1次方程式

連立1次方程式の解法には係数行列 A の行列式 $|A|$ が深くかかわっていることを以前に見た.

この節では, 連立1次方程式のうちの特別なタイプである「連立斉1次方程式」とよばれるものの解と係数行列の行列式との関係を考察することにしよう.

この考察は, ベクトルの1次独立と1次従属の究明へとつながるものである.

まず「連立斉1次方程式」なるものの定義を与えよう.

連立1次方程式のうちで，とくに次の形をしたものを**連立斉1次方程式**という．

$$
\begin{aligned}
a_{11}x_1 + \cdots + a_{1n}x_n &= 0 \qquad ①\\
a_{21}x_1 + \cdots + a_{2n}x_n &= 0 \qquad ②\\
\vdots \qquad\quad \vdots & \qquad\qquad \vdots\\
a_{n1}x_1 + \cdots + a_{nn}x_n &= 0 \qquad ⓝ
\end{aligned}
$$

すなわち，この方程式の係数行列を A とするとき，

(1)　$$A\boldsymbol{x} = \boldsymbol{0}$$

の形の方程式をいう．この方程式 (1) は，明らかに解 $\boldsymbol{x} = \boldsymbol{0}$ をもつ．これを**自明な解**という．

以前の定理によって，(1) の解全体は $\boldsymbol{R}^n$ の部分空間になり，これを**解空間**という．この部分空間が $\{\boldsymbol{0}\}$ であるか，または $\{\boldsymbol{0}\}$ より大きい部分空間であるかに関して，次の定理は基本的である．

定理 6.5.1　連立斉1次方程式 (1) が自明な解以外の解をもつための必要十分条件は $|A| = 0$ である．

証明　もしも $|A| \neq 0$ とすると，定理 5.1.1 により (1) の解は一意的であるから，自明な解 $\boldsymbol{x} = \boldsymbol{0}$ 以外の解をもたない．したがって自明な解以外の解をもてば $|A| = 0$ である．

逆に，$|A| = 0$ のとき，(1) が自明な解以外の解をもつことを n に関する帰納法で証明しよう．

$n = 1$ のときは，$|A| = a_{11} = 0$ であるから，任意の数が解になる．$n > 1$ としよう．第1列の a_{i1}，$i = 1, 2, \cdots, n$ がすべて 0 であれば，任意の数 x_1 に対して，

$$
\boldsymbol{x} = \begin{pmatrix} x_1 \\ 0 \\ \vdots \\ 0 \end{pmatrix}
$$

が解になる．次に，ある成分 a_{i1} が 0 でないと仮定する．式の並べる順序を変えて $a_{11} \neq 0$ としてよい．方程式 (1) を変形して

$$(2)\quad \begin{cases} a_{11}x_1+a_{12}x_2+\cdots+a_{1n}x_n=0 & ① \\ \qquad a_{22}'x_2+\cdots+a_{2n}'x_n=0 & ②'=②-①\times\dfrac{a_{21}}{a_{11}} \\ \qquad\cdots\cdots & \\ \qquad a_{n2}'x_2+\cdots+a_{nn}'x_n=0 & ⓝ'=ⓝ-①\times\dfrac{a_{n1}}{a_{11}} \end{cases}$$

とする．逆に，(2) の式から同様に (1) 式が導かれるから，(1) と (2) の方程式の解は一致する．

また，方程式 (2) の係数行列を A' とすると，行列式の基本的性質から，$|A'|$ と $|A|$ は同じ値をもつ．すなわち $|A'|=|A|=0$ である．そして，

$$0=|A'|=\begin{vmatrix} a_{11} & a_{12} & \cdots & a_{1n} \\ 0 & a_{22}' & \cdots & a_{2n}' \\ \vdots & \vdots & & \vdots \\ 0 & a_{n2}' & \cdots & a_{nn}' \end{vmatrix}=a_{11}\begin{vmatrix} a_{22}' & \cdots & a_{2n}' \\ \vdots & & \vdots \\ a_{n2}' & \cdots & a_{nn}' \end{vmatrix}$$

（最後の等号は定理 4.6.1 による）

$a_{11}\neq 0$ であるから

$$\begin{vmatrix} a_{22}' & \cdots & a_{2n}' \\ \vdots & & \vdots \\ a_{n2}' & \cdots & a_{nn}' \end{vmatrix}=0$$

である．そこで，$n-1$ 個の未知数 $x_2, x_3, \cdots, x_n$ に関する連立斉1次方程式

$$(3)\quad \begin{cases} a_{22}'x_2+\cdots+a_{2n}'x_n=0 \\ \quad\vdots \qquad\qquad \vdots \\ a_{n2}'x_2+\cdots+a_{nn}'x_n=0 \end{cases}$$

を考えると，係数行列の行列式が 0 であるから，帰納法の仮定により，自明でない解をもつ．その1つを $(d_2, \cdots, d_n)$ としよう．これを①に代入して，方程式

$$a_{11}x_1+a_{12}d_2+\cdots+a_{1n}d_n=0$$

を得る．$a_{11}\neq 0$ より x_1 に関するこの方程式は解をもち，その解を d_1 とすると

$$d_1=-\frac{a_{12}}{a_{11}}d_2-\cdots-\frac{a_{1n}}{a_{11}}d_n$$

で与えられる．こうして得られた $(d_1, d_2, \cdots, d_n)$ は，(2) の解，したがって (1) の解である．しかも，$2\leqq i\leqq n$ のある i に対して $d_i\neq 0$ であるから，この解は自明でない解である． ∎

コメント　この定理は基本的であってさまざまな応用をもつ．後述するように，行列の行ベクトルや列ベクトルの１次独立性と行列式との関係もこの定理に基づく．また，次の定理も，この定理の応用として導かれるものである．

問 6.5.1　次の連立斉１次方程式が非自明解をもつように a の値を定めよ．

$$\begin{cases} ax+y+z=0 \\ x+ay+z=0 \\ x+y+az=0 \end{cases}$$

6.6 行列式と１次独立性の関係

前節で，連立斉１次方程式の解と係数行列の行列式との関係を考察したが，この節ではその応用として，行列式と１次独立性との関係を考察することにする．

定理 6.6.1　A を n 次正方行列，$\boldsymbol{a}_1, \cdots, \boldsymbol{a}_n$ を A の行ベクトル，$\boldsymbol{a}_1', \cdots, \boldsymbol{a}_n'$ を A の列ベクトルとするとき，次の条件は同値である．

（1）$|A| \neq 0$

（2）$\boldsymbol{a}_1', \cdots, \boldsymbol{a}_n'$ は１次独立である．

（3）$\boldsymbol{a}_1, \cdots, \boldsymbol{a}_n$ は１次独立である．

証明　(1) ⇒ (2)　$|A| \neq 0$ ならば，連立斉１次方程式 $A\boldsymbol{x} = \boldsymbol{0}$，$\boldsymbol{x} = \begin{pmatrix} x_1 \\ \vdots \\ x_n \end{pmatrix}$ は，定理 6.5.1 より自明な解しかもたない．ここで，方程式 $A\boldsymbol{x} = \boldsymbol{0}$ は

$$x_1\boldsymbol{a}_1' + \cdots + x_n\boldsymbol{a}_n' = \boldsymbol{0}$$

と書かれるから，この式をみたす $\boldsymbol{x}$ が零ベクトルに限るということであるから，これは正に，列ベクトル $\boldsymbol{a}_1', \cdots, \boldsymbol{a}_n'$ が１次独立であることを意味する．

(2) ⇒ (1)　対偶で示す．$|A| = 0$ とすると，定理 6.5.1 より，連立斉１次方程式 $A\boldsymbol{x} = \boldsymbol{0}$ は自明でない解をもつ．すなわち

$$x_1\boldsymbol{a}_1' + \cdots + x_n\boldsymbol{a}_n' = \boldsymbol{0}$$

をみたす $x_1, \cdots, x_n$ で，この中の少なくとも１つが０でないものが存在する．したがって，列ベクトル $\boldsymbol{a}_1', \cdots, \boldsymbol{a}_n'$ は１次従属である．

(1) ⇔ (3)　$|{}^tA| = |A|$ であるから，上の議論を ${}^tA$ に適用すればよい．　∎

定理 6.6.2 $n+1$ 個の n 項数ベクトルは 1 次従属である．

証明 $n+1$ 個の n 項数ベクトルを $\boldsymbol{a}_i = (a_{i1}, \cdots, a_{in})$ $(i = 1, \cdots, n+1)$ とする．

$$\begin{vmatrix} a_{11} & \cdots & a_{1n} & 0 \\ \vdots & & \vdots & \vdots \\ a_{n+11} & \cdots & a_{n+1n} & 0 \end{vmatrix} = 0$$

であるから，前定理により $n+1$ 個のベクトル

$$(a_{11} \quad \cdots \quad a_{1n} \quad 0), \cdots, (a_{n+11} \quad \cdots \quad a_{n+1n} \quad 0)$$

は 1 次従属である．これより明らかに $\boldsymbol{a}_1, \cdots, \boldsymbol{a}_{n+1}$ も 1 次従属となる． ∎

定理 6.6.3 $r > n$ とするとき，r 個の n 項数ベクトルは 1 次従属である．

証明 $r = n+1$ のときが定理 6.6.2 の主張であり，$r \geqq n+1$ に対してはこのことと定理 6.4.5 より導かれる． ∎

定理 6.6.4 $r < s$ とするとき，ベクトル空間の s 個のベクトル $\boldsymbol{b}_1, \cdots, \boldsymbol{b}_s$ がすべて r 個のベクトル $\boldsymbol{a}_1, \cdots, \boldsymbol{a}_r$ の 1 次結合で書かれれば，$\boldsymbol{b}_1, \cdots, \boldsymbol{b}_s$ は 1 次従属である．

証明 定理 6.4.5 によって $s = r+1$ のときに証明すればよい．仮定より

$$\boldsymbol{b}_j = \sum_{i=1}^{r} c_{ij}\boldsymbol{a}_i \qquad (j = 1, \cdots, r+1)$$

と書かれる．ここで $C = (c_{ij})$ とおくと，C は $r\times(r+1)$ 行列で

$$(\boldsymbol{b}_1, \cdots, \boldsymbol{b}_{r+1}) = (\boldsymbol{a}_1, \cdots, \boldsymbol{a}_r)C$$

と書かれる．C の転置 ${}^tC$ は $(r+1)\times r$ 行列であるから，定理 6.6.2 より，${}^tC$ の $r+1$ 個の行ベクトルは 1 次従属である．したがって，

$$\sum_{j=1}^{r+1} d_j c_{ij} = 0$$

がすべての $i = 1, \cdots, r$ に対して成り立つ $d_1, \cdots, d_{r+1}$ で，この中の少なくとも 1 つが 0 でないものが存在する．ここで，$\boldsymbol{d} = \begin{pmatrix} d_1 \\ \vdots \\ d_{r+1} \end{pmatrix}$ とおくと，$\boldsymbol{d}$ は $\boldsymbol{0}$ でないベクトルで上の等式は

$$C\boldsymbol{d} = \boldsymbol{0} \qquad (r\text{ 次元のゼロベクトル})$$

と書き表わされる．そこで次の 1 次結合を考え，計算する．

$$\begin{aligned} d_1\boldsymbol{b}_1 + \cdots + d_{r+1}\boldsymbol{b}_{r+1} &= (\boldsymbol{b}_1, \cdots, \boldsymbol{b}_{r+1})\boldsymbol{d} = (\boldsymbol{a}_1, \cdots, \boldsymbol{a}_r)C\boldsymbol{d} \\ &= (\boldsymbol{a}_1, \cdots, \boldsymbol{a}_r)\boldsymbol{0} = \boldsymbol{0} \end{aligned}$$

が成り立つ．しかも d_i のうちの少なくとも 1 つが 0 でないから，これは自明でない 1 次関係式である．したがって，$\boldsymbol{b}_1, \cdots, \boldsymbol{b}_{r+1}$ は 1 次従属である．∎

問 6.6.1　次のベクトルの組が 1 次独立であるかどうか，行列式を用いて判定せよ．

$$\boldsymbol{a}_1 = (2 \quad 0 \quad 3 \quad -1), \quad \boldsymbol{a}_2 = (-1 \quad 2 \quad 0 \quad 0),$$
$$\boldsymbol{a}_3 = (0 \quad 1 \quad 7 \quad -1), \quad \boldsymbol{a}_4 = (1 \quad 0 \quad 0 \quad 5)$$

6.7　ベクトル空間の基底（ベース）

ベクトル空間 $\boldsymbol{R}^3$ において，$\boldsymbol{R}^3$ の標準基底

$$\boldsymbol{e}_1 = \begin{pmatrix} 1 \\ 0 \\ 0 \end{pmatrix}, \quad \boldsymbol{e}_2 = \begin{pmatrix} 0 \\ 1 \\ 0 \end{pmatrix}, \quad \boldsymbol{e}_3 = \begin{pmatrix} 0 \\ 0 \\ 1 \end{pmatrix}$$

は，図のように，それぞれ座標軸上の単位ベクトルを表わしている．

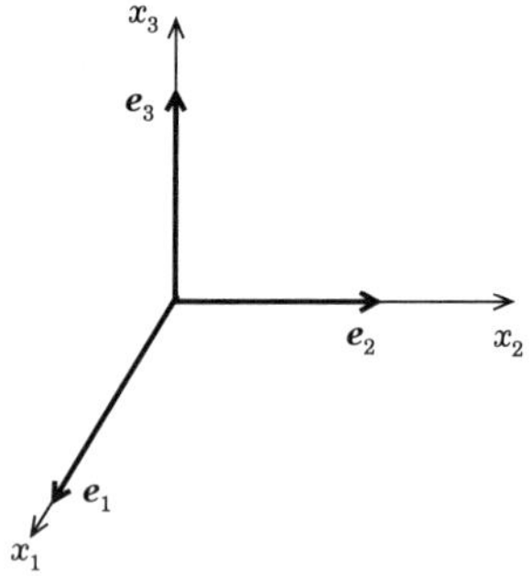

図 6.5

ベクトル空間 $\boldsymbol{R}^3$ の任意のベクトル $\boldsymbol{x}$ は，座標成分により 3 項数ベクトルで表わされる．

$$\boldsymbol{x} = \begin{pmatrix} x_1 \\ x_2 \\ x_3 \end{pmatrix}$$

よって，$\boldsymbol{x}$ は次のように標準基底を用いて表わされる．

$$\boldsymbol{x} = \begin{pmatrix} x_1 \\ x_2 \\ x_3 \end{pmatrix} = \begin{pmatrix} x_1 \\ 0 \\ 0 \end{pmatrix} + \begin{pmatrix} 0 \\ x_2 \\ 0 \end{pmatrix} + \begin{pmatrix} 0 \\ 0 \\ x_3 \end{pmatrix} = x_1\begin{pmatrix} 1 \\ 0 \\ 0 \end{pmatrix} + x_2\begin{pmatrix} 0 \\ 1 \\ 0 \end{pmatrix} + x_3\begin{pmatrix} 0 \\ 0 \\ 1 \end{pmatrix}$$
$$= x_1\boldsymbol{e}_1 + x_2\boldsymbol{e}_2 + x_3\boldsymbol{e}_3$$

そして，$\boldsymbol{e}_1, \boldsymbol{e}_2, \boldsymbol{e}_3$ は以前に示したように１次独立であるから，この表わし方は一意的である．こうして，ベクトル空間 $\boldsymbol{R}^3$ の任意のベクトル $\boldsymbol{x}$ は，$\boldsymbol{R}^3$ の標準基底の１次結合で書かれ，しかもその書き方は一意的である．

以上の考察から，ベクトル空間 $\boldsymbol{R}^3$ において，標準基底 $\boldsymbol{e}_1, \boldsymbol{e}_2, \boldsymbol{e}_3$ は基本的な役割を果たしていることが見てとれる．そこで一般に次のような定義を与える．

定義 6.7.1　ベクトル空間 V のベクトルの組 $\boldsymbol{a}_1, \cdots, \boldsymbol{a}_n$ が次の２つの条件をみたすときに V の**基底** (**ベース**)，または**基**という．

（１）　$\boldsymbol{a}_1, \cdots, \boldsymbol{a}_n$ は１次独立である．

（２）　$\boldsymbol{a}_1, \cdots, \boldsymbol{a}_n$ は V を生成する．

例　$\boldsymbol{R}^n$ の標準基底 $\boldsymbol{e}_1, \boldsymbol{e}_2, \cdots, \boldsymbol{e}_n$ は，$\boldsymbol{R}^n$ の基底である．

注意　ベクトル空間の基底は１つではなく，その取り方はたくさんある．

例題 6.7.1　$\boldsymbol{R}^3$ において，ベクトルの組

$$\boldsymbol{a}_1 = \begin{pmatrix} 1 \\ 1 \\ 0 \end{pmatrix}, \quad \boldsymbol{a}_2 = \begin{pmatrix} 0 \\ 1 \\ 1 \end{pmatrix}, \quad \boldsymbol{a}_3 = \begin{pmatrix} 1 \\ 0 \\ 1 \end{pmatrix}$$

は $\boldsymbol{R}^3$ の基底であることを示せ．

解答　まず，$\boldsymbol{a}_1, \boldsymbol{a}_2, \boldsymbol{a}_3$ が１次独立であることを示そう．$c_1\boldsymbol{a}_1 + c_2\boldsymbol{a}_2 + c_3\boldsymbol{a}_3 = \boldsymbol{0}$ とする．この式を成分で書くと

$$c_1\begin{pmatrix}1\\1\\0\end{pmatrix}+c_2\begin{pmatrix}0\\1\\1\end{pmatrix}+c_3\begin{pmatrix}1\\0\\1\end{pmatrix}=\begin{pmatrix}0\\0\\0\end{pmatrix}$$

であるから，等式

$$\begin{cases}c_1+c_3=0\\c_1+c_2=0\\c_2+c_3=0\end{cases}$$

を得る．これを解くと $c_1=c_2=c_3=0$ となり，$\boldsymbol{a}_1, \boldsymbol{a}_2, \boldsymbol{a}_3$ は 1 次独立である．

次に，$\boldsymbol{a}_1, \boldsymbol{a}_2, \boldsymbol{a}_3$ が $\boldsymbol{R}^3$ を生成することを示そう．任意のベクトル $\boldsymbol{b}=\begin{pmatrix}b_1\\b_2\\b_3\end{pmatrix}$ に対して，等式

$$c_1\boldsymbol{a}_1+c_2\boldsymbol{a}_2+c_3\boldsymbol{a}_3=\boldsymbol{b}$$

をみたす c_1, c_2, c_3 が存在するかどうか調べる．この等式を行列で書くと，

$$\begin{pmatrix}1&0&1\\1&1&0\\0&1&1\end{pmatrix}\begin{pmatrix}c_1\\c_2\\c_3\end{pmatrix}=\begin{pmatrix}b_1\\b_2\\b_3\end{pmatrix}$$

となり，c_i を未知数とするこの連立 1 次方程式を解けばよい．この方程式の係数行列の行列式は

$$\begin{vmatrix}1&0&1\\1&1&0\\0&1&1\end{vmatrix}=1+1=2$$

であるから，一般論によって解が一意的に存在することが保証される．

したがってベクトル $\boldsymbol{a}_1, \boldsymbol{a}_2, \boldsymbol{a}_3$ はベクトル空間 $\boldsymbol{R}^3$ を生成する．

以上より，ベクトル $\boldsymbol{a}_1, \boldsymbol{a}_2, \boldsymbol{a}_3$ は $\boldsymbol{R}^3$ の基底であることが示された． ∎

問 6.7.1　次のベクトルの組は，それぞれ $\boldsymbol{R}^3$ の基底になるかどうか判定せよ．

(1)　$\begin{pmatrix}0\\1\\0\end{pmatrix}, \begin{pmatrix}1\\0\\-1\end{pmatrix}, \begin{pmatrix}1\\1\\1\end{pmatrix}$　　(2)　$\begin{pmatrix}1\\0\\0\end{pmatrix}, \begin{pmatrix}0\\1\\1\end{pmatrix}$

(3)　$\begin{pmatrix}2\\1\\4\end{pmatrix}, \begin{pmatrix}-1\\0\\-2\end{pmatrix}, \begin{pmatrix}1\\1\\2\end{pmatrix}$　　(4)　$\begin{pmatrix}1\\0\\-1\end{pmatrix}, \begin{pmatrix}0\\1\\1\end{pmatrix}, \begin{pmatrix}3\\4\\5\end{pmatrix}, \begin{pmatrix}0\\1\\0\end{pmatrix}$

コメント 有限個のベクトルで生成されるベクトル空間は基底をもつことが容易に示される．じつは任意のベクトル空間が基底をもつことが，ツォルンの補題とよばれる，集合論の公理から導かれることが知られている．

6.8 ベクトル空間の次元

平面のベクトル空間 $\boldsymbol{R}^2$ のベクトルは x 座標，y 座標の 2 つの成分によって表わされる．空間のベクトル空間 $\boldsymbol{R}^3$ のベクトルは x 座標，y 座標，z 座標の 3 つの成分によって表わされる．一般に，n 項数ベクトル空間 $\boldsymbol{R}^n$ のベクトルは n 個の座標の成分によって表わされる．以上のことから，数ベクトル空間 $\boldsymbol{R}^2, \boldsymbol{R}^3, \cdots, \boldsymbol{R}^n, \cdots$ の次元はそれぞれ $2, 3, \cdots, n, \cdots$ であるという．

ここでは一般のベクトル空間にも次元が定義されることを見ることにする．まずそのための準備をしよう．

定理 6.8.1 $\boldsymbol{a}_1, \cdots, \boldsymbol{a}_r$ と $\boldsymbol{b}_1, \cdots, \boldsymbol{b}_s$ がともに 1 次独立なベクトルの組で，それぞれが生成する部分空間が一致するならば，$r = s$ である．

証明 仮定より各 $\boldsymbol{a}_i$ は $\boldsymbol{b}_1, \cdots, \boldsymbol{b}_s$ の 1 次結合で表わされ，$\boldsymbol{a}_1, \cdots, \boldsymbol{a}_r$ が 1 次独立であるから，定理 6.6.4 の主張の対偶により，$r \leqq s$ である．同様に各 $\boldsymbol{b}_j$ が $\boldsymbol{a}_1, \cdots, \boldsymbol{a}_r$ の 1 次結合で表わされ，$\boldsymbol{b}_1, \cdots, \boldsymbol{b}_s$ が 1 次独立であるから，$r \geqq s$ である．ゆえに $r = s$ が成り立つ． ∎

定理 6.8.2 ベクトル空間 V の基底に含まれるベクトルの個数は基底の取り方によらず一定である．

証明 $\boldsymbol{a}_1, \cdots, \boldsymbol{a}_r$ と $\boldsymbol{b}_1, \cdots, \boldsymbol{b}_s$ を V の 2 つの基底とする．定義より，それぞれ 1 次独立で，かつ V を生成するから，前定理より $r = s$ が成り立つ． ∎

コメント ベクトル空間 V に対して，その基底の取り方はいくらでもあるが，基底を構成するベクトルの個数は V によって定まることを定理 6.8.2 は意味している．そして，このことが次元の定義のもとになる．

定義 6.8.1 ベクトル空間 V に対して，定理 6.8.2 によって定まる基底のべクトルの個数をベクトル空間 V の**次元**といい，$\dim V$ で表わす．

例　n 項数ベクトル空間 $\boldsymbol{R}^n$ の次元は n である．なぜならば，$\boldsymbol{R}^n$ の標準基底 $\boldsymbol{e}_1, \cdots, \boldsymbol{e}_n$ が基底になるからである．

コメント　一般のベクトル空間 V では，基底を構成するベクトルの個数は有限とは限らない．無限の場合，**無限次元**のベクトル空間という．基底を構成するベクトルの個数が有限のとき，**有限次元**のベクトル空間という．定理6.8.4によって，有限個のベクトルで生成されるベクトル空間は有限次元である．一般に，ベクトル空間の次元が自然数として定まるのはこの有限生成のベクトル空間の場合である．

次の2つの定理の証明はやさしいので読者に委ねることにしよう．

定理 6.8.3　ベクトル空間 V が $\boldsymbol{a}_1, \cdots, \boldsymbol{a}_r$ によって生成されるとき，V の次元は $\boldsymbol{a}_1, \cdots, \boldsymbol{a}_r$ のうちで1次独立なベクトルの最大個数に等しい．

定理 6.8.4　ベクトル空間 V のベクトル $\boldsymbol{a}_1, \cdots, \boldsymbol{a}_n$ が生成するベクトル空間 $S[\boldsymbol{a}_1, \cdots, \boldsymbol{a}_n]$ の次元は，$\boldsymbol{a}_1, \cdots, \boldsymbol{a}_n$ の中から選び得る1次独立なベクトルの最大個数に等しい．

定理 6.8.5　ベクトル空間 V の次元と V に含まれる1次独立なベクトルの最大個数とは一致する．

証明　$\boldsymbol{a}_1, \cdots, \boldsymbol{a}_n$ を V の1つの基底とする．V から任意に r 個 $(r \geqq n+1)$ のベクトル $\boldsymbol{b}_1, \cdots, \boldsymbol{b}_r$ をとると，これらは $\boldsymbol{a}_1, \cdots, \boldsymbol{a}_n$ の1次結合で表わされるから，定理6.6.4によって1次従属である．すなわち，$n+1$ 個以上の V の任意のベクトルの組はつねに1次従属である．他方，$\boldsymbol{a}_1, \cdots, \boldsymbol{a}_n$ は1次独立であるから，V に含まれる1次独立なベクトルの最大個数はちょうど n である．　■

定理 6.8.6　ベクトル空間 V とその部分空間 U について，$\dim U \leqq \dim V$ である．そして

$$U = V \Longleftrightarrow \dim U = \dim V$$

が成り立つ．

証明　U の基底 $\boldsymbol{u}_1, \cdots, \boldsymbol{u}_m$ は V のベクトルからなり，1 次独立であるから，$\dim U \leqq \dim V$.

$\Rightarrow$ は明らか．$\Leftarrow$　U の基底 $\boldsymbol{u}_1, \cdots, \boldsymbol{u}_m$ は V の 1 次独立なベクトルであり，$\dim U = \dim V$ の仮定より，これらは V の基底である．つまり $\boldsymbol{u}_1, \cdots, \boldsymbol{u}_m$ は V を生成するから，$U = V$ が成り立つ．■

例題 6.8.1　次のベクトルの組が生成する $\boldsymbol{R}^3$ の部分空間の次元を求めよ．

$$\boldsymbol{a}_1 = \begin{pmatrix} 2 \\ 0 \\ 3 \end{pmatrix},\ \boldsymbol{a}_2 = \begin{pmatrix} 1 \\ -1 \\ 1 \end{pmatrix},\ \boldsymbol{a}_3 = \begin{pmatrix} 0 \\ 2 \\ 1 \end{pmatrix}$$

解答　まず，$\boldsymbol{a}_3 = \boldsymbol{a}_1 - 2\boldsymbol{a}_2$ という関係があるから，$S[\boldsymbol{a}_1, \boldsymbol{a}_2, \boldsymbol{a}_3] = S[\boldsymbol{a}_1, \boldsymbol{a}_2]$ が成り立つ．いま，$c_1\boldsymbol{a}_1 + c_2\boldsymbol{a}_2 = \boldsymbol{0}$ とおくと，

$$\begin{cases} 2c_1 + c_2 = 0 \\ \quad\ \ -c_2 = 0 \end{cases}$$

であるから，$c_1 = c_2 = 0$ でなければならない．つまり，$\boldsymbol{a}_1, \boldsymbol{a}_2$ は 1 次独立である．よって $\boldsymbol{a}_1, \boldsymbol{a}_2, \boldsymbol{a}_3$ が生成する $\boldsymbol{R}^3$ の部分空間の次元は 2 である．■

問 6.8.1　次の各組のベクトルが生成する $\boldsymbol{R}^3$ の部分空間の次元を求めよ．

(1) $\begin{pmatrix} 1 \\ 0 \\ -1 \end{pmatrix}, \begin{pmatrix} 1 \\ -1 \\ 3 \end{pmatrix}, \begin{pmatrix} 5 \\ -2 \\ 3 \end{pmatrix}$　(2) $\begin{pmatrix} 0 \\ 0 \\ 4 \end{pmatrix}, \begin{pmatrix} 1 \\ 2 \\ 3 \end{pmatrix}, \begin{pmatrix} -1 \\ 0 \\ 5 \end{pmatrix}$

(3) $\begin{pmatrix} 3 \\ -1 \\ 2 \end{pmatrix}, \begin{pmatrix} -1 \\ 1 \\ 0 \end{pmatrix}, \begin{pmatrix} 2 \\ -1 \\ 1 \end{pmatrix}$　(4) $\begin{pmatrix} 1 \\ 2 \\ 3 \end{pmatrix}, \begin{pmatrix} 4 \\ 5 \\ 6 \end{pmatrix}, \begin{pmatrix} 7 \\ 8 \\ 9 \end{pmatrix}$

基底の条件

定理 6.8.7　ベクトル空間 V に関して，次の条件は同値である．

(1)　$\dim V = n$

(2)　V のベクトル $\boldsymbol{a}_1, \cdots, \boldsymbol{a}_n$ があって，V の任意のベクトル $\boldsymbol{a}$ は

$$\boldsymbol{a} = c_1\boldsymbol{a}_1 + \cdots + c_n\boldsymbol{a}_n$$

と，一意的に表わされる．

証明　(1) ⇒ (2)　ベクトル空間 V の1つの基底を $\boldsymbol{a}_1, \cdots, \boldsymbol{a}_n$ とする．$\boldsymbol{a}_1, \cdots, \boldsymbol{a}_n$ は V を生成するから，V の任意のベクトル $\boldsymbol{a}$ はこれらの1次結合で表わせ，しかもこれらは1次独立であるから，定理6.4.1より，1次結合の表わし方は一意的である．

(2) ⇒ (1)　仮定より，$\boldsymbol{a}_1, \cdots, \boldsymbol{a}_n$ は V を生成し，1次結合の表わし方が一意的であることから，定理6.4.1より $\boldsymbol{a}_1, \cdots, \boldsymbol{a}_n$ は1次独立である．したがって $\boldsymbol{a}_1, \cdots, \boldsymbol{a}_n$ は V の基底となるから $\dim V = n$ である．■

定理6.8.8　V を n 次元のベクトル空間とする．V の n 個のベクトル $\boldsymbol{a}_1, \cdots, \boldsymbol{a}_n$ について，次の3条件は同値である．

(1)　$\boldsymbol{a}_1, \cdots, \boldsymbol{a}_n$ は V の基底である．

(2)　$\boldsymbol{a}_1, \cdots, \boldsymbol{a}_n$ は1次独立である．

(3)　$\boldsymbol{a}_1, \cdots, \boldsymbol{a}_n$ は V を生成する．

証明　(2), (3) をみたすものが基底であるから，(1) ⇒ (2), (3) が成り立つ．

(2) ⇒ (1)　$\boldsymbol{a}$ を V の任意のベクトルとする．$n+1$ 個のベクトル $\boldsymbol{a}_1, \cdots, \boldsymbol{a}_n, \boldsymbol{a}$ を考えると，定理の仮定である $\dim V = n$ より，1次従属である．したがって定理6.4.6により $\boldsymbol{a}$ は $\boldsymbol{a}_1, \cdots, \boldsymbol{a}_n$ の1次結合で書かれる．こうして $\boldsymbol{a}_1, \cdots, \boldsymbol{a}_n$ が V を生成することが分かったから，V の基底である．

(3) ⇒ (1)　$\boldsymbol{a}_1, \cdots, \boldsymbol{a}_n$ の中の1次独立なベクトルの最大個数を r とする．たとえば，$\boldsymbol{a}_1, \cdots, \boldsymbol{a}_r$ が1次独立とする．いま，$r < n$ として矛盾を導こう．$r < s \leqq n$ をみたす任意の s に対して，$\boldsymbol{a}_1, \cdots, \boldsymbol{a}_r, \boldsymbol{a}_s$ は1次従属であるから，定理6.4.6により，$\boldsymbol{a}_s$ は $\boldsymbol{a}_1, \cdots, \boldsymbol{a}_r$ の1次結合で書かれる．したがって $\boldsymbol{a}_1, \cdots, \boldsymbol{a}_r$ は V を生成し，V の基底となる．これは $\dim V = n$ の仮定に反するから $r = n$ である．よって $\boldsymbol{a}_1, \cdots, \boldsymbol{a}_n$ は V の基底となり，(1) が成り立つ．■

6.9　基底の間の関係

ベクトル空間 V が与えられたとき，V の基底のとり方はたくさんあった．そこで基底の間にはどのような関係があるかを考えてみよう．

まず，基底を構成するベクトルの数は基底のとり方によらず一定であり，この数を V の次元と定義した．

次に，2組の基底の間に成り立つその他の関係を見ることにしよう．

定理 6.9.1 ベクトル空間 V の1組の基底を $\boldsymbol{a}_1, \cdots, \boldsymbol{a}_n$ とする．V の n 個のベクトル $\boldsymbol{b}_1, \cdots, \boldsymbol{b}_n$ が V の基底であるための必要十分条件は，

$$\boldsymbol{b}_j = \sum_{i=1}^{n} c_{ij}\boldsymbol{a}_i \qquad (j = 1, \cdots, n)$$

と書いたとき，行列 $C = (c_{ij})$ が正則となることである．

証明 $\boldsymbol{b}_1, \cdots, \boldsymbol{b}_n$ が V の基底であるとすると，

$$\boldsymbol{a}_i = \sum_{k=1}^{n} d_{ki}\boldsymbol{b}_k \qquad (i = 1, \cdots, n)$$

と表わされる．この式を定理中の式に代入する．

$$\boldsymbol{b}_j = \sum_{i=1}^{n} c_{ij}\left(\sum_{k=1}^{n} d_{ki}\boldsymbol{b}_k\right) = \sum_{k=1}^{n}\left(\sum_{i=1}^{n} d_{ki}c_{ij}\right)\boldsymbol{b}_k$$

仮定より，$\boldsymbol{b}_1, \cdots, \boldsymbol{b}_n$ は1次独立であるから，表現の一意性により

$$\sum_{i=1}^{n} d_{ki}c_{ij} = \delta_{kj}$$

が成り立つ．よって $D = (d_{ki})$ とおくと

$$DC = E$$

という等式が成り立つ．

同様に等式 $CD = E$ が示されるので，C は正則である．

逆に，$\boldsymbol{b}_1, \cdots, \boldsymbol{b}_n$ を

$$\boldsymbol{b}_j = \sum_{i=1}^{n} c_{ij}\boldsymbol{a}_i \qquad (j = 1, \cdots, n)$$

と書いたとき，行列 $C = (c_{ij})$ が正則であるとする．C の逆行列 C^{-1} を $D = (d_{jk})$ とおくと，

$$\sum_{j=1}^{n} d_{jk}\boldsymbol{b}_j = \sum_{j=1}^{n} d_{jk}\sum_{i=1}^{n} c_{ij}\boldsymbol{a}_i = \sum_{i=1}^{n}\left(\sum_{j=1}^{n} c_{ij}d_{jk}\right)\boldsymbol{a}_i = \sum_{i=1}^{n} \delta_{ik}\boldsymbol{a}_i = \boldsymbol{a}_k$$

つまり，各 $\boldsymbol{a}_k$ は $\boldsymbol{b}_1, \cdots, \boldsymbol{b}_n$ の1次結合で表わされる．したがって $\boldsymbol{b}_1, \cdots, \boldsymbol{b}_n$ がベクトル空間 V を生成する．V の次元が n であるから，定理6.8.8により，$\boldsymbol{b}_1, \cdots, \boldsymbol{b}_n$ は V の基底である． ∎

ベクトル空間の基底 $\boldsymbol{a}_1, \cdots, \boldsymbol{a}_n$ に関して，V の任意のベクトル $\boldsymbol{a}$ は

$$\boldsymbol{a} = x_1\boldsymbol{a}_1 + x_2\boldsymbol{a}_2 + \cdots + x_n\boldsymbol{a}_n = (\boldsymbol{a}_1 \ \cdots \ \boldsymbol{a}_n)\begin{pmatrix} x_1 \\ \vdots \\ x_n \end{pmatrix}$$

と一意的に表わされる．このとき，$\begin{pmatrix} x_1 \\ \vdots \\ x_n \end{pmatrix}$を，ベクトル $\boldsymbol{a}$ の基底 $\boldsymbol{a}_1, \cdots, \boldsymbol{a}_n$ に関する**成分**，あるいは**成分ベクトル**という．次に，同じベクトル $\boldsymbol{a}$ の，もう 1 つの基底 $\boldsymbol{b}_1, \cdots, \boldsymbol{b}_n$ に関する成分表示を考えてみよう．すなわち

$$\boldsymbol{a} = y_1\boldsymbol{b}_1 + \cdots + y_n\boldsymbol{b}_n = (\boldsymbol{b}_1 \ \cdots \ \boldsymbol{b}_n)\begin{pmatrix} y_1 \\ \vdots \\ y_n \end{pmatrix}$$

とする．そのとき，ベクトル $\boldsymbol{a}$ の基底 $\boldsymbol{a}_1, \cdots, \boldsymbol{a}_n$ に関する成分$\begin{pmatrix} x_1 \\ \vdots \\ x_n \end{pmatrix}$と，基底 $\boldsymbol{b}_1, \cdots, \boldsymbol{b}_n$ に関する成分$\begin{pmatrix} y_1 \\ \vdots \\ y_n \end{pmatrix}$の間の関係を明らかにすることにしよう．

まず，2 組の基底 $\boldsymbol{a}_1, \cdots, \boldsymbol{a}_n$ および $\boldsymbol{b}_1, \cdots, \boldsymbol{b}_n$ の間の関係を

$$\boldsymbol{b}_j = \sum_{i=1}^{n} p_{ij}\boldsymbol{a}_i$$

と書くことにする．すなわち $P = (p_{ij})$ とおくとき，

$$(\boldsymbol{b}_1, \cdots, \boldsymbol{b}_n) = (\boldsymbol{a}_1, \cdots, \boldsymbol{a}_n)P$$

である．定理 6.9.1 より，P は正則行列である．

行列 P を，2 つの基底 $\boldsymbol{a}_1, \cdots, \boldsymbol{a}_n$ および $\boldsymbol{b}_1, \cdots, \boldsymbol{b}_n$ の間の**変換の行列**という．

定理 6.9.2 以上の仮定のもとに，次の関係が成り立つ．

$$\begin{pmatrix} x_1 \\ \vdots \\ x_n \end{pmatrix} = P\begin{pmatrix} y_1 \\ \vdots \\ y_n \end{pmatrix}$$

証明 仮定より，

$$\boldsymbol{a} = (\boldsymbol{a}_1, \cdots, \boldsymbol{a}_n)\begin{pmatrix} x_1 \\ \vdots \\ x_n \end{pmatrix} \quad \text{かつ} \quad \boldsymbol{a} = (\boldsymbol{b}_1, \cdots, \boldsymbol{b}_n)\begin{pmatrix} y_1 \\ \vdots \\ y_n \end{pmatrix} = (\boldsymbol{a}_1, \cdots, \boldsymbol{a}_n)P\begin{pmatrix} y_1 \\ \vdots \\ y_n \end{pmatrix}$$

である．$\boldsymbol{a}_1, \cdots, \boldsymbol{a}_n$ は基底であるから，$\begin{pmatrix} x_1 \\ \vdots \\ x_n \end{pmatrix} = P \begin{pmatrix} y_1 \\ \vdots \\ y_n \end{pmatrix}$ が成り立つ． ∎

定理6.9.2の関係式を**変換の式**，P を**変換の行列**という．

定理 6.9.3 V を n 次元ベクトル空間とする．V のベクトルの組 $\boldsymbol{a}_1, \cdots, \boldsymbol{a}_r$ が1次独立で $r < n$ ならば，$n-r$ 個のベクトル $\boldsymbol{a}_{r+1}, \cdots, \boldsymbol{a}_n$ を選んで

$$\boldsymbol{a}_1, \cdots, \boldsymbol{a}_r, \boldsymbol{a}_{r+1}, \cdots, \boldsymbol{a}_n$$

が V の基底となるようにできる．

証明 $\boldsymbol{b}_1, \cdots, \boldsymbol{b}_n$ を V の基底とする．$r+n$ 個のベクトル $\boldsymbol{a}_1, \cdots, \boldsymbol{a}_r, \boldsymbol{b}_1, \cdots, \boldsymbol{b}_n$ の中から，この順番に1次独立なものを選ぶ．すなわち，次の操作を行う．

まず，$\boldsymbol{a}_1, \cdots, \boldsymbol{a}_r, \boldsymbol{b}_1$ が1次独立なら，$\boldsymbol{b}_1$ をつけ加え，1次従属なら $\boldsymbol{b}_1$ を除く．この操作を $\boldsymbol{b}_1, \cdots, \boldsymbol{b}_n$ について順に行った結果を

$$\boldsymbol{a}_1, \cdots, \boldsymbol{a}_r, \boldsymbol{b}_{i_1}, \cdots, \boldsymbol{b}_{i_s}$$

とする．このベクトルの組は1次独立であり，残りの任意の $\boldsymbol{b}_j$ をつけ加えると1次従属であるから，定理6.4.6より $\boldsymbol{b}_j$ はこれらの1次結合で表わされる．したがって，この組はベクトル空間 V を生成する．よって，この組は V の基底となる．いうまでもなく，$r+s = n$ である(定理6.8.2)．この $\boldsymbol{b}_{i_1}, \cdots, \boldsymbol{b}_{i_s}$ を順に $\boldsymbol{a}_{r+1}, \cdots, \boldsymbol{a}_n$ とおけばよい． ∎

6.10 線形写像の行列表現

ベクトル空間の間の線形写像を解析するために，行列の理論が適用される．そのためにまず線形写像と行列とを結びつけることから始めよう．

以前に，数ベクトル空間の間の線形写像が行列によって表現されることをみたが，このことを一般の抽象的なベクトル空間の間の線形写像に対して考えようというわけである．そのためには，それぞれのベクトル空間の基底をとり，それを手がかりに線形写像と行列を結びつける．

V, W をベクトル空間，$\boldsymbol{v}_1, \cdots, \boldsymbol{v}_n, \boldsymbol{w}_1, \cdots, \boldsymbol{w}_m$ をそれぞれ V, W の基底とし，固定しておく．ここで

$$n = \dim V, \qquad m = \dim W$$

である．そのとき，線形写像 $f\colon V \to W$ に対して，$m\times n$ 行列 A_f を次のようにして定める．

$f(\boldsymbol{v}_1), \cdots, f(\boldsymbol{v}_n)$ は W のベクトルであるから，W の基底 $\boldsymbol{w}_1, \cdots, \boldsymbol{w}_m$ の1次結合として一意的に

$$\begin{aligned} f(\boldsymbol{v}_1) &= a_{11}\boldsymbol{w}_1 + a_{21}\boldsymbol{w}_2 + \cdots + a_{m1}\boldsymbol{w}_m \\ f(\boldsymbol{v}_2) &= a_{12}\boldsymbol{w}_1 + a_{22}\boldsymbol{w}_2 + \cdots + a_{m2}\boldsymbol{w}_m \\ &\cdots\cdots \\ f(\boldsymbol{v}_n) &= a_{1n}\boldsymbol{w}_1 + a_{2n}\boldsymbol{w}_2 + \cdots + a_{mn}\boldsymbol{w}_m \end{aligned}$$

と表わされる．まとめて書けば，

$$f(\boldsymbol{v}_j) = \sum_{i=1}^{m} a_{ij}\boldsymbol{w}_i \qquad (j = 1, 2, \cdots, n)$$

である．このときの係数のつくる行列の転置行列を A_f と書く．すなわち，

$$A_f = {}^t\!\begin{pmatrix} a_{11} & a_{21} & \cdots & a_{m1} \\ a_{12} & a_{22} & \cdots & a_{m2} \\ \vdots & \vdots & & \vdots \\ a_{1n} & a_{2n} & \cdots & a_{mn} \end{pmatrix} = \begin{pmatrix} a_{11} & a_{12} & \cdots & a_{1n} \\ a_{21} & a_{22} & \cdots & a_{2n} \\ \vdots & \vdots & & \vdots \\ a_{m1} & a_{m2} & \cdots & a_{mn} \end{pmatrix}$$

この行列 A_f は f により一意的に決まる行列であり，前の関係式は一括して，

$$(f(\boldsymbol{v}_1), \cdots, f(\boldsymbol{v}_n)) = (\boldsymbol{w}_1, \cdots, \boldsymbol{w}_m)A_f$$

と表わされる．V の任意のベクトル $\boldsymbol{x}$ の成分ベクトルを $\begin{pmatrix} x_1 \\ \vdots \\ x_n \end{pmatrix}$ とすると，

$$\boldsymbol{x} = x_1\boldsymbol{v}_1 + \cdots + x_n\boldsymbol{v}_n = (\boldsymbol{v}_1, \cdots, \boldsymbol{v}_n)\begin{pmatrix} x_1 \\ \vdots \\ x_n \end{pmatrix}$$

そして，$\boldsymbol{y} = f(\boldsymbol{x})$ の成分ベクトルを $\begin{pmatrix} y_1 \\ \vdots \\ y_m \end{pmatrix}$ とすると，

$$\boldsymbol{y} = y_1\boldsymbol{w}_1 + \cdots + y_m\boldsymbol{w}_m = (\boldsymbol{w}_1, \cdots, \boldsymbol{w}_m)\begin{pmatrix} y_1 \\ \vdots \\ y_m \end{pmatrix}$$

である．この式と式

$$\boldsymbol{y} = f(\boldsymbol{x}) = \sum_{j=1}^{n} x_j f(\boldsymbol{v}_j) = (f(\boldsymbol{v}_1), \cdots, f(\boldsymbol{v}_n))\begin{pmatrix} x_1 \\ \vdots \\ x_n \end{pmatrix}$$

$$= (\boldsymbol{w}_1, \cdots, \boldsymbol{w}_m) A_f \begin{pmatrix} x_1 \\ \vdots \\ x_n \end{pmatrix}$$

より，$\boldsymbol{x}$ と $\boldsymbol{y}$ の成分ベクトルの間には

$$\begin{pmatrix} y_1 \\ \vdots \\ y_m \end{pmatrix} = A_f \begin{pmatrix} x_1 \\ \vdots \\ x_n \end{pmatrix}$$

という関係が成り立つ．以上をまとめると次のようになる．

V の任意のベクトル $\boldsymbol{x} = \sum_{j=1}^{n} x_j \boldsymbol{v}_j$ に対して

$$\boldsymbol{y} = f(\boldsymbol{x}) = (\boldsymbol{w}_1, \cdots, \boldsymbol{w}_m) A_f \begin{pmatrix} x_1 \\ \vdots \\ x_n \end{pmatrix}$$

で与えられる．したがって $\boldsymbol{x}, \boldsymbol{y}$ の成分ベクトルの間には

$$\begin{pmatrix} y_1 \\ \vdots \\ y_m \end{pmatrix} = A_f \begin{pmatrix} x_1 \\ \vdots \\ x_n \end{pmatrix} \qquad (*)$$

という関係がある．■

コメント　線形写像 $f\colon V \to W$ があったとき，$(*)$ は $f(\boldsymbol{v})$ の実際の計算の仕方を与えていると考えれば分かりやすい．

逆に $m\times n$ 行列 $A=(a_{ij})$ が与えられたとする．V の任意のベクトル

$$\boldsymbol{x}=\sum_{j=1}^{n}x_j\boldsymbol{v}_j \quad \text{に対して} \quad f(\boldsymbol{x})=(\boldsymbol{w}_1,\cdots,\boldsymbol{w}_m)A\begin{pmatrix}x_1\\ \vdots\\ x_n\end{pmatrix}$$

とおくことにより，写像

$$f\colon V\longrightarrow W$$

が定義される．この f が線形写像であることは容易に確かめられる．

以上のストーリーを通して見てみよう．

まず，V, W の基底をそれぞれ選び固定する．線形写像 $f\colon V\to W$ に対して，$m\times n$ 行列 A_f が定まり，逆に $m\times n$ 行列 A に対して，線形写像 $f\colon V\to W$ が定まる．この 2 つの操作を続けて行うと，もとにもどることは定義より明らかである．

今度は順番を変えて，$m\times n$ 行列 A から出発して，線形写像 $f\colon V\to W$ を定め，続いて f から行列を求めてみよう．$\boldsymbol{x}$ として $\boldsymbol{v}_j$ をとると，定義より

$$f(\boldsymbol{v}_j)=(\boldsymbol{w}_1,\cdots,\boldsymbol{w}_m)A\begin{pmatrix}0\\ \vdots\\ 1\\ \vdots\\ 0\end{pmatrix}< j=(\boldsymbol{w}_1,\cdots,\boldsymbol{w}_m)\begin{pmatrix}a_{1j}\\ \vdots\\ a_{mj}\end{pmatrix}=\sum_{i=1}^{m}a_{ij}\boldsymbol{w}_i$$

すなわち

$$f(\boldsymbol{v}_j)=\sum_{i=1}^{m}a_{ij}\boldsymbol{w}_i$$

がすべての $j=1,\cdots,n$ に対して成り立つ．したがってこの線形写像 $f\colon V\to W$ から定まる $m\times n$ 行列 A_f は，始めの行列 A そのものに他ならない．

以上の考察をまとめておこう．

定理 6.10.1　V, W をベクトル空間，$\boldsymbol{v}_1,\cdots,\boldsymbol{v}_n$，$\boldsymbol{w}_1,\cdots,\boldsymbol{w}_m$ をそれぞれ V, W の基底とし，固定する．ここで

$$n=\dim V, \qquad m=\dim W$$

である．そのとき，線形写像 $f\colon V\to W$ に対して，

$$f(\boldsymbol{v}_j) = \sum_{i=1}^{m} a_{ij}\boldsymbol{w}_i \qquad (j = 1, \cdots, n)$$

によって，$m \times n$ 行列 $A = (a_{ij})$ が定まる．この関係は一括して

$$(f(\boldsymbol{v}_1), \cdots, f(\boldsymbol{v}_n)) = (\boldsymbol{w}_1, \cdots, \boldsymbol{w}_m)A$$

と表わされる．そして，V の任意のベクトル $\boldsymbol{x} = \sum_{j=1}^{n} x_j\boldsymbol{v}_j$ に対して，$\boldsymbol{y} = f(\boldsymbol{x})$ は

$$\boldsymbol{y} = f(\boldsymbol{x}) = (\boldsymbol{w}_1, \cdots, \boldsymbol{w}_m)A\begin{pmatrix} x_1 \\ \vdots \\ x_n \end{pmatrix}$$

と表わされる．したがって $\boldsymbol{x}, \boldsymbol{y}$ の成分ベクトルの間には

$$\begin{pmatrix} y_1 \\ \vdots \\ y_m \end{pmatrix} = A\begin{pmatrix} x_1 \\ \vdots \\ x_n \end{pmatrix}$$

という関係が成り立つ．

逆に，任意の $m \times n$ 行列 $A = (a_{ij})$ が与えられたとする．V の任意のベクトル $\boldsymbol{x} = \sum_{j=1}^{n} x_j\boldsymbol{v}_j$ に対して，

$$f(\boldsymbol{x}) = (\boldsymbol{w}_1, \cdots, \boldsymbol{w}_m)A\begin{pmatrix} x_1 \\ \vdots \\ x_n \end{pmatrix}$$

とおくことにより，写像

$$f\colon V \longrightarrow W$$

が定義されるが，この写像は線形写像である．

そして，線形写像 $f\colon V \to W$ から上の方法で $m \times n$ 行列 A を定める操作と，$m \times n$ 行列 A から上の方法で線形写像を定める操作は互いに逆の操作であり，したがって，線形写像 $f\colon V \to W$ と $m \times n$ 行列とは 1 対 1 に対応する．

線形写像 $f\colon V \to W$ に対して上の定理によって定まる $m \times n$ 行列 A を，V の基底 $\boldsymbol{v}_1, \cdots, \boldsymbol{v}_n$ と W の基底 $\boldsymbol{w}_1, \cdots, \boldsymbol{w}_m$ に関する f の**表現行列**，または f の**行列表示**，または f に**対応する行列**などという．

例題 6.10.1　線形写像 $f\colon \boldsymbol{R}^3 \to \boldsymbol{R}^3$, $f\begin{pmatrix} x \\ y \\ z \end{pmatrix} = \begin{pmatrix} 2x+z \\ -x+y \\ y-5z \end{pmatrix}$ を考え, $\boldsymbol{R}^3$ の基底

$$\boldsymbol{a}_1 = \begin{pmatrix} 1 \\ -1 \\ 0 \end{pmatrix}, \quad \boldsymbol{a}_2 = \begin{pmatrix} 0 \\ 1 \\ -1 \end{pmatrix}, \quad \boldsymbol{a}_3 = \begin{pmatrix} 0 \\ 0 \\ 1 \end{pmatrix}$$

に関する表現行列を求めよ.

解答

$$f(\boldsymbol{a}_1) = \begin{pmatrix} 2 \\ -2 \\ -1 \end{pmatrix} = c_1\boldsymbol{a}_1 + c_2\boldsymbol{a}_2 + c_3\boldsymbol{a}_3$$

とおいて, 連立1次方程式を解くと, $c_1 = 2$, $c_2 = 0$, $c_3 = -1$ となる. 同様に計算して

$$f(\boldsymbol{a}_2) = \begin{pmatrix} -1 \\ 1 \\ 6 \end{pmatrix} = -\boldsymbol{a}_1 + 6\,\boldsymbol{a}_3, \quad f(\boldsymbol{a}_3) = \begin{pmatrix} 1 \\ 0 \\ -5 \end{pmatrix} = \boldsymbol{a}_1 + \boldsymbol{a}_2 - 4\,\boldsymbol{a}_3$$

となるから, f の表現行列は $\begin{pmatrix} 2 & -1 & 1 \\ 0 & 0 & 1 \\ -1 & 6 & -4 \end{pmatrix}$. ■

基底の変更と表現行列

線形写像の表現行列は, 基底を定めることによって決まった. したがって基底を取りかえるとその行列表現も必然的に変わってくることになる. その変わり方を調べることにしよう.

ベクトル空間 V の2つの基底 $\boldsymbol{v}_1, \cdots, \boldsymbol{v}_n$, $\boldsymbol{v}_1', \cdots, \boldsymbol{v}_n'$ をとる. 各 $\boldsymbol{v}_j'$ は $\boldsymbol{v}_1, \cdots, \boldsymbol{v}_n$ の1次結合として表わされるから,

$$\boldsymbol{v}_j' = p_{1j}\boldsymbol{v}_1 + p_{2j}\boldsymbol{v}_2 + \cdots + p_{nj}\boldsymbol{v}_n \qquad (j = 1, \cdots, n)$$

と書かれる. ここで $P = (p_{ij})$ とおくと, 上の式は

$$(\boldsymbol{v}_1', \cdots, \boldsymbol{v}_n') = (\boldsymbol{v}_1, \cdots, \boldsymbol{v}_n)P$$

とまとめて表わされる. P は2つの基底の間の変換の行列であり, 定理6.9.1より P は正則行列である.

同様に, ベクトル空間 W の2つの基底 $\boldsymbol{w}_1, \cdots, \boldsymbol{w}_m$ と $\boldsymbol{w}_1', \cdots, \boldsymbol{w}_m'$ をとる. この2つの基底の変換の行列を Q とする. すなわち

$$(\boldsymbol{w}_1', \cdots, \boldsymbol{w}_m') = (\boldsymbol{w}_1, \cdots, \boldsymbol{w}_m)Q$$

が成り立つ.

以上の仮定のもとに，次の定理が成り立つ.

定理 6.10.2 $f\colon V \to W$ を線形写像とする．V の基底 $\boldsymbol{v}_1, \cdots, \boldsymbol{v}_n$ と W の基底 $\boldsymbol{w}_1, \cdots, \boldsymbol{w}_m$ に関する f の表現行列を A，V の基底 $\boldsymbol{v}_1', \cdots, \boldsymbol{v}_n'$ と W の基底 $\boldsymbol{w}_1', \cdots, \boldsymbol{w}_m'$ に関する f の表現行列を B とする．また，基底の変換の行列をそれぞれ P, Q とする．すなわち

$$(\boldsymbol{v}_1', \cdots, \boldsymbol{v}_n') = (\boldsymbol{v}_1, \cdots, \boldsymbol{v}_n)P, \qquad (\boldsymbol{w}_1', \cdots, \boldsymbol{w}_m') = (\boldsymbol{w}_1, \cdots, \boldsymbol{w}_m)Q$$

とおく，このとき，

$$B = Q^{-1}AP$$

が成り立つ.

証明 表現行列と基底の変換の行列の定義より

$$(f(\boldsymbol{v}_1'), \cdots, f(\boldsymbol{v}_n')) = (\boldsymbol{w}_1', \cdots, \boldsymbol{w}_m')B = (\boldsymbol{w}_1, \cdots, \boldsymbol{w}_m)QB$$

また，

$$(\boldsymbol{v}_1', \cdots, \boldsymbol{v}_n') = (\boldsymbol{v}_1, \cdots, \boldsymbol{v}_n)P$$

であるから，f の線形性より（定理 6.3.3）

$$(f(\boldsymbol{v}_1'), \cdots, f(\boldsymbol{v}_n')) = (f(\boldsymbol{v}_1), \cdots, f(\boldsymbol{v}_n))P = (\boldsymbol{w}_1, \cdots, \boldsymbol{w}_m)AP$$

したがって，等式

$$(\boldsymbol{w}_1, \cdots, \boldsymbol{w}_m)QB = (\boldsymbol{w}_1, \cdots, \boldsymbol{w}_m)AP$$

を得る．$\boldsymbol{w}_1, \cdots, \boldsymbol{w}_m$ は 1 次独立だから，定理 6.4.8 より $QB = AP$ が成り立つ．Q は正則だから

$$B = Q^{-1}AP$$ ∎

定理 6.10.3 V を n 次元ベクトル空間，$f\colon V \to V$ を線形写像とする．V の 1 組の基底 $\boldsymbol{u}_1, \cdots, \boldsymbol{u}_n$ に関する f の表現行列を A，V の他の基底 $\boldsymbol{v}_1, \cdots, \boldsymbol{v}_n$ に関する f の表現行列を B とする．そして，この 2 つの基底の変換の行列を P とする．すなわち，

$$(\boldsymbol{v}_1, \cdots, \boldsymbol{v}_n) = (\boldsymbol{u}_1, \cdots, \boldsymbol{u}_n)P$$

このとき，

$$B = P^{-1}AP$$

証明 前定理において，$W = V$ とおけばただちに導かれる. ∎

一般に，n 次正方行列 A, B に対し，n 次正則行列 P で，

$$B = P^{-1}AP$$

となるものが存在するとき，B は A に**相似**であるという．

また，A から $P^{-1}AP$ を考える操作を，A を P で**変換する**という．

線形写像の合成と表現行列の積

第3章において，数ベクトル空間の間の線形写像に関しては，写像の合成に行列の積が対応することを見た．ここでは，抽象的なベクトル空間に関しても，基底を固定することによって線形写像の合成に行列の積が対応することを見ることにしよう．

定理 6.10.4　V, W, X をベクトル空間，$\boldsymbol{v}_1, \cdots, \boldsymbol{v}_n$，$\boldsymbol{w}_1, \cdots, \boldsymbol{w}_m$，$\boldsymbol{x}_1, \cdots, \boldsymbol{x}_l$ をそれぞれ V, W, X の基底とする．2つの線形写像

$$f\colon V \longrightarrow W, \quad g\colon W \longrightarrow X$$

が与えられたとき，上記基底に関して，f, g に対応する行列をそれぞれ A, B とすると，写像の合成

$$g\circ f\colon V \longrightarrow X$$

に対応する行列 C は，等式

$$C = BA$$

をみたす．

証明　定理 3.4.1 の証明中の基底 $\boldsymbol{e}_1, \cdots, \boldsymbol{e}_n$，$\boldsymbol{e}_1', \cdots, \boldsymbol{e}_m'$，$\boldsymbol{e}_1'', \cdots, \boldsymbol{e}_l''$ をそれぞれ $\boldsymbol{v}_1, \cdots, \boldsymbol{v}_n$，$\boldsymbol{w}_1, \cdots, \boldsymbol{w}_m$，$\boldsymbol{x}_1, \cdots, \boldsymbol{x}_l$ におきかえるだけで証明はそのまま通用する．∎

次の定理も，定理 3.4.2 と同様に示される．

定理 6.10.5　V をベクトル空間，$\boldsymbol{v}_1, \cdots, \boldsymbol{v}_n$ を V の基底とするとき，この基底に関して恒等写像 $\mathrm{id}\colon V \to V$ に対応する行列は n 次の単位行列 E である．

∎

6.11 ベクトル空間の同型

ベクトル空間の間の線形写像の特別な場合として同型写像がある．この同型写像がどういう場合に存在するのかといったことを考えてみることにしよう．

ベクトル空間 V からベクトル空間 W への線形写像 f が全単射であるとき，f を V から W への**同型写像**という．また，同型写像 $f\colon V \to W$ が存在するとき，V は W に**同型**であるといい，$V \cong W$ と書く．

$f\colon V \to W$ が同型写像であると，f の逆写像 $g\colon W \to V$ が存在し，g も全単射であるが，必然的に線形写像になる．証明は 3.4 節のときと同様である．

ベクトル空間 V, W が同型のとき，V と W はベクトル空間として同じ構造をもつと考えられる．すなわち，同型写像はベクトル空間の種々の性質を保つ．

定理 6.11.1　ベクトル空間の間の同型写像は，1 次独立，1 次従属，基底といった性質を保つ．

証明　$f\colon V \to W$ を同型写像とする．V の 1 次独立なベクトル $\boldsymbol{v}_1, \cdots, \boldsymbol{v}_n$ に対して，1 次関係 $a_1 f(\boldsymbol{v}_1) + \cdots + a_n f(\boldsymbol{v}_n) = \boldsymbol{0}$ があるとすると，

$$f(a_1\boldsymbol{v}_1 + \cdots + a_n\boldsymbol{v}_n) = \boldsymbol{0}$$

となる．f は単射であるから，1 次関係

$$a_1\boldsymbol{v}_1 + \cdots + a_n\boldsymbol{v}_n = \boldsymbol{0}$$

を得る．したがって仮定より $a_1 = \cdots = a_n = 0$ となり，

$$f(\boldsymbol{v}_1),\ \cdots,\ f(\boldsymbol{v}_n)$$

は 1 次独立である．

また，1 次従属性については，同型写像とは限らない一般の線形写像で明らかに成り立つ．

$\boldsymbol{v}_1, \cdots, \boldsymbol{v}_n$ を V の基底とすると，f が全射より，$f(\boldsymbol{v}_1), \cdots, f(\boldsymbol{v}_n)$ は W を生成する．また，前半の証明より，これらは 1 次独立であるから，基底である．■

定理 6.11.2 ベクトル空間 V, W において，V と W が同型であるための必要十分条件は

$$\dim V = \dim W$$

となることである．

証明 同型写像 $f\colon V \to W$ が存在するならば，f は基底を保つから，

$$\dim V = \dim W$$

が成り立つ．

逆に，$\dim V = \dim W = n$ とする．V と W の基底を 1 組ずつとって

$$\boldsymbol{v}_1, \cdots, \boldsymbol{v}_n, \quad \boldsymbol{w}_1, \cdots, \boldsymbol{w}_n$$

とする．V の任意のベクトル $\boldsymbol{x}$ は基底 $\boldsymbol{v}_1, \cdots, \boldsymbol{v}_n$ の 1 次結合として，

$$\boldsymbol{x} = a_1\boldsymbol{v}_1 + \cdots + a_n\boldsymbol{v}_n$$

一意的に表わされる．そこで，$f(\boldsymbol{x}) = a_1\boldsymbol{w}_1 + \cdots + a_n\boldsymbol{w}_n$ とおくと，f は V から W への線形写像 $f\colon V \longrightarrow W$ を定義する．

この写像 f が線形写像であることは容易に確かめられる．いま，

$$\boldsymbol{x} = a_1\boldsymbol{v}_1 + \cdots + a_n\boldsymbol{v}_n, \qquad \boldsymbol{y} = b_1\boldsymbol{v}_1 + \cdots + b_n\boldsymbol{v}_n$$

に対して，$f(\boldsymbol{x}) = f(\boldsymbol{y})$ であるとすれば

$$a_1\boldsymbol{w}_1 + \cdots + a_n\boldsymbol{w}_n = b_1\boldsymbol{w}_1 + \cdots + b_n\boldsymbol{w}_n$$

であるから，

$$(a_1 - b_1)\boldsymbol{w}_1 + \cdots + (a_n - b_n)\boldsymbol{w}_n = \boldsymbol{0}$$

となる．ところが，$\boldsymbol{w}_1, \cdots, \boldsymbol{w}_n$ は 1 次独立であるので，$a_1 = b_1, \cdots, a_n = b_n$ すなわち，$\boldsymbol{x} = \boldsymbol{y}$ となるので，f は単射である．

また，W の任意のベクトルは $a_1\boldsymbol{w}_1 + \cdots + a_n\boldsymbol{w}_n$ の形に書けるので，V のベクトル

$$a_1\boldsymbol{v}_1 + \cdots + a_n\boldsymbol{v}_n$$

を考えれば，

$$f(a_1\boldsymbol{v}_1 + \cdots + a_n\boldsymbol{v}_n) = a_1\boldsymbol{w}_1 + \cdots + a_n\boldsymbol{w}_n$$

となるので，f は全射である．以上から，f は同型写像である．　■

コメント　定理 6.11.1 と定理 6.11.2 は，抽象的な 2 つのベクトル空間の間の同型についてであるが，n 次元ベクトル空間の典型的な例として，n 項数ベクトル空間 $\boldsymbol{R}^n$ があるから，任意の n 次元ベクトル空間は $\boldsymbol{R}^n$ に同型であることになる．次の定理はその同型写像を具体的に与えたものである．

定理 6.11.3　V を n 次元ベクトル空間とし，その 1 組の基底を $\boldsymbol{v}_1, \cdots, \boldsymbol{v}_n$ とする．V の任意のベクトル $\boldsymbol{x}$ を $\boldsymbol{x} = x_1\boldsymbol{v}_1 + \cdots + x_n\boldsymbol{v}_n$ と書くとき，$\boldsymbol{x}$ にその成分を対応させる写像

$$\boldsymbol{x} \longmapsto \begin{pmatrix} x_1 \\ \vdots \\ x_n \end{pmatrix}$$

は，V から n 項数ベクトル空間 $\boldsymbol{R}^n$ への同型写像 $f\colon V \to \boldsymbol{R}^n$ を定義する．

証明　n 項数ベクトル空間 $\boldsymbol{R}^n$ の基底として，標準基底 $\boldsymbol{e}_1, \boldsymbol{e}_2, \cdots, \boldsymbol{e}_n$ をとる．前定理の証明中の線形写像 f は

$$\begin{aligned} \boldsymbol{x} = x_1\boldsymbol{v}_1 + \cdots + x_n\boldsymbol{v}_n &\longmapsto x_1\boldsymbol{e}_1 + \cdots + x_n\boldsymbol{e}_n \\ &= \begin{pmatrix} x_1 \\ 0 \\ \vdots \\ 0 \end{pmatrix} + \begin{pmatrix} 0 \\ x_2 \\ 0 \\ \vdots \\ 0 \end{pmatrix} + \cdots + \begin{pmatrix} 0 \\ \vdots \\ 0 \\ x_n \end{pmatrix} = \begin{pmatrix} x_1 \\ x_2 \\ \vdots \\ x_n \end{pmatrix} \end{aligned}$$

であるから，この対応が同型写像 $f\colon V \to \boldsymbol{R}^n$ を定義する．■

コメント　抽象化したベクトル空間も，その次元を n とすると，結局 n 項数ベクトル空間 $\boldsymbol{R}^n$ と同型となることが分かった．それでは抽象的ベクトル空間の存在意義はないのであろうか？　ところがそうではない．抽象化が行われて始めて見えてくる本質があるからである．いわば両方の取りあつかいが相乗効果をなし，深い理解をもたらすのである．

定理 6.11.4　V, W をベクトル空間，$\boldsymbol{v}_1, \cdots, \boldsymbol{v}_n$，$\boldsymbol{w}_1, \cdots, \boldsymbol{w}_m$ をそれぞれ V, W の基底とする．ここで，$n = \dim V$，$m = \dim W$，線形写像 $f\colon V \to W$ に対して，上記基底に関する f の表現行列を A とするとき，次は同値である．

（1）　f は同型写像

（2）　$n = m$ かつ A は正則行列

そして，同型写像 f について f^{-1} の表現行列は A^{-1} である．

証明　(1) ⇒ (2)　$f\colon V \to W$ が同型写像であるとすると，定理 6.11.2 より，$n = m$ になり，f の逆写像 $f^{-1}\colon W \to V$ が存在する．この節の始めに注意したように，f^{-1} も線形写像となりその表現行列を B とすると，定理 6.10.4 と定理

6.10.5 より，

$$AB = E, \quad BA = E$$

が成り立つ．したがって A は正則行列であり，$B = A^{-1}$ が成り立つ．

(2) ⇒ (1)　$n = m$ であって，A が正則行列とすると，A の逆行列 A^{-1} が存在する．A^{-1} に対応する線形写像を g とすると，合成写像 $f \circ g$ および $g \circ f$ はいずれも単位行列に対応するから，

$$f \circ g = g \circ f = \mathrm{id}$$

が成り立つ．よって f および g は全単射であり，いずれも同型写像である． ∎

例題 6.11.1　次の線形写像が同型であるかどうか判定せよ．

（1）$f\colon \boldsymbol{R}^3 \longrightarrow \boldsymbol{R}^3$

$$f\begin{pmatrix} x \\ y \\ z \end{pmatrix} = \begin{pmatrix} 2x+z \\ y-z \\ -x+y \end{pmatrix}$$

（2）$f\colon \boldsymbol{R}^3 \longrightarrow \boldsymbol{R}^3$

$$f\begin{pmatrix} x \\ y \\ z \end{pmatrix} = \begin{pmatrix} x+z \\ y+z \\ -x+y \end{pmatrix}$$

解答　（1）$\begin{pmatrix} 2x+z \\ y-z \\ -x+y \end{pmatrix} = \begin{pmatrix} 2 & 0 & 1 \\ 0 & 1 & -1 \\ -1 & 1 & 0 \end{pmatrix}\begin{pmatrix} x \\ y \\ z \end{pmatrix}$ と書かれる．

$$A = \begin{pmatrix} 2 & 0 & 1 \\ 0 & 1 & -1 \\ -1 & 1 & 0 \end{pmatrix}$$

とおくと，$|A| = 3$ であるから A は正則であり，定理 6.11.4 より f は同型写像である．

（2）$\begin{pmatrix} x+z \\ y+z \\ -x+y \end{pmatrix} = \begin{pmatrix} 1 & 0 & 1 \\ 0 & 1 & 1 \\ -1 & 1 & 0 \end{pmatrix}\begin{pmatrix} x \\ y \\ z \end{pmatrix}$ と書かれる．

$$A = \begin{pmatrix} 1 & 0 & 1 \\ 0 & 1 & 1 \\ -1 & 1 & 0 \end{pmatrix}$$

とおくと，$|A| = 0$ であるから，A は正則ではなく，したがって定理 6.11.4 より f は同型写像ではない． ∎

問 6.11.1　次の線形写像が同型であるかどうか判定せよ．

（1）　$f\colon \boldsymbol{R}^3 \longrightarrow \boldsymbol{R}^2$

$$f\begin{pmatrix} x \\ y \\ z \end{pmatrix} = \begin{pmatrix} x-z \\ x+y+z \end{pmatrix}$$

（2）　$f\colon \boldsymbol{R}^2 \longrightarrow \boldsymbol{R}^2$

$$f\begin{pmatrix} x \\ y \end{pmatrix} = \begin{pmatrix} 2x+y \\ x+2y \end{pmatrix}$$

（3）　$f\colon \boldsymbol{R}^3 \longrightarrow \boldsymbol{R}^3$

$$f\begin{pmatrix} x \\ y \\ z \end{pmatrix} = \begin{pmatrix} x+z \\ x+y \\ x-2z \end{pmatrix}$$

6.12　商ベクトル空間

ベクトル空間 V とその部分空間 W があるとき，次のように新しいベクトル空間を構成する．まず，次のような記号を導入する．$\boldsymbol{x} \in V$ に対して，

$$\boldsymbol{x} + W = \{\boldsymbol{x}+\boldsymbol{y} \mid \boldsymbol{y} \in W\}$$

とする．これは，V の部分集合であるが，この集合を一点と考え直すことによって，商ベクトル空間とよばれる新しいベクトル空間を得ることができる．

補題 6.12.1　$\boldsymbol{x}, \boldsymbol{y} \in V$ に対して，次の 2 つの条件は同値である．

（1）　$\boldsymbol{x}+W = \boldsymbol{y}+W$

（2）　$\boldsymbol{x}-\boldsymbol{y} \in W$

証明　(1) ⇒ (2)　(1) は集合としての等号を意味しているから，左辺の要素は右辺の要素でもある．W は部分空間であるから，$\boldsymbol{0}$ を含み，$\boldsymbol{x} = \boldsymbol{x}+\boldsymbol{0} \in \boldsymbol{x}+W$ は $\boldsymbol{y}+W$ に含まれる．すなわち，ある $\boldsymbol{w} \in W$ に対して，$\boldsymbol{x} = \boldsymbol{y}+\boldsymbol{w}$ と表わされる．したがって，$\boldsymbol{x}-\boldsymbol{y} = \boldsymbol{w} \in W$ である．

(2) ⇒ (1)　$\boldsymbol{x}-\boldsymbol{y} = \boldsymbol{w}_1$ とおくと，仮定より $\boldsymbol{w}_1 \in W$ である．W は部分空間であるから，任意の $\boldsymbol{w} \in W$ に対して，$\boldsymbol{w}+\boldsymbol{w}_1 \in W$ が成り立つ．

$\boldsymbol{z} \in \boldsymbol{x}+W$ とすると，ある $\boldsymbol{w} \in W$ に対して $\boldsymbol{z} = \boldsymbol{x}+\boldsymbol{w}$ と書ける．

$$\begin{aligned} \boldsymbol{z} &= \boldsymbol{x}+\boldsymbol{w} = \boldsymbol{x}-\boldsymbol{w}_1+\boldsymbol{w}_1+\boldsymbol{w} = \boldsymbol{x}-(\boldsymbol{x}-\boldsymbol{y})+\boldsymbol{w}_1+\boldsymbol{w} \\ &= \boldsymbol{y}+(\boldsymbol{w}_1+\boldsymbol{w}) \in \boldsymbol{y}+W \end{aligned}$$

であるから，$\boldsymbol{x}+W \subset \boldsymbol{y}+W$ が成り立つ．

$\boldsymbol{x}$ と $\boldsymbol{y}$ の立場を取り替えて，同じ議論をすることによって，$\boldsymbol{y}+W \subset \boldsymbol{x}+W$ もいえるから，$\boldsymbol{x}+W = \boldsymbol{y}+W$ が成り立つ．

いま，$\boldsymbol{x}$ を V 全体にわたってうごかした，$\boldsymbol{x}+W$ の全体を考え，V/W の記号で表わす．すなわち，

$$V/W = \{\boldsymbol{x}+W \mid \boldsymbol{x} \in V\}$$

この V/W に足し算とスカラー倍を次のように定義する．

足し算：$\boldsymbol{a}, \boldsymbol{b} \in V/W$ に対して，$\boldsymbol{a}+\boldsymbol{b} \in V/W$ を次のように決める．$\boldsymbol{a} = \boldsymbol{x}+W, \boldsymbol{b} = \boldsymbol{y}+W$ としたとき，$\boldsymbol{a}+\boldsymbol{b} = (\boldsymbol{x}+\boldsymbol{y})+W$ と決める．

スカラー倍：$\boldsymbol{a} \in V/W$ とスカラー k に対して，$k\boldsymbol{a} \in V/W$ を次のように決める．$\boldsymbol{a} = \boldsymbol{x}+W$ としたとき，$k\boldsymbol{a} = (k\boldsymbol{x})+W$ と決める．

このとき，$\boldsymbol{x}+W = \boldsymbol{x}'+W$，$\boldsymbol{y}+W = \boldsymbol{y}'+W$ のときに $(\boldsymbol{x}+\boldsymbol{y})+W = (\boldsymbol{x}'+\boldsymbol{y}')+W$ が成り立つことが分れば，$\boldsymbol{a}+\boldsymbol{b}$ が $\boldsymbol{a}, \boldsymbol{b}$ だけによって定まり，$\boldsymbol{x}$ や $\boldsymbol{y}$ の取り方には依らないことが分かる．補題6.12.1より，$\boldsymbol{x}-\boldsymbol{x}' \in W$，$\boldsymbol{y}-\boldsymbol{y}' \in W$ が成り立ち，W が部分空間であることから，

$$(\boldsymbol{x}+\boldsymbol{y})-(\boldsymbol{x}'+\boldsymbol{y}') = (\boldsymbol{x}-\boldsymbol{x}')+(\boldsymbol{y}-\boldsymbol{y}') \in W$$

であるから，再び，補題6.12.1により $(\boldsymbol{x}+\boldsymbol{y})+W = (\boldsymbol{x}'+\boldsymbol{y}')+W$ が成り立つ．

また，$\boldsymbol{x}+W = \boldsymbol{x}'+W$ のとき，$\boldsymbol{x}-\boldsymbol{x}' \in W$ だから $k\boldsymbol{x}-k\boldsymbol{x}' = k(\boldsymbol{x}-\boldsymbol{x}') \in W$ であり，$k\boldsymbol{x}+W = k\boldsymbol{x}'+W$ も成り立つ．

コメント　上のように，ある定義をする際，その途中で用いたものによらないことを，その定義が「well-defined」であると表現する．

このようにして，V/W に足し算とスカラー倍を定義することができた．これらに関してベクトル空間の公理 (1)～(8) を満たすことも分かる．実際，V/W における足し算，スカラー倍は V での足し算，スカラー倍を用いて定義しているので，V において，(1)～(8) が成り立つことから V/W においても (1)～(8) が成り立つことがいえる．詳しくは，読者自ら確かめて欲しい．V/W を V を W で割った**商ベクトル空間**という．

例　V を 2 項数ベクトル空間 $\boldsymbol{R}^2$，$W = \{(x, y) \mid x-y = 0\}$ とすると，V/W は W と平行な直線を要素とする集合である．

V のベクトル $\boldsymbol{x}$ に対して，$\boldsymbol{x}+W$ を対応させる写像 p: $V \to V/W$ を**自然な射影**とよぶ．

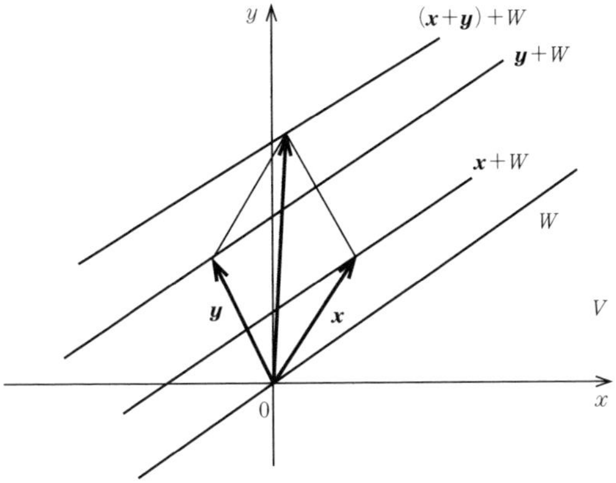

図 6.6

定理 6.12.1 V をベクトル空間，W をその部分空間，V/W を商ベクトル空間とするとき，次元の間の関係式

$$\dim(V/W) = \dim V - \dim W$$

が成り立つ．

証明 W の基底を $\boldsymbol{a}_1, \cdots, \boldsymbol{a}_r$ とし，それに V のベクトル $\boldsymbol{b}_1, \cdots, \boldsymbol{b}_s$ を加えて V の基底をつくる．これは，定理 6.9.3 によって可能である．このとき，

$$p(\boldsymbol{b}_1) = \boldsymbol{b}_1 + W,\ p(\boldsymbol{b}_2) = \boldsymbol{b}_2 + W, \cdots, p(\boldsymbol{b}_s) = \boldsymbol{b}_s + W$$

が V/W の基底になることを示す．これを示せば，

$$\dim V = r+s, \quad \dim W = r, \quad \dim V/W = s$$

が得られるから定理が証明される．

まず，上のベクトルが 1 次独立であることを示す．

$$c_1(\boldsymbol{b}_1 + W) + c_2(\boldsymbol{b}_2 + W) + \cdots + c_s(\boldsymbol{b}_s + W) = \boldsymbol{0}$$

とすると，V/W における足し算とスカラー倍の決め方から，

$$(c_1\boldsymbol{b}_1 + c_2\boldsymbol{b}_2 + \cdots + c_s\boldsymbol{b}_s) + W = \boldsymbol{0} + W$$

となる．補題 6.12.1 より，これは

$$c_1\boldsymbol{b}_1 + c_2\boldsymbol{b}_2 + \cdots + c_s\boldsymbol{b}_s - \boldsymbol{0} \in W$$

を意味するから，

$$c_1\boldsymbol{b}_1 + c_2\boldsymbol{b}_2 + \cdots + c_s\boldsymbol{b}_s = d_1\boldsymbol{a}_1 + d_2\boldsymbol{a}_2 + \cdots + d_r\boldsymbol{a}_r$$

と表わされる．$\boldsymbol{a}_1, \cdots, \boldsymbol{a}_r, \boldsymbol{b}_1, \cdots, \boldsymbol{b}_s$ は 1 次独立式だから，上の式を移項した式

より，$c_1 = c_2 = \cdots = c_s = d_1 = \cdots = d_r = 0$ となる．すなわち，$\boldsymbol{b}_1 + W$, $\boldsymbol{b}_2 + W, \cdots, \boldsymbol{b}_s + W$ は1次独立である．

次に，V/W の任意の要素を $\boldsymbol{a}$ とすれば，ある $\boldsymbol{x} \in V$ に対して $\boldsymbol{a} = \boldsymbol{x} + W$ と書ける．$\boldsymbol{a}_1, \cdots, \boldsymbol{a}_r, \boldsymbol{b}_1, \cdots, \boldsymbol{b}_s$ は V の基底だから，

$$\boldsymbol{x} = \lambda_1 \boldsymbol{a}_1 + \cdots + \lambda_r \boldsymbol{a}_r + \mu_1 \boldsymbol{b}_1 + \cdots + \mu_s \boldsymbol{b}_s$$

と表わされる．

$$\boldsymbol{x} - (\mu_1 \boldsymbol{b}_1 + \cdots + \mu_s \boldsymbol{b}_s) = \lambda_1 \boldsymbol{a}_1 + \cdots + \lambda_r \boldsymbol{a}_r \in W$$

だから，補題6.12.1より

$$\begin{aligned} \boldsymbol{x} + W &= (\mu_1 \boldsymbol{b}_1 + \cdots + \mu_s \boldsymbol{b}_s) + W \\ &= \mu_1(\boldsymbol{b}_1 + W) + \cdots + \mu_s(\boldsymbol{b}_s + W). \end{aligned}$$

これは V/W が $\boldsymbol{b}_1 + W, \cdots, \boldsymbol{b}_s + W$ によって生成されることを示している．

コメント　上の定理の証明は，V/W の基底を得る方法も与えていることに注意．このことは，ジョルダンの標準形の理論の最終段階で用いられる．

問　題

1.　定数係数の線形常微分方程式

$$f''(x) + c_1 f'(x) + c_2 f(x) = 0$$

の解となる関数全体の集合は関数の和と関数の実数倍の演算に関してベクトル空間になることを示せ．

2.　実数列 $\{a_n\}$ 全体の集合 S において，和とスカラー倍の演算を

$$\{a_n\} + \{b_n\} = \{a_n + b_n\}, \qquad k\{a_n\} = \{ka_n\}$$

によって定義すれば，S は実ベクトル空間であることを示せ．

3.　複素数全体の集合は2次元の実ベクトル空間となることを示せ．

4.　次の $\boldsymbol{R}^3$ の部分集合は部分空間になるか．

(1) $\left\{ \begin{pmatrix} x_1 \\ x_2 \\ x_3 \end{pmatrix} \middle| \, x_3 = 0 \right\}$　　(2) $\left\{ \begin{pmatrix} x_1 \\ x_2 \\ x_3 \end{pmatrix} \middle| \, x_1 + x_2 + x_3 = 1 \right\}$

(3) $\left\{ \begin{pmatrix} x_1 \\ x_2 \\ x_3 \end{pmatrix} \middle| \, x_1 x_2 = 0 \right\}$　　(4) $\left\{ \begin{pmatrix} x_1 \\ x_2 \\ x_3 \end{pmatrix} \middle| \, x_1 = 3x_2 = 7x_3 \right\}$

5. n 次正方行列全体の作るベクトル空間 $M(n, \boldsymbol{R})$ の次の部分集合は部分空間であるか.

（1）正則行列全体 （2）非正則行列全体 （3）対称行列 $({}^{t}A = A)$ 全体

6. A, B を n 次正方行列とするとき, $AX = XB$ をみたす n 次正方行列 X の全体は, 前問題のベクトル空間 $M(n, \boldsymbol{R})$ の部分空間であるか.

7. 閉区間 $[-1, 1]$ で定義された実数値関数全体のつくるベクトル空間の次の部分集合は, 部分空間になるか.

（1） 奇関数 $(f(-x) = -f(x))$ の全体.

（2） 偶関数 $(f(-x) = f(x))$ の全体.

（3） $f(0) = 0$ をみたす関数の全体.

（4） $f(x) \geqq 0$ をみたす関数の全体.

（5） $f(-1) = f(1)$ をみたす関数の全体.

（6） $f(-1)+f(1) = 0$ をみたす関数の全体.

8. W_1, W_2 をベクトル空間 V の 2 つの部分空間とするとき,

$$W_1 \cap W_2 \qquad \text{および} \qquad W_1 + W_2 = \{\boldsymbol{w}_1 + \boldsymbol{w}_2 \mid \boldsymbol{w}_1 \in W_1, \boldsymbol{w}_2 \in W_2\}$$

は V の部分空間であることを示せ. これらをそれぞれ W_1, W_2 の**共通部分**, **和空間**という.

9. 8.の状況において, 和集合 $W_1 \cup W_2$ は一般には V の部分空間にはならない. そのような例をあげよ.

10. $M(n, \boldsymbol{R})$ を問題 5.にあるベクトル空間とする. n 次正則行列 A を固定するとき, 次の写像は線形写像であることを示せ.

（1） $f\colon M(n, \boldsymbol{R}) \longrightarrow M(n, \boldsymbol{R}) \qquad f(X) = A^{-1}XA$

（2） $f\colon M(n, \boldsymbol{R}) \longrightarrow M(n, \boldsymbol{R}) \qquad f(X) = AX - XA$

11. n 次正方行列 $A = (a_{ij})$ の対角成分の和を A の**トレース**といい, $\mathrm{tr}\, A$ で表わす. 問題 5.のベクトル空間 $M(n, \boldsymbol{R})$ から $\boldsymbol{R}$ への写像 $f\colon M(n, \boldsymbol{R}) \to \boldsymbol{R}$ を $f(A) = \mathrm{tr}\, A$ によって定義すると, これは線形写像になるか. また, $f(A) = |A|$ によって定義するとどうか.

12. V, W をベクトル空間とする. V から W への線形写像全体のなす集合を $L(V, W)$ と書くとき, $L(V, W)$ に和とスカラー倍を定義してベクトル空間になることを示せ.

13.　区間 I 上で何回でも微分可能な関数全体からなる集合を $C^\infty(I)$ とするとき，次を示せ．

（1）　$C^\infty(I)$ はベクトル空間である．

（2）　$D\colon C^\infty(I) \to C^\infty(I)$ を　$D(f(x)) = f'(x)$　によって定義すると，D は線形写像である．ここで，$f'(x)$ は $f(x)$ の導関数である．

（3）　$\mathrm{Ker}\,D$，$\mathrm{Im}\,D$ を求めよ．

14.　閉区間 $[a, b]$ で連続な関数全体からなる集合を C とするとき，対応

$$f(x) \mapsto F(x) = \int_a^x f(t)\,dt$$

は，C から C への線形写像を定義することを示せ．

15.　n 次正方行列全体からなるベクトル空間を $M(n, \boldsymbol{R})$ とするとき，次の線形写像の核空間はどのような行列からなるか．

（1）　$F\colon\ M(n, \boldsymbol{R}) \longrightarrow M(n, \boldsymbol{R}) \qquad F(A) = {}^tA - A$

（2）　$F\colon\ M(n, \boldsymbol{R}) \longrightarrow M(n, \boldsymbol{R}) \qquad F(A) = {}^tA + A$

16.　ベクトル空間 V の m 個のベクトル $\boldsymbol{a}_1, \boldsymbol{a}_2, \cdots, \boldsymbol{a}_m$ に対して，

$$S_0 = \{\boldsymbol{0}\}, \qquad S_i = S[\boldsymbol{a}_1, \boldsymbol{a}_2, \cdots, \boldsymbol{a}_i] \qquad (i = 1, \cdots, m)$$

とおく．そのとき，次を示せ．

（1）　$S_i \neq S_{i+1}$ が $i = 0, 1, \cdots, m-1$ に対して成立することと $\boldsymbol{a}_1, \boldsymbol{a}_2, \cdots, \boldsymbol{a}_m$ が 1 次独立であることは同値である．

（2）　ある i に対して $S_i = S_{i+1}$ が成り立つことと $\boldsymbol{a}_1, \boldsymbol{a}_2, \cdots, \boldsymbol{a}_m$ が 1 次従属であることは同値である．

17.　V, W をベクトル空間，$f\colon V \to W$ を線形写像とする．$\boldsymbol{v}_1, \cdots, \boldsymbol{v}_r$ を V のベクトルとするとき次を示せ．

（1）　$f(\boldsymbol{v}_1), \cdots, f(\boldsymbol{v}_r)$ が 1 次独立ならば $\boldsymbol{v}_1, \cdots, \boldsymbol{v}_r$ は 1 次独立である．

（2）　f が単射であり，$\boldsymbol{v}_1, \cdots, \boldsymbol{v}_r$ が 1 次独立ならば $f(\boldsymbol{v}_1), \cdots, f(\boldsymbol{v}_r)$ も 1 次独立である．

18.　次の連立 1 次方程式は自明な解以外の解をもつか．

$$\begin{cases} 2x_1 - x_2 + x_3 = 0 \\ x_1 + 3x_2 - x_3 = 0 \\ x_1 - 2x_2 + 2x_3 = 0 \end{cases}$$

19.　次のベクトルの集合は $\boldsymbol{R}^3$ の基底になるか．

（1） $\begin{pmatrix} 1 \\ 0 \\ -1 \end{pmatrix}, \begin{pmatrix} 0 \\ 1 \\ 1 \end{pmatrix}, \begin{pmatrix} 1 \\ 1 \\ 0 \end{pmatrix}$ （2） $\begin{pmatrix} 2 \\ 0 \\ 1 \end{pmatrix}, \begin{pmatrix} 1 \\ 2 \\ 1 \end{pmatrix}, \begin{pmatrix} -1 \\ 0 \\ 3 \end{pmatrix}$

20. 次の線形写像は同型写像であるか．

（1） $f\colon \boldsymbol{R}^3 \longrightarrow \boldsymbol{R}^3$

$$f\begin{pmatrix} x \\ y \\ z \end{pmatrix} = \begin{pmatrix} 2x-y+z \\ x+3y-z \\ -x+4y+7z \end{pmatrix}$$

（2） $f\colon \boldsymbol{R}^3 \longrightarrow \boldsymbol{R}^3$

$$f\begin{pmatrix} x \\ y \\ z \end{pmatrix} = \begin{pmatrix} 5x-y+2z \\ -x+3y-2z \\ 3x-2y+2z \end{pmatrix}$$

21. S, T をベクトル空間 V の 2 つの部分空間とするとき，次を示せ．

$$\dim(S+T) = \dim S + \dim T - \dim(S \cap T)$$

22. 実数値連続関数全体のつくるベクトル空間において，次の関数の組は 1 次独立であることを示せ．

（1） $1,\ x,\ x^2,\ x^3$ （2） $\sin x,\ \sin 2x,\ \sin 3x,\ \sin 4x$

（3） $\cos x,\ \cos 2x,\ \cos 3x,\ \cos 4x$ （4） $e^x,\ e^{2x},\ e^{3x},\ e^{4x}$

23. ベクトル空間 V のベクトルの組 $\boldsymbol{a}, \boldsymbol{b}, \boldsymbol{c}$ が 1 次独立のとき，

（1） ベクトルの組 $2\boldsymbol{a}-\boldsymbol{b}+\boldsymbol{c},\ \boldsymbol{a}+3\boldsymbol{b}-\boldsymbol{c}, -\boldsymbol{a}-\boldsymbol{b}+5\boldsymbol{c}$ は 1 次独立であることを示せ．

（2） ベクトルの組 $5\boldsymbol{a}-\boldsymbol{b}+3\boldsymbol{c}, -\boldsymbol{a}+3\boldsymbol{b}-\boldsymbol{c},\ 3\boldsymbol{a}-2\boldsymbol{b}+2\boldsymbol{c}$ は 1 次従属であることを示せ．

24. $\boldsymbol{v}_1, \cdots, \boldsymbol{v}_n$ をベクトル空間 V の基底とするとき，

$$\boldsymbol{v}_1,\ \ \boldsymbol{v}_1+\boldsymbol{v}_2,\ \ \boldsymbol{v}_1+\boldsymbol{v}_2+\boldsymbol{v}_3,\ \ \cdots,\ \ \boldsymbol{v}_1+\boldsymbol{v}_2+\cdots+\boldsymbol{v}_n$$

も V の基底になることを示せ．

25. 線形写像

$f\colon \boldsymbol{R}^3 \longrightarrow \boldsymbol{R}^3$

$$f\begin{pmatrix} x \\ y \\ z \end{pmatrix} = \begin{pmatrix} 2x+y-3z \\ x-y+z \\ -x+2y+5z \end{pmatrix}$$ の基底 $$\begin{pmatrix} 1 \\ 0 \\ 0 \end{pmatrix}, \begin{pmatrix} 1 \\ 1 \\ 0 \end{pmatrix}, \begin{pmatrix} 1 \\ 1 \\ 1 \end{pmatrix}$$

に関する表現行列を求めよ．

7 ランク

正方行列に対しては，その行列式が 0 であるかないかは大きな違いがあることを見た．そして，行列式が同じ 0 である行列にもさまざまなグレードがありそうである．

この章では，正方行列とは限らない一般の $m\times n$ 行列に対して，ランクとよばれるグレードが考えられること，およびその基本的な性質を見ることにしよう．

行列のランクの定義にはいろいろな方法があり，またベクトル空間の間の線形写像に対してもランクは定義されるが，それらの定義は結局すべて一致することが分かる．この定義の同値性を示すことによってランクの意味と本質が分かり，その結果，線形写像の様子や，一般の連立 1 次方程式の解の様子などが見えてくることになる．

7.1 ランクの定義

ランクの定義にはいろいろなやり方があるが，そのイメージがもっとも分かりやすいと思われる方法を最初に採用することにしよう．

定義 7.1.1 $m\times n$ 行列 $A=(a_{ij})$ に対して，A が定義する線形写像

$$A\colon \boldsymbol{R}^n \longrightarrow \boldsymbol{R}^m$$

の像空間の次元のことを A の**ランク**（**階数**）といい，$\operatorname{rank} A$ で表わす．すなわち

$$\operatorname{rank} A = \dim \operatorname{Im} A$$

注意 ここで，行列 A が定義する線形写像 $\boldsymbol{x}\mapsto A\boldsymbol{x}$ も A で表わしている．

定理 7.1.1 $m\times n$ 行列 $A=(a_{ij})$ の列ベクトルを $\boldsymbol{a}_1', \cdots, \boldsymbol{a}_n'$ とするとき，

$$\operatorname{rank} A = \dim S[\boldsymbol{a}_1', \cdots, \boldsymbol{a}_n']$$

証明 $\boldsymbol{R}^n$ の任意のベクトル $\boldsymbol{x}$ は $\boldsymbol{x}=\begin{pmatrix} x_1 \\ \vdots \\ x_n \end{pmatrix}$ と書かれ，線形写像 A による

その像 $A\boldsymbol{x}$ は，

$$A\boldsymbol{x} = x_1\boldsymbol{a}_1' + \cdots + x_n\boldsymbol{a}_n'$$

となるので，$\operatorname{Im} A = S[\boldsymbol{a}_1', \cdots, \boldsymbol{a}_n']$ が成り立つ．ゆえに

$$\operatorname{rank} A = \dim \operatorname{Im} A = \dim S[\boldsymbol{a}_1', \cdots, \boldsymbol{a}_n']$$

が成り立つ． ■

系 7.1.1 $m\times n$ 行列 $A=(a_{ij})$ の列ベクトルを $\boldsymbol{a}_1', \cdots, \boldsymbol{a}_n'$ とするとき，$\operatorname{rank} A$ はこれらのベクトルから選び得る 1 次独立なベクトルの最大個数に等しい．

証明 定理 6.8.4 より $S[\boldsymbol{a}_1', \cdots, \boldsymbol{a}_n']$ の次元は $\boldsymbol{a}_1', \cdots, \boldsymbol{a}_n'$ から選び得る 1 次独立なベクトルの最大個数に等しいから，系は定理 7.1.1 から得られる． ■

例題 7.1.1 次の行列のランクを求めよ．

(1) $\begin{pmatrix} 1 & -1 & 0 \\ 0 & 2 & 2 \\ 1 & 3 & 4 \end{pmatrix}$ (2) $\begin{pmatrix} 2 & 0 & -1 \\ 5 & 1 & 1 \\ -1 & 2 & 0 \\ 0 & 1 & 0 \end{pmatrix}$

解答 (1) 列ベクトルを順に $\boldsymbol{a}_1', \boldsymbol{a}_2', \boldsymbol{a}_3'$ とする．$c_1\boldsymbol{a}_1' + c_2\boldsymbol{a}_2' = \boldsymbol{0}$ とすると，第 2 成分を比較して $c_2=0$ となり，$c_1\boldsymbol{a}_1' = \boldsymbol{0}$ において第 1 成分を見ることにより $c_1=0$ となる．したがって $\boldsymbol{a}_1', \boldsymbol{a}_2'$ は 1 次独立である．また $\boldsymbol{a}_3' = \boldsymbol{a}_1' + \boldsymbol{a}_2'$ であるから結局

$$S[\boldsymbol{a}_1', \boldsymbol{a}_2', \boldsymbol{a}_3'] = S[\boldsymbol{a}_1', \boldsymbol{a}_2']$$

となり，$\dim S[\boldsymbol{a}_1', \boldsymbol{a}_2', \boldsymbol{a}_3'] = 2$，したがって，ランクは 2 である．

(2) 列ベクトルを順に $\boldsymbol{a}_1', \boldsymbol{a}_2', \boldsymbol{a}_3'$ とする．$c_1\boldsymbol{a}_1' + c_2\boldsymbol{a}_2' + c_3\boldsymbol{a}_3' = \boldsymbol{0}$ とすると，第 4 成分を比較して $c_2=0$ となり，続いて第 1 成分を見ることにより，$c_1=0$ となる．その結果，第 2 成分を見ることにより $c_3=0$ となるから，結局，$\boldsymbol{a}_1', \boldsymbol{a}_2', \boldsymbol{a}_3'$ は 1 次独立，したがって，ランクは 3 である． ■

問 7.1.1　次の行列のランクを求めよ

$$(1)\ \begin{pmatrix} 2 & 0 & 1 \\ 0 & 1 & -1 \\ -1 & 0 & 3 \end{pmatrix} \quad (2)\ \begin{pmatrix} 3 & 1 & 2 \\ -1 & 0 & -1 \\ 1 & -1 & 2 \\ 2 & 1 & 1 \end{pmatrix} \quad (3)\ \begin{pmatrix} 1 & 4 & 7 & 10 \\ 2 & 5 & 8 & 11 \\ 3 & 6 & 9 & 12 \end{pmatrix}$$

7.2　小行列式によるランクの定義

ランクのもう 1 つの定義を与えるための手段である小行列式の考えを導入しよう．

定義 7.2.1　$m\times n$ 行列 $A=(a_{ij})$ の第 $i_1, i_2, \cdots, i_r$ 行 $(i_1 < i_2 \cdots < i_r)$ と第 $j_1, j_2, \cdots, j_s$ 列 $(j_1 < j_2 < \cdots < j_s)$ の交わるところにある成分

$$\begin{array}{c} \\ i_1 \\ i_2 \\ \vdots \\ i_r \\ \\ \end{array}
\begin{array}{c} \begin{array}{ccccc} & j_1 & j_2 & \cdots\ j_s & \end{array} \\
\begin{pmatrix} a_{11} & \cdots & \cdots & \cdots & a_{1n} \\ & \bigcirc & \bigcirc & \bigcirc & \\ \vdots & \bigcirc & \bigcirc & \bigcirc & \vdots \\ & \vdots & \vdots & \vdots & \\ & \bigcirc & \bigcirc & \bigcirc & \\ a_{m1} & \cdots & \cdots & \cdots & a_{mn} \end{pmatrix} \end{array}$$

を取り出して作った $r\times s$ 行列

$$\begin{pmatrix} a_{i_1j_1} & a_{i_1j_2} & \cdots & a_{i_1j_s} \\ a_{i_2j_1} & a_{i_2j_2} & \cdots & a_{i_2j_s} \\ \vdots & \vdots & & \vdots \\ a_{i_rj_1} & a_{i_rj_2} & \cdots & a_{i_rj_s} \end{pmatrix} \quad を \quad A\begin{pmatrix} i_1 & \cdots & i_r \\ j_1 & \cdots & j_s \end{pmatrix}$$

で表わし，A の**小行列**という．特に $r=s$ のとき，これを A の ***r* 次の小行列**という．そのときの行列式

$$\left| A\begin{pmatrix} i_1 & \cdots & i_r \\ j_1 & \cdots & j_r \end{pmatrix} \right|$$

を A の ***r* 次の小行列式**という．

この用語の準備のもとに，ランクのもう 1 つの定義を与えよう．

定義 7.2.2　行列 A において，r 次の小行列式の中には 0 でないものがあり，

$r+1$ 次以上の小行列式はすべて 0 であるとき，この r を A の**ランク**といい，$\mathrm{rank}\,A$ で表わす．ただし，零行列 O のランクは 0 と定める．

この定義によるランクと，以前に導入したランクが一致することを示すためにキーになる定理を示そう．ここで与える証明は従来の成書に見られなかった独自な方法によるものである．少し長くかかるので，結果を認めて先に進んでもよいが，これはランクの考え方を理解する上で基本的である．

定理 7.2.1 $m \times n$ 行列 A の n 個の列ベクトルが 1 次独立であるための必要十分条件は，A の n 次の小行列式で値が 0 でないものが存在することである．

証明 行列 $A = (a_{ij})$ の n 個の列ベクトルが 1 次独立であるとしよう．定理 6.6.3 より，$m \geqq n$ である．

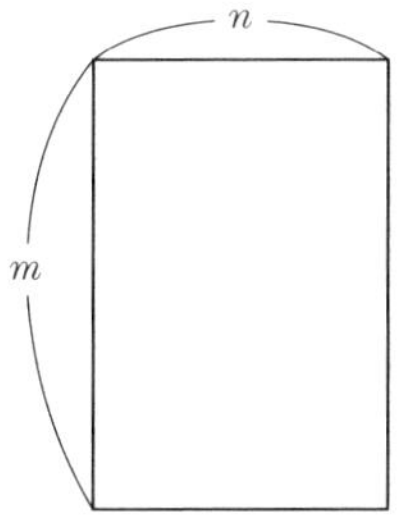

図 7.1

いま，A の行ベクトルの中から選び得る 1 次独立なベクトルの最大個数を r とすると定理 6.6.3 より $r \leqq n$ である．ここで $r = n$ を示そう．そのために，$r < n$ と仮定して矛盾が導かれることを示す．

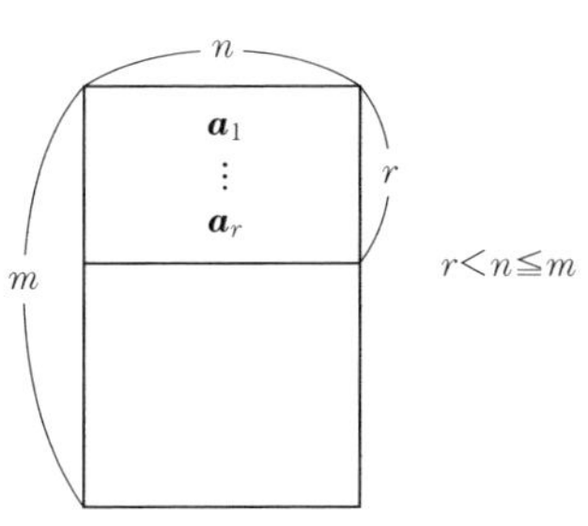

図 7.2

1次独立な行ベクトルの最大個数を与える行ベクトルを簡単のため最初の $\boldsymbol{a}_1, \cdots, \boldsymbol{a}_r$ とする.

そのとき, $r < s \leqq m$ なる任意の s に対して, $\boldsymbol{a}_1, \cdots, \boldsymbol{a}_r, \boldsymbol{a}_s$ は1次従属であるから, 定理6.4.6より $\boldsymbol{a}_s$ は $\boldsymbol{a}_1, \cdots, \boldsymbol{a}_r$ の1次結合で書ける.

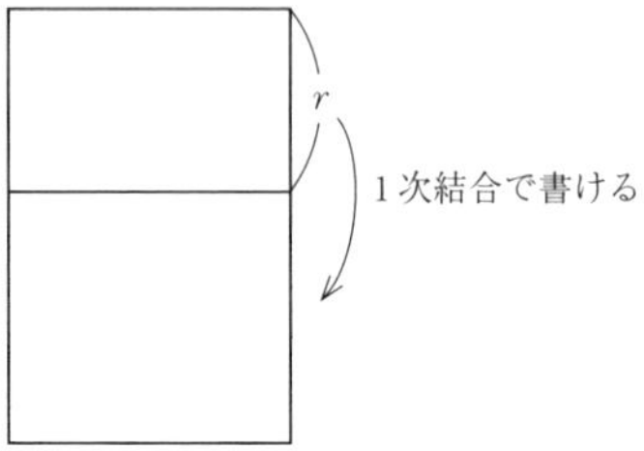

図7.3

$$\boldsymbol{a}_s = \sum_{i=1}^{r} \alpha_i \boldsymbol{a}_i \qquad (r < s \leqq m)$$

成分でいえば,

$$a_{sj} = \sum_{i=1}^{r} \alpha_i a_{ij}$$

がすべての $1 \leqq j \leqq n$ に対して成り立つということである.

他方, 行列 $A = (a_{ij})$ の列ベクトル $\boldsymbol{a}_1', \cdots, \boldsymbol{a}_n'$ は m 項数ベクトルであるが, これから $r+1$ 番目以後の成分を取り去って得られる r 項数ベクトルを $\boldsymbol{a}_1'^r, \cdots$ $\boldsymbol{a}_n'^r$ とする. すなわち,

$$\boldsymbol{a}_j'^r = \begin{pmatrix} a_{1j} \\ \vdots \\ a_{rj} \end{pmatrix} \qquad (1 \leqq j \leqq n)$$

である. 仮定より, $r<n$ であるから, 定理6.6.4よりこれらは1次従属である. すなわち, 自明でない1次関係式

$$\sum_{j=1}^{n} \beta_j \boldsymbol{a}_j'^r = \boldsymbol{0} \qquad (\text{ある } j \text{ で } \beta_j \neq 0)$$

が存在する. この関係式を成分で書くと, $1 \leqq i \leqq r$ をみたす任意の i に対して, 等式

$$\sum_{j=1}^{n} \beta_j a_{ij} = 0$$

が成り立つということである.

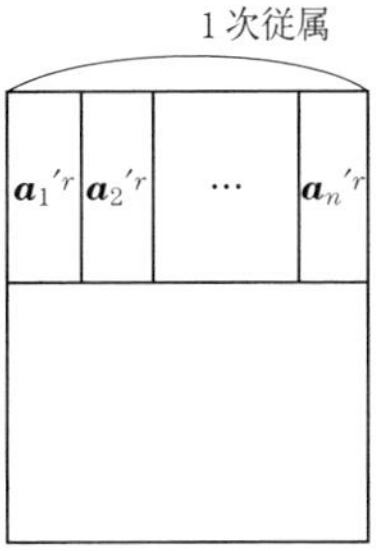

図 7.4

この関係が $r < s \leqq m$ なる任意の s に対しても成り立つこと，すなわち $\sum_{j=1}^{n} \beta_j a_{sj} = 0$ を示そう．$r < s \leqq m$ なる任意の s に対しては，前に示したように $a_{sj} = \sum_{i=1}^{r} \alpha_i a_{ij}$ がすべての $1 \leqq j \leqq n$ に対して成り立つことから，

$$\sum_{j=1}^{n} \beta_j a_{sj} = \sum_{j=1}^{n} \beta_j (\sum_{i=1}^{r} \alpha_i a_{ij}) = \sum_{i=1}^{r} \alpha_i (\sum_{j=1}^{n} \beta_j a_{ij}) = \sum_{i=1}^{r} \alpha_i 0 = 0$$

この1次関係式は $r < s \leqq m$ なる任意の s に対して成立するから結局 $1 \leqq i \leqq m$ をみたす任意の i に対して $\sum_{j=1}^{n} \beta_j a_{ij} = 0$ が成り立つ．したがってベクトルの1次関係式

$$\sum_{j=1}^{n} \beta_j \boldsymbol{a}_j{}' = \boldsymbol{0}$$

を得る．

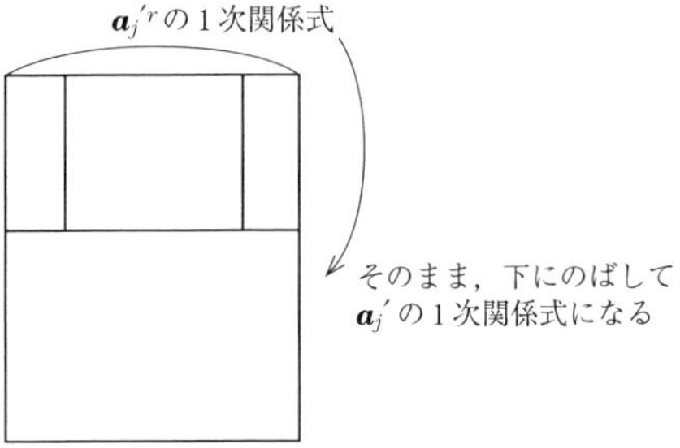

図 7.5

この1次関係式はある j で $\beta_j \neq 0$ であったから，$\boldsymbol{a}_1{}', \cdots, \boldsymbol{a}_n{}'$ は1次従属となる．しかしこれは定理の仮定に反する．この矛盾は $r < n$ と仮定したことから

の帰結であるから，$r=n$ が結論される．この結果，n 項数ベクトルである行ベクトル $\boldsymbol{a}_1, \cdots, \boldsymbol{a}_n$ が1次独立となり，これから作られる A の n 次の小行列式

$$\begin{vmatrix} \boldsymbol{a}_1 \\ \vdots \\ \boldsymbol{a}_n \end{vmatrix} = \begin{vmatrix} a_{11} & \cdots & a_{1n} \\ \vdots & & \vdots \\ a_{n1} & \cdots & a_{nn} \end{vmatrix}$$

は定理6.6.1より0ではない．以上で，定理の条件の必要性が示された．

逆に，A の小行列式で値が0でないものが存在するとしよう．

一般性を失うことなく，それらは最初の n 行の行ベクトルからなる小行列式と仮定できる．そのとき，A の各列ベクトルの後半の第 $n+1, \cdots,$ 第 m 成分を取り除いて得られる列ベクトル $\begin{pmatrix} a_{11} \\ \vdots \\ a_{n1} \end{pmatrix}, \cdots, \begin{pmatrix} a_{1n} \\ \vdots \\ a_{nn} \end{pmatrix}$ は定理6.6.1より1次独立である．したがって，もともとの列ベクトル

$$\begin{pmatrix} a_{11} \\ \vdots \\ a_{n1} \\ \vdots \\ a_{m1} \end{pmatrix}, \cdots, \begin{pmatrix} a_{1n} \\ \vdots \\ a_{nn} \\ \vdots \\ a_{mn} \end{pmatrix}$$

も必然的に1次独立となる．つまり，定理の条件の十分性が示された．■

ランクと同値なコンセプト

さて，準備ができたので，ランクのさまざまな定義が同値であることを示す定理を述べよう．

定理 7.2.2　$m\times n$ 行列 A において，次の (1)～(5) の数は一致する．

(1)　$r=\operatorname{rank} A$

(2)　A の列ベクトル（m 項数ベクトル）の中から選び得る1次独立なベクトルの最大個数 s.

(3)　行列 A の t 次の小行列式の中には0でないものがあり，$t+1$ 次以上の小行列式はすべて0である．

(4)　A の行ベクトル（n 項数ベクトル）の中から選び得る1次独立なベクト

ルの最大個数 u.

（5） A の行ベクトルが生成する $\boldsymbol{R}^n$ の部分空間の次元 v.

証明 (1) $\Longleftrightarrow$ (2) $r = s$ は系 7.1.1 の内容である.

(2) $\Longleftrightarrow$ (3) 1 次独立な最大個数を与える A の列ベクトルを $\boldsymbol{a}_{j_1}, \cdots, \boldsymbol{a}_{j_s}$ とする. この列ベクトルを並べてできる行列を A' としよう. すなわち

$$A' = (\boldsymbol{a}_{j_1}, \cdots, \boldsymbol{a}_{j_s})$$

である. A' について定理 7.2.1 を適用することにより, A' の s 次の小行列式でその値が 0 でないものが存在する. A' の小行列は, A の小行列であるから, $t \geqq s$ が成り立つ.

逆に, 条件 (3) にある A の t 次の小行列を

$$A\begin{pmatrix} i_1 & \cdots & i_t \\ j_1 & \cdots & j_t \end{pmatrix} = \begin{pmatrix} a_{i_1 j_1} & \cdots & a_{i_1 j_t} \\ \vdots & & \vdots \\ a_{i_t j_1} & \cdots & a_{i_t j_t} \end{pmatrix}$$

とする. すなわち, この小行列の行列式が 0 でなく, A の $t+1$ 次以上の任意の小行列式はすべて 0 であるとする. 定理 6.6.1 より, この小行列の列ベクトル

$$\begin{pmatrix} a_{i_1 j_1} \\ \vdots \\ a_{i_t j_1} \end{pmatrix}, \cdots, \begin{pmatrix} a_{i_1 j_t} \\ \vdots \\ a_{i_t j_t} \end{pmatrix}$$

は 1 次独立であるから, 項数を増やした, 行列 A の第 j_1 列, $\cdots$, 第 j_t 列

$$\begin{pmatrix} a_{1 j_1} \\ \vdots \\ a_{m j_1} \end{pmatrix}, \cdots, \begin{pmatrix} a_{1 j_t} \\ \vdots \\ a_{m j_t} \end{pmatrix}$$

も 1 次独立である. したがって, $t \leqq s$. 前半とあわせて $t = s$ が結論される.

(3) $\Longleftrightarrow$ (4) 与えられた行列 A の転置 ${}^tA$ を考える. ${}^tA$ に関する条件 (3) の t を t' とすると, 小行列式は転置で不変であるから $t = t'$ が成り立つ. そして ${}^tA$ の列ベクトルは A の行ベクトルであるから, (2) $\Longleftrightarrow$ (3) の結果より, $t' = u$ を得る. 以上から, $t = u$ が成り立つことが示された.

(4) $\Longleftrightarrow$ (5) 定理 6.8.4 による. ∎

系 7.2.1 A が $m \times n$ 行列ならば

$$\operatorname{rank} A \leqq \min\{m, n\}$$

ここで右辺は，m と n の小さい方を意味する．

証明　小行列式による $\mathrm{rank}\,A$ の定義において，t 次の小行列は正方行列であるから

$$t \leqq \min\{m, n\}$$

である．よって定理 7.2.2 よりこの系は得られる．　■

定理 7.2.3　$m\times n$ 行列 A と $n\times l$ 行列 B について

$$\mathrm{rank}\,AB \leqq \min\{\mathrm{rank}\,A, \mathrm{rank}\,B\}$$

証明　行列 A, B を線形写像

$$A\colon \boldsymbol{R}^n \longrightarrow \boldsymbol{R}^m, \qquad B\colon \boldsymbol{R}^l \longrightarrow \boldsymbol{R}^n$$

ととらえると，この 2 つの線形写像の合成写像は行列の積

$$AB\colon \boldsymbol{R}^l \longrightarrow \boldsymbol{R}^m$$

によって与えられる（定理 3.4.1）．明らかな包含関係

$$B(\boldsymbol{R}^l) = \mathrm{Im}\,B \subset \boldsymbol{R}^n$$

より，包含関係

$$\mathrm{Im}\,AB = AB(\boldsymbol{R}^l) \subset A(\boldsymbol{R}^n) = \mathrm{Im}\,A$$

が成り立つ．したがって，ランクの定義より，不等式

$$\mathrm{rank}\,AB = \dim\mathrm{Im}\,AB \leqq \dim\mathrm{Im}\,A = \mathrm{rank}\,A$$

を得る．定理 7.2.2 より，一般に行列 X のランクと，その転置 ${}^tX$ のランクは一致するから，前半の結果より

$$\mathrm{rank}\,AB = \mathrm{rank}\,{}^t(AB) = \mathrm{rank}\,{}^tB\,{}^tA \leqq \mathrm{rank}\,{}^tB = \mathrm{rank}\,B$$

を得る．これらの 2 つの不等式から

$$\mathrm{rank}\,AB \leqq \min\{\mathrm{rank}\,A, \mathrm{rank}\,B\}$$

が結論される．

定理 7.2.4　A を $m\times n$ 行列，B を m 次の正則行列，C を n 次の正則行列とするとき，

$$\mathrm{rank}\,BAC = \mathrm{rank}\,BA = \mathrm{rank}\,AC = \mathrm{rank}\,A$$

が成り立つ．

証明　定理 7.2.3 より

$$\mathrm{rank}\,BAC \leqq \mathrm{rank}\,BA \leqq \mathrm{rank}\,A$$

$$\mathrm{rank}\,BAC \leqq \mathrm{rank}\,AC \leqq \mathrm{rank}\,A$$

が成り立つ．仮定より，B, C は正則行列であるから，それぞれ逆行列 B^{-1}，C^{-1} が考えられる．そこで定理を次の形に適用する．

$$\operatorname{rank} A = \operatorname{rank}(B^{-1}B)A(CC^{-1}) = \operatorname{rank} B^{-1}(BAC)C^{-1}$$
$$\leqq \operatorname{rank}(BAC)C^{-1} \leqq \operatorname{rank} BAC$$

したがって，前半の不等式とあわせて，これらの不等式はすべて等式であることが結論される． ■

例題 7.2.1 次の行列のランクを求めよ．

（1） $\begin{pmatrix} 1 & 2 & 3 \\ 4 & 5 & 6 \\ 7 & 8 & 9 \end{pmatrix}$ （2） $\begin{pmatrix} 1 & -1 & 0 & 0 & -1 \\ 0 & 1 & 0 & 1 & 1 \\ 1 & 0 & 1 & 1 & -2 \\ 0 & 0 & -1 & 0 & 2 \end{pmatrix}$

解答 （1） 2 次の小行列式のうち $\begin{vmatrix} 1 & 2 \\ 4 & 5 \end{vmatrix} = -3$ より，ランクは 2 以上であり，

$$\begin{vmatrix} 1 & 2 & 3 \\ 4 & 5 & 6 \\ 7 & 8 & 9 \end{vmatrix} = \begin{vmatrix} 1 & 2 & 3 \\ 3 & 3 & 3 \\ 6 & 6 & 6 \end{vmatrix} = 18 \begin{vmatrix} 1 & 2 & 3 \\ 1 & 1 & 1 \\ 1 & 1 & 1 \end{vmatrix} = 0$$

より，ランクは 3 より小さい．したがって，この行列のランクは 2 である．

（2） 3 次の小行列式のうち $\begin{vmatrix} 1 & -1 & 0 \\ 0 & 1 & 0 \\ 1 & 0 & 1 \end{vmatrix} = 1$ であるから，ランクは 3 以上である．この行列の第 i 列を $\boldsymbol{a}_i'$ で表わすとき，

$$\boldsymbol{a}_4' = \boldsymbol{a}_1' + \boldsymbol{a}_2', \qquad \boldsymbol{a}_5' = \boldsymbol{a}_2' - 2\,\boldsymbol{a}_3'$$

が成り立つから，ランクは 3 以下である．よってランクは 3 である．

問 7.2.1 次の行列のランクを求めよ．

（1） $\begin{pmatrix} 1 & 1 & -1 \\ 4 & 1 & -2 \\ 2 & -1 & 0 \end{pmatrix}$ （2） $\begin{pmatrix} 1 & 0 & 5 & 3 \\ 0 & 2 & 1 & -1 \\ 0 & -1 & 7 & 0 \end{pmatrix}$

コメント 与えられた行列のランクを一般に求めるには，第 8 章において学ぶ行列の基本変形と階段行列の手法が実用的である．

7.3　線形写像の基本定理

2つのベクトル空間の間の線形写像が与えられたとき，その像空間と核空間とベクトル空間の関係，特にこれらの空間の次元についての関係を見ることにしよう．

線形写像 $f\colon V \to W$ に対して，その像空間 $\mathrm{Im} f$ と核空間 $\mathrm{Ker} f$ は次のように定義された．

$$\mathrm{Im} f = f(V) = \{f(\boldsymbol{v}) \mid \boldsymbol{v} \in V\}$$
$$\mathrm{Ker} f = f^{-1}(\boldsymbol{0}) = \{\boldsymbol{v} \mid f(\boldsymbol{v}) = \boldsymbol{0}\}$$

定理6.3.2により $\mathrm{Im} f$ は W の部分空間であり， $\mathrm{Ker} f$ は V の部分空間である．

これらの部分空間の次元について，次の定理が基本的である．

定理 7.3.1　（線形写像の次元に関する基本定理）　線形写像 $f\colon V \to W$ に対して，

$$\dim V = \dim \mathrm{Ker} f + \dim \mathrm{Im} f$$

が成り立つ．

証明　$s = \dim \mathrm{Ker} f$，$r = \dim \mathrm{Im} f$ とおく，$\mathrm{Ker} f$ の1組の基底 $\boldsymbol{v}_1, \cdots, \boldsymbol{v}_s$，および $\mathrm{Im} f$ の1組の基底 $\boldsymbol{w}_1, \cdots, \boldsymbol{w}_r$ をとる．各 $\boldsymbol{w}_i$ に対して，$f(\boldsymbol{u}_i) = \boldsymbol{w}_i$ となる $\boldsymbol{u}_i \in V$ $(i = 1, \cdots, r)$ をとる．そのとき，$s+r$ 個のベクトル

$$\boldsymbol{v}_1, \cdots, \boldsymbol{v}_s, \quad \boldsymbol{u}_1, \cdots, \boldsymbol{u}_r$$

が V の基底になることを示せば定理の主張が証明されたことになる．

$\boldsymbol{v}_1, \cdots, \boldsymbol{v}_s$，$\boldsymbol{u}_1, \cdots, \boldsymbol{u}_r$ が V を生成すること

$\boldsymbol{x}$ を V の任意のベクトルとする．当然 $f(\boldsymbol{x}) \in \mathrm{Im} f$ であるから，$f(\boldsymbol{x})$ は $\boldsymbol{w}_1, \cdots, \boldsymbol{w}_r$ の1次結合で表わされる．それを

$$f(\boldsymbol{x}) = b_1\boldsymbol{w}_1 + \cdots + b_r\boldsymbol{w}_r \qquad (b_i \in \boldsymbol{R})$$

としよう．そこで，次の計算をする．

$$\begin{aligned} f(\boldsymbol{x} - b_1\boldsymbol{u}_1 - \cdots - b_r\boldsymbol{u}_r) &= f(\boldsymbol{x}) - b_1 f(\boldsymbol{u}_1) - \cdots - b_r f(\boldsymbol{u}_r) \\ &= f(\boldsymbol{x}) - b_1\boldsymbol{w}_1 - \cdots - b_r\boldsymbol{w}_r = \boldsymbol{0} \end{aligned}$$

よって，

$$\boldsymbol{x} - b_1\boldsymbol{u}_1 - \cdots - b_r\boldsymbol{u}_r \in \mathrm{Ker} f.$$

したがって，このベクトルは，Ker f の基底の１次結合で表わされる．それを

$$\boldsymbol{x}-b_1\boldsymbol{u}_1-\cdots-b_r\boldsymbol{u}_r = a_1\boldsymbol{v}_1+\cdots+a_s\boldsymbol{v}_s \qquad (a_i \in \boldsymbol{R})$$

としよう．その結果 $\boldsymbol{x} = a_1\boldsymbol{v}_1+\cdots+a_s\boldsymbol{v}_s+b_1\boldsymbol{u}_1+\cdots+b_r\boldsymbol{u}_r$ となるので，V はベクトルの組

$$\boldsymbol{v}_1, \cdots, \boldsymbol{v}_s, \boldsymbol{u}_1, \cdots, \boldsymbol{u}_r$$

で生成されることが示された．

$\boldsymbol{v}_1, \cdots, \boldsymbol{v}_s$，$\boldsymbol{u}_1, \cdots, \boldsymbol{u}_r$ が１次独立であること

いま，１次関係

$$a_1\boldsymbol{v}_1+\cdots+a_s\boldsymbol{v}_s+b_1\boldsymbol{u}_1+\cdots+b_r\boldsymbol{u}_r = \boldsymbol{0} \qquad (a_i \in \boldsymbol{R},\ b_j \in \boldsymbol{R})$$

があるとする．両辺を写像 f で写すと，

$$f(\boldsymbol{v}_i) = \boldsymbol{0} \quad (1 \leqq i \leqq s), \qquad f(\boldsymbol{u}_j) = \boldsymbol{w}_j \quad (1 \leqq j \leqq r)$$

であるから，

$$b_1\boldsymbol{w}_1+\cdots+b_r\boldsymbol{w}_r = \boldsymbol{0}$$

という１次関係式になる．ところが $\boldsymbol{w}_1, \cdots, \boldsymbol{w}_r$ は仮定より１次独立であるから，$b_1 = \cdots = b_r = 0$ である．よって最初の１次関係式は

$$a_1\boldsymbol{v}_1+\cdots+a_s\boldsymbol{v}_s = \boldsymbol{0}$$

となる．ところが，$\boldsymbol{v}_1, \cdots, \boldsymbol{v}_s$ も仮定より１次独立であるから，$a_1 = \cdots = a_s = 0$ である．こうして，$\boldsymbol{v}_1, \cdots, \boldsymbol{v}_s, \boldsymbol{w}_1, \cdots, \boldsymbol{w}_r$ の１次関係は自明なものしか存在しないから，これらは１次独立である．　■

コメント　線形写像の基本定理の主張をイメージ図に書くと次のようになる．

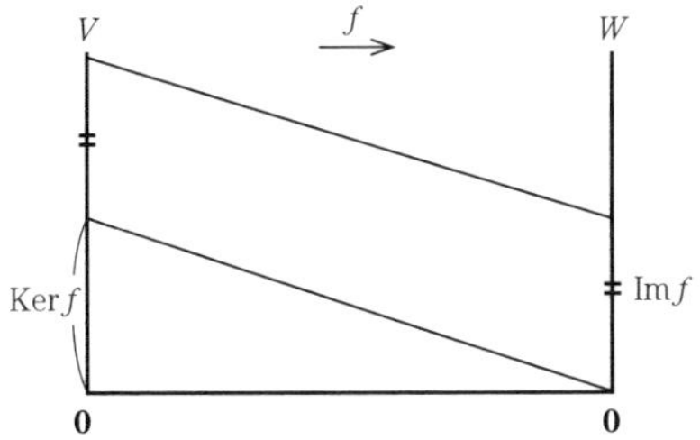

図 7.6

また，この定理は一般に「群論の準同型定理」とよばれる定理のベクトル空間

バージョンといえるものである．すなわち，一般に

$$V/\mathrm{Ker}\, f \cong \mathrm{Im}\, f$$

という同型が成り立ち，この同型より次元に関する等式が導かれる．ここで，$V/\mathrm{Ker}\, f$ は，ベクトル空間 V をその部分空間 $\mathrm{Ker}\, f$ で割った商空間である．

例題 7.3.1　n 個の実数 $a_1, a_2, \cdots, a_n$ を固定する．$\boldsymbol{R}^n$ のベクトル $\boldsymbol{x}$ で，その成分 $x_1, x_2, \cdots, x_n$ が方程式

$$a_1x_1 + a_2x_2 + \cdots + a_nx_n = 0$$

をみたすようなものの全体を W とするとき，W の次元を決定せよ．

解答　写像 $f\colon \boldsymbol{R}^n \to \boldsymbol{R}$ を

$$f(\boldsymbol{x}) = f\begin{pmatrix} x_1 \\ \vdots \\ x_n \end{pmatrix} = a_1x_1 + \cdots + a_nx_n$$

によって定義すると，これは線形写像である．そして，$W = \mathrm{Ker}\, f$ に他ならない．もしもすべての a_i が 0 の場合は明らかに $W = \boldsymbol{R}^n$ であるから $\dim W = n$ である．もしも a_i のうち 1 つでも 0 でないのがあると，写像 f は全射になるから，線形写像の基本定理から，

$$\dim W + \dim \boldsymbol{R} = \dim \boldsymbol{R}^n = n$$

したがって

$$\dim W = n-1$$

■

問 7.3.1　次の線形写像のランクおよび核空間の次元を求めよ．

$$f\colon \boldsymbol{R}^3 \longrightarrow \boldsymbol{R}^3, \qquad f\begin{pmatrix} x \\ y \\ z \end{pmatrix} = \begin{pmatrix} y+z \\ x+y \\ x-z \end{pmatrix}$$

単射性と全射性

線形写像が単射，全射であるための必要十分条件を核空間，像空間の次元で表わそう．

定理 7.3.2　線形写像 $f\colon V \to W$ が単射であるための必要十分条件は

$$\mathrm{Ker}\, f = \{\boldsymbol{0}\}$$

証明　(必要性)　写像 f が単射であるとする．V の $\mathbf{0}$ でない任意のベクトル $\boldsymbol{v}$ に対して，仮定より $f(\boldsymbol{v}) \neq f(\mathbf{0}) = \mathbf{0}$ であるから，

$$\mathrm{Ker}\, f = \{\mathbf{0}\}$$

(十分性)　$\mathrm{Ker}\, f = \{\mathbf{0}\}$ とする．V の2つのベクトル $\boldsymbol{v}, \boldsymbol{v}'$ が $f(\boldsymbol{v}) = f(\boldsymbol{v}')$ をみたしたとすると，

$$f(\boldsymbol{v}-\boldsymbol{v}') = f(\boldsymbol{v})-f(\boldsymbol{v}') = \mathbf{0}$$

であるから，

$$\boldsymbol{v}-\boldsymbol{v}' \in \mathrm{Ker}\, f = \{\mathbf{0}\}$$

ゆえに，

$$\boldsymbol{v}-\boldsymbol{v}' = \mathbf{0} \quad \text{すなわち} \quad \boldsymbol{v} = \boldsymbol{v}'$$

したがって，写像 f は単射である．■

定理 7.3.3　$f: V \to W$ を線形写像とするとき，

(1)　f が単射であるための必要十分条件は

$$\dim \mathrm{Im}\, f = \dim V$$

(2)　f が全射であるための必要十分条件は

$$\dim \mathrm{Im}\, f = \dim W$$

証明　(1)　前定理により，

$$f \text{ が単射} \Longleftrightarrow \mathrm{Ker}\, f = \{\mathbf{0}\} \Longleftrightarrow \dim \mathrm{Ker}\, f = 0$$

また，定理 7.3.1 により

$$\Longleftrightarrow \dim \mathrm{Im}\, f = \dim V$$

(2)　$\mathrm{Im}\, f \subset W$ であるから，定理 6.8.6 により

$$\mathrm{Im}\, f = W \Longleftrightarrow \dim \mathrm{Im}\, f = \dim W$$ ■

線形写像に関係した基底

この定理は，後で分かるように先程のコメントの内容を与えるものである．

定理 7.3.4　任意の線形写像 $f: V \to W$ に対して，V の基底 $\boldsymbol{v}_1, \cdots, \boldsymbol{v}_n$ および W の基底 $\boldsymbol{w}_1, \cdots, \boldsymbol{w}_m$ で，次の関係をみたすものが存在する．

$$f(\boldsymbol{v}_1) = \boldsymbol{w}_1,\ f(\boldsymbol{v}_2) = \boldsymbol{w}_2,\ \cdots,\ f(\boldsymbol{v}_r) = \boldsymbol{w}_r,$$
$$f(\boldsymbol{v}_{r+1}) = \mathbf{0},\ f(\boldsymbol{v}_{r+2}) = \mathbf{0},\ \cdots,\ f(\boldsymbol{v}_n) = \mathbf{0}$$

ここで，$r = \dim \mathrm{Im}\, f$ である．

証明　定理 7.3.1 の証明の $\mathrm{Im}\, f$ の基底 $\boldsymbol{w}_1, \cdots, \boldsymbol{w}_r$ にベクトル $\boldsymbol{w}_{r+1}, \cdots, \boldsymbol{w}_m$ を加えて，W の基底にできる．定理 7.3.1 の証明中の $\boldsymbol{u}_i, \boldsymbol{v}_j$ を次のように文字を変えれば求める基底になる．

$$\boldsymbol{u}_1 \longrightarrow \boldsymbol{v}_1, \qquad \cdots, \qquad \boldsymbol{u}_r \longrightarrow \boldsymbol{v}_r,$$
$$\boldsymbol{v}_1 \longrightarrow \boldsymbol{v}_{r+1}, \qquad \cdots, \qquad \boldsymbol{v}_s \longrightarrow \boldsymbol{v}_{r+s} = \boldsymbol{v}_n$$ ■

7.4　同型写像の特徴づけ

ベクトル空間の間の線形写像が同型になる必要十分条件を与えることにしよう．

定理 7.4.1　V, W を 2 つのベクトル空間，$f\colon V \to W$ を線形写像とする．$\dim V = \dim W$ であるとき，次の条件は同値である．

（1）　f は同型写像

（2）　$\mathrm{Ker}\, f = \{\mathbf{0}\}$

（3）　$\mathrm{Im}\, f = W$

証明　(1) ⇒ (2), (3) は定義より成り立つ．

(2) ⇒ (1)　$\mathrm{Ker}\, f = \{\mathbf{0}\}$ とすると，定理 7.3.2 より，f は単射であり，線形写像の基本定理より

$$\dim \mathrm{Im}\, f = \dim V = \dim W$$

である．よって定理 6.8.6 より $\mathrm{Im}\, f = W$ となり，f は全射でもある．

(3) ⇒ (1)　仮定より，f は全射であり，

$$\dim \mathrm{Im}\, f = \dim W = \dim V$$

である．よって線形写像の基本定理により，

$$\dim \mathrm{Ker}\, f = 0 \quad よって \quad \mathrm{Ker}\, f = \{\mathbf{0}\}$$

を得る．したがって，定理 7.3.2 より f は単射でもある．

行列式とランクと同型性

正方行列 A の行列式 $|A|$ と A のランクおよび A が定義する線形写像の同型性との関係を整理しておこう．

定理 7.4.2　A を n 次正方行列とする．A が定義する線形写像 $\boldsymbol{R}^n \to \boldsymbol{R}^n$ も同じ A で表わすことにするとき，次の条件は同値である．

（1）　$|A| \neq 0$

（2）　A: $\boldsymbol{R}^n \to \boldsymbol{R}^n$ は同型写像である．

（3）　$\operatorname{Ker} A = \{\boldsymbol{0}\}$

（4）　$\operatorname{Im} A = \boldsymbol{R}^n$

（5）　$\operatorname{rank} A = n$

証明　(1) $\Longleftrightarrow$ (2)　定理 4.9.1 より A: $\boldsymbol{R}^n \to \boldsymbol{R}^n$ が同型であることと，行列 A が正則であることとは同値である．

(2), (3), (4) の同値性は定理 7.4.1 による．

(1) $\Longleftrightarrow$ (5)　定理 7.2.2 による．

問　題

1. 次の行列のランクを求めよ．

（1）　$\begin{pmatrix} 2 & 1 & 5 \\ 3 & 0 & 2 \\ -1 & 4 & 7 \end{pmatrix}$　　（2）　$\begin{pmatrix} 9 & 5 & 7 & 0 \\ 3 & 3 & 1 & 2 \\ 0 & 4 & -4 & 6 \end{pmatrix}$

2. 次の線形写像の核空間と像空間の次元を求めよ．

（1）　f: $\boldsymbol{R}^3 \longrightarrow \boldsymbol{R}^3$

$$f\begin{pmatrix} x \\ y \\ z \end{pmatrix} = \begin{pmatrix} x+y+2z \\ 3x+y+2z \\ -2x+2y+4z \end{pmatrix}$$

（2）　f: $\boldsymbol{R}^3 \longrightarrow \boldsymbol{R}^4$

$$f\begin{pmatrix} x \\ y \\ z \end{pmatrix} = \begin{pmatrix} x-y \\ y-z \\ z-x \\ 2x-2y \end{pmatrix}$$

3. n 次正方行列全体からなるベクトル空間を $M(n, \boldsymbol{R})$ と書く．n 次正方行列 A に対するトレースは線形写像

$$\operatorname{tr}: M(n, \boldsymbol{R}) \longrightarrow \boldsymbol{R}$$

を定義する (6 章問題 11)．この写像の核空間，像空間の次元を求めよ．

4. 次の行列のランクを求めよ．

（1）　$\begin{pmatrix} a & b & b \\ b & a & b \\ b & b & a \end{pmatrix}$　　（2）　$\begin{pmatrix} 1 & a & a^2 \\ 1 & b & b^2 \\ 1 & c & c^2 \end{pmatrix}$

8
連立１次方程式(2)

ある条件をみたす連立１次方程式には，行列を使って一刀両断に解く方法があることを第５章で見た．すなわち連立１次方程式

$$A\boldsymbol{x} = \boldsymbol{b}$$

で，未知数の数と式の数が等しい，つまり A が正方行列で，しかも正則のときに解が一意的に存在することを示した．そして，その解を具体的に与えるクラーメルの公式を与えた．

この章では，未知数の数と式の数が必ずしも一致しない場合，つまり A が必ずしも正方行列とは限らない場合と，A が正方行列であっても正則行列でない場合を考察することにする．

まず最初にこの一般の連立１次方程式の解法の理論的アイデア（パースペクティブ）を与え，続いて具体的に解く手だてを与えることにする．

１次方程式の不定と不能

一般の連立１次方程式において何が起るかという事情を理解するために，よく知られた簡単な１次方程式を例にとることにしよう．

１次方程式

$$ax = b$$

において，$a \neq 0$ のとき，

$$x = \frac{b}{a}$$

と解ける．しかし，$a = 0$ のときはそうはいかない．この場合は２つのケースに分かれる．１つは $b = 0$ の場合であり，もう１つは $b \neq 0$ の場合である．前者は

任意の数が解になり，この場合 解は不定である という．

また後者は解が存在しないで，この場合 解は不能である という．

じつはこれらと同様の現象が，一般の連立1次方程式において起こるのである．

8.1 解の存在定理

$x_1, \cdots, x_n$ を未知数とする連立1次方程式

$$\begin{cases} a_{11}x_1 + a_{12}x_2 + \cdots + a_{1n}x_n = b_1 \\ a_{21}x_1 + a_{22}x_2 + \cdots + a_{2n}x_n = b_2 \\ \quad \cdots\cdots \qquad\qquad \cdots \\ a_{m1}x_1 + a_{m2}x_2 + \cdots + a_{mn}x_n = b_m \end{cases}$$

は，

$$A = \begin{pmatrix} a_{11} & \cdots & a_{1n} \\ \vdots & & \vdots \\ a_{m1} & \cdots & a_{mn} \end{pmatrix}, \quad \boldsymbol{x} = \begin{pmatrix} x_1 \\ \vdots \\ x_n \end{pmatrix}, \quad \boldsymbol{b} = \begin{pmatrix} b_1 \\ \vdots \\ b_m \end{pmatrix}$$

とおくことにより，次の形に書き表わされる．

$$A\boldsymbol{x} = \boldsymbol{b}$$

この連立1次方程式の解の存在定理を記述するために，次の $m \times (n+1)$ 行列

$$\begin{pmatrix} a_{11} & \cdots & a_{1n} & b_1 \\ \vdots & & \vdots & \vdots \\ a_{m1} & \cdots & a_{mn} & b_m \end{pmatrix}$$

を考える．この行列を与えられた連立1次方程式の**拡大係数行列**といい，

$$(A, \boldsymbol{b})$$

と書く．

線形写像の視点

連立1次方程式の係数行列 A は線形写像 $A\colon \boldsymbol{R}^n \to \boldsymbol{R}^m$ を定義する．

定理 8.1.1 連立1次方程式 $A\boldsymbol{x} = \boldsymbol{b}$ が解をもつための必要十分条件は線形写像 $A\colon \boldsymbol{R}^n \to \boldsymbol{R}^m$ の像空間 $\mathrm{Im}\,A$ に定数項のベクトル $\boldsymbol{b}$ が含まれていることである．

証明 線形写像 A の像空間 $\mathrm{Im}\,A$ の定義そのものである． ∎

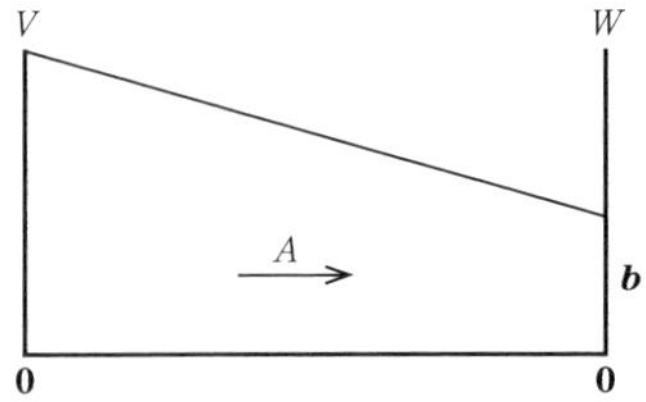

図 8.1

コメント　この定理はごく当り前であってトートロジーに近いが，行列 A を線形写像という動的にとらえる視点が重要であって，すべての基本になる．

定理 8.1.2　連立1次方程式 $A\boldsymbol{x} = \boldsymbol{b}$（$A$ は $m\times n$ 行列）が解をもつための必要十分条件は，$A, \boldsymbol{b}$ が

$$\operatorname{rank} A = \operatorname{rank}(A, \boldsymbol{b})$$

をみたすことである．

証明　A の列ベクトルを $\boldsymbol{a}_1', \cdots, \boldsymbol{a}_n'$ と書くことにする．つまり $A = (\boldsymbol{a}_1', \cdots, \boldsymbol{a}_n')$．そのとき，ほとんどトートロジーに近い次の同値の積み重ねにより定理の主張が示される．

連立1次方程式 $A\boldsymbol{x} = \boldsymbol{b}$ が解をもつ．

$\Longleftrightarrow \operatorname{Im} A \ni \boldsymbol{b}$

$\Longleftrightarrow x_1\boldsymbol{a}_1' + \cdots + x_n\boldsymbol{a}_n' = \boldsymbol{b}$ をみたす $\boldsymbol{x} = \begin{pmatrix} x_1 \\ \vdots \\ x_n \end{pmatrix}$ が存在する．

$\Longleftrightarrow S[\boldsymbol{a}_1', \cdots, \boldsymbol{a}_n'] \ni \boldsymbol{b}$

$\Longleftrightarrow S[\boldsymbol{a}_1', \cdots, \boldsymbol{a}_n'] = S[\boldsymbol{a}_1', \cdots, \boldsymbol{a}_n', \boldsymbol{b}]$

$\Longleftrightarrow \dim S[\boldsymbol{a}_1', \cdots, \boldsymbol{a}_n'] = \dim S[\boldsymbol{a}_1', \cdots, \boldsymbol{a}_n', \boldsymbol{b}]$

$\Longleftrightarrow \operatorname{rank} A = \operatorname{rank}(A, \boldsymbol{b})$ ∎

例　1次方程式 $ax = b$ において，$a = 0,\ b \neq 0$ の不能の場合は，この定理でいえば，$\operatorname{rank} A = 0,\ \operatorname{rank}(A, \boldsymbol{b}) = 1$　であり，$a = b = 0$ の不定の場合は，$\operatorname{rank} A = \operatorname{rank}(A, \boldsymbol{b}) = 0$．

例題 8.1.1　次の連立1次方程式が解をもつように定数 k の値を定めよ．

$$\begin{cases} 2x+2y+\ z = k \\ 5x+3y-\ z = 7 \\ \ x-\ y-3z = 3 \end{cases}$$

解答

$$A = \begin{pmatrix} 2 & 2 & 1 \\ 5 & 3 & -1 \\ 1 & -1 & -3 \end{pmatrix} = \begin{pmatrix} \boldsymbol{a}_1 \\ \boldsymbol{a}_2 \\ \boldsymbol{a}_3 \end{pmatrix}, \quad \boldsymbol{b} = \begin{pmatrix} k \\ 7 \\ 3 \end{pmatrix}$$

とおくと，A の小行列式 $\begin{vmatrix} 2 & 2 \\ 5 & 3 \end{vmatrix} \neq 0$ であるから $\boldsymbol{a}_1, \boldsymbol{a}_2$ は1次独立．そして，$\boldsymbol{a}_2 - 2\boldsymbol{a}_1 = \boldsymbol{a}_3$ であるから，$\mathrm{rank}\,A = 2$ である．したがって

$$\mathrm{rank}\,A = \mathrm{rank}\,(A, \boldsymbol{b}) \Longleftrightarrow 7-2k = 3 \Longleftrightarrow k = 2$$

問 8.1.1　次の連立1次方程式が解をもつように定数 k を定めよ．

$$\begin{cases} 7x-2y+5z = 5 \\ 3x-\ y-\ z = k \\ -2x+\ y+8z = -4 \end{cases}$$

8.2　連立斉1次方程式の解法

一般の連立1次方程式 $A\boldsymbol{x} = \boldsymbol{b}$ の解の形を調べるために，$A\boldsymbol{x} = \boldsymbol{0}$ という特別な形の方程式を考えることが必要になるので，まずこのタイプの方程式の解の形を調べることから始める．定数ベクトル $\boldsymbol{b}$ がゼロベクトルであるこのタイプの方程式

$$A\boldsymbol{x} = \boldsymbol{0}$$

を**連立斉1次方程式**という．

以前（6.5節）に $m = n$ の場合に登場したものである．

連立斉1次方程式は，存在定理を用いるまでもなく明らかに $\boldsymbol{x} = \boldsymbol{0}$ を解にもつ．この解を連立斉1次方程式の**自明な解**という．

連立1次方程式 $A\boldsymbol{x} = \boldsymbol{b}$ に対して，方程式

$$A\boldsymbol{x} = \boldsymbol{0}$$

を方程式 $A\boldsymbol{x} = \boldsymbol{b}$ に**同伴する連立斉1次方程式**という．

定理 8.2.1　$A = (a_{ij})$ を $m \times n$ 行列，$\boldsymbol{x} = \begin{pmatrix} x_1 \\ \vdots \\ x_n \end{pmatrix}$ を未知のベクトルとする．そのとき，連立斉1次方程式 $A\boldsymbol{x} = \boldsymbol{0}$ の解の集合 $\{\boldsymbol{x} \in \boldsymbol{R}^n \mid A\boldsymbol{x} = \boldsymbol{0}\}$ は $\boldsymbol{R}^n$ の部分空間，したがってベクトル空間になり，この空間の次元は

$$n - \mathrm{rank}\, A$$

に等しい．

証明　連立斉1次方程式の解の集合 $\{\boldsymbol{x} \in \boldsymbol{R}^n \mid A\boldsymbol{x} = \boldsymbol{0}\}$ は，$m \times n$ 行列 A を線形写像

$$A\colon \boldsymbol{R}^n \longrightarrow \boldsymbol{R}^m$$

とみなしたときの

$$\mathrm{Ker}\, A$$

に他ならない．したがって線形写像の一般論より，解の集合は $\boldsymbol{R}^n$ の部分空間，したがってベクトル空間になる．そして，線形写像の基本定理により，

$$\dim \mathrm{Ker}\, A = \dim \boldsymbol{R}^n - \dim \mathrm{Im}\, A = n - \mathrm{rank}\, A$$ ∎

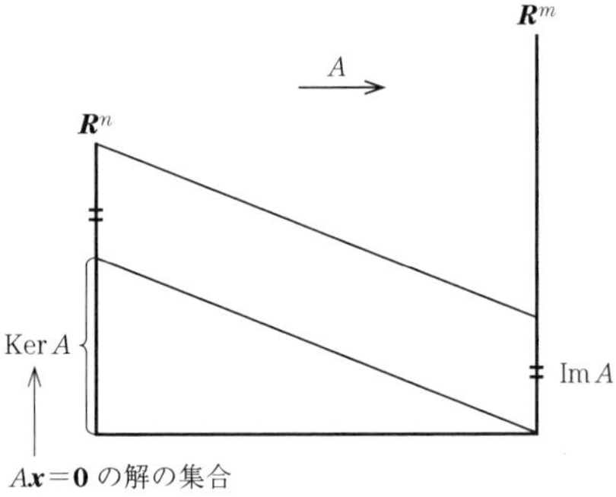

図 8.2

定理 8.2.1 によって，連立斉1次方程式の解の場合は，$\boldsymbol{R}^n$ の部分空間になるが，この空間のことを**解空間**という．解空間の1組の基底をその連立1次方程式の**基本解**といい，解空間の次元を**解の自由度**という．そして，基本解の1次結合で書かれる一般の解を**一般解**という．

定理 8.2.2　$m\times n$ 行列 A で与えられる連立斉１次方程式 $A\boldsymbol{x}=\boldsymbol{0}$ は，$m<n$ ならば自明でない解をもつ．

証明　$\operatorname{rank} A \leqq m$ であるから，解の自由度 $= n-\operatorname{rank} A > 0$.　∎

定理 8.2.3　A を $m\times n$ 行列とするとき，連立斉１次方程式 $A\boldsymbol{x}=\boldsymbol{0}$ がただ１つの解をもつための必要十分条件は　$\operatorname{rank} A = n$.

証明　線形写像の基本定理の等式 $\dim\operatorname{Ker} A = n-\operatorname{rank} A$ より，次が成り立つ．

$$\operatorname{Ker} A = \{\boldsymbol{0}\} \iff \dim\operatorname{Ker} A = 0 \iff \operatorname{rank} A = n$$

∎

例題 8.2.1　次の連立斉１次方程式の１組の基本解を求めよ．

$$\begin{cases} 3x-\ y+9z+2w=0 \\ x+2y+4z-\ w=0 \\ x+9y+7z-6w=0 \end{cases}$$

解答

$$A=\begin{pmatrix} 3 & -1 & 9 & 2 \\ 1 & 2 & 4 & -1 \\ 1 & 9 & 7 & -6 \end{pmatrix}=\begin{pmatrix} \boldsymbol{a}_1 \\ \boldsymbol{a}_2 \\ \boldsymbol{a}_3 \end{pmatrix}$$

とおくと，A の小行列式 $\begin{vmatrix} 3 & -1 \\ 1 & 2 \end{vmatrix} \neq 0$ であるから $\boldsymbol{a}_1, \boldsymbol{a}_2$ は１次独立．そして，$4\boldsymbol{a}_2-\boldsymbol{a}_1=\boldsymbol{a}_3$ であるから，$\operatorname{rank} A=2$ である．したがって与えられた連立１次方程式と次の連立斉１次方程式

$$\begin{cases} 3x-\ y+9z+2w=0 \\ x+2y+4z-\ w=0 \end{cases}$$

とは同値になる．このとき，未知数 z, w の値として任意に１組の数 p, q を与えれば，これに対応して未知数 x, y に関する連立方程式が得られる．

$$\begin{cases} 3x-\ y=-9p-2q \\ x+2y=-4p+q \end{cases}$$

これを解いて，$x=-\dfrac{22}{7}p-\dfrac{3}{7}q$，$y=-\dfrac{3}{7}p+\dfrac{5}{7}q$．よって解は

$$\begin{pmatrix} x \\ y \\ z \\ w \end{pmatrix} = \begin{pmatrix} -\frac{22}{7}p - \frac{3}{7}q \\ -\frac{3}{7}p + \frac{5}{7}q \\ p \\ q \end{pmatrix} = p\begin{pmatrix} -\frac{22}{7} \\ -\frac{3}{7} \\ 1 \\ 0 \end{pmatrix} + q\begin{pmatrix} -\frac{3}{7} \\ \frac{5}{7} \\ 0 \\ 1 \end{pmatrix}$$

となる．したがって，次のベクトルの組が基本解である．

$$\begin{pmatrix} -22/7 \\ -3/7 \\ 1 \\ 0 \end{pmatrix}, \quad \begin{pmatrix} -3/7 \\ 5/7 \\ 0 \\ 1 \end{pmatrix}$$

■

問 8.2.1　次の連立斉1次方程式の1組の基本解を求めよ．

$$\begin{cases} x - y + z + 2u = 0 \\ x + 3z + u = 0 \\ 2x - 3y + 5u = 0 \end{cases}$$

8.3　線形写像でとらえる解の集合の形

一般の連立1次方程式 $A\boldsymbol{x} = \boldsymbol{b}$ の解が存在するための必要十分条件を 8.1 節で与えた．

それでは，解が存在するとき，一般の解はどのような形をしているであろうか？　また，解全体のなす集合はどのような形をしているであろうか？　その辺りを考察することにしよう．

定理 8.3.1　連立1次方程式

$$A\boldsymbol{x} = \boldsymbol{b} \tag{1}$$

が解をもつと仮定し，その1つを $\boldsymbol{x}_0$ とする．そのとき，(1) の任意の解 $\boldsymbol{x}$ に対して，

$$\boldsymbol{y} = \boldsymbol{x} - \boldsymbol{x}_0$$

は，(1) に同伴する連立斉1次方程式

$$A\boldsymbol{x} = \boldsymbol{0} \tag{2}$$

の解である．

逆に (2) の任意の解 $\boldsymbol{y}$ に対して

$$\boldsymbol{x} = \boldsymbol{x}_0 + \boldsymbol{y}$$

は (1) の解である．

この結果，(1) の解の集合は (2) の解の集合である部分空間 $\mathrm{Ker}\, A$ を $\boldsymbol{x}_0$ だけ平行移動した $\mathrm{Ker}\, A + \boldsymbol{x}_0$ で与えられ，図示すると次のようになる．

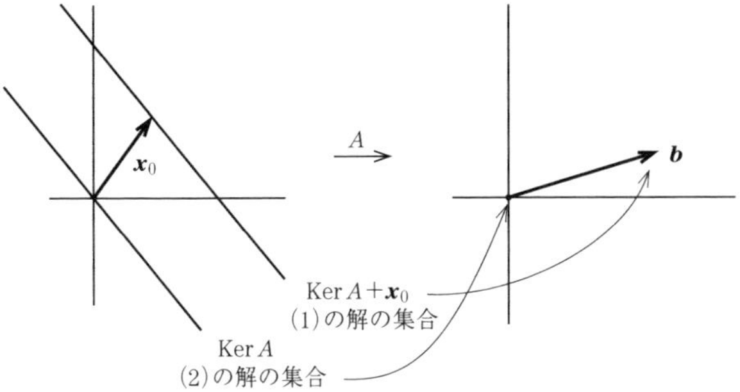

図 8.3

証明　$\boldsymbol{x}$ を $A\boldsymbol{x} = \boldsymbol{b}$ の任意の解とすると，

$$A\boldsymbol{y} = A(\boldsymbol{x} - \boldsymbol{x}_0) = A\boldsymbol{x} - A\boldsymbol{x}_0 = \boldsymbol{b} - \boldsymbol{b} = \boldsymbol{0}$$

より，$\boldsymbol{y}$ は $A\boldsymbol{x} = \boldsymbol{0}$ の解である．逆に，$\boldsymbol{y}$ を $A\boldsymbol{x} = \boldsymbol{0}$ の任意の解とすると

$$A\boldsymbol{x} = A(\boldsymbol{x}_0 + \boldsymbol{y}) = A\boldsymbol{x}_0 + A\boldsymbol{y} = \boldsymbol{b} + \boldsymbol{0} = \boldsymbol{b}$$

より，$\boldsymbol{x} = \boldsymbol{x}_0 + \boldsymbol{y}$ は $A\boldsymbol{x} = \boldsymbol{b}$ の解である．　■

連立１次方程式 $A\boldsymbol{x} = \boldsymbol{b}$ の１つの解 $\boldsymbol{x}_0$ を取り上げたとき，これを $A\boldsymbol{x} = \boldsymbol{b}$ の**特殊解**という．

コメント　定理 8.3.1 から $A\boldsymbol{x} = \boldsymbol{b}$ の解は，１つの特殊解 $\boldsymbol{x}_0$ と，$A\boldsymbol{x} = \boldsymbol{b}$ に同伴する連立斉１次方程式 $A\boldsymbol{x} = \boldsymbol{0}$ との和の形に表わされる．連立斉１次方程式 $A\boldsymbol{x} = \boldsymbol{0}$ の解空間 $\mathrm{Ker}\, A$ は $\boldsymbol{R}^n$ の部分空間であるが，連立１次方程式 $A\boldsymbol{x} = \boldsymbol{b}$ の解の集合は $\boldsymbol{b} \neq \boldsymbol{0}$ のときは $\boldsymbol{R}^n$ の部分空間ではない．なぜならば，$\boldsymbol{x} = \boldsymbol{0}$ はこの方程式の解にはならないからである．定理 8.3.1 は $A\boldsymbol{x} = \boldsymbol{b}$ の解の集合は，$A\boldsymbol{x} = \boldsymbol{0}$ の解の集合である $\boldsymbol{R}^n$ の部分空間 $\mathrm{Ker}\, A$ を特殊解 $\boldsymbol{x}_0$ だけ平行移動したものであることを主張している．

定理 8.3.2　連立1次方程式

$$A\boldsymbol{x} = \boldsymbol{b} \tag{1}$$

が解をもつと仮定し，その1つを $\boldsymbol{x}_0$ とする．(1) に同伴する連立斉1次方程式

$$A\boldsymbol{x} = \boldsymbol{0} \tag{2}$$

の1組の基本解を

$$\boldsymbol{s}_{r+1}, \cdots, \boldsymbol{s}_n \qquad (r = \operatorname{rank} A)$$

とするとき，(1) の任意の解 $\boldsymbol{x}$ は

$$\boldsymbol{x} = \boldsymbol{x}_0 + k_{r+1}\boldsymbol{s}_{r+1} + \cdots + k_n\boldsymbol{s}_n \tag{3}$$

と表わされる．

証明　定理 8.2.1 と定理 8.3.1 による．　■

上の定理において，任意のスカラー $k_{r+1}, \cdots, k_n$ に対して

$$\boldsymbol{x} = \boldsymbol{x}_0 + k_{r+1}\boldsymbol{s}_{r+1} + \cdots + k_n\boldsymbol{s}_n$$

を (1) の**一般解**という．そして (2) の解空間の次元，すなわち (2) の基本解のベクトルの個数である $n-r$ を，連立1次方程式 (1) の**解の自由度**という．

例題 8.3.1　次の連立1次方程式が解をもつように k の値を定めてその一般解を求めよ．

$$\begin{cases} 2x-2y+\ z-2w = 4 \\ 3x+\ y+2z+3w = k \\ \ x+3y+\ z+5w = 6 \end{cases}$$

解答　$$A = \begin{pmatrix} 2 & -2 & 1 & -2 \\ 3 & 1 & 2 & 3 \\ 1 & 3 & 1 & 5 \end{pmatrix} = \begin{pmatrix} \boldsymbol{a}_1 \\ \boldsymbol{a}_2 \\ \boldsymbol{a}_3 \end{pmatrix}, \qquad \boldsymbol{b} = \begin{pmatrix} 4 \\ k \\ 6 \end{pmatrix}$$

とおくと，小行列式 $\begin{vmatrix} 2 & -2 \\ 3 & 1 \end{vmatrix} \neq 0$ であり，$\boldsymbol{a}_2 - \boldsymbol{a}_1 = \boldsymbol{a}_3$ であるから，$\operatorname{rank} A = 2$ である．そして $\operatorname{rank}(A, \boldsymbol{b}) = \operatorname{rank} A = 2$ となるためには，$\boldsymbol{a}_1, \boldsymbol{a}_2, \boldsymbol{a}_3$ の1次関係式と同じ $k-4=6$ が必要十分条件である．これより $k=10$ である．特殊解を求めるために $z = w = 0$ として第1式と第2式の連立1次方程式を考える．

$$\begin{cases} 2x-2y = \ \ 4 \\ 3x+\ y = 10 \end{cases}$$

これを解いて，$x = 3$，$y = 1$ を得る．

以上より，$\begin{pmatrix} 3 \\ 1 \\ 0 \\ 0 \end{pmatrix}$が与えられた連立１次方程式の特殊解になる．

次に同伴する連立斉１次方程式の基本解を求めるために，$z = p$，$w = q$ として方程式

$$\begin{cases} 2x - 2y + p - 2q = 0 \\ 3x + y + 2p + 3q = 0 \end{cases}$$

の解を求めると，$x = -\dfrac{5p+4q}{8}$，$y = -\dfrac{p+12q}{8}$ となる．よって解は

$$\begin{pmatrix} x \\ y \\ z \\ w \end{pmatrix} = \begin{pmatrix} -\dfrac{5p+4q}{8} \\ -\dfrac{p+12q}{8} \\ p \\ q \end{pmatrix} = p\begin{pmatrix} -\dfrac{5}{8} \\ -\dfrac{1}{8} \\ 1 \\ 0 \end{pmatrix} + q\begin{pmatrix} -\dfrac{1}{2} \\ -\dfrac{3}{2} \\ 0 \\ 1 \end{pmatrix}$$

となる．したがってベクトルの組

$$\begin{pmatrix} -5/8 \\ -1/8 \\ 1 \\ 0 \end{pmatrix}, \quad \begin{pmatrix} -1/2 \\ -3/2 \\ 0 \\ 1 \end{pmatrix}$$

が同伴する連立斉１次方程式の基本解である．

以上まとめると，与えられた連立１次方程式の一般解は

$$\begin{pmatrix} x \\ y \\ z \\ w \end{pmatrix} = \begin{pmatrix} 3 \\ 1 \\ 0 \\ 0 \end{pmatrix} + p\begin{pmatrix} -5/8 \\ -1/8 \\ 1 \\ 0 \end{pmatrix} + q\begin{pmatrix} -1/2 \\ -3/2 \\ 0 \\ 1 \end{pmatrix}$$

で与えられる．ここで，p, q は任意の数である．■

問 8.3.1　次の連立１次方程式が解をもつように k の値を定めて，その一般解を求めよ．

$$\begin{cases} x - y + 2z = 2 \\ 2x + 3y - z = 3 \\ 4x + y + 3z = k \end{cases}$$

8.4　連立1次方程式の基本変形

今まで連立1次方程式の解法を理念的に見てきた．これとは違った観点で，与えられた連立1次方程式を具体的に解く方法を考察することにしよう．この方法はコンピュータを用いて解くときなどに使われる実用的なものである．

消去法（掃き出し法）

連立1次方程式を最初に学ぶときに登場する方法が消去法である．消去法とは，与えられた連立1次方程式に下の3つの操作をくり返し行い，次第に簡単な連立1次方程式に変形していく方法である．その方法を**連立1次方程式の基本変形**という．

連立1次方程式の基本変形

（I）　1つの式に0でない数をかける．

（II）　1つの式にある数をかけたものを他の式に加える．

（III）　2つの式を入れかえる．

それではこの消去法を具体的な例で検証してみることにしよう．

例1　次の連立1次方程式を考えてみよう．

$$(\mathrm{a})\quad \begin{cases} 2x+\ y-\ z=\ 2 & \text{①} \\ \ x-2y+3z=\ 9 & \text{②} \\ 4x+2y+7z=31 & \text{③} \end{cases}$$

①，②を入れかえる（基本変形III）．

$$(\mathrm{b})\quad \begin{cases} \ x-2y+3z=\ 9 & \text{①}_1 \\ 2x+\ y-\ z=\ 2 & \text{②}_1 \\ 4x+2y+7z=31 & \text{③}_1 \end{cases}$$

(b) は (a) から基本変形IIIを行って得られたものであるが，逆に (b) から基本変形IIIを行って(a)が得られるので，連立1次方程式 (a) と (b) は同値である．

次に ②$_1$−①$_1$×2 と ③$_1$−①$_1$×4 という基本変形IIを行い x を消去する．これらの式と ①$_1$ と組んで次の連立1次方程式を得る．

$$
\text{(c)}\quad \begin{cases} x-\ 2y+3z = \quad 9 & ①_2 \\ \quad\ 5y-7z = -16 & ②_2 \\ \quad 10y-5z = -\ 5 & ③_2 \end{cases}
$$

逆に (c) から基本変形IIを行って (b) が得られる．実際 $①_1$ は $①_2$ と同じであり，$②_2+①_2\times 2$ が $②_1$ になり，$③_2+①_2\times 4$ が $③_1$ となる．したがって，連立１次方程式(b)と(c)は同値である．

次に (c) において $(③_2-②_2\times 2)/9$ という基本変形II と I を行うと z が求まる．この結果の式を $③_3$ とし，$①_2$, $②_2$ と組んで，次の連立１次方程式を得る．

$$
\text{(d)}\quad \begin{cases} x-2y+3z = \quad 9 & ①_3 \\ \quad 5y-7z = -16 & ②_3 \\ \qquad\quad z = \quad 3 & ③_3 \end{cases}
$$

逆に (d) から I とIIの基本変形を行って (c) が得られる．実際 $①_2$ と $①_3$, $②_2$ と $②_3$ は同じであり，$③_3\times 9+②_3\times 2$ が $③_2$ になる．したがって連立１次方程式 (c) と (d) は同値である．

次に $(②_3+③_3\times 7)/5$ という基本変形IIと I を行うと，y が求まる．この結果の式を $②_4$ とし，$①_3$, $③_3$ と組んで次の連立１次方程式を得る．

$$
\text{(e)}\quad \begin{cases} x-2y+3z = 9 & ①_4 \\ \quad y \qquad\ = 1 & ②_4 \\ \qquad\quad z = 3 & ③_4 \end{cases}
$$

連立１次方程式 (d) と (e) の同値性は同様に示される．

最後に (e) において $①_4+②_4\times 2-③_4\times 3$ という基本変形IIを行うと x が求まる．この結果の式を $①_5$ とし，$②_4$, $③_4$ と組んで次の連立１次方程式を得る．

$$
\text{(f)}\quad \begin{cases} x = 2 & ①_5 \\ y = 1 & ②_5 \\ z = 3 & ③_5 \end{cases}
$$

連立１次方程式 (e) と (f) の同値性も前と同様に示される．

最後の式は x, y, z の値が具体的に与えられているので，最初の連立１次方程式の解に他ならない．

上の考察で分かるように連立１次方程式の基本変形の操作は一般に可逆である．

定理 8.4.1　連立１次方程式の基本変形は可逆である．すなわち，基本変形をくり返して連立１次方程式 (a) が (b) に移ったとすると，逆に，(b) は適当な基本変形をくり返して (a) に移る．つまり連立 1 次方程式として (a) と (b) は同値である．

証明　(I)　1 つの式に $c(\neq 0)$ をかけるという変形に対しては，同じ式に $1/c$ をかけることによりもとにもどる．

(II)　$p \neq q$ とするとき，Ⓟ 式の a 倍を Ⓠ 式に加えるという変形に対しては，Ⓟ 式の $-a$ 倍を Ⓠ 式に加えることによりもとにもどる．

(III)　$p \neq q$ とするとき，Ⓟ 式と Ⓠ 式を入れかえるという変形に対しては，もう一度 Ⓟ 式と Ⓠ 式を入れかえることによりもとにもどる．

以上より，基本変形 (I)(II)(III) はそれぞれ可逆であることが示された．■

問 8.4.1　基本変形 (III) は，(I)(II) から導かれることを示せ．

8.5　行列の行基本変形，列基本変形

ここで行列の基本変形の概念を導入しよう．連立 1 次方程式を消去法で解くときの操作である連立 1 次方程式の基本変形と同様のことを，その係数行列に着目して行うものである．

行列の行基本変形

行列の次の 3 つの変形を**行基本変形**という．

(I)　1 つの行に 0 でない数をかける．

(II)　1 つの行にある数をかけたものを他の行に加える．

(III)　2 つの行を入れ替える．

前の連立 1 次方程式の例で行った計算は，未知数 x, y, z と $+$, $=$ を省略してできる拡大係数行列の行基本変形を行うだけで得られることを見よう．

$$\begin{pmatrix} 2 & 1 & -1 & 2 \\ 1 & -2 & 3 & 9 \\ 4 & 2 & 7 & 31 \end{pmatrix} \xrightarrow[\text{III}]{} \begin{pmatrix} 1 & -2 & 3 & 9 \\ 2 & 1 & -1 & 2 \\ 4 & 2 & 7 & 31 \end{pmatrix}$$

$$\xrightarrow[\text{II}]{} \begin{pmatrix} 1 & -2 & 3 & 9 \\ 0 & 5 & -7 & -16 \\ 0 & 10 & -5 & -5 \end{pmatrix} \xrightarrow[\text{II, I}]{} \begin{pmatrix} 1 & -2 & 3 & 9 \\ 0 & 5 & -7 & -16 \\ 0 & 0 & 1 & 3 \end{pmatrix}$$

$$\xrightarrow[\mathrm{II,\ I}]{} \begin{pmatrix} 1 & -2 & 3 & 9 \\ 0 & 1 & 0 & 1 \\ 0 & 0 & 1 & 3 \end{pmatrix} \xrightarrow[\mathrm{II}]{} \begin{pmatrix} 1 & 0 & 0 & 2 \\ 0 & 1 & 0 & 1 \\ 0 & 0 & 1 & 3 \end{pmatrix}$$

この結果，$x = 2$，$y = 1$，$z = 3$ が解になる．

この行列の基本変形は，このように連立1次方程式の解法に用いられるのみならず，行列の階数や1次独立性，一般化された連立1次方程式の解法，線形写像の構造定理等とも深く関わっている．これについては後に詳しく考察する．

定理 8.5.1　行列の行基本変形は可逆である．すなわち，基本変形をくり返して行列 A が B に移ったとすると，逆に，B は適当な行基本変形をくり返して A に移る．

証明　定理 8.4.1 の証明と同様である．■

問 8.5.1　行基本変形 (III) は (I), (II) から導かれることを示せ．

基本行列

単位行列に行基本変形を行うと，次の I, II, III の**基本行列**が得られる．

$$(\mathrm{I})\quad \begin{matrix} \\ (i) \end{matrix} \overset{(i)}{\begin{pmatrix} 1 & & & & O \\ & \ddots & & & \\ & & c & & \\ & & & \ddots & \\ O & & & & 1 \end{pmatrix}} \qquad (c \neq 0)$$

$$(\mathrm{II})\quad \begin{matrix} \\ (i) \\ \\ (j) \\ \\ \end{matrix} \overset{(i)\qquad (j)}{\begin{pmatrix} 1 & & & & & O \\ & \ddots & & & & \\ & & 1 & & & \\ & & \vdots & \ddots & & \\ & & c & \cdots & 1 & \\ & & & & & \ddots \\ O & & & & & 1 \end{pmatrix}} \quad (i < j) \qquad \begin{matrix} \\ (j) \\ \\ (i) \\ \\ \end{matrix} \overset{(j)\qquad (i)}{\begin{pmatrix} 1 & & & & & O \\ & \ddots & & & & \\ & & 1 & \cdots & c & \\ & & & \ddots & \vdots & \\ & & & & 1 & \\ & & & & & \ddots \\ O & & & & & 1 \end{pmatrix}} \quad (i > j)$$

$$
\text{(III)}\quad
\begin{array}{c} \\ \\ (i) \\ \\ (j) \\ \\ \\ \end{array}
\overset{\qquad\qquad\quad (i) \qquad\ (j)}{\begin{pmatrix}
1 & & & & & & O \\
& \ddots & & & & & \\
& & 0 & \cdots & 1 & & \\
& & \vdots & \ddots & \vdots & & \\
& & 1 & \cdots & 0 & & \\
& & & & & \ddots & \\
O & & & & & & 1
\end{pmatrix}}
$$

定理 8.5.2　基本行列は正則であり，行基本変形はこれらの基本行列を左からかけるという操作によって得られる．したがって，基本変形はある正則行列を左からかけるという操作によって得られる．

証明　基本行列が正則行列であることを示すには，これらの行列式が 0 でないことをいえばよい．まず，(I) の行列式は $c(\neq 0)$ であり，(II) の行列式は，行列式の基本的性質より，単位行列 E の行列式である 1 であり，(III) の行列式は，やはり行列式の基本的性質より -1 である．したがって，基本行列は正則行列であることが分かる．

行列 A の左から (I), (II), (III) の行列をかけることは，それぞれ

(I)　A の第 i 行を c 倍する (行基本変形 (I))．

(II)　A の第 i 行を c 倍して，第 j 行に加える (行基本変形 (II))．

(III)　A の第 i 行と第 j 行を入れかえる (行基本変形 (III))．

ことにあたる．基本変形はある正則行列を左からかけることにより得られる．■

行基本変形は可逆であることを定理 8.5.1 で示したが，このことを基本行列の言葉でいい表わしておこう．

定理 8.5.3　基本行列 (I), (II), (III) の逆行列は，それぞれ次の基本行列 (I′), (II′), (III′) で与えられる．したがって基本変形は可逆である．

$$
\text{(I}'\text{)}\quad (i)\begin{pmatrix}
1 & & & & O \\
& \ddots & & & \\
& & c^{-1} & & \\
& & & \ddots & \\
O & & & & 1
\end{pmatrix}
$$

$$
(\mathrm{II}')\quad
\begin{array}{c} \\ \\ (i) \\ \\ (j) \\ \\ \\ \end{array}
\begin{pmatrix}
1 & & \overset{(i)}{} & & \overset{(j)}{} & & O \\
& \ddots & & & & & \\
& & 1 & & & & \\
& & \vdots & \ddots & & & \\
& & -c & \cdots & 1 & & \\
& & & & & \ddots & \\
O & & & & & & 1
\end{pmatrix}
\quad
\begin{array}{c} \\ \\ (j) \\ \\ (i) \\ \\ \\ \end{array}
\begin{pmatrix}
1 & & \overset{(j)}{} & & \overset{(i)}{} & & O \\
& \ddots & & & & & \\
& & 1 & \cdots & -c & & \\
& & & \ddots & \vdots & & \\
& & & & 1 & & \\
& & & & & \ddots & \\
O & & & & & & 1
\end{pmatrix}
$$

$$
\qquad\qquad\qquad\qquad (i < j) \qquad\qquad\qquad\qquad\qquad\qquad (i > j)
$$

$$
(\mathrm{III}')\quad
\begin{array}{c} \\ \\ (i) \\ \\ (j) \\ \\ \\ \end{array}
\begin{pmatrix}
1 & & \overset{(i)}{} & & \overset{(j)}{} & & O \\
& \ddots & & & & & \\
& & 0 & \cdots & 1 & & \\
& & \vdots & \ddots & \vdots & & \\
& & 1 & \cdots & 0 & & \\
& & & & & \ddots & \\
O & & & & & & 1
\end{pmatrix}
$$

証明　それぞれ逆行列であることは，単に積をとれば容易に確かめられる．■

問 8.5.2　定理 8.5.3 を確かめよ．

列基本変形

いままで考察した行に関する基本変形と同様に，列に関しても基本変形がある．

行列に対する次の 3 つの操作を**列基本変形**という．

（I）　1 つの列に 0 でない数をかける．

（II）　1 つの列にある数をかけたものを他の列に加える．

（III）　2 つの列を入れかえる．

定理 8.5.4　列基本変形は，以前の基本行列を右からかけるという操作によって得られる．

証明　行基本変形の場合と同様に示される．■

問 8.5.3　定理 8.5.4 を確かめよ．

行基本変形と列基本変形をあわせて**基本変形**という．

8.6　階段行列

連立１次方程式を解くための手法である基本変形を抽象して行列の行基本変形を考察した．この行列の行基本変形の手法は連立１次方程式の解法ばかりでなく，行列のランクを求めたり，正則行列の場合はその逆行列を具体的に計算するのに便利である．

これらの目的のためには，与えられた行列をむやみに変形するのではなく，ある形を目標としてそれに向って基本変形を行うことによって実現される．その目標がこの節のタイトルにある階段行列である．

階段行列

行番号が増えるにつれて，左側に連続して並ぶ 0 の個数が増えていくような行列を**階段行列**という．各行において，左から連続して並ぶ 0 と，最初に 0 でない数が出るところの境目に着目すると次のように階段が得られる．

$$\begin{pmatrix} 0 & \cdots & 0 & a_{1j_1} & & & & * \\ 0 & \cdots & \cdots & \cdots & 0 & a_{2j_2} & & \\ \vdots & & & & & & & \\ 0 & \cdots & \cdots & \cdots & \cdots & \cdots & 0 & a_{rj_r} \\ 0 & \cdots & \cdots & \cdots & \cdots & \cdots & \cdots & 0 \\ \vdots & & & & & & & \vdots \\ 0 & \cdots & \cdots & \cdots & \cdots & \cdots & \cdots & 0 \end{pmatrix}$$

$$j_1 < j_2 < \cdots < j_r \qquad a_{1j_1}a_{2j_2}\cdots a_{rj_r} \neq 0$$

定理 8.6.1　任意の行列は，行基本変形を繰り返すことによって階段行列に変形することができる．

証明　$A = \begin{pmatrix} a_{11} & \cdots & a_{1n} \\ \vdots & & \vdots \\ a_{m1} & \cdots & a_{mn} \end{pmatrix}$ を与えられた行列とする．

第１列の成分 $a_{11}, \cdots, a_{m1}$ の中に 0 でないものがあるとき，その１つをとる．たとえば $a_{i1} \neq 0$ のとき，第１行と第 i 行を入れかえる（行基本変形（III））こと

によって，$a_{11} \neq 0$ としてよい．このとき，2以上の各 i について

$$(\text{第 } i \text{ 行}) + (\text{第 } 1 \text{ 行}) \times \frac{-a_{i1}}{a_{11}}$$

という行基本変形（II）を行うことによって，

$$\begin{pmatrix} a_{11} & a_{12} \cdots & a_{1n} \\ 0 & & \\ \vdots & B & \\ 0 & & \end{pmatrix}$$

の形に変形される．また，第1列の成分がすべて0の場合はそのままで

$$\begin{pmatrix} 0 & \\ \vdots & B \\ 0 & \end{pmatrix}$$

の形である．

次に，上の行列 B について，B の第1列に同じ操作を行う．この操作をくり返していけば階段行列に到達できる．■

コメント　行列を階段行列にするだけなら，定理の証明で分かるように行基本変形のIはいらない．

例題 8.6.1　次の行列に行基本変形を行って階段行列にせよ．

$$\begin{pmatrix} 0 & 1 & -1 & 2 \\ 1 & -2 & 3 & 9 \\ 4 & 2 & 7 & 0 \end{pmatrix}$$

解答

$$\begin{pmatrix} 0 & 1 & -1 & 2 \\ 1 & -2 & 3 & 9 \\ 4 & 2 & 2 & 0 \end{pmatrix} \xrightarrow[(\mathrm{III})]{} \begin{pmatrix} 1 & -2 & 3 & 9 \\ 0 & 1 & -1 & 2 \\ 4 & 2 & 2 & 0 \end{pmatrix}$$

第1行と第2行の入れかえ，

$$\xrightarrow[(\mathrm{II})]{} \begin{pmatrix} 1 & -2 & 3 & 9 \\ 0 & 1 & -1 & 2 \\ 0 & 10 & -10 & -36 \end{pmatrix} \xrightarrow[(\mathrm{II})]{} \begin{pmatrix} 1 & -2 & 3 & 9 \\ 0 & 1 & -1 & 2 \\ 0 & 0 & 0 & -56 \end{pmatrix}$$

はじめの変形は第3行に（第1行）×(−4) を加える．次の変形は第3行に（第2行）×(−10) を加える．■

問 8.6.1　次の行列に行基本変形を行って階段行列にせよ．

(1) $\begin{pmatrix} 1 & 3 & 0 & 0 & -1 \\ 4 & 2 & 0 & -2 & 2 \\ 3 & -1 & 7 & 1 & 0 \\ 0 & 1 & 0 & 3 & 5 \end{pmatrix}$　　(2) $\begin{pmatrix} 1 & 2 & 0 & -1 & 3 \\ 2 & 5 & 2 & -2 & 2 \\ 3 & 6 & 0 & -2 & 6 \\ 1 & 3 & 2 & -1 & -1 \end{pmatrix}$

定理 8.6.2　任意の行列は，適当な正則行列を左からかけることによって階段行列にすることができる．

証明　定理 8.6.1 により，任意の行列は行基本変形によって階段行列に変形される．定理 8.5.2 によりこの行基本変形はある正則行列を左からかけるという操作によって得られ，また，正則行列の積は正則行列だから，定理を得る．■

階段行列とランク

定理 8.6.3　行基本変形により，行列のランクは不変である．

証明　行列 A に行基本変形を何回か行って行列 B に移ったとすると，定理 8.5.2 により，正則行列 P が存在して

$$PA = B$$

と書ける．したがって，定理 7.2.4 により

$$\operatorname{rank} B = \operatorname{rank} PA = \operatorname{rank} A$$

が成り立つ．■

定理 8.6.4　行列 A に行基本変形を行って階段行列

$$\begin{pmatrix} 0 & \cdots & 0 & a_{1j_1} & & & & * & \\ \vdots & & & & 0 & a_{2j_2} & & & \\ \vdots & & & & & & 0 & a_{rj_r} & \\ 0 & \cdots & \cdots & \cdots & \cdots & \cdots & \cdots & \cdots & 0 \\ \vdots & & & & & & & & \vdots \\ 0 & \cdots & \cdots & \cdots & \cdots & \cdots & \cdots & \cdots & 0 \end{pmatrix} \quad (a_{1j_1} \cdots a_{rj_r} \neq 0)$$

になったとすると，

$$\operatorname{rank} A = r$$

証明　定理8.6.3により，行列のランクは行基本変形で不変であるから，行列 A が階段行列の場合に示せばよい．そこで以下では，行列 A は本定理の階段行列であると仮定する．

行列 A の行ベクトルを $\boldsymbol{a}_1, \cdots, \boldsymbol{a}_m$ とする．まず $\boldsymbol{a}_{r+1} = \cdots = \boldsymbol{a}_m = \boldsymbol{0}$ であり，

$$\boldsymbol{a}_i = (0 \ \cdots \ 0 \quad a_{ij_i} \quad * \ \cdots \ *) \qquad a_{ij_i} \neq 0$$

という形になっていることに注意する．そのとき，$\boldsymbol{a}_1, \cdots, \boldsymbol{a}_r$ が1次独立であることを示そう．そのために，

$$\sum_{i=1}^{r} c_i \boldsymbol{a}_i = \boldsymbol{0}$$

と仮定する．左辺のベクトルの1次結合の第 j_1 成分に着目すると，j_1 成分が0でないベクトルは $\boldsymbol{a}_1$ のみであり，その成分は $c_1 a_{1j_1}$ である．仮定より $c_1 a_{1j_1} = 0$ で，$a_{1j_1} \neq 0$ であるから $c_1 = 0$ が結論される．その結果，始めの仮定の式は

$$\sum_{i=2}^{r} c_i \boldsymbol{a}_i = \boldsymbol{0}$$

となるが，まったく同様の理由により $c_2 = 0$ となる．以下，同様にして $c_i = 0$ が示される．したがって $\boldsymbol{a}_1, \cdots, \boldsymbol{a}_r$ は1次独立である．

一方，その他のベクトル，$\boldsymbol{a}_{r+1}, \cdots, \boldsymbol{a}_m$ は0ベクトルであるから，A の行ベクトルの中から選び得る1次独立なベクトルの最大数は r に他ならない．したがって定理7.2.2により $r = \operatorname{rank} A$. ■

コメント　与えられた行列のランクを計算するには，「定理8.6.1により行基本変形を行って，階段行列に変形し，定理8.6.4により，その階段行列の形によりランクを求める」という手法が実用的である．

例題 8.6.2　次の行列に行基本変形を行って階段行列に変形することによってランクを求めよ．

$$A = \begin{pmatrix} 1 & 2 & 0 & 3 \\ 1 & 3 & -1 & 5 \\ 0 & 2 & 1 & 6 \\ 2 & 0 & 7 & 0 \end{pmatrix}$$

解答　(1)　第1行の (-1) 倍，(-2) 倍をそれぞれ第2行，第4行に加える．
(2)　第2行の (-2) 倍，4倍をそれぞれ第3行，第4行に加える．

（３）　第３行の (-1) 倍を第４行に加える．

$$A \xrightarrow{(1)} \begin{pmatrix} 1 & 2 & 0 & 3 \\ 0 & 1 & -1 & 2 \\ 0 & 2 & 1 & 6 \\ 0 & -4 & 7 & -6 \end{pmatrix} \xrightarrow{(2)} \begin{pmatrix} 1 & 2 & 0 & 3 \\ 0 & 1 & -1 & 2 \\ 0 & 0 & 3 & 2 \\ 0 & 0 & 3 & 2 \end{pmatrix} \xrightarrow{(3)} \begin{pmatrix} 1 & 2 & 0 & 3 \\ 0 & 1 & -1 & 2 \\ 0 & 0 & 3 & 2 \\ 0 & 0 & 0 & 0 \end{pmatrix}$$

よって $\operatorname{rank} A = 3$ である．

問 8.6.2　次の行列に行基本変形を行って階段行列に変形することによってランクを求めよ．

$$A = \begin{pmatrix} 1 & -1 & 0 & 3 \\ 2 & 1 & -1 & 0 \\ 1 & 2 & -1 & -3 \\ 3 & 0 & -1 & 3 \end{pmatrix}$$

8.7　階段行列の手法で解く連立１次方程式

連立１次方程式 $A\boldsymbol{x} = \boldsymbol{b}$ を解くのに，連立１次方程式の基本変形をくり返し行って変数を少なくしていく消去法があることを 8.4 節で見た．そしてこの操作は拡大係数行列に着目すると，その行基本変形を行うことと同値であった．

しかし以前には，連立１次方程式に基本変形を行って消去するというアイデアを提示したが，どのような方針で行うと次々と簡単な方程式に変形されるのか，その具体的な方針は示してこなかった．

この節では，前節で準備した階段行列の概念がこの我々の要望に答えるものであるということを見ることにしよう．

つまり，基本変形はむやみやたらと行っても簡単になるとは限らないが，階段行列の考え方で基本変形の操作を行えば必ず解けるのである．

連立斉１次方程式

8.2 節では，連立斉１次方程式の解の集合は $\boldsymbol{R}^n$ の部分空間であることを見た．ここでは，与えられた連立斉１次方程式の係数行列に行基本変形を施し，階段行列にすることによって，この解空間を具体的に求める．

それでは，この方針を実際に実行することにしよう．連立斉１次方程式

$$\begin{cases} a_{11}x_1 + \cdots + a_{1n}x_n = 0 \\ a_{21}x_1 + \cdots + a_{2n}x_n = 0 \\ \quad\cdots\cdots \\ a_{m1}x_1 + \cdots + a_{mn}x_n = 0 \end{cases} \tag{1}$$

を考える．この係数行列を A，未知のベクトルを $\boldsymbol{x}$ とする．すなわち，

$$A = (a_{ij}), \qquad \boldsymbol{x} = \begin{pmatrix} x_1 \\ \vdots \\ x_n \end{pmatrix}$$

係数行列 A は $m \times n$ 行列であって，正方行列とは限らないことに注意する．

このとき，与えられた連立斉1次方程式は $A\boldsymbol{x} = \boldsymbol{0}$ と書かれる．

行列 A に行基本変形を施して階段行列に変形し，その結果が次の形になったとする．

$$\begin{pmatrix} 0 & \cdots & 0 & c_{1j_1} & & & & & * & \\ \vdots & & & & 0 & c_{2j_2} & & & & \\ \vdots & & O & & & & \ddots & & & \\ \vdots & & & & & & & 0 & c_{rj_r} & \\ 0 & \cdots & \cdots & \cdots & \cdots & \cdots & \cdots & \cdots & \cdots & 0 \\ \vdots & & & & & & & & & \vdots \\ 0 & \cdots & \cdots & \cdots & \cdots & \cdots & \cdots & \cdots & \cdots & 0 \end{pmatrix}$$

$$j_1 < j_2 < \cdots < j_r \qquad c_{1j_1}c_{2j_2}\cdots c_{rj_r} \neq 0 \qquad r = \operatorname{rank} A$$

行基本変形は可逆であるから，最初に与えられた連立斉1次方程式と次の連立1次方程式とは同値である．

$$\begin{cases} 0x_1 + \cdots + c_{1j_1}x_{j_1} + \cdots\cdots\cdots\cdots\cdots\cdots + c_{1n}x_n = 0 \\ 0x_1 + \cdots\cdots\cdots + c_{2j_2}x_{j_2} + \cdots\cdots\cdots\cdots + c_{2n}x_n = 0 \\ \qquad\qquad \vdots \qquad\qquad \vdots \\ 0x_1 + \cdots\cdots\cdots\cdots\cdots\cdots + c_{rj_r}x_{j_r} + \cdots + c_{rn}x_n = 0 \\ 0x_1 + \cdots\cdots\cdots\cdots\cdots\cdots\cdots\cdots\cdots + \ 0x_n = 0 \\ \qquad\qquad \vdots \qquad\qquad \vdots \\ 0x_1 + \cdots\cdots\cdots\cdots\cdots\cdots\cdots\cdots\cdots + \ 0x_n = 0 \end{cases} \tag{2}$$

まず，$x_1, \cdots, x_n$ のうち $x_{j_1}, x_{j_2}, \cdots, x_{j_r}$ 以外の変数には，任意の値を与える．そして，r 番目の式

$$c_{rj_r}x_{j_r}+\underbrace{\cdots+c_{rn}x_n}_{\text{定まっている.}}=0$$

から，x_{j_r} を求める．次に，$r-1$ 番目の式

$$c_{r-1j_{r-1}}x_{j_{r-1}}+\underbrace{\cdots+c_{r-1n}x_n}_{\text{定まっている.}}=0$$

から，$x_{j_{r-1}}$ を求める．

この手順を続ければ，連立1次方程式 (2) の解，したがって (1) の解が求まる．

以上の解法を見やすく整理するために次の仮定をしよう．すなわち階段行列に登場する $j_1,\cdots,j_r$ は $1,\cdots,r$ であるとする．このように仮定できるのは，未知数 x_i の番号づけの i を取りかえさえすればよいからである．係数行列でいえば列基本変形を行うことに他ならない．この仮定の結果，階段行列は次の形になる．

$$\left\{\begin{array}{l} c_{11}x_1+\cdots\cdots\cdots\cdots\cdots\quad +c_{1n}x_n=0 \\ \qquad c_{22}x_2+\cdots\cdots\cdots\quad +c_{2n}x_n=0 \\ \qquad\qquad c_{rr}x_r+\cdots+c_{rn}x_n=0 \\ \left.\begin{array}{l} 0x_1+\cdots\cdots\cdots\cdots\cdots\cdots+\ 0x_n=0 \\ \qquad\cdots\cdots \\ 0x_1+\cdots\cdots\cdots\cdots\cdots\cdots+\ 0x_n=0 \end{array}\right\}\text{取り去ってよい} \end{array}\right. \tag{3}$$

このままでもかまわないが，さらに次の形に基本変形を行うとすっきりする．

第 i 行 $(1\leqq i\leqq r)$ を c_{ii} で割るという基本変形を行うことにより，c_{ii} の部分は1になる．文字をたくさん使うと繁雑になるので，得られた結果の式の文字に同じ c_{ij} を用いることにすると，

$$\left\{\begin{array}{r} x_1+c_{12}x_2+\cdots\cdots\cdots\cdots\cdots\cdots\cdots\cdots+c_{1n}x_n=0 \\ x_2+c_{23}x_3+\cdots\cdots\cdots\cdots\cdots\cdots+c_{2n}x_n=0 \\ \vdots\qquad\quad \\ x_r+c_{r\,r+1}x_{r+1}+\cdots+c_{rn}x_n=0 \end{array}\right. \tag{4}$$

そして，第2式$\times(-c_{12})$ を第1式に加えることによって $c_{12}x_2$ の項は0にできる．

続いて，第3式$\times(-c_{23})$ を第2式に加えると $c_{23}x_3$ の項は0にできる．

同様に第3式に適当な数をかけて第1式に加えることによって第1式の x_3 を含む項は0にできる．

こうして，結局，基本変形を繰り返し行うことによって，次の形に変形される．(やはり，同じ c_{ij} の記号を使うことにする．)

$$\left\{\begin{array}{r} x_1+0x_2+\cdots\cdots\cdots\cdots\cdots+0x_r+c_{1\,r+1}x_{r+1}+\cdots+c_{1n}x_n=0 \\ x_2+0x_3+\cdots\cdots\cdots+0x_r+c_{2\,r+1}x_{r+1}+\cdots+c_{2n}x_n=0 \\ x_3+0x_4+\cdots+0x_r+c_{3\,r+1}x_{r+1}+\cdots+c_{3n}x_n=0 \\ \cdots\cdots \\ x_r+c_{r\,r+1}x_{r+1}+\cdots+c_{rn}x_n=0 \end{array}\right. \qquad (5)$$

係数行列で書けば次の形である.

$$\left(\begin{array}{ccc|ccc} 1 & & O & c_{1\,r+1} & \cdots & c_{1n} \\ & \ddots & & \vdots & & \vdots \\ O & & 1 & c_{r\,r+1} & \cdots & c_{rn} \\ \hline & O & & & O & \end{array}\right)$$

移項すれば次の形になる.

$$\begin{aligned} x_1 &= -(c_{1\,r+1}x_{r+1}+\cdots+c_{1n}x_n) \\ x_2 &= -(c_{2\,r+1}x_{r+1}+\cdots+c_{2n}x_n) \\ &\cdots \\ x_r &= -(c_{r\,r+1}x_{r+1}+\cdots+c_{rn}x_n) \end{aligned} \qquad (6)$$

ここまで変形できれば，もう解けたも同然である.

すなわち，$x_{r+1}, \cdots, x_n$ に任意，例えば，$q_{r+1}, \cdots, q_n$ とまず与える．そしてこの値を式 (6) に代入することによって $x_1, \cdots, x_r$ が定まる．それを $p_1, \cdots, p_r$ とすると，

$$\boldsymbol{x} = \begin{pmatrix} p_1 \\ \vdots \\ p_r \\ q_{r+1} \\ \vdots \\ q_n \end{pmatrix}$$

が，1つの解になる．それでは，このような解は一体どれくらいあるのだろうか？　次にこのことを考えてみよう．まず，$x_{r+1}, \cdots, x_n$ の値としてとくに次の $n-r$ 個の組を考えてみる.

$$\begin{pmatrix} x_{r+1} \\ \vdots \\ \vdots \\ x_n \end{pmatrix} = \begin{pmatrix} 1 \\ 0 \\ \vdots \\ 0 \end{pmatrix}, \begin{pmatrix} 0 \\ 1 \\ 0 \\ \vdots \\ 0 \end{pmatrix}, \cdots, \begin{pmatrix} 0 \\ \vdots \\ 0 \\ 1 \end{pmatrix}$$

つまり，$\boldsymbol{R}^{n-r}$ の標準基底である．これらを前式に代入することによって次の $n-r$ **個の解**が得られる．

$$\boldsymbol{s}_{r+1} = \begin{pmatrix} -c_{1\,r+1} \\ \vdots \\ -c_{r\,r+1} \\ 1 \\ 0 \\ \vdots \\ 0 \end{pmatrix}, \quad \boldsymbol{s}_{r+2} = \begin{pmatrix} -c_{1\,r+2} \\ \vdots \\ -c_{r\,r+2} \\ 0 \\ 1 \\ 0 \\ \vdots \\ 0 \end{pmatrix}, \quad \cdots, \boldsymbol{s}_n = \begin{pmatrix} -c_{1n} \\ \vdots \\ -c_{rn} \\ 0 \\ \vdots \\ 0 \\ 1 \end{pmatrix}$$

これら $n-r$ 個の n 次列ベクトルが1次独立であることは，標準基底が1次独立であることを示した方法で示される．

方程式 (6) の任意の解 $\boldsymbol{x}$ は $x_{r+1}=k_{r+1}, \cdots, x_n=k_n$ を任意に与えて，$x_1, \cdots, x_r$ を方程式 (6) で求めると

$$x_1 = -\sum_{j=r+1}^{n} c_{1j}x_j, \cdots, x_r = -\sum_{j=r+1}^{n} c_{rj}x_j$$

となるから，解ベクトル $\boldsymbol{x}$ は，

$$\boldsymbol{x} = \begin{pmatrix} -\sum_{j=r+1}^{n} c_{1j}k_j \\ \vdots \\ -\sum_{j=r+1}^{n} c_{rj}k_j \\ k_{r+1} \\ \vdots \\ k_n \end{pmatrix} = k_{r+1}\begin{pmatrix} -c_{1\,r+1} \\ \vdots \\ -c_{r\,r+1} \\ 1 \\ 0 \\ \vdots \\ 0 \end{pmatrix} + \cdots + k_n\begin{pmatrix} -c_{1n} \\ \vdots \\ -c_{rn} \\ 0 \\ \vdots \\ 0 \\ 1 \end{pmatrix}$$

$$= k_{r+1}\boldsymbol{s}_{r+1} + \cdots + k_n\boldsymbol{s}_n$$

となる．つまり解ベクトル $\boldsymbol{x}$ は $\boldsymbol{s}_{r+1}, \cdots, \boldsymbol{s}_n$ の1次結合で表わされた．そして，1次結合の係数 $k_{r+1}, \cdots, k_n$ は任意にとれるから，解の集合は結局 $n-r$ 個の1次独立なベクトル $\boldsymbol{s}_{r+1}, \cdots, \boldsymbol{s}_n$ が生成する $n-r$ 次元のベクトル空間になる．

以上の考察を定理の形にまとめておこう．

定理 8.7.1　連立斉１次方程式 $A\boldsymbol{x}=\boldsymbol{0}$ が与えられたとき，連立１次方程式の基本変形および未知数の番号の順を変えることにより次の形の連立１次方程式と同値になる．

$$\begin{cases} x_1 \qquad\qquad + c_{1\,r+1}x_{r+1} + \cdots + c_{1n}x_n = 0 \\ \quad x_2 \qquad\quad + c_{2\,r+1}x_{r+1} + \cdots + c_{2n}x_n = 0 \\ \qquad \ddots \qquad \vdots \qquad\qquad\quad \vdots \\ \qquad\qquad x_r + c_{r\,r+1}x_{r+1} + \cdots + c_{rn}x_n = 0 \end{cases}$$

ここで $r=\operatorname{rank} A$ である．これらの変形は係数行列でいえば，行基本変形と列基本変形を行ってこの形にする．そして，

$$x_{r+1}=k_{r+1},\ \cdots,\ x_n=k_n$$

を任意に与えて，x_1 から x_r までこの式によって得られる値が連立１次方程式の解になる．その結果は次のように表わすことができる．

上の新しい係数行列から次のベクトルをまず考える．

$$\boldsymbol{s}_{r+1}=\begin{pmatrix} -c_{1\,r+1} \\ \vdots \\ -c_{r\,r+1} \\ 1 \\ 0 \\ \vdots \\ 0 \end{pmatrix},\quad \boldsymbol{s}_{r+2}=\begin{pmatrix} -c_{1\,r+2} \\ \vdots \\ -c_{r\,r+2} \\ 0 \\ 1 \\ 0 \\ \vdots \\ 0 \end{pmatrix},\quad \cdots,\ \boldsymbol{s}_n=\begin{pmatrix} -c_{1n} \\ \vdots \\ -c_{rn} \\ 0 \\ \vdots \\ 0 \\ 1 \end{pmatrix}$$

これらは１次独立なベクトルの組である．そのとき，連立１次方程式の一般解のベクトル $\boldsymbol{x}$ は

$$\boldsymbol{x}=k_{r+1}\boldsymbol{s}_{r+1}+\cdots+k_n\boldsymbol{s}_n$$

で与えられる．ここで $k_{r+1},\cdots,k_n$ は任意の数である．したがって解の集合は１次独立なベクトルの組 $\boldsymbol{s}_{r+1},\cdots,\boldsymbol{s}_n$ で生成される $n-r$ 次元の部分空間である．■

コメント　以前に，連立斉１次方程式の解の集合が部分空間になることを線形写像の視点から示し，それを解空間とよんだが，ここではその空間の基底を具体的に求めたわけである．

例題 8.7.1　次の連立斉 1 次方程式の係数行列の行基本変形を行うことによって，その基本解および一般解を求めよ．

$$\begin{cases} x+3y-2z=0 \\ 3x+5y+4z=0 \\ x-y+8z=0 \end{cases}$$

解答　係数行列を A とおき，A に行基本変形を行って階段行列に変形する．

（1）　第 1 行の -3 倍，第 1 行の -1 倍をそれぞれ第 2 行，第 3 行に加える．

（2）　第 2 行の -1 倍を第 3 行に加える．

$$A \xrightarrow{(1)} \begin{pmatrix} 1 & 3 & -2 \\ 0 & -4 & 10 \\ 0 & -4 & 10 \end{pmatrix} \xrightarrow{(2)} \begin{pmatrix} 1 & 3 & -2 \\ 0 & -4 & 10 \\ 0 & 0 & 0 \end{pmatrix}$$

未知数 z の値として任意の数 p を与えれば，これに対応して未知数 x, y の値は次の方程式によって求まる．

$$\begin{cases} x+3y-2p=0 \\ -4y+10p=0 \end{cases}$$

これを解いて，

$$x=-\frac{11}{2}p,\quad y=\frac{5}{2}p \quad したがって \quad \begin{pmatrix} -11/2 \\ 5/2 \\ 1 \end{pmatrix}$$

が基本解であり，一般解は

$$\begin{pmatrix} x \\ y \\ z \end{pmatrix} = p\begin{pmatrix} -11/2 \\ 5/2 \\ 1 \end{pmatrix}$$

で与えられる．

問 8.7.1　次の連立斉 1 次方程式の係数行列に行基本変形を行うことによって，その基本解および一般解を求めよ．

$$\begin{cases} x-y+3w=0 \\ 2x+y-z=0 \\ x+2y-z-3w=0 \\ 3x-z+3w=0 \end{cases}$$

連立１次方程式

一般の連立１次方程式

$$A\boldsymbol{x} = \boldsymbol{b} \tag{1}$$

が与えられたとき，その拡大係数行列 $(A, \boldsymbol{b})$ に基本変形を施すことによって階段行列にするという方法で解を具体的に求めてみよう．

連立１次方程式を解くために，拡大係数行列に着目して変形するのは，その方が見やすいからであって，その意味を理解するためには必要に応じて変形の途中でも連立１次方程式の形に戻して考えることにする．

拡大係数行列 $(A, \boldsymbol{b})$ に行基本変形を行ってできた階段行列を次の形とする．

$$\left(\begin{array}{ccccccc|c}
0 & \cdots & 0 & c_{1j_1} & & & * & d_1 \\
 & & & 0 & c_{2j_2} & & & d_2 \\
 & & & & & & & \vdots \\
 & O & & & \ddots & & & \vdots \\
 & & & & 0 & c_{rj_r} & \cdots & d_r \\
 & & & & & & 0 & d_{r+1} \\
 & & & & & & 0 & 0 \\
 & & & & & & & \vdots \\
 & & & & & & & 0
\end{array}\right)$$

$$j_1 < j_2 < \cdots < j_r \qquad c_{1j_1}c_{2j_2}\cdots c_{rj_r} \neq 0, \qquad r = \operatorname{rank} A$$

ここで，d_{r+1} が０になるかならないかが大問題なのである．

このことを理解するために，行列を連立１次方程式に戻して考えてみよう．それは次のように書き表わされるが，行基本変形は可逆であるから，最初の連立１次方程式と同値である．

$$\left\{\begin{array}{lll}
0x_1 + \cdots + c_{1j_1}x_{j_1} + \quad \cdots \quad + c_{1n}x_n = d_1 & \text{①} \\
0x_1 + \cdots\cdots + c_{2j_2}x_{j_2} + \quad \cdots \quad + c_{2n}x_n = d_2 & \text{②} \\
\qquad \cdots \qquad \cdots & \\
0x_1 + \cdots\cdots\cdots + c_{rj_r}x_{j_r} + \cdots + c_{rn}x_n = d_r & \text{(r)} \\
0x_1 + \cdots\cdots\cdots\cdots + 0x_n = d_{r+1} & \text{(r+1)} \\
0x_1 + \cdots\cdots\cdots\cdots + 0x_n = 0 & \\
\qquad \cdots \qquad \cdots & \\
0x_1 + \cdots\cdots\cdots\cdots + 0x_n = 0 &
\end{array}\right. \tag{2}$$

$r+1$ 番目の式は

$$0x_1 + \cdots + 0x_n = d_{r+1}$$

である．したがって，(1) が解をもつならば $d_{r+1} = 0$ でなければならない．すなわち，(1) が解をもつならば，拡大係数行列 $(A, \boldsymbol{b})$ を行基本変形を行った階段行列に変形したときに，A と $(A, \boldsymbol{b})$ とが等しいランクをもつ階段行列に変形されねばならないことになる．ところが変形の前と後とはランクは不変であるから，結局 $d_{r+1} = 0$ と $\mathrm{rank}\, A = \mathrm{rank}(A, \boldsymbol{b})$ とは同値である．

以下，この同値な条件をみたすと仮定して話を進める．

連立斉1次方程式の場合と同様に，必要とあらば未知数 x_i の番号を変えることによって，結局次の形に変形される．

$$\begin{cases} x_1 \qquad\qquad + c_{1\,r+1}x_{r+1} + \cdots + c_{1n}x_n = d_1 \\ \quad x_2 \qquad\quad + c_{2\,r+1}x_{r+1} + \cdots + c_{2n}x_n = d_2 \\ \qquad \ddots \qquad\qquad \vdots \qquad\qquad\qquad\quad \vdots \\ \qquad\quad x_r + c_{r\,r+1}x_{r+1} + \cdots + c_{rn}x_n = d_r \end{cases} \tag{3}$$

拡大係数行列で書くと次の形になる．

$$\left(\begin{array}{ccc|ccc} 1 & & O & c_{1\,r+1} \cdots c_{1n} & & d_1 \\ & \ddots & & \vdots & \vdots & \vdots \\ O & & 1 & c_{r\,r+1} \cdots c_{rn} & & d_r \\ \hline & O & & & O & \end{array}\right)$$

連立1次方程式 (3) を移項すれば次の形になる．

$$\begin{cases} x_1 = d_1 - (c_{1\,r+1}x_{r+1} + \cdots + c_{1n}x_n) \\ x_2 = d_2 - (c_{2\,r+1}x_{r+1} + \cdots + c_{2n}x_n) \\ \qquad \cdots\cdots\cdots \\ x_r = d_r - (c_{r\,r+1}x_{r+1} + \cdots + c_{rn}x_n) \end{cases} \tag{4}$$

この形になると，特殊解，一般解，解の集合全体等の形や解の自由度といったことが非常によく見えてくる．ここで，$x_{r+1}, \cdots, x_n$ に任意の値が与えられることに注意する．

まず，特殊解としてもっとも簡単なものは，$x_{r+1} = \cdots = x_n = 0$ と，取ることによって，

$$\boldsymbol{x}_0 = \begin{pmatrix} d_1 \\ \vdots \\ d_r \\ 0 \\ \vdots \\ 0 \end{pmatrix}$$

があげられる．ここで，一般解を求めるために与えられた連立1次方程式 $A\boldsymbol{x} = \boldsymbol{b}$ に同伴する連立斉1次方程式 $A\boldsymbol{x} = \boldsymbol{0}$ を考察する．この方程式の解は以前に考察したように，次のように求まる．

まず，1次独立なベクトルの組

$$\boldsymbol{s}_{r+1} = \begin{pmatrix} -c_{1\,r+1} \\ \vdots \\ -c_{r\,r+1} \\ 1 \\ 0 \\ \vdots \\ 0 \end{pmatrix}, \quad \boldsymbol{s}_{r+2} = \begin{pmatrix} -c_{1\,r+2} \\ \vdots \\ -c_{r\,r+2} \\ 0 \\ 1 \\ 0 \\ \vdots \\ 0 \end{pmatrix}, \quad \cdots, \boldsymbol{s}_n = \begin{pmatrix} -c_{1n} \\ \vdots \\ -c_{rn} \\ 0 \\ \vdots \\ 0 \\ 1 \end{pmatrix}$$

をとると，これらは $A\boldsymbol{x} = \boldsymbol{0}$ の基本解であり，一般解は $k_{r+1}\boldsymbol{s}_{r+1} + \cdots + k_n\boldsymbol{s}_n$ で与えられる．よって，$A\boldsymbol{x} = \boldsymbol{b}$ の一般解 $\boldsymbol{x}$ は

$$\boldsymbol{x} = \boldsymbol{x}_0 + k_{r+1}\boldsymbol{s}_{r+1} + \cdots + k_n\boldsymbol{s}_n$$

で与えられる．ここで $k_{r+1}, \cdots, k_n$ は任意の数である．したがって解の自由度は $n-r$ である．

以上を定理としてまとめておこう．

定理 8.7.2　連立1次方程式

$$A\boldsymbol{x} = \boldsymbol{b} \qquad (*)$$

が与えられたとき，その拡大係数行列 $(A, \boldsymbol{b})$ に基本変形を施すことによって階段行列にした結果を次の行列とする．

$$\left(\begin{array}{ccc|ccc}
1 & & O & c_{1\,r+1} & \cdots & c_{1n} & d_1 \\
 & \ddots & & \vdots & & \vdots & \vdots \\
O & & 1 & c_{r\,r+1} & \cdots & c_{rn} & d_r \\
\hline
 & & & & & & d_{r+1} \\
 & O & & & O & &
\end{array}\right)$$

ここで，$r = \operatorname{rank} A$ である．そのとき，

連立1次方程式（$*$）が解をもつ $\Longleftrightarrow d_{r+1} = 0 \Longleftrightarrow \operatorname{rank} A = \operatorname{rank}(A, \boldsymbol{b})$

が成り立つ．この同値な条件が成り立つとき，まず $\boldsymbol{x}_0 = \begin{pmatrix} d_1 \\ \vdots \\ d_r \\ 0 \\ \vdots \\ 0 \end{pmatrix}$ とおくと，

$\boldsymbol{x}_0$ は（$*$）の特殊解である．そして，

$$\boldsymbol{s}_{r+1} = \begin{pmatrix} -c_{1\,r+1} \\ \vdots \\ -c_{r\,r+1} \\ 1 \\ 0 \\ \vdots \\ 0 \end{pmatrix}, \quad \boldsymbol{s}_{r+2} = \begin{pmatrix} -c_{1\,r+2} \\ \vdots \\ -c_{r\,r+2} \\ 0 \\ 1 \\ 0 \\ \vdots \\ 0 \end{pmatrix}, \quad \cdots, \boldsymbol{s}_n = \begin{pmatrix} -c_{1n} \\ \vdots \\ -c_{rn} \\ 0 \\ \vdots \\ 0 \\ 1 \end{pmatrix}$$

とおくと，これらは1次独立なベクトルの組であり，連立1次方程式（$*$）の一般解のベクトル $\boldsymbol{x}$ は

$$\boldsymbol{x} = \boldsymbol{x}_0 + k_{r+1}\boldsymbol{s}_{r+1} + \cdots + k_n\boldsymbol{s}_n$$

で与えられる．ここで $k_{r+1}, \cdots, k_n$ は任意の数である．したがって解の自由度は $n-r$ であって，解の集合は1次独立なベクトルの組 $\boldsymbol{s}_{r+1}, \cdots, \boldsymbol{s}_n$ で生成される $n-r$ 次元の部分空間を特殊解のベクトル $\boldsymbol{x}_0$ で平行移動したものである． ■

例題 8.7.2　次の連立1次方程式が解をもつように定数 k を定め，その特殊解および一般解を，拡大係数行列に行基本変形を行い階段行列にすることによって

求めよ．

$$\begin{cases} x-y \qquad + w = 1 \\ 2x \qquad -z- w = 5 \\ \quad 4y+2z+4w = 10 \\ 3x-y+ z+5w = k \end{cases}$$

解答
$$(A, \boldsymbol{b}) = \begin{pmatrix} 1 & -1 & 0 & 1 & 1 \\ 2 & 0 & -1 & -1 & 5 \\ 0 & 4 & 2 & 4 & 10 \\ 3 & -1 & 1 & 5 & k \end{pmatrix}$$

とおく．$(A, \boldsymbol{b})$ に次の行基本変形を行って階段行列にする．

（1） 第 1 行の (-2) 倍，(-3) 倍をそれぞれ第 2 行，第 4 行に加える．

（2） 第 2 行の (-2) 倍，(-1) 倍をそれぞれ第 3 行，第 4 行に加える．

（3） 第 3 行の 1/2 倍を第 4 行に加える．

$$(A, \boldsymbol{b}) \xrightarrow{(1)} \begin{pmatrix} 1 & -1 & 0 & 1 & 1 \\ 0 & 2 & -1 & -3 & 3 \\ 0 & 4 & 2 & 4 & 10 \\ 0 & 2 & 1 & 2 & k-3 \end{pmatrix} \xrightarrow{(2)} \begin{pmatrix} 1 & -1 & 0 & 1 & 1 \\ 0 & 2 & -1 & -3 & 3 \\ 0 & 0 & 4 & 10 & 4 \\ 0 & 0 & 2 & 5 & k-6 \end{pmatrix}$$

$$\xrightarrow{(3)} \begin{pmatrix} 1 & -1 & 0 & 1 & 1 \\ 0 & 2 & -1 & -3 & 3 \\ 0 & 0 & 4 & 10 & 4 \\ 0 & 0 & 0 & 0 & k-8 \end{pmatrix}$$

ゆえに与えられた連立 1 次方程式が解をもつ必要十分な条件は $k = 8$ となることである．

以後 $k = 8$ と仮定する．まず，特殊解は $w = 0$ として

$$\begin{cases} x-y \qquad = 1 \\ \quad 2y-z = 3 \\ \qquad 4z = 4 \end{cases}$$

を解いて，$x = 3, y = 2, z = 1$，$w = 0$ を得る．

次に一般解を求めるために，与えられた連立 1 次方程式に同伴する連立斉 1 次方程式の解空間を求める．その解空間は，上記基本変形が再び使えて，

$$\begin{cases} x-y+\qquad w=0 \\ \quad 2y-z-\ 3w=0 \\ \qquad\quad 4z+10w=0 \end{cases}$$

の解空間と一致する．この解は，任意の定数 p に対して，$w=p$ とおいて，

$$\begin{cases} x-y+\qquad p=0 \\ \quad 2y-z-\ 3p=0 \\ \qquad\quad 4z+10p=0 \end{cases}$$

の解を求めれば，$x=-\dfrac{3}{4}p$，$y=\dfrac{1}{4}p$，$z=-\dfrac{5}{2}p$ となる．よって解は

$$\begin{pmatrix} x \\ y \\ z \\ w \end{pmatrix} = p\begin{pmatrix} -3/4 \\ 1/4 \\ -5/2 \\ 1 \end{pmatrix}$$

である．したがって，ベクトル

$$\begin{pmatrix} -3/4 \\ 1/4 \\ -5/2 \\ 1 \end{pmatrix}$$

が1つの基本解である．

以上をまとめると，与えられた連立1次方程式の一般解は次で与えられる．

$$\begin{pmatrix} x \\ y \\ z \\ w \end{pmatrix} = \begin{pmatrix} 3 \\ 2 \\ 1 \\ 0 \end{pmatrix} + p\begin{pmatrix} -3/4 \\ 1/4 \\ -5/2 \\ 1 \end{pmatrix} \qquad (p\text{ は任意の数})$$

問 8.7.2　次の連立1次方程式が解をもつように定数 k を定め，その特殊解および一般解を，拡大係数行列の行基本変形を行い階段行列にすることによって求めよ．

$$\begin{cases} x+\ y+\ z=1 \\ x+3y+2z=2 \\ x+9y+5z=k \end{cases}$$

n 次正則行列を係数行列とする連立1次方程式の解は，理論的にはクラーメルの公式で見事に与えられたが，実際に解くにはむしろ次の定理による解法の方が実用的といえよう．

定理 8.7.3 n 次正則行列 A を係数行列とする連立1次方程式 $A\boldsymbol{x} = \boldsymbol{b}$ が与えられたとき，この方程式の拡大係数行列 $(A, \boldsymbol{b})$ に基本変形を行うことにより，次の形の行列にすることができる．

$$\begin{pmatrix} 1 & 0 & \cdots & 0 & d_1 \\ 0 & 1 & & \vdots & \vdots \\ \vdots & \ddots & \ddots & 0 & \vdots \\ 0 & \cdots & 0 & 1 & d_n \end{pmatrix}$$

このとき，$A\boldsymbol{x} = \boldsymbol{b}$ の解は

$$x_1 = d_1, \ \cdots, \ x_n = d_n$$

で与えられる．

証明 A が n 次正則行列であるから，今までの議論において $m = n = \mathrm{rank}\, A = r$ をみたす．したがって，以前に述べた拡大係数行列は上の形になり，解も $x_i = d_i$ で与えられる． ∎

8.8 逆行列の計算

正則行列 A が与えられたとき，その逆行列 A^{-1} は基本変形を用いて計算することができる．この方法は，具体的に逆行列を求めるのに実用的である．

じつは，すでに連立1次方程式を基本変形を用いて解く際に本質的に述べられている．

A を n 次正則行列とする．定理8.6.1により，A は行基本変形をくり返すことによって階段行列に変形されるが，$\mathrm{rank}\, A = n$ であるからその階段行列は

$$\begin{pmatrix} c_{11} & & & * \\ & c_{22} & & \\ & & \ddots & \\ O & & & c_{nn} \end{pmatrix} \qquad (c_{11}c_{22}\cdots c_{nn} \neq 0)$$

という形である．次にこの行列の各行にそれぞれ $c_{11}{}^{-1}, c_{22}{}^{-1}, \cdots, c_{nn}{}^{-1}$ をかける

(行基本変形 (I)) ことによって，この行列は

$$\begin{pmatrix} 1 & & * \\ & \ddots & \\ O & & 1 \end{pmatrix}$$

という形になる．次に，第 n 行を何倍かして第 1 行, …, 第 $n-1$ 行に加える (行基本変形 (II)) ことによって，この行列は

$$\begin{pmatrix} 1 & & * & 0 \\ & \ddots & & \vdots \\ O & & \ddots & 0 \\ & & & 1 \end{pmatrix}$$

という形になる．同様に，第 $n-1$ 行を何倍かして第 1 行, …, 第 $n-2$ 行に加えることによって，この行列を

$$\begin{pmatrix} 1 & & 0 & 0 \\ & \ddots \; * & \vdots & \vdots \\ & \ddots & 0 & \vdots \\ O & & 1 & 0 \\ & & & 1 \end{pmatrix}$$

という形にする．この操作を続けると，最終的にはこの行列は単位行列

$$E = \begin{pmatrix} 1 & & O \\ & \ddots & \\ O & & 1 \end{pmatrix}$$

になる．こうして正則行列 A に行基本変形をくり返し行うと単位行列になることが示された．そして，定理 8.5.2 で示したように，これらの行基本変形は基本行列をくり返し左からかけることによって得られるからこれらの基本行列の積を P とすると，

$$PA = E$$

が成り立つ．ここで，行列 A と単位行列 E を並べた $n \times 2n$ 行列 (A, E) を考えると

$$P(A, E) = (E, P)$$

が成り立つ．このことは，行列 (A, E) に行基本変形をくり返し施して A が E になったとすると，E は必然的に $P = A^{-1}$ になっていることを意味している．

例題 8.8.1　次の行列の逆行列を求めよ.

$$\begin{pmatrix} 1 & 3 & 2 \\ 2 & 1 & 3 \\ 1 & 4 & 2 \end{pmatrix}$$

解答　行列 $(A, E) = \left(\begin{array}{ccc|ccc} 1 & 3 & 2 & 1 & 0 & 0 \\ 2 & 1 & 3 & 0 & 1 & 0 \\ 1 & 4 & 2 & 0 & 0 & 1 \end{array}\right)$ に，次の行基本変形を順に行う.

(1)　第1行の (-2) 倍，(-1) 倍をそれぞれ第2行，第3行に加える.

(2)　第2行と第3行を入れかえる.

(3)　第2行の (-3) 倍，5倍をそれぞれ第1行，第3行に加える.

(4)　第3行の2倍を第1行に加える.

(5)　第3行を (-1) 倍する.

$$(A, E) \xrightarrow{(1)} \left(\begin{array}{ccc|ccc} 1 & 3 & 2 & 1 & 0 & 0 \\ 0 & -5 & -1 & -2 & 1 & 0 \\ 0 & 1 & 0 & -1 & 0 & 1 \end{array}\right)$$

$$\xrightarrow{(2)} \left(\begin{array}{ccc|ccc} 1 & 3 & 2 & 1 & 0 & 0 \\ 0 & 1 & 0 & -1 & 0 & 1 \\ 0 & -5 & -1 & -2 & 1 & 0 \end{array}\right) \xrightarrow{(3)} \left(\begin{array}{ccc|ccc} 1 & 0 & 2 & 4 & 0 & -3 \\ 0 & 1 & 0 & -1 & 0 & 1 \\ 0 & 0 & -1 & -7 & 1 & 5 \end{array}\right)$$

$$\xrightarrow{(4)} \left(\begin{array}{ccc|ccc} 1 & 0 & 0 & -10 & 2 & 7 \\ 0 & 1 & 0 & -1 & 0 & 1 \\ 0 & 0 & -1 & -7 & 1 & 5 \end{array}\right) \xrightarrow{(5)} \left(\begin{array}{ccc|ccc} 1 & 0 & 0 & -10 & 2 & 7 \\ 0 & 1 & 0 & -1 & 0 & 1 \\ 0 & 0 & 1 & 7 & -1 & -5 \end{array}\right)$$

ゆえに

$$A^{-1} = \begin{pmatrix} -10 & 2 & 7 \\ -1 & 0 & 1 \\ 7 & -1 & -5 \end{pmatrix}$$

問 8.8.1　次の行列に逆行列があれば，行列の基本変形によってそれを求めよ.

$$\begin{pmatrix} 1 & 3 & 2 \\ 2 & 5 & 4 \\ 3 & 6 & 5 \end{pmatrix}$$

問　題

1. 次の連立1次方程式が解をもつかどうか判定せよ．

（1）$\begin{cases} x+y+z=0 \\ 3x+y+4z=4 \\ x-y+2z=3 \end{cases}$　（2）$\begin{cases} x+y+z=1 \\ 3x+y+4z=4 \\ x-y+2z=2 \end{cases}$

2. 次の連立斉1次方程式の1組の基本解を求めよ．

$$\begin{cases} 3x-5y+3z+w=0 \\ x-y-z+2w=0 \\ x+y-7z+7w=0 \end{cases}$$

3. 次の連立1次方程式が解をもつように k の値を定めてその一般解を求めよ．

$$\begin{cases} x+3y-2z=2 \\ 2x+7y-4z=3 \\ 3x+7y-6z=k \end{cases}$$

4. 次の行列に行基本変形を行って階段行列にせよ．

（1）$\begin{pmatrix} 0 & 2 & 3 & 0 & 1 \\ 1 & -1 & 0 & 2 & 0 \\ 4 & -3 & 1 & 0 & 5 \\ 2 & 0 & 3 & -1 & 1 \end{pmatrix}$　（2）$\begin{pmatrix} 1 & 2 & 3 & 4 & 5 \\ 6 & 7 & 8 & 9 & 10 \\ 11 & 12 & 13 & 14 & 15 \\ 16 & 17 & 18 & 19 & 20 \end{pmatrix}$

5. 次の行列に行基本変形を行って階段行列に変形し，ランクを求めよ．

（1）$\begin{pmatrix} 0 & 1 & 0 & 1 & 0 \\ 1 & 0 & 1 & 0 & 1 \\ 0 & -1 & 0 & -1 & 0 \\ -1 & 0 & -1 & 0 & -1 \end{pmatrix}$　（2）$\begin{pmatrix} 1 & -1 & 0 & 1 \\ 2 & 0 & -3 & 5 \\ 0 & 1 & 4 & -1 \\ 1 & 0 & -2 & 7 \end{pmatrix}$

6. 次の行列のランクを求めよ．

（1）$\begin{pmatrix} 1 & 1 & a \\ 1 & a & 1 \\ a & 1 & 1 \end{pmatrix}$　（2）$\begin{pmatrix} 1 & a & a^2 & bcd \\ 1 & b & b^2 & cda \\ 1 & c & c^2 & dab \\ 1 & d & d^2 & abc \end{pmatrix}$

7. 次の連立斉1次方程式の一般解を求めよ．

（1）$\begin{cases} x-2y+z-w=0 \\ 2x-y+w=0 \\ 3x+5z-2w=0 \end{cases}$　（2）$\begin{cases} x-2y+z-w=0 \\ 2x-y+w=0 \\ 4x-5y+2z-w=0 \end{cases}$

8.　次の連立１次方程式の一般解を求めよ．

$$\begin{cases} x-2y-3z+w=3 \\ 3x+y+z-w=4 \\ 2x+3y+4z-2w=1 \end{cases}$$

9.　次の連立１次方程式が解をもつための条件を求めよ．また，解をもつとき解の自由度を求めよ．

$$\begin{cases} x+y+az=1 \\ x+ay+z=3 \\ ax+y+z=2a \end{cases}$$

10.　次の連立１次方程式が自明でない解をもつための条件を求めよ．

$$\begin{cases} x+y+z=0 \\ ax+by+cz=0 \\ a^2x+b^2y+c^2z=0 \end{cases}$$

11.　次の連立１次方程式が解をもつための条件を求めよ．そのとき一般解を求めよ．

$$\begin{cases} x+y-z=a \\ x-y+z=b \\ -x+y+z=c \\ x+y+z=d \end{cases}$$

12.　次の連立１次方程式が解をもつための条件を求めよ．そのとき一般解を求めよ．

$$\begin{cases} x-y+2z+3w=a \\ x-2y-z-2w=b \\ 2x-3y+z+w=c \\ 3x-5y-w=d \end{cases}$$

13.　次の連立１次方程式が解をもつかどうか判定せよ．

$$\begin{cases} x+y-z=0 \\ 2x+ky+3z=2 \\ x+5y-(2k+5)z=1 \\ x-y+(k+1)z=0 \end{cases}$$

14.　次の連立１次方程式を解け．

$$\begin{cases} x+\ \ y+2z=1 \\ kx+\ \ y+\ \ z=2k+3 \\ x+ky+\ \ z=1 \\ x+\ \ y+kz=1 \end{cases}$$

15.　A を n 次正則行列，$\boldsymbol{e}_1, \cdots, \boldsymbol{e}_n$ を $\boldsymbol{R}^n$ の標準基底とする．連立１次方程式 $A\boldsymbol{x}=\boldsymbol{e}_i$ の解を $\boldsymbol{x}_i$ $(i=1, \cdots, n)$ とするとき，任意の列ベクトル

$$\boldsymbol{b}=\begin{pmatrix} b_1 \\ \vdots \\ b_n \end{pmatrix}$$

に対して，$A\boldsymbol{x}=\boldsymbol{b}$ の解は，

$$b_1\boldsymbol{x}_1+b_2\boldsymbol{x}_2+\cdots+b_n\boldsymbol{x}_n$$

と表わされることを示せ．

16.　a, b, c を 0 でない実数とするとき，連立１次方程式

$$\begin{cases} ax+by+cz=a \\ bx+cy+az=b \\ cx+ay+bz=c \end{cases}$$

について，次の問に答えよ．

（１）　方程式が必ず解をもつことを示せ．

（２）　$a+b+c=0$ のとき，解はどのようになるか．また，$a=b=c$ のときの解はどうか．

（３）　$a+b+c \neq 0$，$a \neq b$，$b \neq c$，$c \neq a$ のときの解はどうか．

17.　行基本変形を用いて，次の行列の逆行列を求めよ．

（１）　$\begin{pmatrix} 1 & -1 & & & O \\ & 1 & -1 & & \\ & & \ddots & \ddots & \\ & & & \ddots & -1 \\ O & & & & 1 \end{pmatrix}$　　（２）　$\begin{pmatrix} 1 & & O & a_1 \\ & \ddots & & \vdots \\ O & & \ddots & a_{n-1} \\ & & & 1 \end{pmatrix}$

9
固有値と固有ベクトル

線形写像は行列で表現され，この行列を通して線形写像が究明されるということと，逆に行列は線形写像の視点でとらえると深く理解されるということを今まで見てきた．

この章では，ベクトル空間 V から自分自身への線形写像を考察対象とし，そのメカニズムを究明するために，基底をうまく選んで表現行列をより見やすいものにするということを考える．

本章で扱う固有値と固有ベクトルのコンセプトは，この目的を達成するための1つのプロセスであると同時に，応用上も重要な役割を担うものである．

9.1 固有値と固有ベクトルの意味

ベクトル空間 V から自分自身への線形写像を線形変換とよぶ．

線形変換 $f\colon V \to V$ が与えられたとき，「あるベクトル $\boldsymbol{v}\,(\neq \boldsymbol{0})$ があって f は $\boldsymbol{v}$ を $\boldsymbol{v}$ の定数倍に写すようにできるであろうか？」という素朴な疑問が出発点になる．式で書けば，

$$f(\boldsymbol{v}) = \lambda \boldsymbol{v}$$

というもので，いわば正比例の式のベクトルバージョンというわけである．

定義 9.1.1 線形変換 $f\colon V \to V$ において，

$$f(\boldsymbol{v}) = \lambda \boldsymbol{v}, \quad \boldsymbol{v} \in V,\ \boldsymbol{v} \neq \boldsymbol{0},\ \lambda \in \boldsymbol{R}$$

をみたす λ を f の**固有値**，$\boldsymbol{v}$ を固有値 λ に属する**固有ベクトル**という．

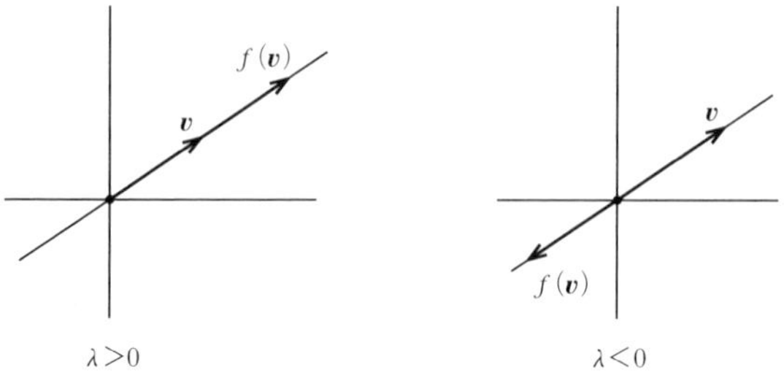

図 9.1

コメント　$\boldsymbol{v}=\mathbf{0}$ とすると λ が何であってもつねに式

$$f(\boldsymbol{v})=\lambda\boldsymbol{v}$$

をみたすが，ほとんど意味をなさないので，固有ベクトル $\boldsymbol{v}$ はゼロベクトルでないものとしていることに注意せよ．ただし，固有値 λ の方は 0 も許している．

複素数 $\boldsymbol{C}$ 上のベクトル空間の線形変換についても $\lambda\in\boldsymbol{C}$ として同様のコンセプトが定義される．

定理 9.1.1　ベクトル空間 V の線形変換 f の固有値の 1 つを λ とする．λ に属する f の固有ベクトル全体とゼロベクトルからなる集合 $V(\lambda)$ は集合

$$\{\boldsymbol{v}\in V\,|\,f(\boldsymbol{v})=\lambda\boldsymbol{v}\}$$

と一致し，V の部分空間になる．

証明　$\boldsymbol{v}=\mathbf{0}$ も等式 $f(\boldsymbol{v})=\lambda\boldsymbol{v}$ をみたすから，$V(\lambda)$ は

$$\{\boldsymbol{v}\in V\,|\,f(\boldsymbol{v})=\lambda\boldsymbol{v}\}$$

と一致する．$\boldsymbol{v}_1, \boldsymbol{v}_2, \boldsymbol{v}\in V, k\in\boldsymbol{R}$ に対して，

$$f(\boldsymbol{v}_1+\boldsymbol{v}_2)=f(\boldsymbol{v}_1)+f(\boldsymbol{v}_2)=\lambda\boldsymbol{v}_1+\lambda\boldsymbol{v}_2=\lambda(\boldsymbol{v}_1+\boldsymbol{v}_2)$$
$$f(k\boldsymbol{v})=kf(\boldsymbol{v})=k\lambda\boldsymbol{v}=\lambda(k\boldsymbol{v})$$

より，

$$\boldsymbol{v}_1+\boldsymbol{v}_2\in V(\lambda),\qquad k\boldsymbol{v}\in V(\lambda)$$

となり，$V(\lambda)$ は V の部分空間になる．■

定理における $V(\lambda)$ を f の固有値 λ に属する**固有空間**という．

定義 9.1.2　n 次正方行列 A は，対応 $\boldsymbol{x} \mapsto A\boldsymbol{x}$ により $\boldsymbol{R}^n$ の線形変換 f_A: $\boldsymbol{R}^n \to \boldsymbol{R}^n$ を定義する．f_A の固有値，固有ベクトル，固有空間を，それぞれ A の**固有値**，**固有ベクトル**，**固有空間**という．

コメント　固有値，固有ベクトルは必ずしも存在するとは限らない．次にそのような例を与えよう．

例　行列 $A = \begin{pmatrix} 0 & 1 \\ -1 & 0 \end{pmatrix}$ で与えられる線形変換 A: $\boldsymbol{R}^2 \to \boldsymbol{R}^2$ を考える．

$$A\boldsymbol{x} = \lambda\boldsymbol{x} \qquad \boldsymbol{x} = \begin{pmatrix} x \\ y \end{pmatrix}$$

をみたす $\lambda \in \boldsymbol{R}$ と $\boldsymbol{x} \neq \boldsymbol{0}$ が存在したとすると，

$$\begin{pmatrix} 0 & 1 \\ -1 & 0 \end{pmatrix}\begin{pmatrix} x \\ y \end{pmatrix} = \lambda\begin{pmatrix} x \\ y \end{pmatrix} \quad \text{これより等式} \quad \begin{cases} y = \lambda x \\ -x = \lambda y \end{cases}$$

を得る．第 1 式を第 2 式に代入して

$$-x = \lambda(\lambda x) = \lambda^2 x \quad \text{ゆえに} \quad (\lambda^2+1)x = 0$$

となる．これより $x = 0$．これを第 1 式に代入して $y = 0$ となる．つまり $\boldsymbol{x} = \boldsymbol{0}$ である．固有ベクトルはゼロベクトルでないものをいうから，これは固有ベクトルではない．つまり，この行列には固有値も固有ベクトルも存在しない．

9.2　固有多項式と固有方程式

まず，固有値，固有ベクトルが存在する線形変換の例をあげる．

例　行列 $A = \begin{pmatrix} 4 & 3 \\ 1 & 2 \end{pmatrix}$ で与えられる線形変換 A: $\boldsymbol{R}^2 \to \boldsymbol{R}^2$ を考える．いま，A の固有値 λ と，λ に属する固有ベクトル

$$\boldsymbol{x} = \begin{pmatrix} x \\ y \end{pmatrix} \neq \boldsymbol{0}$$

が存在したとしよう．

$$\begin{pmatrix} 4 & 3 \\ 1 & 2 \end{pmatrix}\begin{pmatrix} x \\ y \end{pmatrix} = \lambda\begin{pmatrix} x \\ y \end{pmatrix} \iff \begin{cases} 4x+3y = \lambda x \\ x+2y = \lambda y \end{cases} \iff \begin{cases} (4-\lambda)x+3y = 0 \\ x+(2-\lambda)y = 0 \end{cases}$$

連立1次方程式のところで論じたように，この最後の連立1次方程式が $\mathbf{0}$ でない解をもつための必要十分条件は

$$\begin{vmatrix} 4-\lambda & 3 \\ 1 & 2-\lambda \end{vmatrix} = 0$$

である．ここで，λ を t でおきかえた左辺の行列式を $\varphi_A(t)$ とおく．すなわち，

$$\varphi_A(t) = \begin{vmatrix} 4-t & 3 \\ 1 & 2-t \end{vmatrix} = (t-4)(t-2)-3$$
$$= t^2-6t+8-3 = (t-1)(t-5)$$

このとき，λ が行列 A の固有値であることと，λ が $\varphi_A(t) = 0$ の解となることとは同値である．したがって1と5がこの行列 A の固有値である．固有ベクトルの存在は，定理6.5.1による．具体的には後で求める．

この例の考察は，そのまま**一般の線形変換**に対しても成り立つ．すなわち，

定理 9.2.1　n 次正方行列 A が与えられたとき，λ が A の固有値である必要十分条件は，

$$|A-\lambda E| = 0$$

をみたすことである．ここで E は n 次単位行列である．

証明　定義より，$\lambda \in \boldsymbol{R}$ が正方行列 A の固有値であるとは，$A\boldsymbol{x} = \lambda\boldsymbol{x}$ となる0でないベクトル $\boldsymbol{x}$ が存在することである．ここで，n 次単位行列 E を用いると，$\lambda\boldsymbol{x}$ は

$$\lambda\boldsymbol{x} = \lambda E\boldsymbol{x}$$

と書かれる．行列 A と行列 λE は，ともに n 次正方行列であるから行列の積の分配法則より，

$$A\boldsymbol{x}-\lambda\boldsymbol{x} = A\boldsymbol{x}-\lambda E\boldsymbol{x} = (A-\lambda E)\boldsymbol{x}$$

と表わされる．よって，λ が A の固有値となることと，連立斉1次方程式

$$(A-\lambda E)\boldsymbol{x} = \mathbf{0}$$

が，非自明解 $\boldsymbol{x} \neq \mathbf{0}$ をもつことと同値である．定理6.5.1により，このことは $A-\lambda E$ の行列式

$$|A-\lambda E| = 0$$

となることと同値である．　■

定義 9.2.1　n 次正方行列 $A=(a_{ij})$ に対して，

$$\varphi_A(t)=|A-tE|=\begin{vmatrix} a_{11}-t & a_{12} & \cdots & a_{1n} \\ a_{21} & a_{22}-t & \cdots & a_{2n} \\ \vdots & & \ddots & \vdots \\ a_{n1} & \cdots\cdots & \cdots & a_{nn}-t \end{vmatrix}$$

によって定義される変数 t についての多項式 $\varphi_A(t)$ を，行列 A の**固有多項式**または**特性多項式**といい，

$$\varphi_A(t)=0$$

を行列 A の**固有方程式**という．

定理 9.2.1 の主張は，固有方程式の言葉を用いて，次のようにいいかえられる．

定理 9.2.2　λ が行列 A の固有値であるための必要十分条件は，λ が A の固有方程式

$$\varphi_A(t)=0$$

の解になることである．　■

例題 9.2.1　$A=\begin{pmatrix} 7 & -2 \\ 4 & 1 \end{pmatrix}$ とする

（1）　A の固有多項式 $\varphi_A(t)$ を求めよ．

（2）　A の固有値 λ を求めよ．

（3）　A の各固有値 λ に属する固有ベクトルおよび固有空間 $V(\lambda)$ を求めよ．

解答　（1）　定義より $\varphi_A(t)=|A-tE|=\begin{vmatrix} 7-t & -2 \\ 4 & 1-t \end{vmatrix}=t^2-8t+15.$

（2）　$\varphi_A(t)=(t-3)(t-5)=0$ を解くと固有値 $\lambda=3,5.$

（3）　$\lambda=3$ とする．

$$(A-3E)\boldsymbol{x}=\begin{pmatrix} 4 & -2 \\ 4 & -2 \end{pmatrix}\begin{pmatrix} x_1 \\ x_2 \end{pmatrix}=\begin{pmatrix} 0 \\ 0 \end{pmatrix} \quad \text{の解は} \quad \boldsymbol{x}=c\begin{pmatrix} 1 \\ 2 \end{pmatrix}\ (c\in\boldsymbol{R})$$

したがって，たとえば $\begin{pmatrix} 1 \\ 2 \end{pmatrix}$ が固有値 3 に属する固有ベクトルであり，

$$V(3)=\left\{c\begin{pmatrix} 1 \\ 2 \end{pmatrix} \;\middle|\; c\in\boldsymbol{R}\right\}.$$

$\lambda=5$ とする．

$$(A-5E)\boldsymbol{x} = \begin{pmatrix} 2 & -2 \\ 4 & -4 \end{pmatrix}\begin{pmatrix} x_1 \\ x_2 \end{pmatrix} = \begin{pmatrix} 0 \\ 0 \end{pmatrix} \quad \text{の解は} \quad \boldsymbol{x} = c\begin{pmatrix} 1 \\ 1 \end{pmatrix} \ (c \in \boldsymbol{R})$$

したがって，たとえば $\begin{pmatrix} 1 \\ 1 \end{pmatrix}$ が固有値 5 に属する固有ベクトルであり，

$$V(5) = \left\{ c\begin{pmatrix} 1 \\ 1 \end{pmatrix} \middle|\ c \in \boldsymbol{R} \right\}.$$

コメント　上の解答で，「**たとえば** $\begin{pmatrix} 1 \\ 2 \end{pmatrix}$ が固有値 3 に属する固有ベクトル」と書いたが，ここで，$\begin{pmatrix} 2 \\ 4 \end{pmatrix}$ を取っても固有ベクトルである．すなわち，固有空間の 0 でないベクトルは，すべて固有ベクトルである．

問 9.2.1　次の行列の固有値と，各固有値に属する固有空間を求めよ．

（1）$\begin{pmatrix} 2 & 5 \\ 4 & 1 \end{pmatrix}$　（2）$\begin{pmatrix} 3 & 2 \\ -2 & 7 \end{pmatrix}$　（3）$\begin{pmatrix} 1 & 2 & 3 \\ 0 & 1 & -3 \\ 0 & -3 & 1 \end{pmatrix}$　（4）$\begin{pmatrix} 0 & 1 & 1 \\ 1 & 0 & 1 \\ 1 & 1 & 0 \end{pmatrix}$

コメント　固有方程式の解は，9.1 節の例が示すように一般には存在するとは限らない．もしも考えているベクトル空間が複素数上のベクトル空間であるなら，固有値 λ も複素数の範囲で考える．したがって固有方程式も，その解も複素数の範囲で考える．そして，代数学の基本定理としてよく知られているように，一般に n 次の方程式は複素数の範囲で，重複度までこめて，ちょうど n 個の解をもつ．それを $\lambda_1, \cdots, \lambda_n$ とすると，固有多項式 $\varphi_A(t)$ は次のように因数分解される．

$$\varphi_A(t) = (-1)^n(t-\lambda_1)\cdots(t-\lambda_n)$$

したがって，複素数上のベクトル空間においては，必ず固有値を持つ．これが実数上のベクトル空間と本質的に異なる点である．

例　以前の例 $A = \begin{pmatrix} 0 & 1 \\ -1 & 0 \end{pmatrix}$ を考えてみよう．この行列の固有多項式は

$$\varphi_A(t) = \left| \begin{pmatrix} 0 & 1 \\ -1 & 0 \end{pmatrix} - t\begin{pmatrix} 1 & 0 \\ 0 & 1 \end{pmatrix} \right| = \begin{vmatrix} -t & 1 \\ -1 & -t \end{vmatrix} = t^2+1$$

ゆえに，固有方程式 $\varphi_A(t)=0$ は実数の範囲では解をもたない．ところが，複素数の範囲では固有多項式は

$$(t^2+1)=(t-i)(t+i) \qquad (i \text{ は虚数単位 } \sqrt{-1})$$

と分解される．したがって，行列 A は複素数の範囲で固有値 i と $-i$ をもつ．

固有方程式の解としての重複度のことを，固有値の**重複度**という．

定理 9.2.3　線形変換 $f\colon V\to V$ が与えられたとき，V の1つの基底をとり，その基底に関する f の表現行列を A とする．そのとき，f の固有値の集合は重複もこめて，A の固有値の集合と一致する．

証明　$\boldsymbol{v}_1,\cdots,\boldsymbol{v}_n$ を V の1組の基底とする．V のベクトル $\boldsymbol{x}$ をこの基底の1次結合 $\boldsymbol{x}=x_1\boldsymbol{v}_1+\cdots+x_n\boldsymbol{v}_n$ と書く．そのとき，

$$\text{等式}\quad f(\boldsymbol{x})=\lambda\boldsymbol{x}\quad \text{と等式}\quad A\begin{pmatrix}x_1\\ \vdots\\ x_n\end{pmatrix}=\lambda\begin{pmatrix}x_1\\ \vdots\\ x_n\end{pmatrix}$$

とは，定理 6.10.1 により同値であるから，この定理の主張が成り立つ．■

三角行列の固有値

固有値の計算がしやすい例として三角行列があげられる．

n 次正方行列 A が次のように三角行列であるとする．

$$A=\begin{pmatrix}a_{11} & a_{12} & \cdots & a_{1n}\\ 0 & a_{22} & & \vdots\\ \vdots & \ddots & \ddots & \vdots\\ 0 & \cdots & 0 & a_{nn}\end{pmatrix}\quad \text{または}\quad \begin{pmatrix}a_{11} & 0 & \cdots & 0\\ a_{21} & a_{22} & \ddots & \vdots\\ \vdots & & \ddots & 0\\ a_{n1} & \cdots & \cdots & a_{nn}\end{pmatrix}$$

この行列 A の固有多項式を考えてみよう．行列 $A-tE$ は

$$\begin{pmatrix}a_{11}-t & a_{12} & \cdots & a_{1n}\\ 0 & a_{22}-t & & \vdots\\ \vdots & \ddots & \ddots & \\ 0 & \cdots & 0 & a_{nn}-t\end{pmatrix}\quad \text{または}\quad \begin{pmatrix}a_{11}-t & 0 & \cdots & 0\\ a_{21} & a_{22}-t & \ddots & \vdots\\ \vdots & & \ddots & 0\\ a_{n1} & \cdots & \cdots & a_{nn}-t\end{pmatrix}$$

であるから，やはり三角行列になり，したがって，これらの行列式である固有多項式は，いずれの場合も系 4.6.1 と系 4.6.4 より，対角成分の積で与えられ，

$$\varphi_A(t)=(a_{11}-t)(a_{22}-t)\cdots(a_{nn}-t)$$

となる．したがって固有値は対角成分 $a_{11}, a_{22}, \cdots, a_{nn}$ である．

以上を定理にまとめておこう．

定理 9.2.4　n 次正方行列 A が三角行列であるとき，A の固有値全体は重複もこめて A の対角成分と一致する．■

また，定理 4.6.2 より，次の定理が導かれる．

定理 9.2.5　n 次正方行列 A が

$$A = \begin{pmatrix} B & C \\ O & D \end{pmatrix}$$

の形をしているとする．ここで B は r 次正方行列，C は $r \times s$ 行列，D は s 次正方行列，O はすべての成分が 0 からなる $s \times r$ 行列を表わす．そのとき，

$$\varphi_A(t) = \varphi_B(t) \cdot \varphi_D(t)$$

が成り立つ．したがって，行列 A の固有値の全体は重複もこめて，行列 B の固有値と，行列 D の固有値を合せたものと一致する．■

問 9.2.2　定理 9.2.5 を確かめよ．

相似な行列

相似な 2 つの行列の固有値の関係を考察することにしよう．

便宜をはかって定義を復習しておく．n 次正方行列 A, B に対して，

$$B = P^{-1}AP$$

となる正則行列 P が存在するとき，A と B は**相似**であるという．

定理 9.2.6　n 次正方行列 A, B が相似であれば，

$$\varphi_A(t) = \varphi_B(t)$$

である．したがって，A と B の固有値全体は重複もこめて一致する．

証明　$\varphi_B(t) = |B - tE| = |P^{-1}AP - tE|$

tE は任意の行列と可換であるから

$$= |P^{-1}AP - P^{-1}tEP| = |P^{-1}(A - tE)P| = |P^{-1}||A - tE||P|$$

$$= |P|^{-1}|A - tE||P| = |A - tE| = \varphi_A(t)$$ ■

線形変換の固有多項式

定理 9.2.7　線形変換 $f\colon V \to V$ が与えられたとき，V の1つの基底をとり，その基底に関して f を行列表示したものを A とする．そのとき，行列 A の固有多項式 $\varphi_A(t)$ は基底の取り方によらない．

証明　線形変換を行列表示するとき，基底の取り換えは相似の関係になるから，定理 9.2.6 よりそれらの行列の固有多項式は一致する．■

コメント　定理 9.2.7 は，固有多項式は線形変換に対して定義されるコンセプトであることを意味する．

9.3　行列の対角化

正方行列 A が与えられたとき，$B = P^{-1}AP$ が対角行列になるような正則行列 P と対角行列 B を求めることを行列 A の**対角化**という．そしてこのような P と B が存在するとき，A は**対角化可能**であるという．

この節では，固有値，固有ベクトルのコンセプトを用いて，正方行列がいつ対角化可能であるかを考察する．もしも，正方行列 A が対角行列

$$D = \begin{pmatrix} \lambda_1 & & O \\ & \ddots & \\ O & & \lambda_n \end{pmatrix}$$

に相似であれば，定理 9.2.6 と定理 9.2.4 により，$\lambda_1, \cdots, \lambda_n$ が A の固有値の全体である．

固有ベクトルの1次独立性

定理 9.3.1　n 次正方行列 A の相異なる固有値を $\lambda_1, \cdots, \lambda_s$ $(s \leqq n)$ とする．各固有値 λ_i に属する固有ベクトルを $\boldsymbol{x}_i$ とするとき，$\boldsymbol{x}_1, \cdots, \boldsymbol{x}_s$ は1次独立である．

証明　$\boldsymbol{x}_1 \neq \boldsymbol{0}$ であるから $\boldsymbol{x}_1$ は1次独立である．いま $r < s$ をみたす r があって $\boldsymbol{x}_1, \cdots, \boldsymbol{x}_r$ は1次独立で，$\boldsymbol{x}_1, \cdots, \boldsymbol{x}_r, \boldsymbol{x}_{r+1}$ は1次従属になったとして矛盾を導こう．このとき，定理 6.4.6 より

$$\boldsymbol{x}_{r+1} = c_1\boldsymbol{x}_1 + \cdots + c_r\boldsymbol{x}_r \qquad (1)$$

と，一意的に書き表わされる．$\boldsymbol{x}_{r+1} \neq \boldsymbol{0}$ であるから c_i の中に少くとも1つは0

でないものがある．

各 $\boldsymbol{x}_i$ を列ベクトルで表わし，上式 (1) の両辺に左から A をかければ，

$$A\boldsymbol{x}_{r+1} = c_1A\boldsymbol{x}_1 + \cdots + c_rA\boldsymbol{x}_r$$

となる．各 $\boldsymbol{x}_i$ が固有値 λ_i に属する固有ベクトルであるから，これより

$$\lambda_{r+1}\boldsymbol{x}_{r+1} = c_1\lambda_1\boldsymbol{x}_1 + \cdots + c_r\lambda_r\boldsymbol{x}_r \tag{2}$$

となる．また，λ_{r+1} を (1) の両辺にかけて

$$\lambda_{r+1}\boldsymbol{x}_{r+1} = c_1\lambda_{r+1}\boldsymbol{x}_1 + \cdots + c_r\lambda_{r+1}\boldsymbol{x}_r \tag{3}$$

式 (2), (3) より，

$$c_1(\lambda_1 - \lambda_{r+1})\boldsymbol{x}_1 + \cdots + c_r(\lambda_r - \lambda_{r+1})\boldsymbol{x}_r = \boldsymbol{0}$$

仮定より，$1 \leqq i \leqq r$ をみたす各 i で

$$\lambda_i - \lambda_{r+1} \neq 0$$

であり，ある j で $c_j \neq 0$ であるから，上式は自明でない1次関係式である．これは $\boldsymbol{x}_1, \cdots, \boldsymbol{x}_r$ が1次独立であるという仮定に反する．■

定理 9.3.2　A を n 次正方行列，$\lambda_1, \cdots, \lambda_n$ を A の固有値，$\boldsymbol{x}_1, \cdots, \boldsymbol{x}_n$ をそれぞれに属する固有ベクトルとする．（ここで，λ_i は異なるとは仮定しない．）そして $\boldsymbol{x}_i$ を第 i 列とする正方行列を Q とする．すなわち

$$Q = (\boldsymbol{x}_1, \cdots, \boldsymbol{x}_n)$$

のとき，

$$AQ = Q\begin{pmatrix} \lambda_1 & & O \\ & \ddots & \\ O & & \lambda_n \end{pmatrix}$$

が成り立つ．逆に，n 次正方行列 Q と ν_i $(i = 1, \cdots, n)$ が存在して

$$AQ = Q\begin{pmatrix} \nu_1 & & O \\ & \ddots & \\ O & & \nu_n \end{pmatrix}$$

をみたし，Q の各列ベクトルがゼロベクトルでないとすると，ν_i は A の固有値で，Q の第 i 列は固有値 ν_i に属する固有ベクトルである．

証明　仮定より

$$A\boldsymbol{x}_i = \lambda_i\boldsymbol{x}_i \qquad (\boldsymbol{x}_i \neq \boldsymbol{0})$$

である．この両辺の列ベクトルを第 i 列とする行列をそれぞれ考えて，次の行列の等式を得る．

$$\begin{aligned} A(\boldsymbol{x}_1, \boldsymbol{x}_2, \cdots, \boldsymbol{x}_n) &= (A\boldsymbol{x}_1, A\boldsymbol{x}_2, \cdots, A\boldsymbol{x}_n) \\ &= (\lambda_1\boldsymbol{x}_1, \lambda_2\boldsymbol{x}_2, \cdots, \lambda_n\boldsymbol{x}_n) \\ &= (\boldsymbol{x}_1, \boldsymbol{x}_2, \cdots, \boldsymbol{x}_n)\begin{pmatrix} \lambda_1 & & & O \\ & \lambda_2 & & \\ & & \ddots & \\ O & & & \lambda_n \end{pmatrix} \end{aligned}$$

したがって，等式

$$A(\boldsymbol{x}_1, \cdots, \boldsymbol{x}_n) = (\boldsymbol{x}_1, \cdots, \boldsymbol{x}_n)\begin{pmatrix} \lambda_1 & & O \\ & \ddots & \\ O & & \lambda_n \end{pmatrix}$$

が示された．ここで $Q = (\boldsymbol{x}_1, \cdots, \boldsymbol{x}_n)$ であるから，この式は

$$AQ = Q\begin{pmatrix} \lambda_1 & & O \\ & \ddots & \\ O & & \lambda_n \end{pmatrix}$$

と書き直される．逆に，各列ベクトルがゼロベクトルでない n 次正方行列 Q と ν_i $(i = 1, \cdots, n)$ で，行列の等式

$$AQ = Q\begin{pmatrix} \nu_1 & & O \\ & \ddots & \\ O & & \nu_n \end{pmatrix}$$

をみたすとする．行列 Q の第 i 列を $\boldsymbol{x}_i$ と書くとき，上の行列の等式の両辺の第 i 列を取り出して等号で結ぶことによって

$$A\boldsymbol{x}_i = \nu_i\boldsymbol{x}_i$$

となる．仮定より，$\boldsymbol{x}_i \neq \boldsymbol{0}$ であるから，ν_i は固有値で，$\boldsymbol{x}_i$ は固有値 ν_i に属する固有ベクトルである． ∎

コメント 定理 9.3.2 における λ_i はすべて異なるとは仮定していないし，$\boldsymbol{x}_1, \cdots, \boldsymbol{x}_n$ は 1 次独立とは限らない．極端な話，中には同じベクトルがあるかも知れない．したがって行列 Q は一般には正則とは限らない．

対角化と固有ベクトル

定理 9.3.3 n 次正方行列 A が相異なる n 個の固有値 $\lambda_1, \cdots, \lambda_n$ をもつならば，A はこれらを対角成分にもつ対角行列に対角化可能である．つまり，ある正則行列 P があって

$$P^{-1}AP = \begin{pmatrix} \lambda_1 & & O \\ & \ddots & \\ O & & \lambda_n \end{pmatrix}.$$

証明　A の固有値 $\lambda_1, \cdots, \lambda_n$ に属する固有ベクトルを $\boldsymbol{x}_1, \cdots, \boldsymbol{x}_n$ とすると，定理 9.3.1 より，$\boldsymbol{x}_1, \cdots, \boldsymbol{x}_n$ は 1 次独立，したがって $\boldsymbol{R}^n$ の基底となる．そこで $\boldsymbol{x}_i$ を第 i 列とする正方行列を P とする．すなわち $P = (\boldsymbol{x}_1, \boldsymbol{x}_2, \cdots, \boldsymbol{x}_n)$ とする．定理 6.6.1 より P は正則行列である．そして，定理 9.3.2 より等式

$$AP = P\begin{pmatrix} \lambda_1 & & O \\ & \ddots & \\ O & & \lambda_n \end{pmatrix}$$

を得るが，P は正則行列であるからこの等式の両辺に左から P^{-1} をかけて等式

$$P^{-1}AP = \begin{pmatrix} \lambda_1 & & O \\ & \ddots & \\ O & & \lambda_n \end{pmatrix}$$

を得る．■

固有値の重複度と固有空間の次元

固有値の重複度と固有空間の次元は深い関係がある．そのことを見ることにしよう．この考察は，行列の対角化へと展開するものである．

定理 9.3.4　A を n 次正方行列，λ を A の 1 つの固有値とするとき，

$$\lambda \text{に属する固有空間の次元} \leqq \lambda \text{の重複度}$$

が成り立つ．

証明　r = (λ に属する固有空間 $V(\lambda)$ の次元)，k = (λ の重複度)　とおく．$\boldsymbol{x}_1, \cdots, \boldsymbol{x}_r$ を，連立斉 1 次方程式

$$(A-\lambda E)\boldsymbol{x} = \boldsymbol{0}$$

の 1 組の基本解とする．これに $n-r$ 個のベクトル $\boldsymbol{x}_{r+1}, \cdots, \boldsymbol{x}_n$ を補充して，

$$\boldsymbol{x}_1, \cdots, \boldsymbol{x}_r, \boldsymbol{x}_{r+1}, \cdots, \boldsymbol{x}_n$$

が $\boldsymbol{R}^n$ の基底となるようにすることができる（定理 6.9.3）．

そこで，n 次正方行列 P を

$$P = (\boldsymbol{x}_1, \cdots, \boldsymbol{x}_r, \boldsymbol{x}_{r+1}, \cdots, \boldsymbol{x}_n)$$

によって定義すると，定理 6.6.1 より P は正則で，

$$AP = A(\boldsymbol{x}_1, \cdots, \boldsymbol{x}_r, \boldsymbol{x}_{r+1}, \cdots, \boldsymbol{x}_n) = (A\boldsymbol{x}_1, \cdots, A\boldsymbol{x}_r, A\boldsymbol{x}_{r+1}, \cdots, A\boldsymbol{x}_n)$$
$$= (\lambda\boldsymbol{x}_1, \cdots, \lambda\boldsymbol{x}_r, A\boldsymbol{x}_{r+1}, \cdots, A\boldsymbol{x}_n)$$

ここで，$A\boldsymbol{x}_{r+1}, \cdots, A\boldsymbol{x}_n$ は P の列ベクトルの１次結合で表わされるから

$$= (\boldsymbol{x}_1, \cdots, \boldsymbol{x}_r, \boldsymbol{x}_{r+1}, \cdots, \boldsymbol{x}_n)\left(\begin{array}{c|c} \overbrace{\begin{matrix}\lambda & & O\\ & \ddots & \\ O & & \lambda\end{matrix}}^{r} & B \\ \hline O & C\end{array}\right)$$

と表わされる．ゆえに，

$$P^{-1}AP = \left(\begin{array}{c|c} \begin{matrix}\lambda & & O\\ & \ddots & \\ O & & \lambda\end{matrix} & B \\ \hline O & C\end{array}\right)$$

となる．したがって行列 $P^{-1}AP$ の固有多項式は定理 9.2.5 より

$$(\lambda - t)^r\,|C - tE'| \qquad (E' \text{ は } n-r \text{ 次単位行列})$$

である．定理 9.2.6 より，$P^{-1}AP$ と A の固有多項式は等しいから，

$$\varphi_A(t) = (\lambda - t)^r\,|C - tE'|$$

である．λ は $\varphi_A(t)$ の k 重解であったから，

$$r \leqq k$$

が成り立つ．■

例題 9.3.1　次の行列 A の固有値 λ をすべて求め，それぞれの λ の重複度および固有空間の次元を求め，比較せよ．

（1）$\begin{pmatrix}1 & 1\\ 0 & 2\end{pmatrix}$　（2）$\begin{pmatrix}1 & 1\\ 0 & 1\end{pmatrix}$

解答　（1）$|A - \lambda E| = \begin{vmatrix}1-t & 1\\ 0 & 2-t\end{vmatrix} = (t-1)(t-2)$

ゆえに $\lambda = 1, 2$ が固有値である．重複度はいずれも１である．固有値１に属する固有空間 $V(1)$ は

$$V(1)=\left\{\begin{pmatrix}x\\y\end{pmatrix}\ \middle|\ \begin{pmatrix}0&1\\0&1\end{pmatrix}\begin{pmatrix}x\\y\end{pmatrix}=\begin{pmatrix}0\\0\end{pmatrix}\right\}=\left\{c\begin{pmatrix}1\\0\end{pmatrix}\ \middle|\ c\in\boldsymbol{R}\right\}$$

この空間の次元は1である．固有値2に属する固有空間 $V(2)$ は

$$V(2)=\left\{\begin{pmatrix}x\\y\end{pmatrix}\ \middle|\ \begin{pmatrix}-1&1\\0&0\end{pmatrix}\begin{pmatrix}x\\y\end{pmatrix}=\begin{pmatrix}0\\0\end{pmatrix}\right\}=\left\{c\begin{pmatrix}1\\1\end{pmatrix}\ \middle|\ c\in\boldsymbol{R}\right\}$$

この空間の次元は1である．ゆえにこの A の場合は，固有値 λ の重複度と固有空間の次元はいずれも1で等しい．

（2）　$|A-\lambda E|=\begin{vmatrix}1-t&1\\0&1-t\end{vmatrix}=(t-1)^2$

ゆえに $\lambda=1$ だけが固有値であり，その重複度は2である．この固有値1に属する固有空間 $V(1)$ は

$$V(1)=\left\{\begin{pmatrix}x\\y\end{pmatrix}\ \middle|\ \begin{pmatrix}0&1\\0&0\end{pmatrix}\begin{pmatrix}x\\y\end{pmatrix}=\begin{pmatrix}0\\0\end{pmatrix}\right\}=\left\{c\begin{pmatrix}1\\0\end{pmatrix}\ \middle|\ c\in\boldsymbol{R}\right\}$$

この空間の次元は1である．したがって，この A の場合は固有値の重複度と固有空間の次元は一致しない．

固有空間の次元の和

定理 9.3.5　n 次正方行列 A の相異なる固有値を $\lambda_1,\cdots,\lambda_s$ とし，λ_i に属する固有空間を $V(\lambda_i)$ とすると

$$\sum_{i=1}^{s}\dim V(\lambda_i)\leqq n$$

が成り立つ．

証明　固有値 λ_i の重複度を k_i とおく．固有多項式は n 次であるから

$$\sum_{i=1}^{s}k_i\leqq n$$

が成り立つ．他方，定理9.3.4より，任意の $i=1,\cdots,s$ に対して，$\dim V(\lambda_i)\leqq k_i$ であるから，したがって

$$\sum_{i=1}^{s}\dim V(\lambda_i)\leqq n$$

が成り立つ．■

例　例題9.3.1の行列について定理9.3.5を検証してみよう．

（1）
$$A = \begin{pmatrix} 1 & 1 \\ 0 & 2 \end{pmatrix}$$

A の固有値は $1, 2$ であり，それぞれに属する固有空間 $V(1)$，$V(2)$ の次元は両方とも 1 次元であるから，$1+1 = 2$ という関係である．

（2）
$$A = \begin{pmatrix} 1 & 1 \\ 0 & 1 \end{pmatrix}$$

A の固有値は 1 であり，それに属する固有空間の次元は 1 であるから，$1 \leqq 2$ という関係である．

対角化の主定理

定理 9.3.6（対角化の主定理）　n 次正方行列 A について次の 4 条件は同値である．

（1）　A は対角化可能である．

（2）　A の固有方程式は重複もこめて n 個の解をもち，かつ各固有値の重複度はその固有値に属する固有空間の次元に一致する．すなわち，A の異なる固有値を $\lambda_1, \cdots, \lambda_s$ とし，λ_i の重複度を k_i，λ_i に属する固有空間を $V(\lambda_i)$ とするとき，

$$\sum_{i=1}^{s} k_i = n \qquad k_i = \dim V(\lambda_i) \quad (i = 1, \cdots, s)$$

が成り立つ．

（3）　A の各固有値に属する固有空間の次元の和は n になる．すなわち，A の異なる固有値を $\lambda_1, \cdots, \lambda_s$ とし，λ_i に属する固有空間を $V(\lambda_i)$ とするとき，

$$\sum_{i=1}^{s} \dim V(\lambda_i) = n$$

が成り立つ．

（4）　n 個の 1 次独立な A の固有ベクトルが存在する．

証明　（1）⇒（2）　A は対角化可能なので，正則行列 P が存在して

$$P^{-1}AP = \begin{pmatrix} \alpha_1 & & O \\ & \ddots & \\ O & & \alpha_n \end{pmatrix}$$

とできる．α_i は $P^{-1}AP$ の固有値であるから，定理 9.2.6 より A の固有値でもある．したがって順番を変えてまとめれば，λ_1 のブロック，λ_2 のブロック，$\cdots$，λ_s のブロック という具合にできる．順番を変えるのは P の取りかえでできるの

で，結局 P が存在して

$$P^{-1}AP = \begin{pmatrix} \overbrace{\lambda_1 \quad \ddots \quad \lambda_1}^{k_1 \text{ 個}} & & O \\ & \ddots & \\ O & & \overbrace{\lambda_s \quad \ddots \quad \lambda_s}^{k_s \text{ 個}} \end{pmatrix}$$

とできる．ここで k_i は固有値 λ_i の重複度であり，$\sum_{i=1}^{s} k_i = n$ を満たしている．上の行列の等式の両辺に左から P をかけることによって

$$AP = P\begin{pmatrix} \overbrace{\lambda_1 \quad \ddots \quad \lambda_1}^{k_1} & & O \\ & \ddots & \\ O & & \overbrace{\lambda_s \quad \ddots \quad \lambda_s}^{k_s} \end{pmatrix}$$

となる．ここで行列 P を列ベクトルが並んだものと見なし，上の行列の積の等式から両辺の第 i 列どうしの等式をぬき出すことによって，P の

① 最初の k_1 個の列ベクトルは固有値 λ_1 に属する固有ベクトル，

② 次の k_2 個の列ベクトルは固有値 λ_2 に属する固有ベクトル，

…

ⓢ 最後の k_s 個の列ベクトルは固有値 λ_s に属する固有ベクトル

であることが分かる．

仮定より P は正則であるから，P の列ベクトル全体は1次独立である．したがって，特に i 番目のブロックに対応する P の k_i 個の列ベクトルの集合も1次独立であり，これらのベクトルは固有値 λ_i に属する固有ベクトルである．

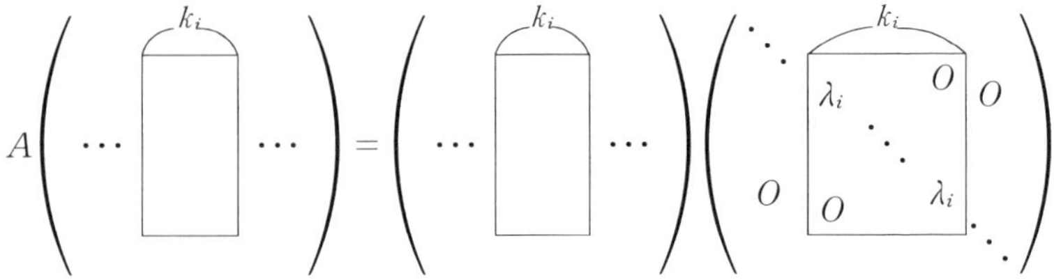

よって,

$$k_i \leqq \dim V(\lambda_i) \qquad (i=1, \cdots, s)$$

が成り立つ．一方，定理 9.3.4 より，一般に

$$k_i \geqq \dim V(\lambda_i) \qquad (i=1, \cdots, s)$$

が成り立つから，結局等号

$$k_i = \dim V(\lambda_i) \qquad (i=1, \cdots, s)$$

が成り立つ．

（2）⇒（3）　条件 (2) の 2 番目の等式を 1 番目の等式に代入することによって，等式

$$\sum_{i=1}^{s} \dim V(\lambda_i) = n$$

を得る．

（3）⇒（4）　$r_i = \dim V(\lambda_i)$ とおき，$V(\lambda_i)$ の 1 つの基底 $\boldsymbol{w}_1{}^{(i)}, \cdots, \boldsymbol{w}_{r_i}{}^{(i)}$ をとる．仮定より，

$$\sum_{i=1}^{s} r_i = n$$

である．そのとき，n 個のベクトル

$$\boldsymbol{w}_1{}^{(1)}, \cdots \boldsymbol{w}_{r_1}{}^{(1)}, \cdots, \boldsymbol{w}_1{}^{(s)}, \cdots, \boldsymbol{w}_{r_s}{}^{(s)}$$

が 1 次独立であることを示そう．いま 1 次関係式 $\sum_{i=1}^{s}\sum_{j=1}^{r_i} c_{ij}\boldsymbol{w}_j{}^{(i)} = \boldsymbol{0}$ があるとする．ここで

$$\boldsymbol{v}^{(i)} = \sum_{j=1}^{r_i} c_{ij}\boldsymbol{w}_j{}^{(i)}$$

とおくと，

$$\boldsymbol{v}^{(i)} \in V(\lambda_i) \qquad \boldsymbol{v}^{(1)} + \cdots + \boldsymbol{v}^{(s)} = \boldsymbol{0}$$

である．いま，ベクトル $\boldsymbol{v}^{(1)}, \cdots, \boldsymbol{v}^{(s)}$ のうち，ゼロベクトルでないのがあるとすると，それらを集めたものは定理 9.3.1 より 1 次独立である．これは

$$\boldsymbol{v}^{(1)} + \cdots + \boldsymbol{v}^{(s)} = \boldsymbol{0}$$

に矛盾する．よって

$$\boldsymbol{v}^{(i)} = \sum_{j=1}^{r_i} c_{ij}\boldsymbol{w}_j{}^{(i)} = \boldsymbol{0}$$

が，任意の $i = 1, \cdots, s$ に対して成り立つ．ところが $\boldsymbol{w}_1{}^{(i)}, \cdots, \boldsymbol{w}_{r_i}{}^{(i)}$ は 1 次独立であるから，$c_{ij} = 0$（$i = 1, \cdots, s$，$j = 1, \cdots, r_i$）が成り立つ．すなわち，

$$\boldsymbol{w}_j{}^{(i)}, i = 1, \cdots, s, j = 1, \cdots, r_i$$

は1次独立である．こうして n 個の1次独立な A の固有ベクトルの存在が示された．

（4）⇒（1）　$A\boldsymbol{w}_i = \lambda_i \boldsymbol{w}_i \ (i = 1, \cdots, n)$ かつ $\boldsymbol{w}_1, \cdots, \boldsymbol{w}_n$ が1次独立とする．そこで $\boldsymbol{w}_1, \cdots, \boldsymbol{w}_n$ を列ベクトルにもつ n 次正方行列を $P = (\boldsymbol{w}_1, \cdots, \boldsymbol{w}_n)$ とすると，定理6.6.1より P は正則で，定理9.3.2より等式

$$AP = P\begin{pmatrix} \lambda_1 & & O \\ & \ddots & \\ O & & \lambda_n \end{pmatrix}$$

を得る．したがって

$$P^{-1}AP = \begin{pmatrix} \lambda_1 & & O \\ & \ddots & \\ O & & \lambda_n \end{pmatrix}$$

となり，A は対角化可能である．　■

コメント　定理9.3.6の証明中に示してあるように，条件(2)は

（2）′　$\boldsymbol{R}^n = V(\lambda_1) \oplus \cdots \oplus V(\lambda_s)$

と同値である．

例題 9.3.2　次の行列が対角化可能かどうか判定せよ．

（1）　$\begin{pmatrix} 1 & 1 \\ 0 & 2 \end{pmatrix}$　　（2）　$\begin{pmatrix} 1 & 1 \\ 0 & 1 \end{pmatrix}$

解答　（1）　例題9.3.1の解答中に示したように，固有値1, 2の固有空間の次元はいずれも1であるから，定理9.3.6よりこの行列は対角化可能である．

（2）　固有値はただひとつ1をもち，1の属する固有空間の次元は1であるから，定理9.3.6よりこの行列は対角化可能ではない．

問 9.3.1　次の行列が対角化可能かどうか判定せよ．

（1）　$\begin{pmatrix} 0 & 0 & 1 \\ 1 & 0 & 0 \\ 0 & 1 & 0 \end{pmatrix}$　　（2）　$\begin{pmatrix} 0 & 1 & 0 \\ 1 & 0 & 1 \\ 0 & 1 & 0 \end{pmatrix}$

対角化の複素バージョン

定理 9.3.7　複素数上のベクトル空間のカテゴリーでは，定理 9.3.6 の (1)～(4) のステートメントはやはり同値であり，さらにこれらは次の (5) と同値になる．

（5）　A の各固有値 λ_i に属する固有空間 $V(\lambda_i)$ の次元は λ_i の重複度に一致する．

証明　定理 9.3.6 の証明はそのまま，複素数上のベクトル空間のカテゴリーでも通用する．そして条件 (5) は定理 9.3.6 の条件 (2) の一部であるから，(2) ⇒ (5) が成り立つ．ところが複素数上で考えると，代数学の基本定理により，n 次の固有方程式は重複もこめてちょうど n 個の解をもつから，等式

$$\sum_{i=1}^{s} k_i = n$$

はつねに成り立つ．つまり複素数上では (5) ⇒ (2) が成り立つ．　∎

複素数上のベクトル空間でないと，定理 9.3.7 の条件 (5) は (1), (2), (3), (4) と同値にはならない．そのような例をあげよう．

例　実数上のベクトル空間のカテゴリーで考える．行列 A を

$$A = \begin{pmatrix} 2 & 0 & 0 \\ 0 & 0 & 1 \\ 0 & -1 & 0 \end{pmatrix}$$

とする．A の固有多項式は

$$|A-tE| = \begin{vmatrix} 2-t & 0 & 0 \\ 0 & -t & 1 \\ 0 & -1 & -t \end{vmatrix} = (2-t)(t^2+1)$$

であるから，実数上では固有値は 2 のみをもつ．固有値 2 に属する固有空間は

$$\{\boldsymbol{x} \in \boldsymbol{R}^3 \mid (A-2E)\boldsymbol{x} = \boldsymbol{0}\}$$

で与えられる．$\boldsymbol{x} = \begin{pmatrix} x \\ y \\ z \end{pmatrix}$ として計算しよう．

$$\begin{pmatrix} 0 & 0 & 0 \\ 0 & -2 & 1 \\ 0 & -1 & -2 \end{pmatrix}\begin{pmatrix} x \\ y \\ z \end{pmatrix} = \begin{pmatrix} 0 \\ 0 \\ 0 \end{pmatrix} \quad \text{これより} \quad \begin{cases} -2y + z = 0 \\ -y - 2z = 0 \end{cases}$$

これを解いて，$y=z=0$ となる．x は任意でよいので，結局固有値 2 に属する固有空間は

$$\left\{\begin{pmatrix} x \\ 0 \\ 0 \end{pmatrix} \middle|\, x \in \boldsymbol{R}\right\}$$

となり，1 次元ベクトル空間である．したがってこの例では，A の固有値 2 に属する固有空間の次元は，固有値 2 の重複度である 1 であるから定理 9.3.7 の条件 (5) をみたす．しかし，定理 9.3.6 の条件 (2) をみたさない．

この例を複素数上で考えると，A の固有値は $2, \pm i$ であるからすべて異なる．一方，定理 9.3.3 は複素行列に対してもそのまま成り立つから，この行列 A は複素行列によって対角化される．■

例題 9.3.3　次の行列が対角化可能かどうか判定し，可能の場合は対角化せよ．

(1) $\begin{pmatrix} -1 & -4 \\ 6 & 9 \end{pmatrix}$　　(2) $\begin{pmatrix} 1 & 1 & 0 \\ 0 & -1 & 1 \\ 0 & 0 & 1 \end{pmatrix}$

解答　与えられた行列を A とする．

(1) $|A-tE| = (t-3)(t-5)$ より，A は固有値 3 と 5 をもつ．2 次正方行列が異なる固有値をもつから定理 9.3.3 より，A は対角化可能である．

固有値 3 に属する固有ベクトルは連立斉 1 次方程式

$$\begin{pmatrix} -1-3 & -4 \\ 6 & 9-3 \end{pmatrix}\begin{pmatrix} x \\ y \end{pmatrix} = \begin{pmatrix} 0 \\ 0 \end{pmatrix} \quad \text{を解いて} \quad c\begin{pmatrix} 1 \\ -1 \end{pmatrix}$$

の形となる．同様に固有値 5 に属する固有ベクトルは連立斉 1 次方程式

$$\begin{pmatrix} -1-5 & -4 \\ 6 & 9-5 \end{pmatrix}\begin{pmatrix} x \\ y \end{pmatrix} = \begin{pmatrix} 0 \\ 0 \end{pmatrix} \quad \text{を解いて} \quad d\begin{pmatrix} -2 \\ 3 \end{pmatrix}$$

の形となる．よって

$$P = \begin{pmatrix} 1 & -2 \\ -1 & 3 \end{pmatrix}$$

とおくことによって，行列 A は

$$P^{-1}AP = \begin{pmatrix} 3 & 0 \\ 0 & 5 \end{pmatrix}$$

と，対角化される．

(2) $|A-tE| = -(1-t)^2(1+t)$ より，A は固有値 1 と -1 をもつ．固有値

1に属する固有ベクトルは連立斉1次方程式

$$\begin{pmatrix} 1-1 & 1 & 0 \\ 0 & -1-1 & 1 \\ 0 & 0 & 1-1 \end{pmatrix}\begin{pmatrix} x \\ y \\ z \end{pmatrix} = \begin{pmatrix} 0 \\ 0 \\ 0 \end{pmatrix}$$

を満たすから

$$\begin{cases} \quad\quad y = 0 \\ -2y+z = 0 \end{cases} \quad \text{となり} \quad c\begin{pmatrix} 1 \\ 0 \\ 0 \end{pmatrix}$$

の形になる．つまり固有値1に属する固有空間の次元は1になり，これは固有値1の重複度である2に一致しない．ゆえに，A は対角化可能ではない．■

問 9.3.2　次の行列が対角化可能であるかどうか判定し，可能の場合は対角化せよ．

（1）$\begin{pmatrix} 1 & 1 & 1 \\ 0 & -1 & 1 \\ 1 & 0 & -2 \end{pmatrix}$　（2）$\begin{pmatrix} 0 & -1 & 1 \\ 2 & -3 & 1 \\ 1 & -1 & -1 \end{pmatrix}$

9.4　行列の三角化

n 次正方行列 A が与えられたとき，A は定理9.3.6の条件を満たすとは限らず，したがって対角化できるとは限らない．それでは，もう少し条件をゆるめた状況でどの程度まで簡単な形に変換できるか考えてみよう．この考察は，著名なハミルトン-ケーリーの定理へと発展するものである．

n 次正方行列 A が与えられたとき，$B = P^{-1}AP$ が三角行列になるような正則行列 P と三角行列 B を求めることを行列 A の**三角化**という．そして，このような P と B が存在するとき，A は**三角化可能**であるという．

また，n 次正方行列 P が

$$P\,{}^tP = E$$

を満たすとき，P を**直交行列**という．

固有値と三角化

定理 9.4.1（固有値と三角化）　n 次正方行列 A が，重複もふくめて n 個の固

有値 $\lambda_1, \cdots, \lambda_n$ をもつとき（すなわち，$\varphi_A(t) = (\lambda_1 - t)\cdots(\lambda_n - t)$ となるとき），A は適当な正則行列 P によって次の形に三角化される．

$$P^{-1}AP = \begin{pmatrix} \lambda_1 & & & * \\ & \lambda_2 & & \\ & & \ddots & \\ O & & & \lambda_n \end{pmatrix}$$

P として直交行列をとることもできる．

証明　A の次数 n に関する帰納法で証明する．

$n = 1$ のとき，定理は明らかに成り立つ．

$n \geqq 2$ として，$n-1$ 次以下の正方行列について定理が成り立つと仮定する．

A を n 次正方行列，λ_1 を A の固有値の1つとし，$\boldsymbol{x}_1$ を固有値 λ_1 に属する固有ベクトルとする．$\boldsymbol{R}^n$ の $n-1$ 個のベクトル $\boldsymbol{x}_2, \cdots, \boldsymbol{x}_n$ を選んで，$\boldsymbol{x}_1, \boldsymbol{x}_2, \cdots, \boldsymbol{x}_n$ が $\boldsymbol{R}^n$ の基底になるようにする．そのとき，$\boldsymbol{x}_1, \cdots, \boldsymbol{x}_n$ を列ベクトルにもつ行列

$$P_1 = (\boldsymbol{x}_1, \boldsymbol{x}_2, \cdots, \boldsymbol{x}_n)$$

は正則行列で，

$$AP_1 = P_1 \left(\begin{array}{c|c} \lambda_1 & * \\ \hline 0 & \\ \vdots & A_1 \\ 0 & \end{array}\right)$$

の形に書くことができる．ここで A_1 は $n-1$ 次正方行列である．したがって

$$P_1^{-1}AP_1 = \left(\begin{array}{c|c} \lambda_1 & * \\ \hline 0 & \\ \vdots & A_1 \\ 0 & \end{array}\right)$$

となる．定理 9.2.6 によれば，A と $P_1^{-1}AP_1$ の固有値の全体は一致するから，定理 9.2.5 より A_1 の固有値の全体は $\lambda_2, \cdots, \lambda_n$ である．$n-1$ 次正方行列 A_1 は，帰納法の仮定により，適当な $n-1$ 次正則行列 P_2 によって三角化され

$$P_2^{-1}A_1P_2 = \begin{pmatrix} \lambda_2 & & * \\ & \ddots & \\ O & & \lambda_n \end{pmatrix}$$

となる．そこで

$$P = P_1 \left(\begin{array}{c|ccc} 1 & 0 & \cdots & 0 \\ \hline 0 & & & \\ \vdots & & P_2 & \\ 0 & & & \end{array}\right)$$

とおくと，P は正則行列で，

$$P^{-1}AP = \left(\begin{array}{c|ccc} 1 & 0 & \cdots & 0 \\ \hline 0 & & & \\ \vdots & & P_2 & \\ 0 & & & \end{array}\right)^{-1} P_1^{-1}AP_1 \left(\begin{array}{c|ccc} 1 & 0 & \cdots & 0 \\ \hline 0 & & & \\ \vdots & & P_2 & \\ 0 & & & \end{array}\right)$$

$$= \left(\begin{array}{c|ccc} 1 & 0 & \cdots & 0 \\ \hline 0 & & & \\ \vdots & & P_2^{-1} & \\ 0 & & & \end{array}\right) \left(\begin{array}{c|c} \lambda_1 & * \\ \hline 0 & \\ \vdots & A_1 \\ 0 & \end{array}\right) \left(\begin{array}{c|ccc} 1 & 0 & \cdots & 0 \\ \hline 0 & & & \\ \vdots & & P_2 & \\ 0 & & & \end{array}\right)$$

$$= \left(\begin{array}{c|c} \lambda_1 & * \\ \hline 0 & \\ \vdots & P_2^{-1}A_1P_2 \\ 0 & \end{array}\right) = \begin{pmatrix} \lambda_1 & & & * \\ & \lambda_2 & & \\ & & \ddots & \\ O & & & \lambda_n \end{pmatrix}$$

となる．

以上において，$\boldsymbol{x}_1, \cdots, \boldsymbol{x}_n$ を $\boldsymbol{R}^n$ の標準的な内積に関して正規直交基底となるように選ぶことによって P_1 は直交行列にとれる．P_2 も帰納法の仮定によって直交行列にとれるから，結局 P として直交行列がとれる．これらについては，後述する内積やシュミットの直交化法等を参照されたい．(10.2, 10.5, 10.8 参照) ∎

コメント　定理 9.4.1 における行列の三角化のための (十分) 条件は明らかに必要条件でもある．そしてこの三角化のための必要十分条件は，定理 9.3.6 における行列の対角化のための必要十分条件 (2) のうちの一部である．また，この条件は後述するジョルダンの標準型定理の条件とも同じである．

三角化の複素バージョン

行列の三角化の複素バージョンを考えよう．

複素数を成分とする行列 U が，$U\,{}^t\overline{U} = E$ をみたすとき，U を**ユニタリ行列**

という．ここで ${}^t\overline{U}$ は，U を転置して，各成分をその複素共役でおきかえた行列を表わす．

定理 9.4.2　n 次複素正方行列 A に対して適当な正則行列 P をとれば $P^{-1}AP$ は三角行列になる．

$$P^{-1}AP = \begin{pmatrix} \lambda_1 & & * \\ & \ddots & \\ O & & \lambda_n \end{pmatrix}$$

P としてユニタリ行列をとることもできる．

証明　複素数のベクトル空間のカテゴリーにおいては，n 次正方行列 A は重複もこめて**つねに** n 個の固有値をもつから，前定理の証明がそのまま通用して，適当な正則行列 P によって $P^{-1}AP$ が三角行列にできる．

そして $\boldsymbol{C}^n$ 上の標準的（エルミット）内積に関して，前定理の証明中の $\boldsymbol{x}_1, \cdots, \boldsymbol{x}_n$ として正規直交基底を選ぶと，P_1 はユニタリ行列になる．P_2 も帰納法の仮定によってユニタリ行列がとれるから，結局 P としてユニタリ行列がとれる．これらについては，後述する複素数上のベクトル空間の（エルミット）内積や，この内積に関するシュミットの直交化法等を参照されたい．（10.9，10.10参照）　■

行列の多項式

行列の多項式に関する諸性質を導くのに，行列の三角化のテクニックは重要な役割を果たす．x の多項式

$$f(x) = a_m x^m + a_{m-1}x^{m-1} + \cdots + a_0$$

と n 次正方行列 A が与えられたとき，

$$f(A) = a_m A^m + a_{m-1}A^{m-1} + \cdots + a_0 E$$

と定義する．ここで，E は n 次単位行列を表わす．

この $f(A)$ を，多項式 $f(x)$ に行列 A を**代入**して得られた行列という．

ハミルトン-ケーリーの定理

正方行列がみたす多項式の基本的な関係を与えると同時に，応用上もパワフルなハミルトン-ケーリーの定理を示そう．

定理 9.4.3（ハミルトン-ケーリーの定理）　A を任意の正方行列，$\varphi_A(t)$ を A の固有多項式とするとき，

$$\varphi_A(A) = O$$

が成り立つ．

証明　与えられた n 次正方行列 A が実数を成分とする行列であっても，A を複素ベクトル空間の線形変換

$$A\colon \boldsymbol{C}^n \longrightarrow \boldsymbol{C}^n$$

とみなすことができる．

もちろん，行列 A が始めから複素数を成分とする行列であって，A が複素ベクトル空間の線形変換として与えられている場合はそのままでよい．

そのとき，行列 A は重複もこめて n 個の固有値をもつ．それらを $\lambda_1, \cdots, \lambda_n$ としよう．固有値は固有方程式 $\varphi_A(t) = 0$ の解であるから，固有多項式 $\varphi_A(t)$ は次のように因数分解される．

$$\varphi_A(t) = (\lambda_1 - t)(\lambda_2 - t)\cdots(\lambda_n - t)$$

ここで，A と $\lambda_i E$ とは可換，すなわち，

$$A(\lambda_i E) = (\lambda_i E)A$$

であるから，固有多項式 $\varphi_A(t)$ に A を代入したものと，固有多項式を上のように因数分解してから A を代入したものとは一致する．つまり，等式

$$\varphi_A(A) = (\lambda_1 E - A)(\lambda_2 E - A)\cdots(\lambda_n E - A)$$

が成り立つ．（右辺を展開して整理するさいに，$A(\lambda_i E) = (\lambda_i E)A$ が必要である．）

定理 9.4.2 により，適当な n 次正則行列 P によって A を三角化して

$$P^{-1}AP = \begin{pmatrix} \lambda_1 & & * \\ & \ddots & \\ O & & \lambda_n \end{pmatrix}$$

とできる．そして，

$$\begin{aligned} P^{-1}\varphi_A(A)P &= P^{-1}(\lambda_1 E - A)(\lambda_2 E - A)\cdots(\lambda_n E - A)P \\ &= P^{-1}(\lambda_1 E - A)PP^{-1}(\lambda_2 E - A)PP^{-1}\cdots PP^{-1}(\lambda_n E - A)P \end{aligned}$$

$\lambda_i E$ と P とは可換であるから，$P^{-1}(\lambda_1 E)P = P^{-1}P(\lambda_1 E) = \lambda_1 E$ が成り立ち，

$$= (\lambda_1 E - P^{-1}AP)(\lambda_2 E - P^{-1}AP)\cdots(\lambda_n E - P^{-1}AP)$$

となる．ここで，各 $k = 1, 2, \cdots, n$ に対して

となることを示そう．

$$(\lambda_1 E - P^{-1}AP)\cdots(\lambda_k - P^{-1}AP) = \begin{pmatrix} \overbrace{\begin{matrix} 0 & \cdots & 0 \\ \vdots & & \vdots \\ 0 & \cdots & 0 \end{matrix}}^{k} & * \end{pmatrix}$$

k についての帰納法で証明する．$k=1$ のとき，

$$\lambda_1 E - P^{-1}AP = \begin{pmatrix} \lambda_1-\lambda_1 & & & * \\ & \lambda_1-\lambda_2 & & \\ & & \ddots & \\ O & & & \lambda_1-\lambda_n \end{pmatrix} = \begin{pmatrix} 0 & & & * \\ & \lambda_1-\lambda_2 & & \\ & & \ddots & \\ O & & & \lambda_1-\lambda_n \end{pmatrix}$$

であるから成り立つ．

k のときに成り立つと仮定して，$k+1$ のときに成り立つことを示そう．

$$(\lambda_1 E - P^{-1}AP)\cdots(\lambda_k E - P^{-1}AP)(\lambda_{k+1} E - P^{-1}AP)$$

$$= \begin{pmatrix} \overbrace{\begin{matrix} 0 & \cdots & 0 \\ \vdots & & \vdots \\ 0 & \cdots & 0 \end{matrix}}^{k} & * \end{pmatrix} \begin{pmatrix} \overbrace{\begin{matrix} \lambda_{k+1}-\lambda_1 & & & \\ & \ddots & & \\ & & 0 & \\ O & & & \ddots \end{matrix}}^{k+1} & * \\ & & & \lambda_{k+1}-\lambda_n \end{pmatrix}$$

$$= \begin{pmatrix} \overbrace{\begin{matrix} 0 & \cdots & 0 & 0 \\ \vdots & & \vdots & \vdots \\ \vdots & & \vdots & \vdots \\ 0 & \cdots & 0 & 0 \end{matrix}}^{k+1} & * \end{pmatrix}$$

ゆえに，$k+1$ のときに成り立つ．いま，$k=n$ とすると

$$P^{-1}\varphi_A(A)P = (\lambda_1 E - P^{-1}AP)\cdots(\lambda_n E - P^{-1}AP) = O$$

となり，したがって $\varphi_A(A) = P^{-1}OP = O$ が成り立つ． ∎

コメント 複素数上のベクトル空間の場合には，この証明は自然である．

しかし，実数上のベクトル空間の場合には，一度複素数の世界を通って実数の世界の事実を証明したわけである．少し違和感があるかも知れないが，このようなことは3次方程式の解法とか，量子力学の世界でも起ることである．

問　題

1.　次の行列の固有値と固有ベクトルを求めよ．

（1）$\begin{pmatrix} 1 & 2 \\ 5 & 4 \end{pmatrix}$　　（2）$\begin{pmatrix} 1 & 2 & 4 \\ 2 & -2 & 2 \\ 4 & 2 & 1 \end{pmatrix}$

2.　n 次正方行列 A について，A が正則行列である必要十分条件は，A が 0 を固有値としてもたないことである．

3.　次の行列が対角化可能かどうか判定し，可能の場合は対角化せよ．

（1）$\begin{pmatrix} 1 & 5 & 1 \\ 4 & 0 & 1 \\ 0 & 0 & -4 \end{pmatrix}$　　（2）$\begin{pmatrix} 0 & 1 & -1 \\ -2 & 3 & -1 \\ -1 & 1 & 1 \end{pmatrix}$　　（3）$\begin{pmatrix} 0 & 1 & 1 \\ 1 & 0 & 1 \\ 1 & 1 & 0 \end{pmatrix}$

4.　次の行列が対角化可能かどうか判定し，可能の場合は対角化せよ．

（1）$\begin{pmatrix} 0 & 0 & 0 & 1 \\ 0 & 0 & 1 & 0 \\ 0 & 1 & 0 & 0 \\ 1 & 0 & 0 & 0 \end{pmatrix}$　　（2）$\begin{pmatrix} 2 & 2 & 2 \\ 0 & 3 & 1 \\ -1 & 2 & 3 \end{pmatrix}$

5.　次の行列が対角化可能かどうか判定し，可能の場合は対角化せよ．ただし，$a \neq b$，$c \neq 0$ とする．

（1）$\begin{pmatrix} a & c & 0 \\ 0 & a & 0 \\ 0 & 0 & b \end{pmatrix}$　　（2）$\begin{pmatrix} a & 0 & 0 \\ 0 & a & c \\ 0 & 0 & b \end{pmatrix}$

6.　A を n 次正方行列とする．A の固有多項式が $(\lambda - t)^n$ で，$A \neq \lambda E$ ならば A は対角化可能でないことを示せ．

7.　次の行列 A を三角化せよ．

（1）$\begin{pmatrix} 5 & 1 \\ -1 & 3 \end{pmatrix}$　　（2）$\begin{pmatrix} 4 & 3 & 2 \\ 1 & 4 & 1 \\ -4 & -7 & -2 \end{pmatrix}$

8.　n 次正方行列 A について，A の固有値がすべて 0 であることと A がべき零行列であることとは同値であることを示せ．ここで A が**べき零行列**であるとは，$A^m = O$ となる自然数 m が存在するときにいう．

9.　正方行列 A の固有多項式は，その転置行列 ${}^tA$ の固有多項式と一致することを示せ．

10.　正方行列 A について，$A^m = E$ となる自然数 m が存在するならば複素数のカテゴリーで考えて A の固有値はすべて1の m 乗根であることを示せ.

11.　対角化可能なべき零行列は零行列に限ることを示せ.

12.　$A^2 = A$ を満たす正方行列 A の固有値は0か1であることを示せ.（このような行列を**べき等行列**という.）

13.　正則行列 A の逆行列 A^{-1} は，ある多項式に A を代入したものとして表わされることを示せ.

14.　正方行列 A の固有値がすべて1より小さい実数であれば $|E-A|>0$ であることを示せ.

15.　$A = \begin{pmatrix} 1 & 2 & 1 \\ 0 & 2 & 0 \\ 0 & -1 & 3 \end{pmatrix}$ を対角化し，それを用いて A^n を求めよ.

16.　A を n 次正方行列，$\varphi(t)$ を A の固有多項式とするとき，次を示せ.

（1）　$\varphi(t) = (-1)^n t^n + (-1)^n (\mathrm{tr}\,A)\, t^{n-1} + \cdots + |A|$

（2）　n 次正則行列 P に対し，$\mathrm{tr}(P^{-1}AP) = \mathrm{tr}\,A$.

17.　n 次正則行列 A が n 個の固有値 $\lambda_1, \cdots, \lambda_n$ をもつとき，次を示せ.

（1）　$\mathrm{tr}\,A = \lambda_1 + \cdots + \lambda_n$,　　$|A| = \lambda_1 \cdots \lambda_n$

（2）　$\mathrm{tr}\,A^m = \lambda_1{}^m + \cdots + \lambda_n{}^m$　　$(m \geqq 1)$

18.　$A = \begin{pmatrix} 1 & 0 & 0 \\ 2 & 1 & 3 \\ 0 & 0 & -1 \end{pmatrix}$ について，ハミルトン-ケーリーの定理を用いて，

$n \geqq 3$ のとき，$A^n = A^{n-2} + A^2 - E$ を示せ．これを用いて A^{100} を求めよ.

19.　$A = \begin{pmatrix} p & 1-q \\ 1-p & q \end{pmatrix}$ $(0 < p,\ q < 1)$　とおくとき，次を示せ.

（1）　A は固有値1，$p+q-1$ をもつことを示せ.

（2）　A を対角化せよ.

（3）　A^n を求めよ.

（4）　$\displaystyle\lim_{n\to\infty} A^n$ を求めよ.

20.　$f(x)$ を x の多項式，A を n 次正方行列とする．A が重複もこめて n 個の固有値 $\lambda_1, \cdots, \lambda_n$ をもつとき，行列 $f(A)$ は重複もこめて n 個の固有値 $f(\lambda_1), \cdots, f(\lambda_n)$ をもつことを示せ.

10 内積

ベクトル空間には和とスカラー倍という演算がある．これらはいわば代数的な構造である．このような代数的な対象にさらにベクトルの長さや，2つのベクトルの関係を表わす内積や角度といったコンセプトが導入されると，より幾何学的，視覚的にとらえやすいものになる．いわば，ベクトル空間に計量を入れて，ベクトルをあつかう際の重要な手がかりにしようというわけである．

そのような計量の観点からベクトル空間をとらえてみることにしよう．

10.1 空間の内積と外積

一般のベクトル空間の内積を導入するにあたり，まず身近な平面 $\boldsymbol{R}^2$ や空間 $\boldsymbol{R}^3$ の内積を考えてみよう．

$\boldsymbol{a}, \boldsymbol{b}$ を空間内の2つのベクトルで，いずれもゼロベクトルではないとする．

原点Oを始点として

$$\boldsymbol{a} = \overrightarrow{\mathrm{OA}}, \qquad \boldsymbol{b} = \overrightarrow{\mathrm{OB}}$$

となる点A, Bをとる．このとき，

$$\theta = \angle \mathrm{AOB}$$

を**ベクトル $\boldsymbol{a}, \boldsymbol{b}$ のなす角**という．ただし，

$$0 \leqq \theta \leqq \pi$$

とする．このとき，

$$\|\boldsymbol{a}\|\|\boldsymbol{b}\|\cos\theta$$

を $\boldsymbol{a}$ と $\boldsymbol{b}$ の**内積**，または**スカラー積**といい，記号 $(\boldsymbol{a}, \boldsymbol{b})$ または $\boldsymbol{a}\cdot\boldsymbol{b}$ で表わす．ここで，$\|\boldsymbol{a}\|$, $\|\boldsymbol{b}\|$ はそれぞれベクトル $\boldsymbol{a}, \boldsymbol{b}$ の長さを表わす．なお，$\boldsymbol{a} = \boldsymbol{0}$ ま

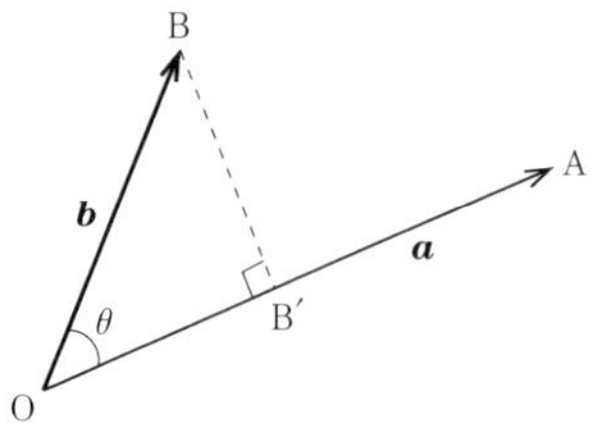

図 10.1

たは $\boldsymbol{b} = \boldsymbol{0}$ のときには $(\boldsymbol{a}, \boldsymbol{b}) = 0$ と定める．

この定義を図 10.1 の記号を使って表現すると，

$$(\boldsymbol{a}, \boldsymbol{b}) = \pm\ \overline{\mathrm{OA}}\cdot\overline{\mathrm{OB}'}$$

±の符号は，$\overrightarrow{\mathrm{OA}}$ と $\overrightarrow{\mathrm{OB}'}$ が同じ方向の時はプラス，反対の時はマイナスである．このことはもちろん $0 \leqq \theta < \pi/2$, $\pi/2 < \theta \leqq \pi$ に対応している．定義からただちに次のことが分かる．

$$\cos\theta = \frac{(\boldsymbol{a}, \boldsymbol{b})}{\|\boldsymbol{a}\|\|\boldsymbol{b}\|}, \qquad (\boldsymbol{a}, \boldsymbol{a}) = \|\boldsymbol{a}\|^2$$

ゆえに，

$$\|\boldsymbol{a}\| = \sqrt{(\boldsymbol{a}, \boldsymbol{a})}$$

これらのことから，ベクトルの大きさや 2 つのベクトルのなす角などを扱う際には，内積のコンセプトが有用であることが分かる．

また，$-1 \leqq \cos\theta \leqq 1$ であるから，任意のベクトル $\boldsymbol{a}, \boldsymbol{b}$ に対して

$$-\|\boldsymbol{a}\|\|\boldsymbol{b}\| \leqq (\boldsymbol{a}, \boldsymbol{b}) \leqq \|\boldsymbol{a}\|\|\boldsymbol{b}\|$$

が成り立つ．すなわち

$$|(\boldsymbol{a}, \boldsymbol{b})| \leqq \|\boldsymbol{a}\|\|\boldsymbol{b}\|$$

となる．2 つのベクトル $\boldsymbol{a}, \boldsymbol{b}$ のなす角 θ が直角のとき，$\boldsymbol{a}$ と $\boldsymbol{b}$ は**直交する**といい，

$$\boldsymbol{a} \perp \boldsymbol{b}$$

で表わす．このとき，$\cos\theta = 0$ であるから次のことが成り立つ．

$$\boldsymbol{a} \perp \boldsymbol{b} \iff (\boldsymbol{a}, \boldsymbol{b}) = 0$$

ここで，ゼロベクトルは任意のベクトルと直交すると考えることにすると，上の同値はゼロベクトルの場合も除外しないことになる．

内積については，さらに次の性質が成り立つ．証明はほとんど明らかであるし，後で述べるベクトルを成分表示したときの内積の解釈からも導かれる．

（1）　$(\boldsymbol{a}, \boldsymbol{b}) = (\boldsymbol{b}, \boldsymbol{a})$

（2）　$(\boldsymbol{a}, \boldsymbol{b}+\boldsymbol{c}) = (\boldsymbol{a}, \boldsymbol{b})+(\boldsymbol{a}, \boldsymbol{c})$

（3）　$(\lambda\boldsymbol{a}, \boldsymbol{b}) = (\boldsymbol{a}, \lambda\boldsymbol{b}) = \lambda(\boldsymbol{a}, \boldsymbol{b})$　　（λ はスカラー）

（4）　$(\boldsymbol{a}, \boldsymbol{a}) \geqq 0$　　（等号は $\boldsymbol{a} = \boldsymbol{0}$ で，そのときに限って成り立つ．）

内積の成分による表現

空間内のベクトルは座標を使って 3 項数ベクトルとして表わされる．ベクトルをこのように成分表示したとき，内積は成分を使ってきれいに書き表わされることを見よう．

まず，空間内のベクトル $\boldsymbol{a}$ を $\boldsymbol{a} = (a_1, a_2, a_3)$ と成分表示するとき，$\boldsymbol{a}$ の大きさ $\|\boldsymbol{a}\|$ は，下図にピタゴラスの定理（三平方の定理）を適用して

$$\|\boldsymbol{a}\| = \sqrt{{a_1}^2+{a_2}^2+{a_3}^2}$$

で与えられることがわかる．

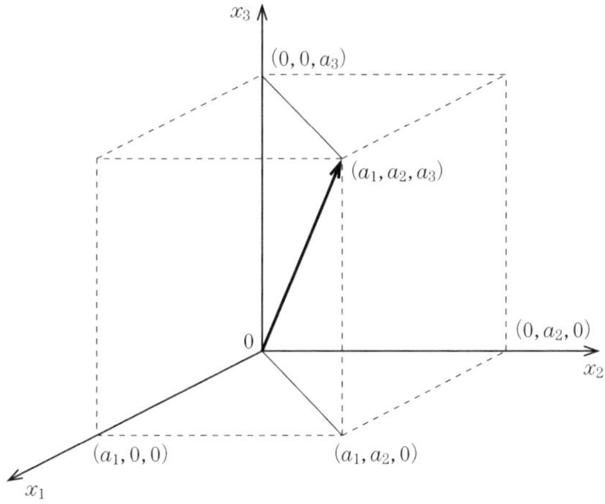

図 10.2

定理 10.1.1　2 つのベクトル $\boldsymbol{a}, \boldsymbol{b}$ の成分表示を $\boldsymbol{a} = (a_1, a_2, a_3)$，$\boldsymbol{b} = (b_1, b_2, b_3)$ とするとき，

$$(\boldsymbol{a}, \boldsymbol{b}) = a_1b_1+a_2b_2+a_3b_3$$

が成り立つ．

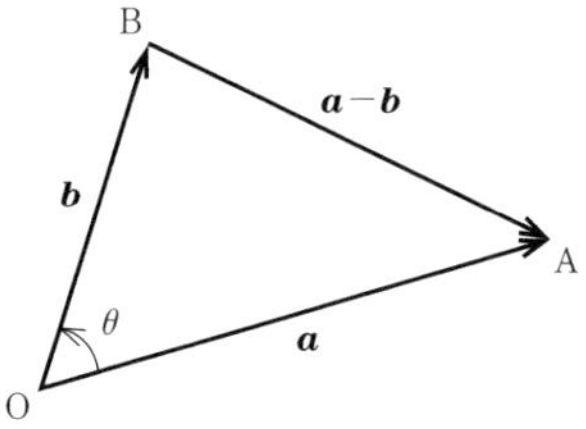

図 10.3

証明　図 10.3 のように，$\boldsymbol{a} = \overrightarrow{\mathrm{OA}}$，$\boldsymbol{b} = \overrightarrow{\mathrm{OB}}$，$\theta = \angle \mathrm{AOB}$ とする．余弦定理によって

$$\|\boldsymbol{a}\|^2 + \|\boldsymbol{b}\|^2 - \|\boldsymbol{a}-\boldsymbol{b}\|^2 = 2\|\boldsymbol{a}\|\|\boldsymbol{b}\|\cos\theta$$

が成り立つ．ここで，ピタゴラスの定理より

$$\|\boldsymbol{a}\|^2 = a_1{}^2 + a_2{}^2 + a_3{}^2, \qquad \|\boldsymbol{b}\|^2 = b_1{}^2 + b_2{}^2 + b_3{}^2$$

$$\|\boldsymbol{a}-\boldsymbol{b}\|^2 = (a_1-b_1)^2 + (a_2-b_2)^2 + (a_3-b_3)^2$$

であるから，内積の定義

$$(\boldsymbol{a}, \boldsymbol{b}) = \|\boldsymbol{a}\|\|\boldsymbol{b}\|\cos\theta = \frac{1}{2}\{\|\boldsymbol{a}\|^2 + \|\boldsymbol{b}\|^2 - \|\boldsymbol{a}-\boldsymbol{b}\|^2\}$$

に代入すると

$$(\boldsymbol{a}, \boldsymbol{b}) = a_1b_1 + a_2b_2 + a_3b_3$$

を得る．　■

コメント　　この定理は，内積の定義を次のように与えても同値であることを意味すると同時に，n 項数ベクトルの場合に内積を一般化する方法を示唆している．空間内の 2 つのベクトル $\boldsymbol{a}, \boldsymbol{b}$ を $\boldsymbol{a} = (a_1, a_2, a_3)$, $\boldsymbol{b} = (b_1, b_2, b_3)$ と，成分表示するとき，$\boldsymbol{a}$ と $\boldsymbol{b}$ の**内積** $(\boldsymbol{a}, \boldsymbol{b})$ を

$$(\boldsymbol{a}, \boldsymbol{b}) = a_1b_1 + a_2b_2 + a_3b_3$$

によって定義する．

ベクトルの外積

ベクトルの積には，内積の他に外積というのがある．これは 3 次元空間特有のものである．

3 次元空間のベクトルを成分表示して考える．2 つのベクトル $\boldsymbol{a} = (a_1, a_2, a_3)$, $\boldsymbol{b} = (b_1, b_2, b_3)$ に対して，ベクトル

$$\left(\begin{vmatrix} a_2 & a_3 \\ b_2 & b_3 \end{vmatrix}, -\begin{vmatrix} a_1 & a_3 \\ b_1 & b_3 \end{vmatrix}, \begin{vmatrix} a_1 & a_2 \\ b_1 & b_2 \end{vmatrix}\right)$$

を $\boldsymbol{a}$ と $\boldsymbol{b}$ の**外積**または**ベクトル積**といい，$\boldsymbol{a}\times\boldsymbol{b}$ で表わす．

3 項数ベクトル空間 $\boldsymbol{R}^3$ の標準基底（行ベクトルで書く）

$$\boldsymbol{e}_1 = (1, 0, 0), \quad \boldsymbol{e}_2 = (0, 1, 0), \quad \boldsymbol{e}_3 = (0, 0, 1)$$

を用いてベクトルの外積を表現すると，

「2 つのベクトル

$$\boldsymbol{a} = a_1\boldsymbol{e}_1 + a_2\boldsymbol{e}_2 + a_3\boldsymbol{e}_3, \quad \boldsymbol{b} = b_1\boldsymbol{e}_1 + b_2\boldsymbol{e}_2 + b_3\boldsymbol{e}_3$$

に対して，ベクトル

$$\begin{vmatrix} a_2 & a_3 \\ b_2 & a_3 \end{vmatrix}\boldsymbol{e}_1 - \begin{vmatrix} a_1 & a_3 \\ b_1 & b_3 \end{vmatrix}\boldsymbol{e}_2 + \begin{vmatrix} a_1 & a_2 \\ b_1 & b_2 \end{vmatrix}\boldsymbol{e}_3$$

を $\boldsymbol{a}$ と $\boldsymbol{b}$ の外積という」

ということになる．この式は次の形式的な行列式の第 1 行に関する展開と考えられる．

$$\begin{vmatrix} \boldsymbol{e}_1 & \boldsymbol{e}_2 & \boldsymbol{e}_3 \\ a_1 & a_2 & a_3 \\ b_1 & b_2 & b_3 \end{vmatrix}$$

定理 10.1.2　外積に関して，次の法則が成り立つ．

（1）　$\boldsymbol{a}\times\boldsymbol{b} = -\boldsymbol{b}\times\boldsymbol{a}$

（2）　$(\lambda\boldsymbol{a})\times\boldsymbol{b} = \boldsymbol{a}\times(\lambda\boldsymbol{b}) = \lambda(\boldsymbol{a}\times\boldsymbol{b})$

（3）　$\boldsymbol{a}\times(\boldsymbol{b}+\boldsymbol{c}) = \boldsymbol{a}\times\boldsymbol{b}+\boldsymbol{a}\times\boldsymbol{c}$

（4）　$\boldsymbol{a}\times\boldsymbol{a} = \boldsymbol{0}$

証明　外積の行列式による表現を見れば，これらの法則はすべて行列式の基本的性質から導かれることが分かる．　■

ベクトルの外積と内積を組み合せた関係についての定理を後のために準備しよう．

定理 10.1.3　3 つのベクトル，$\boldsymbol{a} = (a_1, a_2, a_3)$, $\boldsymbol{b} = (b_1, b_2, b_3)$, $\boldsymbol{c} = (c_1, c_2, c_3)$ について，

$$(\boldsymbol{a}\times\boldsymbol{b},\ \boldsymbol{c}) = (\boldsymbol{a},\ \boldsymbol{b}\times\boldsymbol{c}) = \begin{vmatrix} a_1 & a_2 & a_3 \\ b_1 & b_2 & b_3 \\ c_1 & c_2 & c_3 \end{vmatrix}$$

が成り立つ.

証明　行列式を第3行で展開すれば,

$$\begin{vmatrix} a_2 & a_3 \\ b_2 & b_3 \end{vmatrix} c_1 - \begin{vmatrix} a_1 & a_3 \\ b_1 & b_3 \end{vmatrix} c_2 + \begin{vmatrix} a_1 & a_2 \\ b_1 & b_2 \end{vmatrix} c_3$$

これは, 内積 $(\boldsymbol{a}\times\boldsymbol{b},\ \boldsymbol{c})$ の成分による定義に他ならない.

また, 同じ行列式を第1行で展開すれば,

$$a_1\begin{vmatrix} b_2 & b_3 \\ c_2 & c_3 \end{vmatrix} - a_2\begin{vmatrix} b_1 & b_3 \\ c_1 & c_3 \end{vmatrix} + a_3\begin{vmatrix} b_1 & b_2 \\ c_1 & c_2 \end{vmatrix}$$

これは, 内積 $(\boldsymbol{a},\ \boldsymbol{b}\times\boldsymbol{c})$ の成分による定義に他ならない. ■

外積の幾何学的意味

定理 10.1.4　2つのベクトル $\boldsymbol{a}, \boldsymbol{b}$ の外積の大きさは

$$\|\boldsymbol{a}\times\boldsymbol{b}\| = \|\boldsymbol{a}\|\,\|\boldsymbol{b}\|\sin\theta$$

である. ここで, θ は $\boldsymbol{a}$ と $\boldsymbol{b}$ とのなす角である.

証明

$$\begin{aligned}\|\boldsymbol{a}\times\boldsymbol{b}\|^2 &= (a_2b_3-a_3b_2)^2+(a_1b_3-a_3b_1)^2+(a_1b_2-a_2b_1)^2 \\ &= a_2{}^2b_3{}^2+a_3{}^2b_2{}^2+a_1{}^2b_3{}^2+a_3{}^2b_1{}^2+a_1{}^2b_2{}^2+a_2{}^2b_1{}^2 \\ &\quad -2(a_2a_3b_2b_3+a_1a_3b_1b_3+a_1a_2b_1b_2)\end{aligned}$$

他方,

$$\begin{aligned}\|\boldsymbol{a}\|^2\|\boldsymbol{b}\|^2\sin^2\theta &= \|\boldsymbol{a}\|^2\|\boldsymbol{b}\|^2(1-\cos^2\theta) = \|\boldsymbol{a}\|^2\|\boldsymbol{b}\|^2-(\boldsymbol{a},\ \boldsymbol{b})^2 \\ &= (a_1{}^2+a_2{}^2+a_3{}^2)(b_1{}^2+b_2{}^2+b_3{}^2)-(a_1b_1+a_2b_2+a_3b_3)^2 \\ &= a_1{}^2b_2{}^2+a_1{}^2b_3{}^2+a_2{}^2b_1{}^2+a_2{}^2b_3{}^2+a_3{}^2b_1{}^2+a_3{}^2b_2{}^2 \\ &\quad -2(a_1a_2b_1b_2+a_2a_3b_2b_3+a_1a_3b_1b_3)\end{aligned}$$

ゆえに,

$$\|\boldsymbol{a}\times\boldsymbol{b}\|^2 = \|\boldsymbol{a}\|^2\|\boldsymbol{b}\|^2\sin^2\theta$$

が成り立つ. $0 \leqq \theta \leqq \pi$ であるから $\sin\theta \geqq 0$. よって, 定理の等式を得る. ■

系 10.1.1　$\boldsymbol{a} = \overrightarrow{\mathrm{PA}}$, $\boldsymbol{b} = \overrightarrow{\mathrm{PB}}$ とすれば, $\|\boldsymbol{a}\times\boldsymbol{b}\|$ は PA, PB を2辺とする平行四辺形の面積 S に等しい.

証明　$\boldsymbol{a}$ と $\boldsymbol{b}$ のなす角を θ とすると, この平行四辺形の底辺を $\boldsymbol{a}$ にとると,

これに対する高さは $\|\boldsymbol{b}\|\sin\theta$ であるから，

$$S = \|\boldsymbol{a}\|\|\boldsymbol{b}\|\sin\theta = \|\boldsymbol{a}\times\boldsymbol{b}\|$$

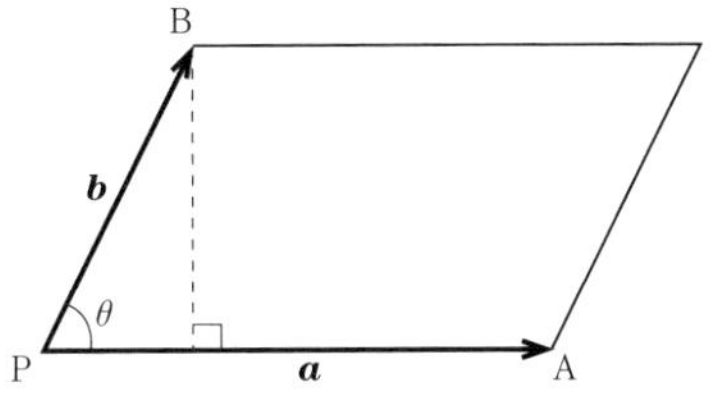

図 10.4

定理 10.1.5　2つのベクトル $\boldsymbol{a}, \boldsymbol{b}$ の外積 $\boldsymbol{a}\times\boldsymbol{b}$ は $\boldsymbol{a}$ とも $\boldsymbol{b}$ とも直交する．すなわち

$$(\boldsymbol{a}\times\boldsymbol{b}, \boldsymbol{a}) = (\boldsymbol{a}\times\boldsymbol{b}, \boldsymbol{b}) = 0$$

証明　定理 10.1.3 と，行列式の基本的性質より従う．■

2つのベクトル $\boldsymbol{a}, \boldsymbol{b}$ の外積 $\boldsymbol{a}\times\boldsymbol{b}$ は次のような幾何学的意味をもつ．まず，外積の長さ $\|\boldsymbol{a}\times\boldsymbol{b}\|$ は系 10.1.1 より，$\boldsymbol{a}, \boldsymbol{b}$ を2辺とする平行四辺形の面積に等しい．そしてそのベクトルは定理 10.1.5 よりベクトル $\boldsymbol{a}, \boldsymbol{b}$ いずれにも直交する．ただしベクトルの方向は，$\boldsymbol{a}$ から $\boldsymbol{b}$ に回転するとき，右ネジの進む方向である．

この最後の主張は，$\boldsymbol{R}^3$ の標準的基底に対して確かめられる．一般的な場合の証明は省略する．

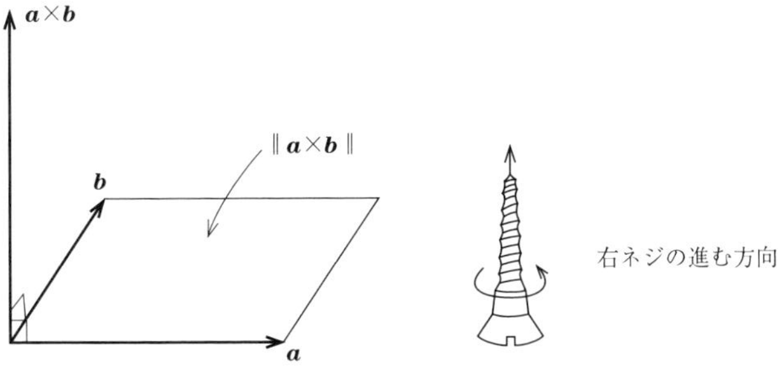

図 10.5

問 10.1.1　$\boldsymbol{R}^3$ の標準基底 $\boldsymbol{e}_1, \boldsymbol{e}_2, \boldsymbol{e}_3$ に関して $\boldsymbol{e}_1\times\boldsymbol{e}_2, \boldsymbol{e}_2\times\boldsymbol{e}_3, \boldsymbol{e}_3\times\boldsymbol{e}_1$ を求めよ．

10.2　内積空間

抽象的な内積を導入する前に，まず n 項数ベクトル空間 $\boldsymbol{R}^n$ における標準的な内積を考えることにしよう．

$\boldsymbol{R}^n$ の標準的な内積

n 項数ベクトル空間 $\boldsymbol{R}^n$ の任意の2つのベクトル $\boldsymbol{a}=\begin{pmatrix}a_1\\ \vdots\\ a_n\end{pmatrix}, \boldsymbol{b}=\begin{pmatrix}b_1\\ \vdots\\ b_n\end{pmatrix}$ に対して，実数値

$$a_1b_1+\cdots+a_nb_n={}^t\boldsymbol{a}\boldsymbol{b}$$

を，ベクトル $\boldsymbol{a}$ と $\boldsymbol{b}$ の**内積**といい，記号 $(\boldsymbol{a}, \boldsymbol{b})$ で表わす．そして，任意の2つのベクトル $\boldsymbol{a}, \boldsymbol{b}$ に対して，この実数 $(\boldsymbol{a}, \boldsymbol{b})$ を対応させる対応

$$(\ ,\ ):\ \boldsymbol{R}^n\times\boldsymbol{R}^n \longrightarrow \boldsymbol{R}$$

のことを，$\boldsymbol{R}^n$ の**内積**という．

後の一般的な内積と区別するために，この内積のことを，強調して $\boldsymbol{R}^n$ の**標準的な内積**，または**自然な内積**という．

定理 10.2.1　$\boldsymbol{R}^n$ の標準的な内積は次の性質をもつ．

（1）　$(\boldsymbol{a}, \boldsymbol{b})=(\boldsymbol{b}, \boldsymbol{a})$

（2）　$(\boldsymbol{a}+\boldsymbol{b}, \boldsymbol{c})=(\boldsymbol{a}, \boldsymbol{c})+(\boldsymbol{b}, \boldsymbol{c})$, 　$(\boldsymbol{a}, \boldsymbol{b}+\boldsymbol{c})=(\boldsymbol{a}, \boldsymbol{b})+(\boldsymbol{a}, \boldsymbol{c})$

（3）　$(k\boldsymbol{a}, \boldsymbol{b})=(\boldsymbol{a}, k\boldsymbol{b})=k(\boldsymbol{a}, \boldsymbol{b})$ 　$(k\in\boldsymbol{R})$

（4）　$(\boldsymbol{a}, \boldsymbol{a})\geqq 0$．ここで $(\boldsymbol{a}, \boldsymbol{a})=0$ と $\boldsymbol{a}=\boldsymbol{0}$ とは同値である．

証明　定義から簡単に確かめられる．■

問 10.2.1　定理 10.2.1 を確かめよ．

計量ベクトル空間

$\boldsymbol{R}^n$ の標準的な内積がもつ性質 (定理 10.2.1) を抽象して，次の定義を与える．

定義 10.2.1　$\boldsymbol{R}$ 上のベクトル空間 V において，任意の2つのベクトル $\boldsymbol{a}, \boldsymbol{b}$

に対して，実数 $(\boldsymbol{a}, \boldsymbol{b})$ が定まり，次の (1)～(4) を満たすとき，$(\boldsymbol{a}, \boldsymbol{b})$ を $\boldsymbol{a}$ と $\boldsymbol{b}$ の**内積**という．

（1） $(\boldsymbol{a}, \boldsymbol{b}) = (\boldsymbol{b}, \boldsymbol{a})$

（2） $(\boldsymbol{a}+\boldsymbol{b}, \boldsymbol{c}) = (\boldsymbol{a}, \boldsymbol{c})+(\boldsymbol{b}, \boldsymbol{c})$

（3） $(k\boldsymbol{a}, \boldsymbol{b}) = k(\boldsymbol{a}, \boldsymbol{b}) \qquad (k \in \boldsymbol{R})$

（4） $(\boldsymbol{a}, \boldsymbol{a}) \geqq 0$ で，$(\boldsymbol{a}, \boldsymbol{a}) = 0 \Longleftrightarrow \boldsymbol{a} = \boldsymbol{0}$

内積の定義されたベクトル空間を**計量ベクトル空間**，または**内積空間**という．

内積の存在

一般のベクトル空間に内積が存在することを示そう．しかも内積はたくさんある．

定理 10.2.2　V をベクトル空間，$\boldsymbol{v}_1, \cdots, \boldsymbol{v}_n$ をその 1 つの基底とする．V の任意のベクトル $\boldsymbol{a}, \boldsymbol{b}$ が与えられたとき，これらをこの基底の 1 次結合で表わす．

$$\boldsymbol{a} = a_1\boldsymbol{v}_1+\cdots+a_n\boldsymbol{v}_n \qquad (a_i \in \boldsymbol{R})$$

$$\boldsymbol{b} = b_1\boldsymbol{v}_1+\cdots+b_n\boldsymbol{v}_n \qquad (b_i \in \boldsymbol{R})$$

そのとき，

$$(\boldsymbol{a}, \boldsymbol{b}) = a_1b_1+\cdots+a_nb_n$$

とおくと，$(\boldsymbol{a}, \boldsymbol{b})$ は内積である．

この内積に関して $\boldsymbol{v}_1, \cdots, \boldsymbol{v}_n$ は後に述べる正規直交基底である．すなわち，次が成り立つ．

$$(\boldsymbol{v}_i, \boldsymbol{v}_j) = 0 \quad (i \neq j), \qquad (\boldsymbol{v}_i, \boldsymbol{v}_j) = 1 \quad (i = j)$$

証明　$(\boldsymbol{a}, \boldsymbol{b})$ が内積の条件を満たすことは容易に確かめられる．また，等式

$$(\boldsymbol{v}_i, \boldsymbol{v}_j) = 0 \quad (i \neq j), \qquad (\boldsymbol{v}_i, \boldsymbol{v}_j) = 1 \quad (i = j)$$

が明らかに成り立つ．■

問 10.2.2　定理 10.2.2 の証明において $(\boldsymbol{a}, \boldsymbol{b})$ が内積の条件を満たすことを確かめよ．

コメント　定理 10.2.2 の内積 $(\boldsymbol{a}, \boldsymbol{b})$ は基底 $\boldsymbol{v}_1, \cdots, \boldsymbol{v}_n$ の取り方に依存しており，同じベクトル空間であっても，いくらでも基底の取り方があり，したがって内積もいくらでもあることになる．

10.3 ベクトルの長さ（ノルム）

計量ベクトル空間 V は，その内積を用いて，各ベクトルの長さが定義される．

V を計量ベクトル空間，(　,　) をその内積とする．V の任意のベクトル $\boldsymbol{a}$ に対して，$\sqrt{(\boldsymbol{a}, \boldsymbol{a})}$ をベクトル $\boldsymbol{a}$ の**長さ**，または**ノルム**といい，$\|\boldsymbol{a}\|$ で表わす．すなわち，

$$\|\boldsymbol{a}\| = \sqrt{(\boldsymbol{a}, \boldsymbol{a})}, \qquad \|\boldsymbol{a}\|^2 = (\boldsymbol{a}, \boldsymbol{a})$$

である．ベクトルの長さに関する基本的な性質を調べておこう．

定理 10.3.1　計量ベクトル空間 V の内積と長さについて，次のことが成り立つ．$\boldsymbol{a}, \boldsymbol{b} \in V$，$k \in \boldsymbol{R}$ とする．

（1）$\|\boldsymbol{a}\| \geqq 0$　（等号は $\boldsymbol{a} = \boldsymbol{0}$ のときに限り成り立つ）

（2）$\|k\boldsymbol{a}\| = |k|\,\|\boldsymbol{a}\|$

（3）$(\boldsymbol{a}, \boldsymbol{b}) = \dfrac{1}{2}\{\|\boldsymbol{a}+\boldsymbol{b}\|^2 - \|\boldsymbol{a}\|^2 - \|\boldsymbol{b}\|^2\} = \dfrac{1}{2}\{\|\boldsymbol{a}\|^2 + \|\boldsymbol{b}\|^2 - \|\boldsymbol{a}-\boldsymbol{b}\|^2\}$

（4）$\|\boldsymbol{a}+\boldsymbol{b}\|^2 + \|\boldsymbol{a}-\boldsymbol{b}\|^2 = 2(\|\boldsymbol{a}\|^2 + \|\boldsymbol{b}\|^2)$　（中線定理）

証明　（1）定義 $\|\boldsymbol{a}\| = \sqrt{(\boldsymbol{a}, \boldsymbol{a})}$ と内積の定義よりしたがう．

（2）$\|k\boldsymbol{a}\|^2 = (k\boldsymbol{a}, k\boldsymbol{a}) = k^2(\boldsymbol{a}, \boldsymbol{a}) = k^2\|\boldsymbol{a}\|^2$ から得られる．

（3）
$$\begin{aligned}\|\boldsymbol{a}+\boldsymbol{b}\|^2 &= (\boldsymbol{a}+\boldsymbol{b}, \boldsymbol{a}+\boldsymbol{b}) = (\boldsymbol{a}, \boldsymbol{a}) + 2(\boldsymbol{a}, \boldsymbol{b}) + (\boldsymbol{b}, \boldsymbol{b}) \\ &= \|\boldsymbol{a}\|^2 + 2(\boldsymbol{a}, \boldsymbol{b}) + \|\boldsymbol{b}\|^2\end{aligned}$$
より，
$$(\boldsymbol{a}, \boldsymbol{b}) = \frac{1}{2}\{\|\boldsymbol{a}+\boldsymbol{b}\|^2 - \|\boldsymbol{a}\|^2 - \|\boldsymbol{b}\|^2\}$$

また，

$$\begin{aligned}\|\boldsymbol{a}-\boldsymbol{b}\|^2 &= (\boldsymbol{a}-\boldsymbol{b}, \boldsymbol{a}-\boldsymbol{b}) = (\boldsymbol{a}, \boldsymbol{a}) - 2(\boldsymbol{a}, \boldsymbol{b}) + (\boldsymbol{b}, \boldsymbol{b}) \\ &= \|\boldsymbol{a}\|^2 - 2(\boldsymbol{a}, \boldsymbol{b}) + \|\boldsymbol{b}\|^2\end{aligned}$$

より，

$$(\boldsymbol{a}, \boldsymbol{b}) = \frac{1}{2}\{\|\boldsymbol{a}\|^2 + \|\boldsymbol{b}\|^2 - \|\boldsymbol{a}-\boldsymbol{b}\|^2\}$$

（4）(3) の証明中の 2 つの式

$$\|\boldsymbol{a}+\boldsymbol{b}\|^2 = \|\boldsymbol{a}\|^2 + 2(\boldsymbol{a}, \boldsymbol{b}) + \|\boldsymbol{b}\|^2$$
$$\|\boldsymbol{a}-\boldsymbol{b}\|^2 = \|\boldsymbol{a}\|^2 - 2(\boldsymbol{a}, \boldsymbol{b}) + \|\boldsymbol{b}\|^2$$

の辺々を加えて求める式を得る．　■

ベクトルの直交，ピタゴラスの定理

計量ベクトル空間 V の 2 つのベクトル $\boldsymbol{a}, \boldsymbol{b}$ が

$$(\boldsymbol{a}, \boldsymbol{b}) = 0$$

をみたすとき，$\boldsymbol{a}, \boldsymbol{b}$ は**直交する**といい，$\boldsymbol{a} \perp \boldsymbol{b}$ で表わす．

$\boldsymbol{a}$ または $\boldsymbol{b}$ がゼロベクトルの場合は当然 $(\boldsymbol{a}, \boldsymbol{b}) = 0$ となり，直交する場合に含める．すなわち，ゼロベクトル $\mathbf{0}$ は任意のベクトルに直交すると考える．

定理 10.3.2（ピタゴラス） $\boldsymbol{a} \perp \boldsymbol{b}$ のとき，

$$\|\boldsymbol{a}+\boldsymbol{b}\|^2 = \|\boldsymbol{a}\|^2 + \|\boldsymbol{b}\|^2$$

証明 定理 10.3.1 の (3) の第 1 式で，$(\boldsymbol{a}, \boldsymbol{b}) = 0$ とすればよい． ∎

不等式（シュワルツの不等式，三角不等式）

定理 10.3.3（シュワルツの不等式） 任意の 2 つのベクトル $\boldsymbol{a}, \boldsymbol{b}$ に対して，

$$|(\boldsymbol{a}, \boldsymbol{b})| \leqq \|\boldsymbol{a}\|\|\boldsymbol{b}\|$$

が成り立つ．等号が成り立つのは，$\boldsymbol{a} = k\boldsymbol{b}$ または，$\boldsymbol{b} = k'\boldsymbol{a}$ の形に書かれる場合に限る．ここで $k, k' \in \boldsymbol{R}$．

証明 $\boldsymbol{b} = \mathbf{0}$ のときは，両辺とも 0 となり等号が成り立つ．

$\boldsymbol{b} \neq \mathbf{0}$ のとき，$k = \dfrac{(\boldsymbol{a}, \boldsymbol{b})}{\|\boldsymbol{b}\|^2}$ とおくと，

$$\begin{aligned}\|\boldsymbol{a}-k\boldsymbol{b}\|^2 &= \|\boldsymbol{a}\|^2 - 2k(\boldsymbol{a}, \boldsymbol{b}) + k^2\|\boldsymbol{b}\|^2 \\ &= \|\boldsymbol{a}\|^2 - \frac{2(\boldsymbol{a}, \boldsymbol{b})^2}{\|\boldsymbol{b}\|^2} + \frac{(\boldsymbol{a}, \boldsymbol{b})^2}{\|\boldsymbol{b}\|^2} = \|\boldsymbol{a}\|^2 - \frac{(\boldsymbol{a}, \boldsymbol{b})^2}{\|\boldsymbol{b}\|^2}\end{aligned}$$

ここで，最初の式は $\|\boldsymbol{a}-k\boldsymbol{b}\|^2 \geqq 0$ であるから，等式

$$\|\boldsymbol{a}\|\|\boldsymbol{b}\| \geqq |(\boldsymbol{a}, \boldsymbol{b})|$$

を得る．等号が成立したとすると，$\boldsymbol{b} \neq \mathbf{0}$ の場合

$$\|\boldsymbol{a}-k\boldsymbol{b}\| = 0$$

であり，つまり，$\boldsymbol{a} = k\boldsymbol{b}$ のときである．$\boldsymbol{b} = \mathbf{0}$ の場合も等号が成立するが，このとき，$\boldsymbol{b} = 0\boldsymbol{a}$ と書ける．したがって，$\boldsymbol{a} = k\boldsymbol{b}$ か $\boldsymbol{b} = k'\boldsymbol{a}$ と書かれる．

逆に，$\boldsymbol{a} = k\boldsymbol{b}$ と仮定すると，

$$\|\boldsymbol{a}\|\|\boldsymbol{b}\| = |k|\|\boldsymbol{b}\|\|\boldsymbol{b}\| = |k|\|\boldsymbol{b}\|^2$$

$$|(\boldsymbol{a}, \boldsymbol{b})| = |(k\boldsymbol{b}, \boldsymbol{b})| = \|k(\boldsymbol{b}, \boldsymbol{b})\| = |k|\|\boldsymbol{b}\|^2$$

であるから等号が成り立つ．$\boldsymbol{b} = k'\boldsymbol{a}$ の場合も同様である． ∎

定理 10.3.4（三角不等式）　任意の2つのベクトル $\boldsymbol{a}, \boldsymbol{b}$ に対して

$$\|\boldsymbol{a}+\boldsymbol{b}\| \leqq \|\boldsymbol{a}\|+\|\boldsymbol{b}\|$$

が成り立つ．等号が成り立つのは $\boldsymbol{a}=k\boldsymbol{b}$ $(k \geqq 0)$，または $\boldsymbol{b}=k'\boldsymbol{a}$ $(k' \geqq 0)$ の場合に限る．

証明　シュワルツの不等式より，

$$\|\boldsymbol{a}+\boldsymbol{b}\|^2=\|\boldsymbol{a}\|^2+2(\boldsymbol{a}, \boldsymbol{b})+\|\boldsymbol{b}\|^2 \leqq \|\boldsymbol{a}\|^2+2\|\boldsymbol{a}\|\|\boldsymbol{b}\|+\|\boldsymbol{b}\|^2=(\|\boldsymbol{a}\|+\|\boldsymbol{b}\|)^2$$

となるから，

$$\|\boldsymbol{a}+\boldsymbol{b}\| \leqq \|\boldsymbol{a}\|+\|\boldsymbol{b}\|$$

が成り立つ．等号は，シュワルツの不等式において等号が成立し，かつ

$$(\boldsymbol{a}, \boldsymbol{b}) \geqq 0$$

の場合であるから，$\boldsymbol{a}=k\boldsymbol{b}$, $k \geqq 0$ または $\boldsymbol{b}=k'\boldsymbol{a}$, $k' \geqq 0$ の場合である．■

10.4　ベクトルのなす角

計量ベクトル空間において，2つのベクトルの間に角度の概念が定義されることを見ることにしよう．この角度は，いわば2つのベクトルの相互の関係を表わす指標の1つであると言えるものである．

定理10.3.3により，$\boldsymbol{a} \neq \boldsymbol{0}$, $\boldsymbol{b} \neq \boldsymbol{0}$ なる2つのベクトルについて

$$-1 \leqq \frac{(\boldsymbol{a}, \boldsymbol{b})}{\|\boldsymbol{a}\|\|\boldsymbol{b}\|} \leqq 1$$

であるから，

$$\cos\theta=\frac{(\boldsymbol{a}, \boldsymbol{b})}{\|\boldsymbol{a}\|\|\boldsymbol{b}\|}$$

となる $0 \leqq \theta \leqq \pi$ がただ1つ定まる．この θ を $\boldsymbol{a}, \boldsymbol{b}$ の**なす角**という．

このとき，内積は

$$(\boldsymbol{a}, \boldsymbol{b})=\|\boldsymbol{a}\|\|\boldsymbol{b}\|\cos\theta$$

と表わされる．また，どちらかがゼロベクトルのときは，なす角は定義しない．

この定義が，幾何学的に見て妥当なものであることを確かめてみよう．

図10.6のように，2つのベクトル $\boldsymbol{a}(\neq \boldsymbol{0}), \boldsymbol{b}(\neq \boldsymbol{0})$ が与えられたとき，$\boldsymbol{b}$ の先端から $\boldsymbol{a}$ に垂線をおろす．

まず，その垂線の足の位置ベクトルを求める．そのために，その足の位置ベクトルを $k\boldsymbol{a}$ とおいて，満たさなければならない条件を書くと

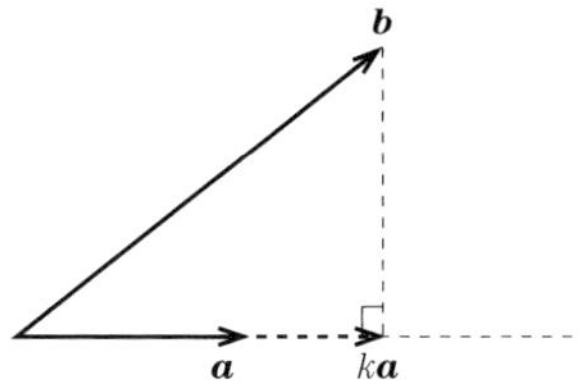

図 10.6

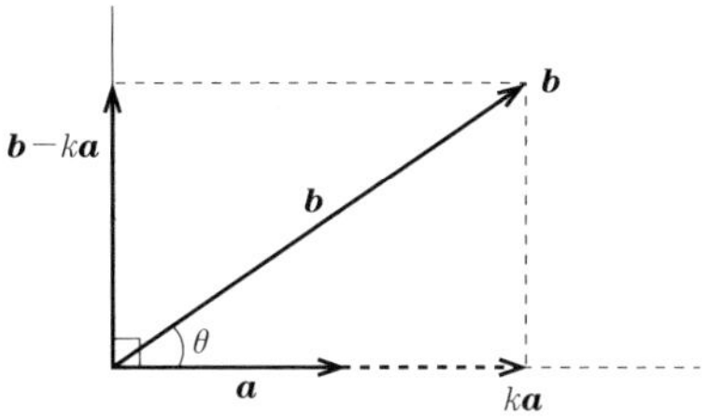

図 10.7

$$(\boldsymbol{b}-k\boldsymbol{a}, \boldsymbol{a}) = 0 \quad \text{ゆえに} \quad (\boldsymbol{b}, \boldsymbol{a}) = k(\boldsymbol{a}, \boldsymbol{a})$$

となる．これより，

$$k = \frac{(\boldsymbol{a}, \boldsymbol{b})}{(\boldsymbol{a}, \boldsymbol{a})} = \frac{(\boldsymbol{a}, \boldsymbol{b})}{\|\boldsymbol{a}\|^2}$$

を得る．いま，図 10.7 のように幾何学的に考えて，ベクトル $\boldsymbol{a}, \boldsymbol{b}$ のなす角度を θ とすると，

$$\cos\theta = \frac{k\|\boldsymbol{a}\|}{\|\boldsymbol{b}\|} = \frac{(\boldsymbol{a}, \boldsymbol{b})}{\|\boldsymbol{a}\|^2}\frac{\|\boldsymbol{a}\|}{\|\boldsymbol{b}\|} = \frac{(\boldsymbol{a}, \boldsymbol{b})}{\|\boldsymbol{a}\|\|\boldsymbol{b}\|}$$

である．こうして，2 つのベクトルのなす角度の定義は，幾何学的な角度の定義と一致することが示された．

また，一般の「なす角」の定義に先だって，「直交する」ことの定義を与えた．この特別な場合の定義は，なす角の定義と整合していることに注意されたい．

コメント 10.1 節では，2 つのベクトルのなす角を使って内積を定義したが，ここでは逆に，内積が先に定義されていてそこから角度を定義した．また，同じベクトル空間 V であっても内積の入れ方はいろいろあるので，その内積にしたがって角度の定義も異なることになる．

10.5 シュミットの正規直交化法

計量ベクトル空間において，取りあつかいが便利で，しかも応用上重要な基底が存在することを見ることにしよう．

以下，計量ベクトル空間 V における内積を記号 $(\ ,\ )$ で表わす．

正規直交系

計量ベクトル空間 V において，V の m 個のベクトル $\boldsymbol{a}_1, \cdots, \boldsymbol{a}_m$ が，

$$(\boldsymbol{a}_i, \boldsymbol{a}_j) = \delta_{ij} \quad \text{すなわち} \quad (\boldsymbol{a}_i, \boldsymbol{a}_j) = \begin{cases} 1 & (i = j) \\ 0 & (i \neq j) \end{cases}$$

をみたすとき，**正規直交系**という．

定理 10.5.1　正規直交系は1次独立である．

証明　$\boldsymbol{a}_1, \cdots, \boldsymbol{a}_m$ を正規直交系とする．いま，

$$c_1\boldsymbol{a}_1 + \cdots + c_m\boldsymbol{a}_m = \boldsymbol{0}$$

とすると，任意の $i(1 \leqq i \leqq m)$ について，$(\boldsymbol{a}_i, \boldsymbol{0}) = 0$ であるから，

$$0 = (\boldsymbol{a}_i, c_1\boldsymbol{a}_1 + \cdots + c_m\boldsymbol{a}_m) = \sum_{j=1}^{m} c_j(\boldsymbol{a}_i, \boldsymbol{a}_j) = c_i(\boldsymbol{a}_i, \boldsymbol{a}_i) = c_i$$

よって，$\boldsymbol{a}_1, \cdots, \boldsymbol{a}_m$ は1次独立である．■

正規直交基底

正規直交系である基底のことを**正規直交基底**という．

定理 10.5.2　$\boldsymbol{a}_1, \cdots, \boldsymbol{a}_n$ を計量ベクトル空間 V の正規直交基底とする．V の任意のベクトル $\boldsymbol{x}$ は，一意的に

$$\boldsymbol{x} = x_1\boldsymbol{a}_1 + \cdots + x_n\boldsymbol{a}_n, \qquad x_i = (\boldsymbol{x}, \boldsymbol{a}_i) \quad (i = 1, \cdots, n)$$

と書かれる．

証明　$\boldsymbol{x} = x_1\boldsymbol{a}_1 + \cdots + x_n\boldsymbol{a}_n$ と書いたとき，

$$(\boldsymbol{a}_i, \boldsymbol{x}) = (\boldsymbol{a}_i, x_1\boldsymbol{a}_1 + \cdots + x_n\boldsymbol{a}_n) = \sum_{j=1}^{n} x_i(\boldsymbol{a}_i, \boldsymbol{a}_j) = x_i$$

であるから定理が成り立つ．■

例題 10.5.1　$\boldsymbol{R}^n$ の標準基底 $\boldsymbol{e}_1, \cdots, \boldsymbol{e}_n$ は，$\boldsymbol{R}^n$ の標準的な内積に関して正規直交基底であることを示せ．

解答　$\boldsymbol{R}^n$ の標準的な内積（　，　）に関して，明らかに

$$(\boldsymbol{e}_i, \boldsymbol{e}_j) = \delta_{ij}$$

が成り立つから，$\boldsymbol{e}_1, \cdots, \boldsymbol{e}_n$ は $\boldsymbol{R}^n$ の正規直交基底である．■

定理 10.5.3 $\boldsymbol{v}_1, \cdots, \boldsymbol{v}_n$ を計量ベクトル空間 V の正規直交基底とする．V のベクトル $\boldsymbol{a}, \boldsymbol{b}$ を

$$\boldsymbol{a} = a_1\boldsymbol{v}_1 + \cdots + a_n\boldsymbol{v}_n, \qquad \boldsymbol{b} = b_1\boldsymbol{v}_1 + \cdots + b_n\boldsymbol{v}_n$$

と書くとき，

$$(\boldsymbol{a}, \boldsymbol{b}) = a_1b_1 + \cdots + a_nb_n, \qquad \|\boldsymbol{a}\| = \sqrt{\sum_{i=1}^{n} a_i{}^2}$$

が成り立つ．

証明　定義より自然に確かめられる．■

コメント　前節の定理 10.2.2 によれば，与えられた基底が正規直交系となるような内積が存在することが分かる．また，定理 10.5.3 より，このような内積はただひとつであることも分かる．

問 10.5.1　定理 10.5.3 の証明を与えよ．

シュミットの正規直交化法

計量ベクトル空間は正規直交系をもつことを示そう．

内積 $(\ ,\ )$ をもつ計量ベクトル空間 V において，1 次独立なベクトルの系 $\boldsymbol{a}_1, \cdots, \boldsymbol{a}_r$ が与えられたとき，これらのベクトルに関係して，正規直交系 $\boldsymbol{v}_1, \cdots, \boldsymbol{v}_r$ をつくりだすシュミットの正規直交化法について述べよう．

まず，$\boldsymbol{a}_1 \neq \boldsymbol{0}$ より，

$$\boldsymbol{v}_1 = \frac{\boldsymbol{a}_1}{\|\boldsymbol{a}_1\|}$$

とおけば，$\|\boldsymbol{v}_1\| = 1$ である．

次に，2 つのベクトルのなす角度を考察したときの方法で，$\boldsymbol{a}_2$ の $\boldsymbol{v}_1$ への射影

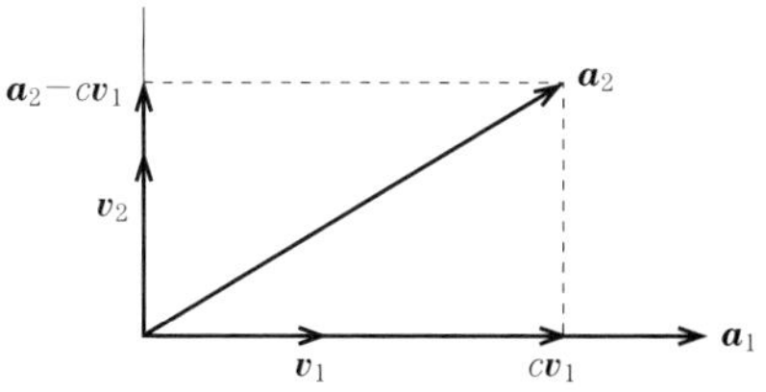

図 10.8

を $c\boldsymbol{v}_1$ としたときの c を求める．

$(\boldsymbol{a}_2 - c\boldsymbol{v}_1, \boldsymbol{v}_1) = 0$ とおいて，

$$(\boldsymbol{a}_2, \boldsymbol{v}_1) - c(\boldsymbol{v}_1, \boldsymbol{v}_1) = 0 \quad \text{より} \quad c = \frac{(\boldsymbol{a}_2, \boldsymbol{v}_1)}{(\boldsymbol{v}_1, \boldsymbol{v}_1)} = (\boldsymbol{a}_2, \boldsymbol{v}_1)$$

となり，$\boldsymbol{v}_1$ と垂直な方向は，この c を使ってベクトル $\boldsymbol{a}_2 - c\boldsymbol{v}_1$ で与えられる．$\boldsymbol{a}_1, \boldsymbol{a}_2$ は 1 次独立であり，$\boldsymbol{v}_1$ は $\boldsymbol{a}_1$ のスカラー倍であるから，$\boldsymbol{a}_2 - c\boldsymbol{v}_1 \neq \boldsymbol{0}$ である．そこで，

$$\boldsymbol{v}_2 = \frac{\boldsymbol{a}_2 - c\boldsymbol{v}_1}{\|\boldsymbol{a}_2 - c\boldsymbol{v}_1\|} \quad \text{とおけば} \quad (\boldsymbol{v}_2, \boldsymbol{v}_1) = 0, \ \|\boldsymbol{v}_2\| = 1$$

である．ここで，$\boldsymbol{a}_1$ と $\boldsymbol{a}_2$ の生成するベクトル空間と $\boldsymbol{v}_1$ と $\boldsymbol{v}_2$ の生成するベクトル空間は一致していることに注意する．

同様のプロセスを続けるわけであるが，もう 1 ステップ話を先に進めてみよう．

3 番目のベクトル $\boldsymbol{a}_3$ について，$c_1 = (\boldsymbol{a}_3, \boldsymbol{v}_1)$，$c_2 = (\boldsymbol{a}_3, \boldsymbol{v}_2)$ とおくと，

$$(\boldsymbol{a}_3 - (c_1\boldsymbol{v}_1 + c_2\boldsymbol{v}_2), \boldsymbol{v}_i) = 0 \qquad (i = 1, 2)$$

となる．$\boldsymbol{a}_1, \boldsymbol{a}_2, \boldsymbol{a}_3$ は仮定より 1 次独立であり，$\boldsymbol{v}_1, \boldsymbol{v}_2$ は $\boldsymbol{a}_1, \boldsymbol{a}_2$ の 1 次結合で書き表わされるから，

$$\boldsymbol{a}_3 - (c_1\boldsymbol{v}_1 + c_2\boldsymbol{v}_2) \neq \boldsymbol{0}$$

である．よって

$$\boldsymbol{v}_3 = \frac{\boldsymbol{a}_3 - (c_1\boldsymbol{v}_1 + c_2\boldsymbol{v}_2)}{\|\boldsymbol{a}_3 - (c_1\boldsymbol{v}_1 + c_2\boldsymbol{v}_2)\|}$$

とすれば，

$$(\boldsymbol{v}_3, \boldsymbol{v}_i) = 0 \qquad (i = 1, 2) \qquad \|\boldsymbol{v}_3\| = 1$$

以下この操作を続ければよい．厳密には，帰納法で構成する．

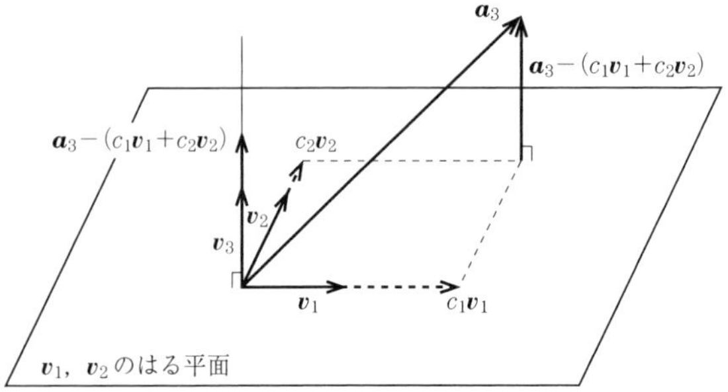

図 10.9

$1 \leqq k < r$ なる k に対して，正規直交系 $\boldsymbol{v}_1, \cdots, \boldsymbol{v}_k$ が存在して $1 \leqq i \leqq k$ なる任意の i に対して，$\boldsymbol{v}_1, \cdots, \boldsymbol{v}_i$ が生成するベクトル空間と，$\boldsymbol{a}_1, \cdots, \boldsymbol{a}_i$ が生成するベクトル空間が一致すると仮定する．すなわち

$$S[\boldsymbol{v}_1, \cdots, \boldsymbol{v}_i] = S[\boldsymbol{a}_1, \cdots, \boldsymbol{a}_i] \qquad (i = 1, \cdots, k)$$

そのとき，

$$c_i = (\boldsymbol{a}_{k+1}, \boldsymbol{v}_i) \qquad (i = 1, \cdots, k)$$

とおくと，

$$\left(\boldsymbol{a}_{k+1} - \sum_{i=1}^{k} c_i \boldsymbol{v}_i, \boldsymbol{v}_j\right) = 0 \qquad (j = 1, \cdots, k)$$

である．仮定より $\boldsymbol{a}_1, \cdots, \boldsymbol{a}_k, \boldsymbol{a}_{k+1}$ が1次独立で，帰納法の仮定で $\boldsymbol{v}_1, \cdots, \boldsymbol{v}_k$ は $\boldsymbol{a}_1, \cdots, \boldsymbol{a}_k$ の1次結合で表わされるから，

$$\boldsymbol{a}_{k+1} - \sum_{i=1}^{k} c_i \boldsymbol{v}_i \neq \boldsymbol{0} \quad \text{よって} \quad \boldsymbol{v}_{k+1} = \frac{\boldsymbol{a}_{k+1} - \sum_{i=1}^{k} c_i \boldsymbol{v}_i}{\left\| \boldsymbol{a}_{k+1} - \sum_{i=1}^{k} c_i \boldsymbol{v}_i \right\|}$$

とおくと，

$$(\boldsymbol{v}_{k+1}, \boldsymbol{v}_j) = 0 \quad (j = 1, \cdots, k), \qquad \|\boldsymbol{v}_{k+1}\| = 1$$

となる．帰納法の仮定と $\boldsymbol{v}_{k+1}$ の定義の式から，$\boldsymbol{v}_{k+1}$ は $\boldsymbol{a}_1, \cdots, \boldsymbol{a}_{k+1}$ の1次結合で表わされ，同じ式から $\boldsymbol{a}_{k+1}$ は $\boldsymbol{v}_1, \cdots, \boldsymbol{v}_{k+1}$ の1次結合で表わされるから，

$$S[\boldsymbol{v}_1, \cdots, \boldsymbol{v}_{k+1}] = S[\boldsymbol{a}_1, \cdots, \boldsymbol{a}_{k+1}]$$

が成り立つ．こうして帰納法による構成が完結する．

計量ベクトル空間 V において，1次独立なベクトルの系 $\boldsymbol{a}_1, \cdots, \boldsymbol{a}_r$ が与えられたとき，以上の方法で正規直交系 $\boldsymbol{v}_1, \cdots, \boldsymbol{v}_r$ をつくる方法を**シュミットの正規直交化法**という．

シュミットの正規直交化法によって得られた結果をまとめておこう．

定理 10.5.4　計量ベクトル空間 V において，V の1次独立なベクトルの系 $\boldsymbol{a}_1, \cdots, \boldsymbol{a}_r$ が与えられたとき，$\boldsymbol{v}_1, \cdots, \boldsymbol{v}_r$ が正規直交系であって，任意の $1 \leqq i \leqq r$ に対して，

$$S[\boldsymbol{v}_1, \cdots, \boldsymbol{v}_i] = S[\boldsymbol{a}_1, \cdots, \boldsymbol{a}_i]$$

をみたすものが存在する．　■

定理 10.5.5　計量ベクトル空間 V の任意の部分空間 W は正規直交基底をもつ．とくに，V は正規直交基底をもつ．

証明　W の基底 $\boldsymbol{a}_1, \cdots, \boldsymbol{a}_r$ をとり，これをシュミットの正規直交化法で正規直交系 $\boldsymbol{v}_1, \cdots, \boldsymbol{v}_r$ をつくると，

$$S[\boldsymbol{v}_1, \cdots, \boldsymbol{v}_r] = S[\boldsymbol{a}_1, \cdots, \boldsymbol{a}_r] = W$$

であるから，$\boldsymbol{v}_1, \cdots, \boldsymbol{v}_r$ は W の正規直交基底である．とくに $W = V$ のときが，定理の後半の主張である．　■

コメント　1次独立なベクトルの系 $\boldsymbol{a}_1, \cdots, \boldsymbol{a}_r$ の順番を変えると，シュミットの直交化法によって得られる正規直交系は一般に順序だけでなく，ベクトル自身が異なるものになる．

例題 10.5.2　シュミットの正規直交化法を用いて，$\boldsymbol{R}^3$ の次の基底を正規直交化せよ．

$$\begin{pmatrix} 1 \\ 0 \\ 1 \end{pmatrix}, \begin{pmatrix} -1 \\ 1 \\ 3 \end{pmatrix}, \begin{pmatrix} 1 \\ -1 \\ 2 \end{pmatrix}$$

解答　$\boldsymbol{a}_1 = \begin{pmatrix} 1 \\ 0 \\ 1 \end{pmatrix}$, $\boldsymbol{a}_2 = \begin{pmatrix} -1 \\ 1 \\ 3 \end{pmatrix}$, $\boldsymbol{a}_3 = \begin{pmatrix} 1 \\ -1 \\ 2 \end{pmatrix}$ とおく．定理 10.5.4 のように $\boldsymbol{v}_1, \boldsymbol{v}_2, \boldsymbol{v}_3$ を順に求めていく．

$$\boldsymbol{v}_1 = \frac{1}{\|\boldsymbol{a}_1\|}\boldsymbol{a}_1 = \frac{1}{\sqrt{2}}\begin{pmatrix} 1 \\ 0 \\ 1 \end{pmatrix}$$

$$\boldsymbol{a}_2' = \boldsymbol{a}_2 - (\boldsymbol{a}_2, \boldsymbol{v}_1)\boldsymbol{v}_1 = \begin{pmatrix} -1 \\ 1 \\ 3 \end{pmatrix} - \sqrt{2} \cdot \frac{1}{\sqrt{2}}\begin{pmatrix} 1 \\ 0 \\ 1 \end{pmatrix} = \begin{pmatrix} -2 \\ 1 \\ 2 \end{pmatrix}$$

$$\boldsymbol{v}_2 = \frac{1}{\|\boldsymbol{a}_2'\|}\boldsymbol{a}_2' = \frac{1}{3}\begin{pmatrix} -2 \\ 1 \\ 2 \end{pmatrix}$$

$$\boldsymbol{a}_3' = \boldsymbol{a}_3 - (\boldsymbol{a}_3, \boldsymbol{v}_1)\boldsymbol{v}_1 - (\boldsymbol{a}_3, \boldsymbol{v}_2)\boldsymbol{v}_2$$

$$= \begin{pmatrix} 1 \\ -1 \\ 2 \end{pmatrix} - \frac{3}{\sqrt{2}} \cdot \frac{1}{\sqrt{2}} \begin{pmatrix} 1 \\ 0 \\ 1 \end{pmatrix} - \frac{1}{3} \cdot \frac{1}{3} \begin{pmatrix} -2 \\ 1 \\ 2 \end{pmatrix} = \frac{5}{18} \begin{pmatrix} -1 \\ -4 \\ 1 \end{pmatrix}$$

$$\boldsymbol{v}_3 = \frac{1}{\|\boldsymbol{a}_3'\|} \boldsymbol{a}_3' = \frac{\sqrt{2}}{6} \begin{pmatrix} -1 \\ -4 \\ 1 \end{pmatrix}$$

よって答は

$$\frac{1}{\sqrt{2}} \begin{pmatrix} 1 \\ 0 \\ 1 \end{pmatrix}, \quad \frac{1}{3} \begin{pmatrix} -2 \\ 1 \\ 2 \end{pmatrix}, \quad \frac{\sqrt{2}}{6} \begin{pmatrix} -1 \\ -4 \\ 1 \end{pmatrix}$$

■

10.6 直交補空間，直和分解

計量ベクトル空間 V の部分空間 W $(\neq \{\mathbf{0}\})$ について，W のすべてのベクトルと直交するような V のベクトル全体

$$W^{\perp} = \{\boldsymbol{y} \in V \mid (\boldsymbol{y}, \boldsymbol{x}) = 0, \boldsymbol{x} \in W\}$$

を考えると，内積の条件 (2), (3) より V の部分空間になる．これを W の**直交補空間**という．

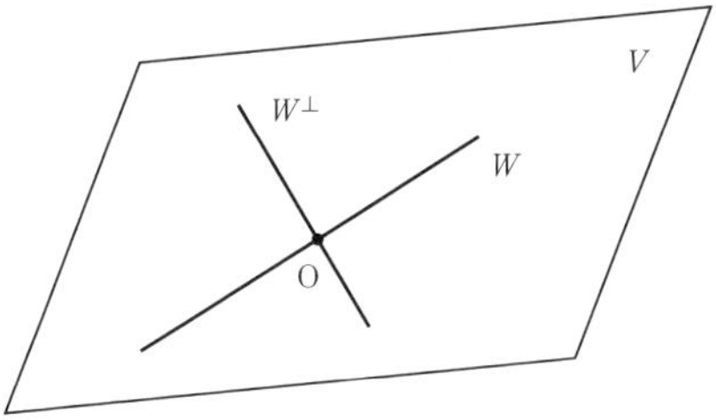

図 10.10

直和分解

V をベクトル空間，W_1, W_2 をその部分空間とする．V の任意のベクトル $\boldsymbol{a}$ が

$$\boldsymbol{a} = \boldsymbol{a}_1 + \boldsymbol{a}_2 \qquad (\boldsymbol{a}_i \in W_i)$$

と一意的に表わされるとき，V は W_1 と W_2 の**直和**であるといい，

$$V = W_1 \oplus W_2$$

と表わす．ベクトル空間 V をこのような形に書くことを**直和分解**という．

定理 10.6.1　n 次元の計量ベクトル空間 V の部分空間 W について，次のことが成り立つ．

（1）　$V = W \oplus W^{\perp}$　とくに　$\dim W + \dim W^{\perp} = n$

（2）　$(W^{\perp})^{\perp} = W$

証明　（1）　W の正規直交基底を $\boldsymbol{v}_1, \cdots, \boldsymbol{v}_r$（$r = \dim W$）とする．$V$ のベクトル $\boldsymbol{a}_{r+1}, \cdots, \boldsymbol{a}_n$ を追加して，$\boldsymbol{v}_1, \cdots, \boldsymbol{v}_r, \boldsymbol{a}_{r+1}, \cdots, \boldsymbol{a}_n$ が V の基底とできる．これをシュミットの正規直交化法で V の正規直交基底

$$\boldsymbol{v}_1, \cdots, \boldsymbol{v}_r, \boldsymbol{v}_{r+1}, \cdots, \boldsymbol{v}_n$$

に変える．そのとき，W の直交補空間 $W^{\perp}$ が

$$W^{\perp} = \{x_{r+1}\boldsymbol{v}_{r+1} + \cdots + x_n\boldsymbol{v}_n \mid x_{r+1}, \cdots, x_n \in \boldsymbol{R}\}$$

であることは容易に確かめられる．

また，このことから V の任意のベクトルは W のベクトルと $W^{\perp}$ のベクトルの和で書かれることが分かる．しかも $\boldsymbol{v}_1, \cdots, \boldsymbol{v}_n$ は 1 次独立であるからこの書き方は一意的である．すなわち直和分解 $V = W \oplus W^{\perp}$ が成り立つ．そして

$$\dim W = r, \qquad \dim W^{\perp} = n - r$$

であるから，

$$\dim W + \dim W^{\perp} = n$$

が成り立つ．

（2）　$W^{\perp}$ は $\boldsymbol{v}_{r+1}, \cdots, \boldsymbol{v}_n$ で生成されるから，$(W^{\perp})^{\perp}$ はこれらに直交するベクトル $\boldsymbol{v}_1, \cdots, \boldsymbol{v}_r$ で生成される．したがって $(W^{\perp})^{\perp} = W$ が成り立つ．　■

10.7　計量を保つ写像

2 つの計量ベクトル空間 V, V' の間の線形写像 $f\colon V \to V'$ が，任意の $\boldsymbol{x}, \boldsymbol{y} \in V$ に対して等式

$$(f(\boldsymbol{x}), f(\boldsymbol{y})) = (\boldsymbol{x}, \boldsymbol{y})$$

を満たすとき，f は**計量を保つ**，または**内積を保つ**という．ここで，$(\boldsymbol{x}, \boldsymbol{y})$ は V の内積，$(f(\boldsymbol{x}), f(\boldsymbol{y}))$ は V' の内積を表わす．

また，計量ベクトル空間の間の線形写像 $f\colon V \to V'$ が，任意の $\boldsymbol{x} \in V$ に対して，等式

$$\|f(\boldsymbol{x})\| = \|\boldsymbol{x}\|$$

を満たすとき，f は**長さを保つ**という．

定理 10.7.1 計量ベクトル空間の間の線形写像 f: $V \to V'$ について，

$$f \text{ は内積を保つ} \Longleftrightarrow f \text{ は長さを保つ}$$

証明 $\Rightarrow$ $(f(\boldsymbol{x}), f(\boldsymbol{y})) = (\boldsymbol{x}, \boldsymbol{y})$ において，$\boldsymbol{y} = \boldsymbol{x}$ とすると

$$\|f(\boldsymbol{x})\|^2 = \|\boldsymbol{x}\|^2 \quad \text{であるから} \quad \|f(\boldsymbol{x})\| = \|\boldsymbol{x}\|$$

が成り立つ．

$\Leftarrow$ 任意の $\boldsymbol{x}, \boldsymbol{y} \in V$ に対して，仮定より $\|f(\boldsymbol{x}+\boldsymbol{y})\| = \|\boldsymbol{x}+\boldsymbol{y}\|$ である．したがって，両辺を 2 乗して，内積で書き表わせば

$$(f(\boldsymbol{x}+\boldsymbol{y}), f(\boldsymbol{x}+\boldsymbol{y})) = (\boldsymbol{x}+\boldsymbol{y}, \boldsymbol{x}+\boldsymbol{y})$$

となるが，f は線形写像であるから

$$(f(\boldsymbol{x})+f(\boldsymbol{y}), f(\boldsymbol{x})+f(\boldsymbol{y})) = (\boldsymbol{x}+\boldsymbol{y}, \boldsymbol{x}+\boldsymbol{y})$$

となる．内積の性質より

$$\|f(\boldsymbol{x})\|^2+2(f(\boldsymbol{x}), f(\boldsymbol{y}))+\|f(\boldsymbol{y})\|^2 = \|\boldsymbol{x}\|^2+2(\boldsymbol{x}, \boldsymbol{y})+\|\boldsymbol{y}\|^2$$

仮定より，

$$\|f(\boldsymbol{x})\|^2 = \|\boldsymbol{x}\|^2, \qquad \|f(\boldsymbol{y})\|^2 = \|\boldsymbol{y}\|^2$$

であるから，求める等式

$$(f(\boldsymbol{x}), f(\boldsymbol{y})) = (\boldsymbol{x}, \boldsymbol{y})$$

を得る． ∎

定理 10.7.2 計量ベクトル空間の線形写像 f: $V \to V'$ が計量を保つならば，f は単射である．

証明 $\boldsymbol{x} \in V$ が $f(\boldsymbol{x}) = \boldsymbol{0}$ をみたしたとすると，仮定より，

$$\|\boldsymbol{x}\| = \|f(\boldsymbol{x})\| = \|\boldsymbol{0}\| = 0$$

ゆえに，$\boldsymbol{x} = \boldsymbol{0}$ となるから，f は単射である． ∎

計量同型

計量ベクトル空間の間の線形同型写像 f: $V \to V'$ が計量を保つとき，f は**計量同型写像**であるという．またこのような f があるとき，V と V' は**計量同型**であるという．

とくに，$V = V'$ のとき，計量同型写像 f: $V \to V$ は**直交変換**であるという．

定理 10.7.3　2つの計量ベクトル空間 V, V' は，次元が等しいなら計量同型である．V と V' の正規直交基底を $\boldsymbol{a}_1, \cdots, \boldsymbol{a}_n$，$\boldsymbol{b}_1, \cdots, \boldsymbol{b}_n$ とするとき，対応

$$\sum_{i=1}^{n} x_i \boldsymbol{a}_i \longrightarrow \sum_{i=1}^{n} x_i \boldsymbol{b}_i \qquad (x_i \in \boldsymbol{R})$$

によって定義される写像

$$f\colon\ V \to V'$$

が計量同型写像である．

証明　まず f は線形同型写像であることを注意する．任意のベクトル

$$\boldsymbol{x} = \sum_{i=1}^{n} x_i \boldsymbol{a}_i, \qquad \boldsymbol{y} = \sum_{i=1}^{n} y_i \boldsymbol{a}_i$$

に対して，

$$(f(\boldsymbol{x}), f(\boldsymbol{y})) = \left(\sum_{i=1}^{n} x_i \boldsymbol{b}_i, \sum_{i=1}^{n} y_i \boldsymbol{b}_i\right) = \sum_{i=1}^{n} x_i y_i = (\boldsymbol{x}, \boldsymbol{y})$$

であるから，f は計量を保つ．■

系 10.7.1　任意の n 次元計量ベクトル空間は標準的内積を入れた $\boldsymbol{R}^n$ と計量同型である．

証明　定理 10.7.3 より，計量ベクトル空間が同型であるかどうかは次元だけで決まるからである．■

定理 10.7.4　V を計量ベクトル空間，$\boldsymbol{a}_1, \cdots, \boldsymbol{a}_n$ を V の1組の正規直交基底とする．線形変換 $f\colon V \to V$ に関して，次の2つの条件は同値である．

（1）　f は直交変換

（2）　$f(\boldsymbol{a}_1), \cdots, f(\boldsymbol{a}_n)$ は V の正規直交基底である．

証明　（1）⇒（2）　f は直交変換であるから

$$(f(\boldsymbol{a}_i), f(\boldsymbol{a}_j)) = (\boldsymbol{a}_i, \boldsymbol{a}_j) = \delta_{ij} \qquad (1 \leqq i, j \leqq n)$$

となる．つまり，$f(\boldsymbol{a}_1), \cdots, f(\boldsymbol{a}_n)$ は V の正規直交系である．定理 10.5.1 よりこれらは1次独立であり，

$$\dim V = n$$

であるので，$f(\boldsymbol{a}_1), \cdots, f(\boldsymbol{a}_n)$ は正規直交基底である．

（1）⇐（2）　V の任意のベクトル $\boldsymbol{x}, \boldsymbol{y}$ を

$$\boldsymbol{x} = x_1\boldsymbol{a}_1 + \cdots + x_n\boldsymbol{a}_n, \qquad \boldsymbol{y} = y_1\boldsymbol{a}_1 + \cdots + y_n\boldsymbol{a}_n$$

と表わすとき，定理 10.5.3 より

$$(\boldsymbol{x}, \boldsymbol{y}) = x_1y_1 + \cdots + x_ny_n$$

である．また，f は線形写像であるから

$$f(\boldsymbol{x}) = x_1 f(\boldsymbol{a}_1) + \cdots + x_n f(\boldsymbol{a}_n), \qquad f(\boldsymbol{y}) = y_1 f(\boldsymbol{a}_1) + \cdots + y_n f(\boldsymbol{a}_n)$$

であり，仮定より $f(\boldsymbol{a}_1), \cdots, f(\boldsymbol{a}_n)$ は正規直交基底であるから，

$$(f(\boldsymbol{x}), f(\boldsymbol{y})) = x_1y_1 + \cdots + x_ny_n$$

となる．よって等式

$$(f(\boldsymbol{x}), f(\boldsymbol{y})) = (\boldsymbol{x}, \boldsymbol{y})$$

が成り立つ． ■

10.8 直交行列

この節では，$\boldsymbol{R}^n$ の内積 $(\ ,\ )$ は標準的内積を考える．

n 次正方行列 A とその転置行列 ${}^tA$ について

$$(A\boldsymbol{x}, \boldsymbol{y}) = (\boldsymbol{x}, {}^tA\boldsymbol{y}) \qquad (\boldsymbol{x}, \boldsymbol{y} \in \boldsymbol{R}^n)$$

が成り立つことに注意する．実際

$$\text{左辺} = {}^t(A\boldsymbol{x})\boldsymbol{y} = ({}^t\boldsymbol{x}{}^tA)\boldsymbol{y} = {}^t\boldsymbol{x}({}^tA\boldsymbol{y}) = \text{右辺}$$

前節で考察した直交変換を行列の視点で見てみよう．

まず定義を復習する．n 次正方行列 P が

$${}^tPP = E$$

を満たすとき，**直交行列**という．

P が直交行列ならば ${}^tP = P^{-1}$ であるから，$P{}^tP = E$ が成り立つ．逆に $P{}^tP = E$ を仮定するとやはり ${}^tP = P^{-1}$ であるから，${}^tPP = E$ が成り立つ．

定理 10.8.1 A を n 次正方行列とするとき，次の 5 つの条件は同値である．ただし，$\boldsymbol{R}^n$ には標準的内積を考える．

(1) A は直交行列である．

(2) A の列ベクトル全体は $\boldsymbol{R}^n$ の正規直交基底である．

(3) A の行ベクトル全体は $\boldsymbol{R}^n$ の正規直交基底である．

(4) A: $\boldsymbol{R}^n \to \boldsymbol{R}^n$ は計量を保つ．

(5) A: $\boldsymbol{R}^n \to \boldsymbol{R}^n$ は長さを保つ．

証明　n 次正方行列 A が与えられたとき，$A = (\boldsymbol{a}_1', \cdots, \boldsymbol{a}_n') = \begin{pmatrix} \boldsymbol{a}_1 \\ \vdots \\ \boldsymbol{a}_n \end{pmatrix}$ をそれぞれ A の列ベクトル表示，行ベクトル表示とする．

（1）$\Longleftrightarrow$（2）

$$\begin{aligned} A \text{ は直交行列} &\Longleftrightarrow {}^t\!AA = E \\ &\Longleftrightarrow {}^t\boldsymbol{a}_i' \boldsymbol{a}_j' = \delta_{ij} \quad (1 \leqq i, j \leqq n) \\ &\qquad (^t\!AA \text{ の } (i, j) \text{ 成分が } {}^t\boldsymbol{a}_i' \boldsymbol{a}_j' \text{ であるから}) \\ &\Longleftrightarrow (\boldsymbol{a}_i', \boldsymbol{a}_j') = \delta_{ij} \quad (1 \leqq i, j \leqq n) \\ &\Longleftrightarrow \boldsymbol{a}_1', \cdots, \boldsymbol{a}_n' \text{ は } \boldsymbol{R}^n \text{ の正規直交基底} \end{aligned}$$

（1）$\Longleftrightarrow$（3）　直交行列の定義の復習の後の説明より，次の同値が成り立つ．

$$A \text{ は直交行列} \Longleftrightarrow A\,{}^t\!A = E$$

したがって，

$$\begin{aligned} A \text{ は直交行列} &\Longleftrightarrow \boldsymbol{a}_i {}^t\boldsymbol{a}_j = \delta_{ij} \quad (1 \leqq i, j \leqq n) \\ &\Longleftrightarrow (\boldsymbol{a}_i, \boldsymbol{a}_j) = \delta_{ij} \quad (1 \leqq i, j \leqq n) \\ &\Longleftrightarrow \boldsymbol{a}_1, \cdots, \boldsymbol{a}_n \text{ は } \boldsymbol{R}^n \text{ の正規直交基底} \end{aligned}$$

（2）$\Longleftrightarrow$（4）　$\boldsymbol{R}^n$ の標準基底 $\boldsymbol{e}_1, \cdots, \boldsymbol{e}_n$ は，$\boldsymbol{R}^n$ の標準的な内積に関して正規直交基底である．そして

$$A\boldsymbol{e}_1 = \boldsymbol{a}_1', \ \cdots, \ A\boldsymbol{e}_n = \boldsymbol{a}_n'$$

であるから，定理 10.7.4 より次の同値が成り立つ．

$$A\colon \boldsymbol{R}^n \to \boldsymbol{R}^n \text{ は直交変換} \Longleftrightarrow \boldsymbol{a}_1', \cdots, \boldsymbol{a}_n' \text{ は } \boldsymbol{R}^n \text{ の正規直交基底}$$

（4）$\Longleftrightarrow$（5）　定理 10.7.1 の内容である．　■

問 10.8.1　直交行列の行列式は 1 かまたは -1 であることを示せ．

問 10.8.2　次の行列は直交行列であることを示せ．

（1）$\begin{pmatrix} \cos\theta & -\sin\theta \\ \sin\theta & \cos\theta \end{pmatrix}$　（2）$\begin{pmatrix} \frac{1}{\sqrt{2}} & \frac{1}{\sqrt{3}} & \frac{1}{\sqrt{6}} \\ 0 & \frac{1}{\sqrt{3}} & -\frac{2}{\sqrt{6}} \\ -\frac{1}{\sqrt{2}} & \frac{1}{\sqrt{3}} & \frac{1}{\sqrt{6}} \end{pmatrix}$

直交行列による行列の三角化

定理 9.4.1 において，正方行列の三角化を行う行列 P は，証明中のベクトル

$\boldsymbol{x}_1, \cdots, \boldsymbol{x}_n$ を選ぶにあたってシュミットの正規直交化法を適用して正規直交基底にとれば，定理 10.8.1 より P_1 は直交行列である．P_2 も帰納法の仮定によって直交行列にとれるから，結局 P として直交行列がとれる．

10.9 エルミット内積

実数上のベクトル空間の内積に相当するものを複素数上のベクトル空間で考えよう．複素数 $\boldsymbol{C}$ 上のベクトル空間 V において，任意の 2 つのベクトル $\boldsymbol{a}, \boldsymbol{b}$ に対して，複素数 $(\boldsymbol{a}, \boldsymbol{b})$ が定まり，次の (1)～(4) を満たすとき，$(\boldsymbol{a}, \boldsymbol{b})$ を $\boldsymbol{a}$ と $\boldsymbol{b}$ の**エルミット内積**または簡単に**内積**という．

（1） $(\boldsymbol{a}, \boldsymbol{b}) = \overline{(\boldsymbol{b}, \boldsymbol{a})}$ 　（$\overline{\quad}$ は複素共役を示す）

（2） $(\boldsymbol{a}+\boldsymbol{b}, \boldsymbol{c}) = (\boldsymbol{a}, \boldsymbol{c})+(\boldsymbol{b}, \boldsymbol{c})$, 　$(\boldsymbol{a}, \boldsymbol{b}+\boldsymbol{c}) = (\boldsymbol{a}, \boldsymbol{b})+(\boldsymbol{a}, \boldsymbol{c})$

（3） $(k\boldsymbol{a}, \boldsymbol{b}) = k(\boldsymbol{a}, \boldsymbol{b})$, 　$(\boldsymbol{a}, k\boldsymbol{b}) = \bar{k}(\boldsymbol{a}, \boldsymbol{b})$

（4） $(\boldsymbol{a}, \boldsymbol{a})$ は実数であり，$(\boldsymbol{a}, \boldsymbol{a}) \geqq 0$. $(\boldsymbol{a}, \boldsymbol{a}) = 0 \Longleftrightarrow \boldsymbol{a} = \boldsymbol{0}$

ここで，$\boldsymbol{a}, \boldsymbol{b}, \boldsymbol{c} \in V$, $k \in \boldsymbol{C}$ である．エルミット内積の定義されたベクトル空間を**複素計量ベクトル空間**，または**エルミット内積空間**という．

問 10.9.1 エルミット内積の条件のうち，(2) の 2 番目の式と (3) の 2 番目の式は他の条件から導かれる．このことを示せ．

例 複素数 $\boldsymbol{C}$ の n 項数ベクトル空間 $\boldsymbol{C}^n$ の 2 つのベクトル

$$\boldsymbol{a} = \begin{pmatrix} a_1 \\ \vdots \\ a_n \end{pmatrix}, \quad \boldsymbol{b} = \begin{pmatrix} b_1 \\ \vdots \\ b_n \end{pmatrix}$$

に対して，

$$(\boldsymbol{a}, \boldsymbol{b}) = a_1\bar{b}_1+\cdots+a_n\bar{b}_n = {}^t\bar{\boldsymbol{b}}\,\boldsymbol{a} = {}^t\boldsymbol{a}\,\bar{\boldsymbol{b}}$$

と定めると，エルミット内積である．この内積のことを，$\boldsymbol{C}^n$ の**標準的なエルミット内積**または，**自然なエルミット内積**という．

エルミット内積の存在

一般に，複素数上のベクトル空間に，エルミット内積が存在することを示そう．実数上のベクトル空間における内積の存在証明とほぼ同様である．

定理 10.9.1　V を複素数上のベクトル空間，$\boldsymbol{v}_1, \cdots, \boldsymbol{v}_n$ をその1つの基底とする．V の任意のベクトル $\boldsymbol{a}, \boldsymbol{b}$ が与えられたとき，これらをこの基底の1次結合で表わす．

$$\boldsymbol{a} = a_1\boldsymbol{v}_1 + \cdots + a_n\boldsymbol{v}_n \qquad (a_i \in \boldsymbol{C})$$

$$\boldsymbol{b} = b_1\boldsymbol{v}_1 + \cdots + b_n\boldsymbol{v}_n \qquad (b_i \in \boldsymbol{C})$$

そのとき，

$$(\boldsymbol{a}, \boldsymbol{b}) = a_1\bar{b}_1 + \cdots + a_n\bar{b}_n$$

とおくと，$(\boldsymbol{a}, \boldsymbol{b})$ はエルミット内積である．この内積に関して $\boldsymbol{v}_1, \cdots, \boldsymbol{v}_n$ は正規直交基底である．すなわち，任意の基底を正規直交基底とするようなエルミット内積が一意的に存在する．

証明　$(\boldsymbol{a}, \boldsymbol{b})$ がエルミット内積の条件を満たすことは容易に確かめられるが，条件 (1) と (4) を示しておこう．

（1）　$(\boldsymbol{a}, \boldsymbol{b}) = a_1\bar{b}_1 + \cdots + a_n\bar{b}_n$，$(\boldsymbol{b}, \boldsymbol{a}) = b_1\bar{a}_1 + \cdots + b_n\bar{a}_n$ より，

$$(\boldsymbol{a}, \boldsymbol{b}) = \overline{(\boldsymbol{b}, \boldsymbol{a})}$$

が成り立つ．

（4）　$(\boldsymbol{a}, \boldsymbol{a}) = a_1\bar{a}_1 + \cdots + a_n\bar{a}_n = |a_1|^2 + \cdots + |a_n|^2$ より，$(\boldsymbol{a}, \boldsymbol{a})$ は実数であり，$(\boldsymbol{a}, \boldsymbol{a}) \geqq 0$ が成り立つ．

$(\boldsymbol{a}, \boldsymbol{a}) = 0$ を仮定すると，上式よりすべての a_i が 0 になる．つまり $\boldsymbol{a} = \boldsymbol{0}$ である．逆に $\boldsymbol{a} = \boldsymbol{0}$ とすると明らかに $(\boldsymbol{a}, \boldsymbol{a}) = 0$ が成り立つ．

一意性は，仮定 $(\boldsymbol{v}_i, \boldsymbol{v}_j) = \delta_{ij}$ と，エルミット内積の条件 (1)～(4) から等式

$$(\boldsymbol{a}, \boldsymbol{b}) = a_1\bar{b}_1 + \cdots + a_n\bar{b}_n$$

が導かれることから成り立つ．■

コメント　定理 10.9.1 のエルミット内積 $(\boldsymbol{a}, \boldsymbol{b})$ は基底 $\boldsymbol{v}_1, \cdots, \boldsymbol{v}_n$ の取り方に依存しており，同じベクトル空間であっても基底の取り方はいくらでもあるので，したがってエルミット内積もいくらでもあることになる．

エルミット内積に関する諸性質

実数上のベクトル空間の内積の場合と同様に，複素数上のベクトル空間のエルミットの内積に関して，2つのベクトルの直交の概念やベクトルの長さ（ノルム）の概念が導入される．すなわち，2つのベクトル $\boldsymbol{a} \neq \boldsymbol{0}$, $\boldsymbol{b} \neq \boldsymbol{0}$ が $(\boldsymbol{a}, \boldsymbol{b}) = 0$ を満たすとき，**直交**するといい，$\boldsymbol{a} \perp \boldsymbol{b}$ と書く．また，

$$\|\boldsymbol{a}\| = \sqrt{(\boldsymbol{a}, \boldsymbol{a})}$$

とおき，ベクトル $\boldsymbol{a}$ の**長さ**（**ノルム**）という．

実数上のベクトルの長さにまつわる性質は，ほとんどそのまま複素数上のベクトルの長さについても成り立つ．例外は，定理 10.3.1 の (3) が少し変わることと，2つのベクトルの角度の概念が導入されないということぐらいである．シュミットの正規直交化法，直交補空間等もまったく同様である．直交変換に対応する部分も同様であるが，その行列表現は注意する必要があるので最後に節をあらためて考察することにしよう．

10.10 ユニタリ行列

この節では，$\boldsymbol{C}^n$ のエルミット内積（ , ）として，標準的なエルミット内積を考える．

n 次複素正方行列 A に対して，$A^* = {}^t\overline{A}$ とおき，A の**随伴行列**という．そのとき，

$$(A\boldsymbol{x}, \boldsymbol{y}) = (\boldsymbol{x}, A^*\boldsymbol{y}) \qquad (\boldsymbol{x}, \boldsymbol{y} \in \boldsymbol{C}^n) \tag{1}$$

が成り立つ．実際，$A^{**} = A$ に注意して，

$$\text{左辺} = \boldsymbol{y}^*(A\boldsymbol{x}) = (\boldsymbol{y}^*A)\boldsymbol{x} = (\boldsymbol{y}^*A^{**})\boldsymbol{x} = (A^*\boldsymbol{y})^*\boldsymbol{x} = \text{右辺}$$

問 10.10.1 2つの n 次複素正方行列 A, B に対して $(AB)^* = B^*A^*$ が成り立つことを示せ．

n 次複素正方行列 U が

$$U^*U = E$$

を満たすとき，**ユニタリ行列**という．

とくに，U が実行列のとき $U^* = {}^tU$ であるから，実ユニタリ行列は直交行列に他ならない．U がユニタリ行列ならば $U^* = U^{-1}$ であるから，$UU^* = E$ が成り立つ．逆に $UU^* = E$ を仮定するとやはり $U^* = U^{-1}$ であるから，$U^*U = E$ が成り立つ．

定理 10.8.1 と同様に次の定理が得られる．

定理 10.10.1　n 次複素正方行列 A について，次の 5 つの条件は同値である．ただし，$\boldsymbol{C}^n$ には標準的エルミット内積を考える．

（1）　A はユニタリ行列である．

（2）　A の列ベクトル全体は $\boldsymbol{C}^n$ の正規直交基底である．

（3）　A の行ベクトル全体は $\boldsymbol{C}^n$ の正規直交基底である．

（4）　A: $\boldsymbol{C}^n \to \boldsymbol{C}^n$ は計量を保つ．

（5）　A: $\boldsymbol{C}^n \to \boldsymbol{C}^n$ は長さを保つ．

問 10.10.2　ユニタリ行列の行列式は絶対値が 1 の複素数であることを示せ．

問 10.10.3　次の行列はユニタリ行列であることを示せ．ただし，$\alpha, \beta \in \boldsymbol{C}$, $|\alpha|^2+|\beta|^2 = 1$ をみたすものとする．

（1）　$\begin{pmatrix} \alpha & \beta \\ -\bar{\beta} & \bar{\alpha} \end{pmatrix}$　　（2）　$\begin{pmatrix} \cos\theta + i\sin\theta & 0 \\ 0 & \cos\tau + i\sin\tau \end{pmatrix}$

ユニタリ行列による複素行列の三角化

定理 9.4.2 において，複素正方行列の三角化を行う行列 P は，証明中のベクトル $\boldsymbol{x}_1, \cdots, \boldsymbol{x}_n$ を選ぶにあたってシュミットの正規直交化法を適用して正規直交基底をとれば，定理 10.10.1 より P_1 はユニタリ行列である．P_2 も帰納法の仮定によってユニタリ行列にとれるから，結局 P としてユニタリ行列がとれる．

問　題

1. シュミットの正規直交化法を用いて，次の基底を正規直交化せよ．

（1） $\begin{pmatrix} 1 \\ 0 \\ 1 \end{pmatrix}, \begin{pmatrix} 1 \\ 1 \\ 1 \end{pmatrix}, \begin{pmatrix} 1 \\ -1 \\ 0 \end{pmatrix}$　（2） $\begin{pmatrix} 1 \\ 1 \\ 1 \\ 1 \end{pmatrix}, \begin{pmatrix} 1 \\ 1 \\ 0 \\ 0 \end{pmatrix}, \begin{pmatrix} 1 \\ 0 \\ 0 \\ 1 \end{pmatrix}, \begin{pmatrix} 1 \\ 0 \\ 0 \\ 0 \end{pmatrix}$

2. 区間 $[a, b]$ で定義された実数値連続関数全体のつくるベクトル空間 V において，$f, g \in V$ に対して，

$$(f, g) = \int_a^b f(x)g(x)\,dx$$

とおくと，(f, g) は内積を定義することを示せ．

3. 実数を係数とする高々 2 次の多項式全体からなるベクトル空間 $R[x]^2$ において，$f, g \in R[x]^2$ に対して

$$(f, g) = \int_{-1}^1 f(x)g(x)\,dx$$

によって定義される内積を考える．シュミットの正規直交化法を用いて $R[x]^2$ の次の基底を正規直交化せよ．

（1） $1,\ x,\ x^2$　（2） $1,\ 1+x,\ x+x^2$　（3） $1+x,\ x+x^2,\ 1$

4. 2 次の直交行列はある θ が存在して，次のどちらかの形になることを示せ．

$$\begin{pmatrix} \cos\theta & -\sin\theta \\ \sin\theta & \cos\theta \end{pmatrix}, \quad \begin{pmatrix} \cos\theta & \sin\theta \\ \sin\theta & -\cos\theta \end{pmatrix}$$

5. 次の行列は直交行列であることを示せ．

$$\begin{pmatrix} \cos\alpha & -\sin\alpha & 0 \\ \cos\beta\sin\alpha & \cos\beta\cos\alpha & -\sin\beta \\ \sin\beta\sin\alpha & \sin\beta\cos\alpha & \cos\beta \end{pmatrix}$$

6. 次の行列が直交行列となるように a, b, c, d を定めよ．

$$\begin{pmatrix} a & b & c \\ a & -b & c \\ a & 0 & d \end{pmatrix}$$

7. シュミットの正規直交化法を用いて，$\boldsymbol{C}^3$ の次の基底を，標準的なエルミット内積に関して正規直交化せよ．

$$\begin{pmatrix} 1 \\ 0 \\ i \end{pmatrix}, \quad \begin{pmatrix} i \\ -1 \\ -i \end{pmatrix}, \quad \begin{pmatrix} 0 \\ i \\ 1 \end{pmatrix}$$

8.　次の行列がユニタリ行列となるように a, b, c を定めよ.

$$\begin{pmatrix} a & b & c \\ \dfrac{i}{\sqrt{3}} & 0 & \dfrac{1+i}{\sqrt{3}} \\ \dfrac{1-i}{\sqrt{7}} & \dfrac{2i}{\sqrt{7}} & \dfrac{i}{\sqrt{7}} \end{pmatrix}$$

9.　実数を成分とする $m \times n$ 行列全体のなすベクトル空間 $M(m, n)$ において,

$$(A, B) = \mathrm{tr}(A\,{}^t B)$$

とおくと内積になることを示せ.

10.　W_1, W_2 を計量ベクトル空間 V の 2 つの部分空間とするとき, 次を示せ.

(1)　$(W_1 + W_2)^\perp = W_1^\perp \cap W_2^\perp$

(2)　$(W_1 \cap W_2)^\perp = W_1^\perp + W_2^\perp$

11.　V を計量ベクトル空間, $\boldsymbol{a}_1, \cdots, \boldsymbol{a}_r$ を V のベクトルとする. そのとき, 内積 $(\boldsymbol{a}_i, \boldsymbol{a}_j)$ を (i, j) 成分とする r 次正方行列を $\boldsymbol{a}_1, \cdots, \boldsymbol{a}_r$ の**グラム行列**といい $G(\boldsymbol{a}_1, \cdots, \boldsymbol{a}_r)$ と書く. そのとき, 次を示せ.

(1)　$\boldsymbol{a}_1, \cdots, \boldsymbol{a}_r$: 正規直交系 $\Longleftrightarrow G(\boldsymbol{a}_1, \cdots, \boldsymbol{a}_r)$: 単位行列

(2)　$\boldsymbol{a}_1, \cdots, \boldsymbol{a}_r$: 1 次独立 $\Longleftrightarrow G(\boldsymbol{a}_1, \cdots, \boldsymbol{a}_r)$: 正則行列

12.　$\boldsymbol{a}_1, \cdots, \boldsymbol{a}_n$ を計量ベクトル空間 V の基底とする. V の n 個のベクトル $\boldsymbol{b}_1, \cdots, \boldsymbol{b}_n$ が等式 $(\boldsymbol{a}_i, \boldsymbol{b}_k) = \delta_{ik}$ によって一意的に定まり, V の基底となることを示せ. (これを $\boldsymbol{a}_1, \cdots, \boldsymbol{a}_n$ の**双対基底**という.)

13.　次の行列の固有値はすべて実数であることを示し, 直交行列で三角化せよ.

$$A = \begin{pmatrix} 1 & 0 & 0 \\ 2 & 3 & 2 \\ 0 & -1 & 0 \end{pmatrix}$$

14.　ユニタリ行列の固有値の絶対値は 1 であることを示せ.

11 正規行列の対角化

計量ベクトル空間において長さを保つ座標変換を行うことによって，複雑に見える線形変換をより見やすくしようということを考える．

いわば，計量を考慮した座標変換によって線形変換の簡略化をはかるのである．

このことを対応する行列でいえば，ユニタリ行列や直交行列による座標変換によって，与えられた正方行列の対角化をめざすということになる．

無論，すべての行列がいつでも対角化できるわけではない．そこでどのような条件があればこのような対角化が可能であるか考察するのがこの章の目標である．

11.1 実対称行列とエルミット行列

n 次複素正方行列 A が，${}^tA = A$をみたすとき，A を**対称行列**，$A^* = A$ をみたすとき，A を**エルミット行列**という．実数を成分とする対称行列はとくに**実対称行列**という．また $A^* = -A$ をみたすとき，A を**歪エルミット行列**という．

定理 11.1.1 エルミット行列，とくに実対称行列の固有値はすべて実数である．

証明 n 次エルミット行列 A の固有値の1つを λ とし，λ に属する固有ベクトルを $\boldsymbol{x} \in \boldsymbol{C}^n$ とする．すなわち，

$$A\boldsymbol{x} = \lambda\boldsymbol{x} \qquad (\boldsymbol{x} \neq \boldsymbol{0})$$

そのとき，$\boldsymbol{C}^n$ の標準的なエルミット内積（ , ）に関して，

$$(A\boldsymbol{x}, \boldsymbol{x}) = (\lambda\boldsymbol{x}, \boldsymbol{x}) = \lambda(\boldsymbol{x}, \boldsymbol{x})$$

他方，仮定より $A^* = A$ であるから，式 (10.10.1) を使って

$$(A\boldsymbol{x}, \boldsymbol{x}) = (\boldsymbol{x}, A^*\boldsymbol{x}) = (\boldsymbol{x}, A\boldsymbol{x}) = (\boldsymbol{x}, \lambda\boldsymbol{x}) = \bar{\lambda}(\boldsymbol{x}, \boldsymbol{x})$$

よって等式

$$\lambda(\boldsymbol{x}, \boldsymbol{x}) = \bar{\lambda}(\boldsymbol{x}, \boldsymbol{x})$$

が成り立つ．他方，エルミット内積の性質から，$\boldsymbol{x} \neq \boldsymbol{0}$ に対して $(\boldsymbol{x}, \boldsymbol{x}) > 0$ である．したがって

$$\lambda = \bar{\lambda}$$

が結論される．すなわち，λ は実数である． ■

問 11.1.1　歪エルミット行列の固有値はすべて純虚数であることを示せ．

定理 11.1.2　エルミット行列，とくに実対称行列の相異なる固有値に属する固有ベクトルは互いに直交する．

証明　エルミット行列 A の相異なる固有値を λ, μ とし，それぞれに属する固有ベクトルを $\boldsymbol{x}, \boldsymbol{y}$ とする．すなわち，

$$A\boldsymbol{x} = \lambda\boldsymbol{x} \quad (\boldsymbol{x} \neq \boldsymbol{0}), \qquad A\boldsymbol{y} = \mu\boldsymbol{y} \quad (\boldsymbol{y} \neq \boldsymbol{0})$$

そのとき，

$$(A\boldsymbol{x}, \boldsymbol{y}) = (\lambda\boldsymbol{x}, \boldsymbol{y}) = \lambda(\boldsymbol{x}, \boldsymbol{y})$$

他方，仮定より $A^* = A$ であるから，式 (10.10.1) を使って，

$$(A\boldsymbol{x}, \boldsymbol{y}) = (\boldsymbol{x}, A^*\boldsymbol{y}) = (\boldsymbol{x}, A\boldsymbol{y}) = (\boldsymbol{x}, \mu\boldsymbol{y}) = \bar{\mu}(\boldsymbol{x}, \boldsymbol{y})$$

定理 11.1.1 により，$\bar{\mu} = \mu$ であるから，

$$\lambda(\boldsymbol{x}, \boldsymbol{y}) = \mu(\boldsymbol{x}, \boldsymbol{y})$$

となる．したがって

$$(\lambda - \mu)(\boldsymbol{x}, \boldsymbol{y}) = 0$$

ところが仮定より $\lambda \neq \mu$ なので

$$(\boldsymbol{x}, \boldsymbol{y}) = 0$$ ■

実対称行列の直交行列による対角化

定理 11.1.3　n 次実正方行列 A について，次の 2 つの条件は同値である．

（1）　A は対称行列である．

（2）　A は適当な直交行列 P によって対角化できる．すなわち

$$P^{-1}AP = \begin{pmatrix} \lambda_1 & & O \\ & \ddots & \\ O & & \lambda_n \end{pmatrix}$$

証明　(1)⇒(2)　A を n 次実対称行列とする．A は複素数の範囲では，重複をこめて n 個の固有値 $\lambda_1, \cdots, \lambda_n$ をつねにもつが，定理 11.1.1 よりこれらはすべて実数である．したがって，定理 9.4.1 により，直交行列 P が存在して

$$P^{-1}AP = \begin{pmatrix} \lambda_1 & & * \\ & \ddots & \\ O & & \lambda_n \end{pmatrix}$$

と三角化できる．仮定より，${}^tP = P^{-1}$ であり，${}^tA = A$ であるから

$$\begin{aligned} {}^t(P^{-1}AP) &= {}^t({}^tPAP) = {}^tP\,{}^tA\,{}^t({}^tP) \\ &= {}^tP\,{}^tAP = P^{-1}AP \end{aligned}$$

すなわち，三角行列 $P^{-1}AP$ も対称行列である．つまり

$${}^t\begin{pmatrix} \lambda_1 & & * \\ & \ddots & \\ O & & \lambda_n \end{pmatrix} = \begin{pmatrix} \lambda_1 & & * \\ & \ddots & \\ O & & \lambda_n \end{pmatrix}$$

であるから，$*$ の部分はすべて 0 である．したがって

$$P^{-1}AP = \begin{pmatrix} \lambda_1 & & O \\ & \ddots & \\ O & & \lambda_n \end{pmatrix}$$

と，すでに対角化されている．

(1)⇐(2)　A は直交行列 P によって

$$P^{-1}AP = \begin{pmatrix} \lambda_1 & & O \\ & \ddots & \\ O & & \lambda_n \end{pmatrix}$$

と対角化できるとする．対角行列であるから，${}^t(P^{-1}AP) = P^{-1}AP$ をみたす．他方，$P^{-1} = {}^tP$ であるから，

$${}^t(P^{-1}AP) = {}^t({}^tPAP) = {}^tP\,{}^tA\,{}^t({}^tP) = {}^tP\,{}^tAP = P^{-1}\,{}^tAP$$

以上より，等式

$$P^{-1}AP = P^{-1}\,{}^tAP$$

を得る．この等式に左から P，右から P^{-1} をかけることによって，$A = {}^tA$ が得られる．すなわち，A は対称行列である．　∎

例題 11.1.1　次の実対称行列を直交行列によって対角化せよ．

$$A=\begin{pmatrix}0 & 0 & 1\\ 0 & -1 & 0\\ 1 & 0 & 0\end{pmatrix}$$

解答　$$|A-tE|=\begin{vmatrix}-t & 0 & 1\\ 0 & -1-t & 0\\ 1 & 0 & -t\end{vmatrix}=-(t-1)(t+1)^2$$

ゆえに固有値は $1, -1$（重複度 2）である．次に固有値 $1, -1$ に属する固有空間 $V(1)$，$V(-1)$ を求める．固有値 1 のとき，

$$\begin{pmatrix}-1 & 0 & 1\\ 0 & -1-1 & 0\\ 1 & 0 & -1\end{pmatrix}\begin{pmatrix}x\\ y\\ z\end{pmatrix}=\begin{pmatrix}-x+z\\ -2y\\ x-z\end{pmatrix}=\begin{pmatrix}0\\ 0\\ 0\end{pmatrix}$$

すなわち，$x=z$，$y=0$ であるから

$$V(1)=\left\{c\begin{pmatrix}1\\ 0\\ 1\end{pmatrix}\middle|\, c \text{ は任意}\right\}$$

となる．固有値 -1 のとき，

$$\begin{pmatrix}-(-1) & 0 & 1\\ 0 & -1-(-1) & 0\\ 1 & 0 & -(-1)\end{pmatrix}\begin{pmatrix}x\\ y\\ z\end{pmatrix}=\begin{pmatrix}x+z\\ 0\\ x+z\end{pmatrix}=\begin{pmatrix}0\\ 0\\ 0\end{pmatrix}$$

すなわち，$x+z=0$，y は任意，であるから

$$V(-1)=\left\{c_1\begin{pmatrix}0\\ 1\\ 0\end{pmatrix}+c_2\begin{pmatrix}1\\ 0\\ -1\end{pmatrix}\middle|\, c_1, c_2 \text{ は任意}\right\}$$

となる．以上の固有ベクトルの集合のうちから正規直交基底を選んで並べると対角化を与える直交行列になる．そこで $\boldsymbol{a}_1=\begin{pmatrix}1\\ 0\\ 1\end{pmatrix}$，$\boldsymbol{a}_2=\begin{pmatrix}0\\ 1\\ 0\end{pmatrix}$，$\boldsymbol{a}_3=\begin{pmatrix}1\\ 0\\ -1\end{pmatrix}$ とおいてシュミットの方法で正規直交化を行う．定理 11.1.2 より $V(1)$ と $V(-1)$ の元は互いに直交しているから，それぞれで正規直交化を行ってそれらを並べればよい．今の場合，$\boldsymbol{a}_2$ と $\boldsymbol{a}_3$ はたまたま直交しているので長さのみ調節すればよい．こうして次の正規直交基底を得る．

$$\boldsymbol{v}_1 = \frac{1}{\sqrt{2}}\begin{pmatrix} 1 \\ 0 \\ 1 \end{pmatrix}, \quad \boldsymbol{v}_2 = \begin{pmatrix} 0 \\ 1 \\ 0 \end{pmatrix}, \quad \boldsymbol{v}_3 = \frac{1}{\sqrt{2}}\begin{pmatrix} 1 \\ 0 \\ -1 \end{pmatrix}$$

これらを列ベクトルにもつ行列

$$P = \begin{pmatrix} 1/\sqrt{2} & 0 & 1/\sqrt{2} \\ 0 & 1 & 0 \\ 1/\sqrt{2} & 0 & -1/\sqrt{2} \end{pmatrix}$$

は定理 10.8.1 より直交行列であり，行列 A の対角化

$$P^{-1}AP = \begin{pmatrix} 1 & 0 & 0 \\ 0 & -1 & 0 \\ 0 & 0 & -1 \end{pmatrix}$$

が得られる． ■

問 11.1.2 次の実対称行列を直交行列によって対角化せよ．

(1) $\begin{pmatrix} 1 & 0 & -1 \\ 0 & 1 & -1 \\ -1 & -1 & 0 \end{pmatrix}$ (2) $\begin{pmatrix} 1 & 0 & 1 \\ 0 & 1 & 0 \\ 1 & 0 & -1 \end{pmatrix}$ (3) $\begin{pmatrix} 1 & -2 & 2 \\ -2 & 1 & -2 \\ 2 & -2 & 1 \end{pmatrix}$

エルミット行列のユニタリ行列による対角化

定理 11.1.4 n 次複素正方行列 A について，次の 2 つの条件は同値である．

(1) A はエルミット行列である．

(2) A は適当なユニタリ行列 U によって，対角成分が実数からなる行列に対角化できる．すなわち

$$U^{-1}AU = \begin{pmatrix} \lambda_1 & & O \\ & \ddots & \\ O & & \lambda_n \end{pmatrix} \qquad (\lambda_1, \cdots, \lambda_n \text{ は実数})$$

証明 定理 11.1.3 の証明において，直交行列 P をユニタリ行列 U におきかえ，転置行列を取る代りに随伴行列をとればよい． ■

問 11.1.3 定理 11.1.4 の証明を行ってみよ．

例題 11.1.2 次のエルミット行列をユニタリ行列によって対角化せよ．

$$A = \begin{pmatrix} 1 & i & 0 \\ -i & 0 & 1 \\ 0 & 1 & 1 \end{pmatrix}$$

解答　$|A-tE| = \begin{vmatrix} 1-t & i & 0 \\ -i & -t & 1 \\ 0 & 1 & 1-t \end{vmatrix} = -(t-1)(t+1)(t-2)$

ゆえに A の固有値は $1, -1,\ 2$ である．次にこれらに属する固有空間 $V(1)$, $V(-1)$, $V(2)$ を求める．固有値 1 のとき，

$$\begin{pmatrix} 1-1 & i & 0 \\ -i & -1 & 1 \\ 0 & 1 & 1-1 \end{pmatrix}\begin{pmatrix} x \\ y \\ z \end{pmatrix} = \begin{pmatrix} iy \\ -ix-y+z \\ y \end{pmatrix} = \begin{pmatrix} 0 \\ 0 \\ 0 \end{pmatrix}$$

すなわち，$y=0, -ix-y+z=0$ であるから

$$V(1) = \left\{ c\begin{pmatrix} 1 \\ 0 \\ i \end{pmatrix} \,\middle|\, c \text{ は任意} \right\}$$

となる．固有値 -1 のとき，

$$\begin{pmatrix} 1-(-1) & i & 0 \\ -i & -(-1) & 1 \\ 0 & 1 & 1-(-1) \end{pmatrix}\begin{pmatrix} x \\ y \\ z \end{pmatrix} = \begin{pmatrix} 2x+iy \\ -ix+y+z \\ y+2z \end{pmatrix} = \begin{pmatrix} 0 \\ 0 \\ 0 \end{pmatrix}$$

すなわち，$2x+iy=0, -ix+y+z=0,\ y+2z=0$ であるから

$$V(-1) = \left\{ c\begin{pmatrix} 1 \\ 2i \\ -i \end{pmatrix} \,\middle|\, c \text{ は任意} \right\}$$

となる．固有値 2 のとき，

$$\begin{pmatrix} 1-2 & i & 0 \\ -i & -2 & 1 \\ 0 & 1 & 1-2 \end{pmatrix}\begin{pmatrix} x \\ y \\ z \end{pmatrix} = \begin{pmatrix} -x+iy \\ -ix-2y+z \\ y-z \end{pmatrix} = \begin{pmatrix} 0 \\ 0 \\ 0 \end{pmatrix}$$

すなわち, $-x+iy=0, -ix-2y+z=0,\ y-z=0$ であるから，

$$V(2) = \left\{ c\begin{pmatrix} 1 \\ -i \\ -i \end{pmatrix} \,\middle|\, c \text{ は任意} \right\}$$

となる．次にこれらの固有空間から基底を選び，

$$\boldsymbol{a}_1 = \begin{pmatrix} 1 \\ 0 \\ i \end{pmatrix}, \quad \boldsymbol{a}_2 = \begin{pmatrix} 1 \\ 2i \\ -i \end{pmatrix}, \quad \boldsymbol{a}_3 = \begin{pmatrix} 1 \\ -i \\ -i \end{pmatrix}$$

とおいてシュミットの方法で正規直交化を行う．今の場合は固有値がすべて異なるから定理 11.1.2 より $\boldsymbol{a}_1, \boldsymbol{a}_2, \boldsymbol{a}_3$ はすでに互いに直交している．よって長さのみ 1 に調節した

$$\frac{\boldsymbol{a}_1}{\|\boldsymbol{a}_1\|} = \begin{pmatrix} 1/\sqrt{2} \\ 0 \\ i/\sqrt{2} \end{pmatrix}, \quad \frac{\boldsymbol{a}_2}{\|\boldsymbol{a}_2\|} = \begin{pmatrix} 1/\sqrt{6} \\ 2i/\sqrt{6} \\ -i/\sqrt{6} \end{pmatrix}, \quad \frac{\boldsymbol{a}_3}{\|\boldsymbol{a}_3\|} = \begin{pmatrix} 1/\sqrt{3} \\ -i/\sqrt{3} \\ -i/\sqrt{3} \end{pmatrix}$$

は $\boldsymbol{C}^3$ の正規直交基底になる．そこでこれらを列ベクトルにもつ行列

$$U = \begin{pmatrix} 1/\sqrt{2} & 1/\sqrt{6} & 1/\sqrt{3} \\ 0 & 2i/\sqrt{6} & -i/\sqrt{3} \\ i/\sqrt{2} & -i/\sqrt{6} & -i/\sqrt{3} \end{pmatrix}$$

は定理 10.10.1 よりユニタリ行列であり，この U によって行列 A の対角化

$$U^{-1}AU = \begin{pmatrix} 1 & 0 & 0 \\ 0 & -1 & 0 \\ 0 & 0 & 2 \end{pmatrix}$$

が得られる．　■

問 11.1.4　次のエルミット行列をユニタリ行列によって対角化せよ．

（1）$\begin{pmatrix} 1 & 0 & 0 \\ 0 & 0 & 1+i \\ 0 & 1-i & 1 \end{pmatrix}$　　（2）$\begin{pmatrix} 0 & 0 & 1 \\ 0 & 0 & i \\ 1 & -i & 0 \end{pmatrix}$

11.2　正規行列

前節では，複素行列 A をユニタリ行列によって，対角成分が実数であるような行列に対角化できる必要十分条件を与えた．

この節では，一般に行列 A がユニタリ行列によって対角化できる必要十分条件を与えることにしよう．

定義 11.2.1　n 次正方行列 A が

$$A^*A = AA^*$$

をみたすとき，A を**正規行列**という．

例　ユニタリ行列，直交行列，エルミット行列，実対称行列，歪エルミット行列，歪対称行列（交代行列）などは正規行列の例である．これら以外にも，たとえば，$\begin{pmatrix} 2 & 0 \\ 0 & i \end{pmatrix}$ も正規行列である．

問 11.2.1　次の行列が正規行列かどうか判定せよ．

（1）$\begin{pmatrix} 1 & 1 & 0 \\ 0 & 1 & 1 \\ 0 & 0 & 1 \end{pmatrix}$　（2）$\begin{pmatrix} 1 & i \\ i & 1 \end{pmatrix}$　（3）$\begin{pmatrix} a & -b \\ b & a \end{pmatrix}$　(a, b 実数)

正規行列の対角化

次の定理は，正規行列の定義の意義を物語るものである．

定理 11.2.1　n 次複素正方行列 A について，

$$A \text{ は正規行列} \Longleftrightarrow A \text{ はユニタリ行列によって対角化される.}$$

証明　$\Leftarrow$　A がユニタリ行列 U によって対角化されたとしよう．

$$T = U^{-1}AU$$

をその対角化とする．$U^{-1} = U^*$ であるから，$T = U^*AU$ である．そして

$$T^* = U^*A^*U^{**} = U^*A^*U$$

も対角行列であるから，等式 $TT^* = T^*T$ が成り立つ．ここに上式を代入して，

$$(U^*AU)(U^*A^*U) = (U^*A^*U)(U^*AU)$$

ここで，$UU^* = E$ であるから，

$$U^*AA^*U = U^*A^*AU$$

この等式に左から U，右から U^* をかけることによって等式

$$AA^* = A^*A$$

を得る．すなわち，A は正規行列である．

$\Rightarrow$　定理 9.4.2 より，一般に行列 A はあるユニタリ行列 U によって

$$B = U^{-1}AU = U^*AU = \begin{pmatrix} b_{11} & b_{12} & \cdots & b_{1n} \\ & b_{22} & \ddots & \vdots \\ O & & & b_{nn} \end{pmatrix}$$

と三角化される．そのとき，

$$B^* = U^*A^*U = \begin{pmatrix} \bar{b}_{11} & & & O \\ \bar{b}_{12} & \bar{b}_{22} & & \\ \vdots & & \ddots & \\ \bar{b}_{1n} & \cdots & \cdots & \bar{b}_{nn} \end{pmatrix}$$

で，A が正規行列であるから，

$$\begin{aligned} B^*B &= (U^*A^*U)(U^*AU) = U^*A^*AU = U^*AA^*U \\ &= (U^*AU)(U^*A^*U) = BB^* \end{aligned}$$

つまり，B も正規行列である．この等式 $B^*B = BB^*$ の両辺の $(1,1)$ 成分を比較することによって，等式

$$\bar{b}_{11}b_{11} = b_{11}\bar{b}_{11} + b_{12}\bar{b}_{12} + \cdots + b_{1n}\bar{b}_{1n}$$

を得る．$b_{1i}\bar{b}_{1i} = |b_{1i}|^2 \geqq 0$ であるから，

$$b_{12} = b_{13} = \cdots = b_{1n} = 0$$

を得る．以下順番に (i, i) 成分を比べることによって

$$b_{i\,i+1} = b_{i\,i+2} = \cdots = b_{in} = 0$$

を得る．すなわち，B は対角行列である． ■

問 11.2.2 次の行列が正規行列であることを示し，ユニタリ行列によって対角化せよ．

（1） $\begin{pmatrix} 0 & -1 \\ 1 & 0 \end{pmatrix}$ （2） $\begin{pmatrix} a & -b \\ b & a \end{pmatrix}$ （a, b 実数）

A が正規行列の場合，A と A^* の固有値は互いに共役である．すなわち，次が成り立つ．

定理 11.2.2 λ を正規行列 A の固有値，$\boldsymbol{x}$ を固有値 λ に属する固有ベクトルとすると，$\bar{\lambda}$ は A^* の固有値で $\boldsymbol{x}$ は A^* の固有値 $\bar{\lambda}$ に属する固有ベクトルである．

証明 まず，$AA^* = A^*A$ より，$(A - \lambda E)$ と $(A - \lambda E)^* = (A^* - \bar{\lambda}E)$ が可

換であることに注意する．$A\boldsymbol{x} = \lambda\boldsymbol{x}$ より，$(A-\lambda E)\boldsymbol{x} = \boldsymbol{0}$ であるから，

$$\begin{aligned} 0 &= ((A-\lambda E)\boldsymbol{x}, (A-\lambda E)\boldsymbol{x}) \\ &= (\boldsymbol{x}, (A-\lambda E)^*(A-\lambda E)\boldsymbol{x}) \\ &= (\boldsymbol{x}, (A-\lambda E)(A-\lambda E)^*\boldsymbol{x}) \\ &= ((A^*-\bar{\lambda}E)\boldsymbol{x}, (A^*-\bar{\lambda}E)\boldsymbol{x}) \end{aligned}$$

したがって，$(A^*-\bar{\lambda}E)\boldsymbol{x} = \boldsymbol{0}$，すなわち，$A^*\boldsymbol{x} = \bar{\lambda}\boldsymbol{x}$. ■

固有ベクトルの直交性

次の定理は，定理 11.1.2 の一般化である．

定理 11.2.3　正規行列 A の相異なる固有値に属する固有ベクトルは互いに直交する．

証明　$A\boldsymbol{x} = \lambda\boldsymbol{x}$，$A\boldsymbol{y} = \mu\boldsymbol{y}$，$\boldsymbol{x} \neq \boldsymbol{0}$，$\boldsymbol{y} \neq \boldsymbol{0}$，$\lambda \neq \mu$ とする．定理 11.2.2 より $A^*\boldsymbol{y} = \bar{\mu}\boldsymbol{y}$ となる．これより，

$$\begin{aligned} \lambda(\boldsymbol{x}, \boldsymbol{y}) &= (\lambda\boldsymbol{x}, \boldsymbol{y}) = (A\boldsymbol{x}, \boldsymbol{y}) = (\boldsymbol{x}, A^*\boldsymbol{y}) \\ &= (\boldsymbol{x}, \bar{\mu}\boldsymbol{y}) = \mu(\boldsymbol{x}, \boldsymbol{y}) \end{aligned}$$

よって，

$$(\lambda-\mu)(\boldsymbol{x}, \boldsymbol{y}) = 0$$

仮定より $\lambda \neq \mu$ であるから $(\boldsymbol{x}, \boldsymbol{y}) = 0$ が成り立つ． ■

コメント　じつは「n 次複素正方行列 A が正規行列であるための必要十分条件は，$\boldsymbol{C}^n$ が A の固有ベクトルからなる正規直交基底をもつことである」が成り立つ．この証明は後に演習問題とする．

11.3　実2次形式とエルミット形式

n 個の実変数 $\boldsymbol{x} = \begin{pmatrix} x_1 \\ \vdots \\ x_n \end{pmatrix} \in \boldsymbol{R}^n$ についての2次の項だけからなる実数係数の整式

$$f(\boldsymbol{x}) = \sum_{i=1}^{n} a_{ii}{x_i}^2 + 2\sum_{i<j} a_{ij}x_ix_j$$

を**実 2 次形式**という．ここで，$i > j$ のとき $a_{ij} = a_{ji}$ とおくと，行列 $A = (a_{ij})$ は実対称行列になり，

$$f(\boldsymbol{x}) = {}^t\boldsymbol{x}A\boldsymbol{x} = (\boldsymbol{x}, A\boldsymbol{x}) = (A\boldsymbol{x}, \boldsymbol{x})$$

と表わされる．行列 A を 2 次形式 $f(\boldsymbol{x})$ の**係数行列**，A のランクを **2 次形式 $f(\boldsymbol{x})$ のランク**という．

ここで，2 次形式をできるだけ簡単な見やすいものにするために，変数変換を行うということを考える．実正則行列 P により

$$\boldsymbol{x} = P\boldsymbol{y}$$

という変数の線形変換を行うと，$\boldsymbol{y}$ についての実 2 次形式が得られる．その係数行列を B とするとき，A と B の関係を調べよう．

$$f(\boldsymbol{x}) = (\boldsymbol{x}, A\boldsymbol{x}) = (P\boldsymbol{y}, AP\boldsymbol{y}) = (\boldsymbol{y}, {}^tPAP\boldsymbol{y})$$

であるから

$$B = {}^tPAP$$

2 次形式の標準形

定理 11.3.1　実 2 次形式 $f(\boldsymbol{x}) = (\boldsymbol{x}, A\boldsymbol{x})$ に対して，適当な直交変換

$$\boldsymbol{x} = P\boldsymbol{y}, \quad \boldsymbol{y} = \begin{pmatrix} y_1 \\ \vdots \\ y_n \end{pmatrix} \quad ({}^tP = P^{-1})$$

を行って，

$$f(\boldsymbol{x}) = \lambda_1 {y_1}^2 + \lambda_2 {y_2}^2 + \cdots + \lambda_n {y_n}^2$$

とできる．これを**実 2 次形式の標準形**という．ここに，$\lambda_1, \cdots, \lambda_n$ は実対称行列 A の固有値で，すべて実数である．

証明　定理 11.1.3 からただちにこの定理は得られる．　∎

正定値と半正定値

実 2 次形式

$$f(\boldsymbol{x}) = {}^t\boldsymbol{x}A\boldsymbol{x}$$

が，任意の実ベクトル $\boldsymbol{x} \neq \boldsymbol{0}$ に対して，$f(\boldsymbol{x}) > 0$ が成り立つとき，実対称行列 A は**正定値**，また任意の実ベクトル $\boldsymbol{x}$ に対して $f(\boldsymbol{x}) \geqq 0$ のとき，A は**半正定値**であるという．

定理 11.3.2　実対称行列 A について

A が正定値　$\Longleftrightarrow A$ のすべての固有値が正

A が半正定値 $\Longleftrightarrow A$ のすべての固有値が非負

証明　定理 11.3.1 よりこの定理は従う．■

エルミット形式

n 個の複素変数 $\boldsymbol{x} = \begin{pmatrix} x_1 \\ \vdots \\ x_n \end{pmatrix} \in \boldsymbol{C}^n$ についての複素数を係数とする式

$$f(\boldsymbol{x}) = \sum_{i,j=1}^{n} a_{ij}\bar{x}_i x_j \qquad (a_{ij} = \bar{a}_{ji})$$

を**エルミット形式**という．ここで $A = (a_{ij})$ とおくと，A はエルミット行列で，

$$\begin{aligned} f(\boldsymbol{x}) &= \sum_{i,j=1}^{n} a_{ij}\bar{x}_i x_j = \boldsymbol{x}^* A \boldsymbol{x} = (A\boldsymbol{x}, \boldsymbol{x}) \\ &= (\boldsymbol{x}, A^*\boldsymbol{x}) = (\boldsymbol{x}, A\boldsymbol{x}) \end{aligned}$$

と表わされる．このことから，等式

$$\overline{(A\boldsymbol{x}, \boldsymbol{x})} = (\boldsymbol{x}, A\boldsymbol{x}) = (A\boldsymbol{x}, \boldsymbol{x})$$

が導かれ，したがって任意の複素ベクトル $\boldsymbol{x} \in \boldsymbol{C}^n$ に対してエルミット形式 $f(\boldsymbol{x})$ は実数値である．

エルミット形式 $f(\boldsymbol{x}) = \boldsymbol{x}^* A \boldsymbol{x}$ の変数 $\boldsymbol{x}$ を複素正則行列 P によって $\boldsymbol{x} = P\boldsymbol{y}$ と変換すると，$\boldsymbol{y}$ についてのエルミット形式が得られる．実際，

$$\boldsymbol{x}^* A \boldsymbol{x} = (P\boldsymbol{y})^* A (P\boldsymbol{y}) = \boldsymbol{y}^* (P^*AP) \boldsymbol{y}$$

となり，$\boldsymbol{y}$ に関する係数行列 P^*AP は

$$(P^*AP)^* = P^*A^*(P^*)^* = P^*AP$$

であるから，エルミット行列である．

エルミット形式の標準形

定理 11.3.3　エルミット形式 $f(\boldsymbol{x}) = \boldsymbol{x}^* A \boldsymbol{x}$ に対して，適当なユニタリ変換

$$\boldsymbol{x} = U\boldsymbol{y}, \quad \boldsymbol{y} = \begin{pmatrix} y_1 \\ \vdots \\ y_n \end{pmatrix} \qquad (U^* = U^{-1})$$

を行って

$$f(\boldsymbol{x}) = \lambda_1|y_1|^2+\cdots+\lambda_n|y_n|^2$$

とすることができる．これを**エルミット形式の標準形**という．ここに $\lambda_1, \cdots, \lambda_n$ はエルミット行列 A の固有値で，すべて実数である．

証明 定理 11.1.4 からただちにこの定理は導かれる． ■

エルミット行列 A が**正定値**であること，および**半正定値**であることは，実対称行列の場合とまったく同様に定義される．そして定理 11.3.2 と類似の定理が成り立つ．

問 11.3.1 次の実 2 次形式，エルミット形式の標準形を求めよ．

（1） 実 2 次形式 $x_1{}^2+4x_1x_2+x_2{}^2$

（2） 実 2 次形式 $x_1x_2+x_2x_3+x_3x_1$

（3） エルミット形式 $2\bar{x}_1x_1+2i\bar{x}_1x_2-2ix_1\bar{x}_2-\bar{x}_2x_2$

11.4 2 次曲線と 2 次曲面

実 2 次形式の標準化の幾何学的意味を考えよう．

多変数の 2 次方程式の解の集合は一般に 2 次曲面といわれる．この 2 次曲面がどういう形をしているかを調べるのに，今まで考察した 2 次形式の標準形の概念がその威力を発揮することになる．

具体的にいえば，座標軸を取りかえることによって，与えられた 2 次方程式をより簡単な見やすい形に変形するというアイデアである．

一見複雑そうに見える 2 次方程式も，視点を変えると分かりやすいものになるのである．そのために，いわば 2 次方程式の標準形というべきものを求めるが，これは実 2 次形式の標準形と密接に関係している．したがって，2 次曲面の分類は，対称行列の対角化の応用の 1 つといえる．

一般の n 変数の 2 次曲面の標準形の本質は，n が 2 と 3 の場合にも充分に含まれているので，これらを中心に考察することにする．

2 次曲線

2 変数についての 2 次方程式を考えるにあたり，変数として x_1, x_2 より x, y の方がなじみがあるので x, y を用いることにしよう．

平面における 2 次曲線の方程式

$$f(x,y) = a_{11}x^2+2a_{12}xy+a_{22}y^2+2(b_1x+b_2y)+c = 0$$

が与えられたとき，$a_{21} = a_{12}$ とし，

$$A = \begin{pmatrix} a_{11} & a_{12} \\ a_{21} & a_{22} \end{pmatrix}, \quad \boldsymbol{b} = \begin{pmatrix} b_1 \\ b_2 \end{pmatrix}, \quad \boldsymbol{x} = \begin{pmatrix} x \\ y \end{pmatrix}$$

とおくと，上の方程式は

$$f(\boldsymbol{x}) = {}^t\boldsymbol{x}A\boldsymbol{x}+2{}^t\boldsymbol{b}\boldsymbol{x}+c = 0 \qquad (A \neq O)$$

と表わすことができる．

係数行列 A は対称行列であるから，ある直交行列 P によって対角化される．そのとき，座標変換 $\boldsymbol{x} = P\boldsymbol{y}$ を行うと，

$$\begin{aligned} f(\boldsymbol{x}) &= {}^t(P\boldsymbol{y})A(P\boldsymbol{y})+2{}^t\boldsymbol{b}P\boldsymbol{y}+c \\ &= {}^t\boldsymbol{y}({}^tPAP)\boldsymbol{y}+2({}^t\boldsymbol{b}P)\boldsymbol{y}+c \end{aligned}$$

となるから，ベクトル $\boldsymbol{y}$ の成分を改めて x, y で表わすと，この式は

$$ax^2+by^2+2cx+2dy+e$$

の形になる．行列 $A \neq O$ であるから，a, b のうちの少なくとも片方は 0 でないから $a \neq 0$ としてよい．($a = 0$ のときは，座標を $\pi/2$ 回転することにより x の係数は 0 でなくなる.) そのとき，平行移動

$$x' = x+\frac{c}{a}$$

を行うことにより x の 1 次の項はなくすことができる．もしも $b \neq 0$ ならば同様に y の 1 次の項もなくすことができる，$b = 0$ のときは y の 1 次の項は一般に残る．そして y の 1 次の項が残るときは，y 方向の平行移動により定数 e を 0 にできる．

以上を定理にまとめておこう．

定理 11.4.1　平面における 2 次曲線の方程式

$$f(x,y) = a_{11}x^2+2a_{12}xy+a_{22}y^2+2(b_1x+b_2y)+c = 0$$

は，直交行列による座標の変換と座標の平行移動を行うことによって次の形の式に変換される．

$$ax^2+by^2+cy+d = 0 \qquad (a \neq 0)$$

ここで，$bc = 0$ かつ $cd = 0$ である．すなわち $b \neq 0$ のときは $c = 0$ であり，$c \neq 0$ のときには $d = 0$ である．

定理 11.4.1 の結果を場合分けして，2 次曲線の標準形を求めることにしよう．

2 次曲線の標準形

平面の 2 次曲線は適当な直交行列による座標変換および平行移動の座標変換を行うことによって，方程式は次の標準形になる．見やすくするために，文字はすべて新たにしている．

（a）$ab > 0$ のとき，$c = 0$ となり，ad の負，正，0 による次の 3 つの場合に分けられる．

（1）$\dfrac{x^2}{a^2}+\dfrac{y^2}{b^2} = 1$　**楕円**

（2）$\dfrac{x^2}{a^2}+\dfrac{y^2}{b^2} = -1$　**空集合**

（3）$\dfrac{x^2}{a^2}+\dfrac{y^2}{b^2} = 0$　**1 点**

（b）$ab < 0$ のとき，$c = 0$ となり，必要ならばさらに座標を $\pi/2$ 回転して，x と y を入れかえることができるから，$ad \leqq 0$ としてよい．したがって次の 2 つの場合に分けられる

（4）$\dfrac{x^2}{a^2}-\dfrac{y^2}{b^2} = 1$　**双曲線**

（5）$\dfrac{x^2}{a^2}-\dfrac{y^2}{b^2} = 0$　**交わる 2 直線**

（c）$b = 0$ で $c \neq 0$ のとき．

（6）$x^2 = ay$　**放物線**

（d）$b = c = 0$ のとき，ad の負，正，0 により次の 3 つの場合に分けられる．

（7）$x^2 = a^2$　**平行 2 直線**

（8）$x^2 = -a^2$　**空集合**

（9）$x^2 = 0$　**1 直線**

(1), (2), (4), (6) を**固有 2 次曲線**，その他を**退化 2 次曲線**という．

問　題

1. 次の実対称行列を直交行列によって対角化せよ．

（1）$\begin{pmatrix} 0 & 0 & -1 \\ 0 & 1 & 0 \\ -1 & 0 & 0 \end{pmatrix}$　　（2）$\begin{pmatrix} 2 & 3 & 1 \\ 3 & -1 & 0 \\ 1 & 0 & -1 \end{pmatrix}$

2. 次のエルミット行列をユニタリ行列によって対角化せよ．

（1）$\begin{pmatrix} 1 & -i & 1 \\ i & 1 & -i \\ 1 & i & 1 \end{pmatrix}$　　（2）$\begin{pmatrix} 0 & 0 & i \\ 0 & 0 & 1 \\ -i & 1 & 0 \end{pmatrix}$

3. 次の行列が正規行列であることを示し，ユニタリ行列によって対角化せよ．

（1）$\begin{pmatrix} 0 & -2 & -1 \\ 2 & 0 & -2 \\ 1 & 2 & 0 \end{pmatrix}$　　（2）$\begin{pmatrix} 0 & 0 & -1 & 0 \\ 0 & 0 & 0 & -1 \\ 1 & 0 & 0 & 0 \\ 0 & 1 & 0 & 0 \end{pmatrix}$　　（3）$\begin{pmatrix} i & 1+i \\ 1-i & i \end{pmatrix}$

4. A, B がエルミット行列であれば，$A+B$，$AB+BA$，$i(AB-BA)$ もまたエルミット行列であることを示せ．

5. 次の 2 次形式の標準形を求めよ．

（1）$4x^2-10xy+4y^2$

（2）$x^2+y^2+z^2+2\sqrt{2}\,xy+2\sqrt{2}\,yz$

（3）$2x^2-y^2-z^2+4xy+8yz-4zx$

6. 任意の正方行列 A は，エルミット行列 B，C を用いて $A=B+iC$ の形にただ 1 通りに書けることを示せ．

7. A を正規行列とするとき，次を示せ．

（1）A の固有値がすべて絶対値 $1 \Longleftrightarrow A$ はユニタリ行列

（2）A の固有値がすべて実数 $\Longleftrightarrow A$ はエルミット行列

8. n 次複素正方行列 A が正規行列であるための必要十分条件は，$\boldsymbol{C}^n$ が A の固有ベクトルからなる正規直交基底をもつことであることを示せ．

9. 次の 2 次曲線の標準形を求めよ．

（1）$x^2+4y^2-4xy-8x+6y=0$　　（2）$x^2+y^2+2xy+4\sqrt{2}\,y-8=0$

10. 次の 2 次曲面の標準形を求めよ．

（1）$x^2-y^2+z^2-2xy-2yz-2zx-2x+2y-2z-5=0$

（2）$x^2+2y^2+z^2-2xy-2yz-2x-6y+2z+6=0$

（3）$4x^2+4y^2-8z^2-10xy-4yz-4xz-4x-4y+2z=0$

11. A を O でない実対称行列とするとき，任意の自然数 m に対して $A^m \neq O$

であることを示せ.

12. n 次エルミット行列 A の最大固有値を M, 最小固有値を m とするとき

$$m\|\boldsymbol{x}\|^2 \leqq (\boldsymbol{x}, A\boldsymbol{x}) \leqq M\|\boldsymbol{x}\|^2 \qquad (\boldsymbol{x} \in \boldsymbol{C}^n)$$

が成り立つことを示せ.

13. A をエルミット行列とするとき, $E+iA$, $E-iA$ はともに正則行列になることを示せ.

14. U をユニタリ行列, P を直交行列とするとき, 次を示せ.

（1） A：正規行列 $\Longleftrightarrow$ U^*AU：正規行列

（2） A：エルミット行列 $\Longleftrightarrow$ U^*AU：エルミット行列

（3） A：実対称行列 $\Longleftrightarrow$ ${}^tPAP$：実対称行列

12 ジョルダンの標準形

与えられた行列を，座標軸の取り換えという，いわば視点の変更によって見やすい形にするというのが行列の対角化の考え方である．しかし，どんな行列でも対角化できるというわけではない．

この最後の章で考察するジョルダンの標準形はこの方向の最終的な定式化といえるものであって，行列の三角化と同じ条件のもとに三角行列をある標準的なタイプに分類するというものである．

本章で扱う行列は，実正方行列の場合は三角化の必要十分条件である

「n 次正方行列 A は重複をこめて n 個の固有値をもつ」

を仮定する．複素行列のカテゴリーでは，これは必然的に成り立つことである．

12.1　不変部分空間

A を n 次正方行列とする．行列 A は線形変換

$$A\colon \boldsymbol{R}^n \longrightarrow \boldsymbol{R}^n$$

を定義する．そのとき，$\boldsymbol{R}^n$ の任意の部分集合 X に対して，

$$A(X) = \{A(\boldsymbol{x}) \mid \boldsymbol{x} \in X\}$$

とおく．$\boldsymbol{R}^n$ の部分空間 V が

$$A(V) \subset V$$

を満たすとき，V を A に関する**不変部分空間**という．

例　λ を A の固有値とすると，λ に属する固有空間 $V(\lambda)$ は A に関する不変部分空間である．なぜならば，$\boldsymbol{x} \in V(\lambda)$ とすると，$A\boldsymbol{x} = \lambda\boldsymbol{x}$ であり，

$$A(A\boldsymbol{x}) = A(\lambda\boldsymbol{x}) = \lambda A\boldsymbol{x}$$

であるから，$A\boldsymbol{x} \in V(\lambda)$ となり $V(\lambda)$ は不変部分空間である．

A を n 次正方行列とし，V, W を線形変換

$$A\colon \boldsymbol{R}^n \longrightarrow \boldsymbol{R}^n$$

に関する不変部分空間とする．

$\boldsymbol{v}_1, \cdots, \boldsymbol{v}_r$ を V の1つの基底，$\boldsymbol{w}_1, \cdots, \boldsymbol{w}_s$ を W の1つの基底とし，$\boldsymbol{v}_1, \cdots, \boldsymbol{v}_r, \boldsymbol{w}_1, \cdots, \boldsymbol{w}_s$ が $\boldsymbol{R}^n$ の基底になっているとする．したがって

$$\boldsymbol{R}^n = V \oplus W \qquad (\text{直和})$$

である．仮定より

$$A\boldsymbol{v}_i \in V \quad (i = 1, \cdots, r), \qquad A\boldsymbol{w}_i \in W \quad (i = 1, \cdots, s)$$

であるから基底を用いて

$$\begin{aligned}
A\boldsymbol{v}_1 &= b_{11}\boldsymbol{v}_1 + \cdots + b_{r1}\boldsymbol{v}_r \\
\cdots & \qquad \cdots \\
A\boldsymbol{v}_r &= b_{1r}\boldsymbol{v}_1 + \cdots + b_{rr}\boldsymbol{v}_r \\
A\boldsymbol{w}_1 &= \qquad\qquad\qquad c_{11}\boldsymbol{w}_1 + \cdots + c_{s1}\boldsymbol{w}_s \\
\cdots & \qquad\qquad\qquad\qquad \cdots \\
A\boldsymbol{w}_s &= \qquad\qquad\qquad c_{1s}\boldsymbol{w}_1 + \cdots + c_{ss}\boldsymbol{w}_s
\end{aligned}$$

と書かれる．そこで，$\boldsymbol{v}_i, \boldsymbol{w}_j$ を列ベクトルで表わして

$$P = (\boldsymbol{v}_1, \cdots, \boldsymbol{v}_r, \boldsymbol{w}_1, \cdots, \boldsymbol{w}_s)$$

とおくと，P は n 次正方行列であって上式はまとめて

$$AP = P\left(\begin{array}{ccc|ccc}
b_{11} & \cdots & b_{1r} & & & \\
\vdots & & \vdots & & O & \\
b_{r1} & \cdots & b_{rr} & & & \\
\hline
 & & & c_{11} & \cdots & c_{1s} \\
 & O & & \vdots & & \vdots \\
 & & & c_{s1} & \cdots & c_{ss}
\end{array}\right)$$

と表わされる．ここで

$$B = \begin{pmatrix} b_{11} & \cdots & b_{1r} \\ \vdots & & \vdots \\ b_{r1} & \cdots & b_{rr} \end{pmatrix}, \qquad C = \begin{pmatrix} c_{11} & \cdots & c_{1s} \\ \vdots & & \vdots \\ c_{s1} & \cdots & c_{ss} \end{pmatrix}$$

とおけば，上式は

$$AP = P\left(\begin{array}{c|c} B & O \\ \hline O & C \end{array}\right)$$

と見やすくなる．$\boldsymbol{v}_1, \cdots, \boldsymbol{v}_r$，$\boldsymbol{w}_1, \cdots, \boldsymbol{w}_s$ が仮定より $\boldsymbol{R}^n$ の基底であるから，P は正則であって，

$$P^{-1}AP = \left(\begin{array}{c|c} B & O \\ \hline O & C \end{array}\right)$$

となる．$\boldsymbol{R}^n$ の任意のベクトル $\boldsymbol{x}$ および $A\boldsymbol{x}$ を上記基底の1次結合で表わすとき，係数の間の関係を見ておこう．

$$\boldsymbol{x} = \sum_{i=1}^{r} v_i \boldsymbol{v}_i + \sum_{i=1}^{s} w_i \boldsymbol{w}_i, \qquad A\boldsymbol{x} = \sum_{i=1}^{r} v_i' \boldsymbol{v}_i + \sum_{i=1}^{s} w_i' \boldsymbol{w}_i$$

とするとき，

$$\begin{aligned} A\boldsymbol{x} &= \sum_{i=1}^{r} v_i A\boldsymbol{v}_i + \sum_{i=1}^{s} w_i A\boldsymbol{w}_i = \sum_{i=1}^{r} v_i \sum_{j=1}^{r} b_{ji}\boldsymbol{v}_j + \sum_{i=1}^{s} w_i \sum_{j=1}^{s} c_{ji}\boldsymbol{w}_j \\ &= \sum_{j=1}^{r}\left(\sum_{i=1}^{r} v_i b_{ji}\right)\boldsymbol{v}_j + \sum_{j=1}^{s}\left(\sum_{i=1}^{s} w_i c_{ji}\right)\boldsymbol{w}_j \end{aligned}$$

であるから，次の等式を得る．

$$\begin{pmatrix} v_1' \\ \vdots \\ v_r' \\ w_1' \\ \vdots \\ w_s' \end{pmatrix} = \begin{pmatrix} B & O \\ O & C \end{pmatrix} \begin{pmatrix} v_1 \\ \vdots \\ v_r \\ w_1 \\ \vdots \\ w_s \end{pmatrix} = \left(\begin{array}{c} B\begin{pmatrix} v_1 \\ \vdots \\ v_r \end{pmatrix} \\ \hline C\begin{pmatrix} w_1 \\ \vdots \\ w_s \end{pmatrix} \end{array}\right)$$

とくに $\boldsymbol{x}$ として $\boldsymbol{v} = \sum_{i=1}^{r} v_i \boldsymbol{v}_i \in V$ をとると，

$$A\boldsymbol{v} = \sum_{i=1}^{r} v_i' \boldsymbol{v}_i \in V \quad \text{の係数は} \quad \begin{pmatrix} v_1' \\ \vdots \\ v_r' \end{pmatrix} = B\begin{pmatrix} v_1 \\ \vdots \\ v_r \end{pmatrix}$$

という関係にある．w のベクトルに対しても同様である．

以上の考察はそのまま一般化され，次の形にまとめられる．

定理 12.1.1　A を n 次正方行列とし，$V_1, \cdots, V_u$ を線形変換

$$A : \boldsymbol{R}^n \longrightarrow \boldsymbol{R}^n$$

に関する不変部分空間とする．$\boldsymbol{v}_1^{(h)}, \cdots, \boldsymbol{v}_{n_h}^{(h)}$ が V_h の基底であって

$$\boldsymbol{v}_1{}^{(1)}, \cdots, \boldsymbol{v}_{n_1}{}^{(1)}, \boldsymbol{v}_1{}^{(2)}, \cdots, \boldsymbol{v}_{n_2}{}^{(2)}, \cdots, \boldsymbol{v}_1{}^{(u)}, \cdots, \boldsymbol{v}_{n_u}{}^{(u)}$$

が $\boldsymbol{R}^n$ の基底になっているとすると，$\boldsymbol{R}^n$ の直和分解

$$\boldsymbol{R}^n = V_1 \oplus \cdots \oplus V_u$$

が得られる．仮定より

$$A\boldsymbol{v}_i{}^{(h)} = \sum_{j=1}^{n_h} a_{ij}{}^{(h)} \boldsymbol{v}_j{}^{(h)}$$

と書かれ，この係数からなる n_h 次正方行列を $A_h = (a_{ij}{}^{(h)})\ (h = 1, \cdots, u)$ とおく．そして上記基底を列ベクトルで表わして

$$P = (\boldsymbol{v}_1{}^{(1)}, \cdots, \boldsymbol{v}_{n_1}{}^{(1)}, \boldsymbol{v}_1{}^{(2)}, \cdots, \boldsymbol{v}_{n_2}{}^{(2)}, \cdots, \boldsymbol{v}_1{}^{(u)}, \cdots, \boldsymbol{v}_{n_u}{}^{(u)})$$

とおくと，P は n 次正則行列であって

$$P^{-1}AP = \begin{pmatrix} A_1 & & & O \\ & A_2 & & \\ & & \ddots & \\ O & & & A_u \end{pmatrix}$$

が成り立つ．いま，$\boldsymbol{R}^n$ の任意のベクトル $\boldsymbol{x}$ および $\boldsymbol{y} = A\boldsymbol{x}$ を

$$\boldsymbol{x} = \sum_{h=1}^{u} \sum_{i=1}^{n_h} x_i{}^{(h)} \boldsymbol{v}_i{}^{(h)}, \qquad \boldsymbol{y} = A\boldsymbol{x} = \sum_{h=1}^{u} \sum_{i=1}^{n_h} y_i{}^{(h)} \boldsymbol{v}_i{}^{(h)}$$

とおくとき，次の等式が成り立つ．

$$\begin{pmatrix} y_1{}^{(1)} \\ \vdots \\ y_{n_1}{}^{(1)} \\ \vdots \\ y_1{}^{(u)} \\ \vdots \\ y_{n_t}{}^{(u)} \end{pmatrix} = \begin{pmatrix} A_1 & & & O \\ & A_2 & & \\ & & \ddots & \\ O & & & A_u \end{pmatrix} \begin{pmatrix} x_1{}^{(1)} \\ \vdots \\ x_{n_1}{}^{(1)} \\ \vdots \\ x_1{}^{(u)} \\ \vdots \\ x_{n_t}{}^{(u)} \end{pmatrix}$$

また，A の固有多項式は，

$$|A - tE| = |A_1 - tE| \cdots |A_u - tE|$$

証明　最後の部分は定理 9.2.5 による． ∎

12.2　べき零部分空間

V を n 次元実ベクトル空間，$f\colon V \to V$ を線形変換とする．そのとき

$$W_0 = \{\boldsymbol{0}\},\quad W_1 = \operatorname{Ker} f,\quad W_2 = \operatorname{Ker} f^2,\quad \cdots,\quad W_i = \operatorname{Ker} f^i,\quad \cdots$$

とおくと，明らかに

$$W_0 \subset W_1 \subset W_2 \subset \cdots \subset W_i \subset \cdots$$

である．そのとき次の定理が成り立つ．

定理 12.2.1　ある k が存在して

$$\{\mathbf{0}\} = W_0 \subsetneqq W_1 \subsetneqq \cdots \subsetneqq W_k = W_{k+1} = \cdots$$

が成り立つ．

証明　W_j の次元を n_j とおくと

$$W_0 \subset W_1 \subset W_2 \subset \cdots \subset V$$

であるから

$$n_0 = 0 \leqq n_1 \leqq n_2 \leqq \cdots \leqq \dim V = n$$

が成り立つ．したがって n_j はすべて異なるということはない．つまり $n_i = n_{i+1}$ となる i が存在するが，このような i の最小値を k とする．すると

$$n_k = n_{k+1} \quad \text{かつ} \quad W_k \subset W_{k+1}$$

であるから，

$$W_k = W_{k+1}$$

が成り立つ．次に，$W_{k+1} = W_{k+2}$ を示そう．$W_{k+1} \subset W_{k+2}$ が成り立つから，$W_{k+1} \supset W_{k+2}$ を示せばよい．W_{k+2} の任意の元を $\boldsymbol{x}$ とすると，

$$f^{k+1}(f(\boldsymbol{x})) = f^{k+2}(\boldsymbol{x}) = \mathbf{0}$$

であるから，$f(\boldsymbol{x}) \in W_{k+1}$．ところが，$W_{k+1} = W_k$ であるから，$f(\boldsymbol{x}) \in W_k$，したがって

$$f^{k+1}(\boldsymbol{x}) = f^k(f(\boldsymbol{x})) = \mathbf{0}$$

つまり，$\boldsymbol{x} \in W_{k+1}$ となり，等式 $W_{k+1} = W_{k+2}$ が成り立つ．同様の論法により，

$$W_k = W_{k+1} = W_{k+2} = \cdots$$

が示される．　■

定理 12.2.1 により定まる空間 W_k を，線形変換 f の**べき零部分空間**という．

12.3　安定像空間

V を n 次元実ベクトル空間，$f\colon V \to V$ を線形変換とする．そのとき

$$V_0 = V,\ V_1 = \operatorname{Im} f,\ V_2 = \operatorname{Im} f^2,\ \cdots,\ V_i = \operatorname{Im} f^i,\ \cdots$$

とおく．そのとき次の定理が成り立つ．

定理 12.3.1 ある k が存在して

$$V = V_0 \supsetneqq V_1 \supsetneqq \cdots \supsetneqq V_k = V_{k+1} = \cdots$$

が成り立つ．そして，任意の $i \geqq k$，$h \geqq 1$ に対して

$$f^h | V_i : V_i \longrightarrow V_{i+h} = V_i$$

は同型写像である．

証明 定義から，任意の $j \geqq 0$ に対して $f(V_j) = V_{j+1}$ が成り立つ．これを用いて，包含関係

$$V_0 \supset V_1 \supset V_2 \supset \cdots$$

を帰納法で示そう．明らかに $V_0 = V \supset V_1$ が成り立つ．いま，$j \geqq 1$ に対して $V_{j-1} \supset V_j$ が成り立つと仮定すると，両側の f による像を考えることにより，

$$f(V_{j-1}) \supset f(V_j)$$

となる．したがって

$$V_j \supset V_{j+1}$$

が成り立ち，帰納法のステップが進む．ここで，定理 12.2.1 の記号と結果を引用すると，ある k が存在して

$$\dim W_0 < \dim W_1 < \cdots < \dim W_k = \dim W_{k+1} = \cdots$$

が成り立つ．他方，線形写像の基本定理より，任意の $j \geqq 0$ に対して

$$\dim W_j + \dim V_j = n$$

が成り立つ．したがって上の関係式より

$$\dim V_0 > \dim V_1 > \cdots > \dim V_k = \dim V_{k+1} = \cdots$$

を得るが，これより

$$V_0 \supsetneqq V_1 \supsetneqq \cdots \supsetneqq V_k = V_{k+1} = \cdots$$

が結論される．また，

$$f | V_i : V_i \longrightarrow V_{i+1}$$

は定義より一般に全射であり，$i \geqq k$ に対しては $V_{i+1} = V_i$ であるから $f | V_i$ は $i \geqq k$ に対して同型写像である．したがって任意の $i \geqq k$，$h \geqq 1$ に対して

$$f^h | V_i : V_i \longrightarrow V_{i+h} = V_i$$

は同型写像である．∎

定理 12.3.1 により定まる空間 V_k を，線形変換 f の**安定像空間**とよぶことにしよう．

12.4　べき零部分空間と安定像空間による直和分解

線形変換 $f\colon V \to V$ に対して定義されるべき零部分空間と安定像空間，および V との関係を見ることにしよう．この考察がジョルダンの標準形の概念の重要な部分を占めるものである．

定理 12.4.1　V を n 次元実ベクトル空間，$f\colon V \to V$ を線形変換とする．そのとき，定理 12.3.1 で定まる k に対して，V は f のべき零部分空間 W_k と安定像空間 V_k の直和になる．

$$V = W_k \oplus V_k$$

証明　任意の $\boldsymbol{x} \in W_k \cap V_k$ をとると，$\boldsymbol{x} \in W_k$ より $f^k(\boldsymbol{x}) = \boldsymbol{0}$ が成り立つ．他方，定理 12.3.1 より

$$f^k \mid V_k\colon V_k \longrightarrow V_{2k} = V_k$$

は同型写像であるから，$\boldsymbol{x} = \boldsymbol{0}$ である．つまり

$$W_k \cap V_k = \{\boldsymbol{0}\}$$

が成り立つ．したがって

$$W_k \oplus V_k \subset V$$

である．これより

$$\dim(W_k \oplus V_k) = \dim W_k + \dim V_k$$

が成り立つ．また，線形写像の基本定理より

$$\dim \operatorname{Ker} f^k + \dim \operatorname{Im} f^k = \dim W_k + \dim V_k = n$$

が成り立つ．以上より，等式

$$\dim(W_k \oplus V_k) = \dim V$$

が成り立つから，

$$W_k \oplus V_k = V$$

が結論される．　■

コメント　線形変換 $f\colon V \to V$ の核空間と像空間に関しては，必ずしも

$$V = \operatorname{Ker} f \oplus \operatorname{Im} f$$

が成り立つとは限らない．成り立たない例を次にあげよう．行列

$$A = \begin{pmatrix} 0 & 1 \\ 0 & 0 \end{pmatrix}$$

で与えられる線形変換 $f\colon \boldsymbol{R}^2 \to \boldsymbol{R}^2$ を考えると，

$$\operatorname{Ker} f = \operatorname{Im} f = \left\{ \begin{pmatrix} r \\ 0 \end{pmatrix} \middle| \, r \in \boldsymbol{R} \right\}$$

であるから，$\operatorname{Ker} f \cap \operatorname{Im} f \neq \{\boldsymbol{0}\}$ となる．ただし，線形写像の基本定理より

$$\dim V = \dim \operatorname{Ker} f + \dim \operatorname{Im} f$$

は，つねに成り立つ．

12.5 一般固有空間

実数上のベクトル空間 V の線形変換 $f\colon V \to V$ が与えられたとき，実数 λ に対して

$$V(\lambda) = \operatorname{Ker}(f - \lambda 1)$$

とおく．ここで，1 は V の恒等写像を表わす．

$V(\lambda) \neq \{\boldsymbol{0}\}$ のとき，定義より λ は f の固有値，$\boldsymbol{v} \neq \boldsymbol{0} \in V(\lambda)$ は，λ に属する f の固有ベクトル，$V(\lambda)$ は λ に属する f の固有空間に他ならない．そのとき，線形変換

$$f - \lambda 1\colon\ V \longrightarrow V$$

によって定まる V のべき零部分空間を λ に属する**一般固有空間**といい，$W(\lambda)$ と書く．すなわち，

$$W(\lambda) = \{\boldsymbol{v} \in V \,|\, (f - \lambda 1)^N(\boldsymbol{v}) = \boldsymbol{0} \text{ なる自然数 } N \text{ が存在する}\}$$

明らかに包含関係

$$V(\lambda) \subset W(\lambda)$$

が，一般に成り立つ．

一般固有空間と安定像空間の不変性

V を実ベクトル空間，$f\colon V \to V$ を V の線形変換とする．f の固有値 λ に対して，線形変換 $f - \lambda 1$ のべき零部分空間を $W(\lambda)$ と表わし，f の λ に属する一般固有空間という．$W(\lambda)$ は，定理 12.2.1 より，ある k が存在して

$$W(\lambda) = \operatorname{Ker}(f - \lambda 1)^k$$

で与えられる．このとき，線形変換

$$f - \lambda 1\colon\ V \longrightarrow V$$

の安定像空間は

$$V_k = \mathrm{Im}(f-\lambda 1)^k$$

で与えられる．この状況のもとに次の定理が成り立つ．

定理 12.5.1　線形変換 $f\colon V \to V$ とその固有値 λ が与えられたとき，V は，λ に属する一般固有空間 $W(\lambda)$ と線形変換 $f-\lambda 1\colon V \to V$ の安定像空間 V_k の直和に分解され，$V = W(\lambda) \oplus V_k$，それぞれの部分空間は f で不変である．

したがって，線形変換

$$f\,|\,W(\lambda)\colon W(\lambda) \longrightarrow W(\lambda), \qquad f\,|\,V_k\colon V_k \longrightarrow V_k$$

を定義し，f はこれらの直和

$$f = f\,|\,W(\lambda) \oplus f\,|\,V_k\colon W(\lambda) \oplus V_k \longrightarrow W(\lambda) \oplus V_k$$

に分解される．その結果，f の固有多項式は，$f\,|\,W(\lambda)$ の固有多項式と $f\,|\,V_k$ の固有多項式の積に等しい．

証明　直和分解 $V = W(\lambda) \oplus V_k$ は，定理 12.4.1 の f として $f-\lambda 1\colon V \to V$ を考えたものである．一般に，任意の自然数 N に対して，

$$(f-\lambda 1)^N f = f(f-\lambda 1)^N$$

が成り立つことに注意する．定理 12.2.1 より，k が存在して

$$W(\lambda) = \mathrm{Ker}(f-\lambda 1)^k$$

であるから，任意の $\boldsymbol{x} \in W(\lambda)$ に対して，

$$(f-\lambda 1)^k f(\boldsymbol{x}) = f(f-\lambda 1)^k(\boldsymbol{x}) = f(\mathbf{0}) = \mathbf{0}$$

つまり，$f(\boldsymbol{x}) \in W(\lambda)$ であるから，$W(\lambda)$ は f に関して不変部分空間である．また，

$$\begin{aligned} f(V_k) &= f((f-\lambda 1)^k(V)) = (f-\lambda 1)^k(f(V)) \\ &\subset (f-\lambda 1)^k(V) = V_k \end{aligned}$$

であるから，V_k も f に関して不変部分空間である．

定理の残りの主張は，定理 12.1.1 による．　■

一般固有空間の固有多項式

定理 12.5.2　線形変換 $f\colon V \to V$ とその固有値 λ が与えられたとき，定理 12.5.1 による制限写像

$$f\,|\,W(\lambda)\colon W(\lambda) \longrightarrow W(\lambda)$$

の固有多項式は $m = \dim W(\lambda)$ とすると，$(\lambda-t)^m$ である．特に，$f\,|\,W(\lambda)$ の固有値は λ のみである．

証明　$W(\lambda)$ の1つの基底をとり，それに関する線形変換 $f|W(\lambda)$ の表現行列を A とする．行列 A の固有多項式 $\varphi_A(t)$ は複素数の範囲で因数分解されるから，それを

$$\varphi_A(t) = (\lambda_1 - t)\cdots(\lambda_m - t)$$

とする．そして，行列 A を複素ベクトル空間の線形変換 $A\colon \boldsymbol{C}^m \to \boldsymbol{C}^m$ とみなす．すると $\lambda_1, \cdots, \lambda_m$ はこの線形変換の固有値であるから，各 i について，ベクトル $\boldsymbol{x}_i \neq \boldsymbol{0} \in \boldsymbol{C}^m$ があって，

$$A\boldsymbol{x}_i = \lambda_i \boldsymbol{x}_i$$

が成り立つ．($\boldsymbol{x}_1, \cdots, \boldsymbol{x}_m$ は1次独立とは限らない．)

他方，仮定より $(A-\lambda E)^k = O$(零行列) であるから，各 i について

$$(A-\lambda E)^k(\boldsymbol{x}_i) = \boldsymbol{0}$$

が成り立つ．ところがこの等式の左辺を帰納的に計算すると，$(\lambda_i - \lambda)^k \boldsymbol{x}_i$ となるから，$\lambda_i = \lambda$ が結論される．したがって，複素数の範囲で考えた固有値は，じつは実数であってしかもすべて λ であることが示された．すなわち

$$\psi_A(t) = (\lambda - t)^m, \qquad m = \dim W(\lambda)$$

が成り立つ．■

一般固有空間の次元と固有値の重複度

定理 12.5.3　一般固有空間の次元は，固有値の重複度に等しい．

証明　線形変換 $f\colon V \to V$ とその固有値 λ が与えられたとき，固有値 λ に属する一般固有空間を $W(\lambda)$，

$$f - \lambda 1\colon V \longrightarrow V$$

の安定像空間を V_k とするとき，定理 12.5.1 より，V は $W(\lambda)$ と V_k の直和になり，f はこれらの直和分解に対応して分解する．

その結果，f の固有多項式は $f|W(\lambda)$ の固有多項式と $f|V_k$ の固有多項式の積に等しい．他方，定理 12.5.2 より，制限写像

$$f|W(\lambda)\colon W(\lambda) \longrightarrow W(\lambda)$$

の固有値 λ の重複度は，$W(\lambda)$ の次元に等しい．

したがって制限写像 $f|V_k\colon V_k \to V_k$ の固有多項式が，$\lambda - t$ を因子にもたないことを示せば証明は完結する．もしも，$f|V_k$ の固有多項式が $\lambda - t$ を因子にもつとすると，$f|V_k$ が λ を固有値にもつことになる．そこで $\boldsymbol{x} \neq \boldsymbol{0} \in V_k$ が $f(\boldsymbol{x}) = \lambda \boldsymbol{x}$ を満たしたとすると，$\boldsymbol{x} \in W(\lambda)$ であるから

$$W(\lambda) \cap V_k = \{\mathbf{0}\}$$

に矛盾する． ■

問 12.5.1　次の行列の各固有値の固有空間の次元と一般固有空間の次元を求めよ．

(1) $\begin{pmatrix} 0 & 1 & -1 \\ 2 & 1 & -2 \\ 1 & 4 & -4 \end{pmatrix}$　　(2) $\begin{pmatrix} 2 & 0 & 0 & 0 \\ 0 & 2 & 1 & 3 \\ -3 & 0 & -1 & 0 \\ 0 & 0 & -1 & -1 \end{pmatrix}$

12.6　一般固有空間による直和分解

ジョルダンの標準形へのキー・ステップといえる「一般固有空間による直和分解」を与えよう．

定理 12.6.1　f: $V \to V$ は線形変換であって，その固有多項式は1次式の積に分解されると仮定する．すなわち，$\lambda_1, \cdots, \lambda_r$ を f の異なる固有値とするとき，f の固有多項式 $\varphi(t)$ が

$$\varphi(t) = (\lambda_1 - t)^{m_1}(\lambda_2 - t)^{m_2} \cdots (\lambda_r - t)^{m_r}$$

と因数分解されるとする．そのとき，$\lambda_1, \cdots, \lambda_r$ に属する一般固有空間 $W(\lambda_1), \cdots, W(\lambda_r)$ の次元はそれぞれ $m_1, \cdots, m_r$ であり，これらは V の直和分解を与え，かつ各 $W(\lambda_i)$ は f で不変である．すなわち，

$$V = W(\lambda_1) \oplus \cdots \oplus W(\lambda_r) \quad \text{かつ} \quad f(W(\lambda_i)) \subset W(\lambda_i) \quad (i = 1, \cdots, r)$$

そして，任意の $i = 1, \cdots, r$ に対して，

$$f \,|\, W(\lambda_i) \colon W(\lambda_i) \longrightarrow W(\lambda_i)$$

の固有多項式は

$$(\lambda_i - t)^{m_i}$$

である．

証明　異なる固有値の数 r に関する帰納法によって証明する．

$r = 1$ のとき．定理 12.5.3 より

$$\dim W(\lambda_1) = \lambda_1 \text{ の重複度} = \dim V$$

であるから，

$$W(\lambda_1) = V$$

となり，定理が成り立つ．

異なる固有値の数が r より小さい場合に定理の主張が成り立つと仮定する．

線形変換 $f\colon V \to V$ の異なる固有値を $\lambda_1, \cdots, \lambda_r$ とする．

固有値 λ_1 について定理 12.5.1 を適用して，直和分解

$$V = W(\lambda_1) \oplus V_k$$

を得る．$W(\lambda_1)$ と V_k は f で不変であり，$f\colon V \to V$ の固有多項式は $f|W(\lambda_1)\colon W(\lambda_1) \to W(\lambda_1)$ の固有多項式と $f|V_k\colon V_k \to V_k$ の固有多項式の積に等しい．また，定理 12.5.2 より，$f|W(\lambda_1)$ の固有多項式は

$$(\lambda_1 - t)^{\dim W(\lambda_1)}$$

であり，定理 12.5.3 より，$\dim W(\lambda_1) = m_1$ である．以上から

$$f|V_k\colon V_k \longrightarrow V_k$$

の固有多項式は $(\lambda_2 - t)^{m_2} \cdots (\lambda_r - t)^{m_r}$ である．したがって

$$f|V_k\colon V_k \longrightarrow V_k$$

に帰納法の仮定が使えて，V_k の直和分解 $V_k = W(\lambda_2) \oplus \cdots \oplus W(\lambda_r)$ と f の不変性

$$f(W(\lambda_i)) \subset W(\lambda_i) \qquad (i = 2, \cdots, r)$$

を得る．そして，各 $i = 2, \cdots, r$ に対して，$\dim W(\lambda_i) = m_i$ であり，

$$f|W(\lambda_i)\colon W(\lambda_i) \longrightarrow W(\lambda_i)$$

の固有多項式は $(\lambda_i - t)^{m_i}$ である．前半と合せて，V の直和分解

$$V = W(\lambda_1) \oplus \cdots \oplus W(\lambda_r)$$

と f の不変性

$$f(W(\lambda_i)) \subset W(\lambda_i) \qquad (i = 1, \cdots, r)$$

を得る．こうして，帰納法の証明が完結する．　∎

コメント　定理 12.6.1 において，f の固有多項式が 1 次式の積に分解されるという仮定は一般固有空間による直和分解のための必要条件でもある．このことは定理 12.5.2 と定理 12.5.3 より容易に示される．そしてこの固有多項式が 1 次式の積に分解されるという条件は正方行列が三角化されるための必要十分条件でもある（定理 9.4.1）．この条件は複素数上のベクトル空間のカテゴリーにおいては，必然的に成り立つことである．

12.7 べき零写像によるフィルトレーション

ジョルダン標準形の重要な部分を占める，べき零写像によるフィルトレーションのコンセプトを導入することにしよう．

線形写像 $f\colon V \to V$ は，ある自然数 k が存在して

$$f^k = \overbrace{f\circ \cdots \circ f}^{k} = 0$$

をみたすとき，**べき零**であるという．

定理 12.7.1　$f\colon V \to V$ をべき零写像とする．

$W_i = \mathrm{Ker}\, f^i$ とおくとき，自然数 k が存在して

$$\{\mathbf{0}\} \neq W_1 \subsetneqq W_2 \subsetneqq \cdots \subsetneqq W_k = V$$

となる．

証明　定理 12.2.1 において $W_k = V$ の場合に他ならない． ∎

定理 12.7.1 によって得られた部分空間の列

$$\{\mathbf{0}\} \neq W_1 \subsetneqq W_2 \subsetneqq \cdots \subsetneqq W_k = V$$

を，**べき零写像** $f\colon V \to V$ **によるフィルトレーション**とよぶことにしよう．

ここで，

$$d_1 = \dim W_1, \qquad d_j = \dim W_j - \dim W_{j-1} \quad (2 \leqq j \leqq k)$$

とおく．定理 12.7.1 より，$d_j > 0$ であり，

$$d_1 + d_2 + \cdots + d_k = \dim W_k = \dim V$$

が成り立つ．

フィルトレーションに関係したベクトルの 1 次独立性

定理 12.7.2　W_{j-1} の基底に d_j 個のベクトル

$$\boldsymbol{x}_1, \cdots, \boldsymbol{x}_{d_j}$$

をあわせたものが W_j の基底であるとする．そのとき次の jd_j 個のベクトルは 1 次独立である．

$$\begin{array}{llll}
\boldsymbol{x}_1, & \boldsymbol{x}_2, & \cdots, & \boldsymbol{x}_{d_j} \\
f(\boldsymbol{x}_1), & f(\boldsymbol{x}_2), & \cdots, & f(\boldsymbol{x}_{d_j}) \\
f^2(\boldsymbol{x}_1), & f^2(\boldsymbol{x}_2), & \cdots, & f^2(\boldsymbol{x}_{d_j}) \\
 & \cdots\cdots & & \\
f^{j-1}(\boldsymbol{x}_1), & f^{j-1}(\boldsymbol{x}_2), & \cdots, & f^{j-1}(\boldsymbol{x}_{d_j})
\end{array}$$

証明
$$\sum_{i=1}^{d_j} c_{i1}\boldsymbol{x}_i + \sum_{i=1}^{d_j} c_{i2} f(\boldsymbol{x}_i) + \cdots + \sum_{i=1}^{d_j} c_{ij} f^{j-1}(\boldsymbol{x}_i) = \boldsymbol{0} \qquad (*)$$

とおく．この両辺を写像 f^{j-1} で写すと，第 2 項以下は $\boldsymbol{0}$ となるから，

$$f^{j-1}\left(\sum_{i=1}^{d_j} c_{i1}\boldsymbol{x}_i\right) = \boldsymbol{0}$$

である．したがって定義より $\sum_{i=1}^{d_j} c_{i1}\boldsymbol{x}_i \in W_{j-1}$ である．よって

$$\sum_{i=1}^{d_j} c_{i1}\boldsymbol{x}_i$$

は W_{j-1} の基底の 1 次結合で表わされるが，W_{j-1} の基底と $\boldsymbol{x}_1, \cdots, \boldsymbol{x}_{d_j}$ をあわせたものが W_j の基底，したがって 1 次独立であるから

$$c_{11} = c_{21} = \cdots = c_{d_j1} = 0$$

を得る．次に，式 (＊) の両辺を写像 f^{j-2} で写すと第 3 項以下は $\boldsymbol{0}$ となるから，

$$f^{j-2}\left(\sum_{i=1}^{d_j} c_{i2} f(\boldsymbol{x}_i)\right) = \boldsymbol{0} \quad \text{これより} \quad f^{j-1}\left(\sum_{i=1}^{d_j} c_{i2}\boldsymbol{x}_i\right) = \boldsymbol{0}$$

となるから，前と同様の論法により

$$c_{12} = c_{22} = \cdots = c_{d_j2} = 0$$

が示される．以下これを続けることにより，結局

$$c_{pq} = 0 \qquad (p = 1, \cdots, d_j,\ q = 1, \cdots, j)$$

が示される．つまり 1 次関係式 (＊) は自明なものに限ることになり，定理で述べたベクトルの全体は 1 次独立である． ∎

定理 12.7.3 W_{j-1} の基底と $\boldsymbol{x}_1, \cdots, \boldsymbol{x}_{d_j}$ をあわせたものが W_j の基底であるとする．そのとき，W_{j-2} の基底と $f(\boldsymbol{x}_1), \cdots, f(\boldsymbol{x}_{d_j})$ をあわせたものは 1 次独立である．

証明 $\boldsymbol{w}_1, \cdots, \boldsymbol{w}_s$ を W_{j-2} の基底とし，1 次関係

$$\sum_{i=1}^{d_j} c_i f(\boldsymbol{x}_i) + \sum_{i=1}^{s} \boldsymbol{a}_i \boldsymbol{w}_i = \boldsymbol{0}$$

があったとする．両辺を写像 f^{j-2} で写すと，

$$\sum_{i=1}^{d_j} c_i f^{j-1}(\boldsymbol{x}_i) + \sum_{i=1}^{s} a_i f^{j-2}(\boldsymbol{w}_i) = \boldsymbol{0}$$

ところが，仮定より $f^{j-2}(\boldsymbol{w}_i) = \boldsymbol{0}$ であるから，

$$\sum_{i=1}^{d_j} c_i f^{j-1}(\boldsymbol{x}_i) = \boldsymbol{0}$$

また，定理 12.7.2 より，$f^{j-1}(\boldsymbol{x}_1), \cdots, f^{j-1}(\boldsymbol{x}_{d_j})$ は 1 次独立であるから，

$$c_1 = \cdots = c_{d_j} = 0$$

その結果

$$\sum_{i=1}^{s} a_i \boldsymbol{w}_i = \boldsymbol{0}$$

となるが，$\boldsymbol{w}_1, \cdots, \boldsymbol{w}_s$ も 1 次独立であるから，$a_1 = \cdots = a_s = 0$ つまり，

$$\boldsymbol{w}_1, \cdots, \boldsymbol{w}_s, f(\boldsymbol{x}_1), \cdots, f(\boldsymbol{x}_{d_j})$$

は 1 次独立である． ■

フィルトレーションの次元の性質

定理 12.7.4　$d_1 \geqq d_2 \geqq \cdots \geqq d_k \geqq 1$

証明　帰納法で証明する．$d_k \geqq 1$ は明らかである．帰納法の仮定で

$$d_j \geqq \cdots \geqq d_k \geqq 1$$

としよう．W_{j-1} の基底と $\boldsymbol{x}_1, \cdots, \boldsymbol{x}_{d_j}$ をあわせたものが W_j の基底であるとすると，$f(\boldsymbol{x}_1), \cdots, f(\boldsymbol{x}_{d_j})$ は W_{j-1} に含まれ，定理 12.7.3 より W_{j-2} の基底と $f(\boldsymbol{x}_1), \cdots, f(\boldsymbol{x}_{d_j})$ をあわせたものが 1 次独立であるから，

$$d_{j-1} \geqq d_j$$

が成り立つ．

いま，$b_k = d_k$，$b_j = d_j - d_{j+1} (1 \leqq j \leqq k-1)$ とおく．

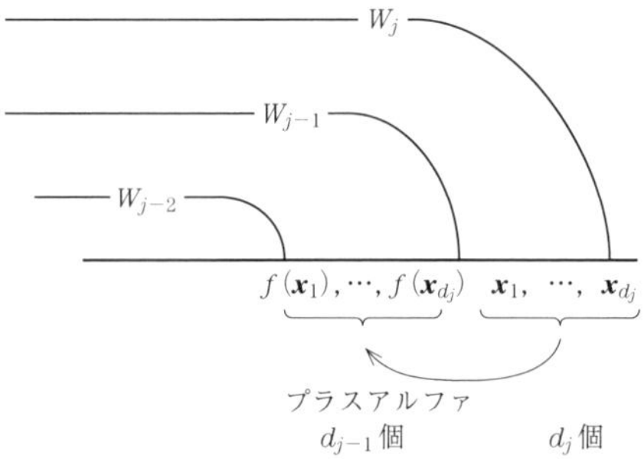

図 12.1

定理 12.7.5 $b_j \geqq 0$ であり，$d_j = \sum_{i=j}^{k} b_i$．とくに，

$$d_1 = \sum_{i=1}^{k} b_i, \qquad n = \dim V = d_1 + d_2 + \cdots + d_k$$
$$= b_1 + 2b_2 + \cdots + (k-1)b_{k-1} + kb_k$$

が成り立つ．

証明 $b_j \geqq 0$ は前定理よりしたがう．その他は容易に確かめられる． ■

12.8 べき零写像に関係してとる基底

べき零写像のフィルトレーションに関係して基底をうまく選ぶことを考える．この基底の選択がジョルダン・ブロックとよばれるものへと導くものであって，前節の一連の定理で求めた基底を $j = k$ の方から取っていくことにより得られる．

まず，W_{k-1} の基底に $b_k(= d_k)$ 個のベクトル $\boldsymbol{x}_1, \cdots, \boldsymbol{x}_{b_k}$ を補充して W_k の基底とすると，定理 12.7.3 より W_{k-2} の基底と $f(\boldsymbol{x}_1), \cdots, f(\boldsymbol{x}_{b_k})$ をあわせたものは 1 次独立であるから，W_{k-2} の基底と $f(\boldsymbol{x}_1), \cdots, f(\boldsymbol{x}_{b_k})$ をあわせたものに b_{k-1} 個のベクトル $\boldsymbol{y}_1, \cdots, \boldsymbol{y}_{b_{k-1}}$ を補充して W_{k-1} の基底とすることができる．ここで，$d_{k-1} = b_k + b_{k-1}$ である．このとき，

$$\boldsymbol{x}_1, \cdots, \boldsymbol{x}_{b_k}, \ f(\boldsymbol{x}_1), \cdots, f(\boldsymbol{x}_{b_k}), \ \boldsymbol{y}_1, \cdots, \boldsymbol{y}_{b_{k-1}}$$

が 1 次独立になることを示そう．1 次関係

$$\sum_{i=1}^{b_k} c_i \boldsymbol{x}_i + \sum_{i=1}^{b_k} e_i f(\boldsymbol{x}_i) + \sum_{i=1}^{b_{k-1}} h_i \boldsymbol{y}_i = \boldsymbol{0}$$

があったとする．この式の左辺の第 2 項と第 3 項は W_{k-1} に属するから，この式の両辺を f^{k-1} で写すと，これらの項は消えて，結局等式

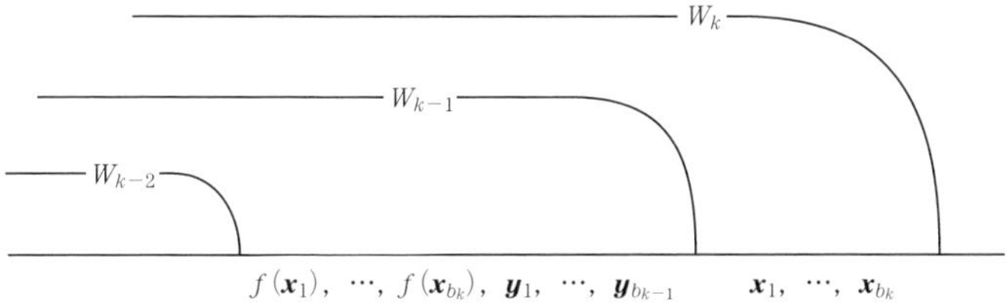

図 12.2

$$\sum_{i=1}^{b_k} c_i f^{k-1}(\boldsymbol{x}_i) = \boldsymbol{0}$$

を得る．ところが，定理 12.7.2 より，$f^{k-1}(\boldsymbol{x}_1), \cdots, f^{k-1}(\boldsymbol{x}_{b_k})$ は 1 次独立であるから，$c_1 = \cdots = c_{b_k} = 0$ となる．その結果，最初の 1 次関係式は，

$$\sum_{i=1}^{b_k} e_i f(\boldsymbol{x}_i) + \sum_{i=1}^{b_{k-1}} h_i \boldsymbol{y}_i = \boldsymbol{0}$$

となるが，

$$f(\boldsymbol{x}_1), \cdots, f(\boldsymbol{x}_{b_k}), \boldsymbol{y}_1, \cdots, \boldsymbol{y}_{b_{k-1}}$$

は 1 次独立であるから，$e_1 = \cdots = e_{b_k} = 0$，$h_1 = \cdots = h_{b_{k-1}} = 0$ となる．以上より，1 次独立性が示された．次に，

$$f^2(\boldsymbol{x}_1), \cdots, f^2(\boldsymbol{x}_{b_k}), f(\boldsymbol{y}_1), \cdots, f(\boldsymbol{y}_{b_{k-1}})$$

を考えると，これらは W_{k-2} に属し，定理 12.7.3 より，W_{k-3} の基底とこれらをあわせたものは 1 次独立であるから，W_{k-3} の基底とこれらのベクトルに b_{k-2} 個のベクトル $\boldsymbol{z}_1, \cdots, \boldsymbol{z}_{b_{k-2}}$ を補充して W_{k-2} の基底とすることができる．そのとき，

$$\begin{aligned}
&\boldsymbol{x}_1, \cdots, \boldsymbol{x}_{b_k} \\
&f(\boldsymbol{x}_1), \cdots, f(\boldsymbol{x}_{b_k}), \boldsymbol{y}_1, \cdots, \boldsymbol{y}_{b_{k-1}} \\
&f^2(\boldsymbol{x}_1), \cdots, f^2(\boldsymbol{x}_{b_k}), f(\boldsymbol{y}_1), \cdots, f(\boldsymbol{y}_{b_{k-1}}), \boldsymbol{z}_1, \cdots, \boldsymbol{z}_{b_{k-2}}
\end{aligned}$$

が 1 次独立になることは，以前と同様に示される．ここで

$$d_{k-2} = b_k + b_{k-1} + b_{k-2}$$

である．以下同様の論証をくり返すことによって，べき零な線形写像 $f\colon V \to V$ の $W_i = \operatorname{Ker} f^i$ によるフィルトレーション

$$\boldsymbol{0} \neq W_1 \subsetneqq W_2 \subsetneqq \cdots \subsetneqq W_k = V$$

に関係した V の基底をもとめることができる．

一般に，ベクトル空間 X とその部分空間 Y が与えられたとき，X のベクトルの集合 $\boldsymbol{x}_1, \cdots, \boldsymbol{x}_p$ を自然な射影

$$p\colon X \longrightarrow X/Y$$

によって写した像も同じ $\boldsymbol{x}_1, \cdots, \boldsymbol{x}_p$ で書くという約束のもとに，

$\boldsymbol{x}_1, \cdots, \boldsymbol{x}_{b_k}$ は W_k/W_{k-1} の基底（$d_k = b_k$ 個）

$f(\boldsymbol{x}_1), \cdots, f(\boldsymbol{x}_{b_k}), \boldsymbol{y}_1, \cdots, \boldsymbol{y}_{b_{k-1}}$ は W_{k-1}/W_{k-2} の基底（d_{k-1} 個）

$f^2(\boldsymbol{x}_1), \cdots, f^2(\boldsymbol{x}_{b_k}), f(\boldsymbol{y}_1), \cdots, f(\boldsymbol{y}_{b_{k-1}}), \boldsymbol{z}_1, \cdots, \boldsymbol{z}_{b_{k-2}}$ は W_{k-2}/W_{k-3} の基底（d_{k-2} 個）

$\cdots$

$f^{k-1}(\boldsymbol{x}_1), \cdots, f^{k-1}(\boldsymbol{x}_{b_k}), f^{k-2}(\boldsymbol{y}_1), \cdots, f^{k-2}(\boldsymbol{y}_{b_{k-1}}), f^{k-3}(\boldsymbol{z}_1), \cdots, f^{k-3}(\boldsymbol{z}_{b_{k-2}})$

$\cdots, f(\boldsymbol{u}_1), \cdots, f(\boldsymbol{u}_{b_2}), \boldsymbol{v}_1, \cdots, \boldsymbol{v}_{b_1}$ は W_1 の基底（d_1 個）

となる．以上の結果を定理としてまとめておこう．

定理 12.8.1 べき零写像 $f\colon V \to V$ が与えられたとき，$W_i = \mathrm{Ker} f^i$ とおくと，自然数 k が存在して

$$\{\mathbf{0}\} \neq W_1 \subsetneqq W_2 \subsetneqq \cdots \subsetneqq W_k = V$$

となる．これを f によるフィルトレーションという．

$$d_1 = \dim W_1 \qquad d_j = \dim W_j - \dim W_{j-1} \quad (2 \leqq j \leqq k)$$

とおくとき，

$$d_1 \geqq d_2 \geqq \cdots \geqq d_k \geqq 1$$

が成り立つ．そして

$$b_k = d_k \quad b_j = d_j - d_{j+1} \quad (1 \leqq j \leqq k-1)$$

とおくとき，上のフィルトレーションに関係して，次頁の図で表わされるように，k の方から順に

W_k のベクトルで W_k/W_{k-1} の基底になるもの，

W_{k-1} のベクトルで W_{k-1}/W_{k-2} の基底になるもの，

$\cdots$

W_2 のベクトルで W_2/W_1 の基底になるもの，

W_1 の基底

を選び，これらトータルで V の基底になるようにできる．ここで，

$\boldsymbol{x}_1, \cdots, \boldsymbol{x}_{b_k}$ は W_k のベクトルで W_k/W_{k-1} の基底になるもの．

$f(\boldsymbol{x}_1), \cdots, f(\boldsymbol{x}_{b_k})$ は W_{k-1} の1次独立なベクトルになり，それに W_{k-1} のベクトル $\boldsymbol{y}_1, \cdots, \boldsymbol{y}_{b_{k-1}}$ を加えて W_{k-1}/W_{k-2} の基底にする．

この操作を続けたものである． ∎

定理 12.8.1 が主張する V の基底による階段状の図形を，べき零写像 $f\colon V \to V$ が定める**ジョルダン・ダイヤグラム**とよぶことにしよう．

コメント ジョルダン・ダイヤグラムの各行の幅は，上から下にいくにつれて非減少，すなわち増大かまたは等しい関係にある．

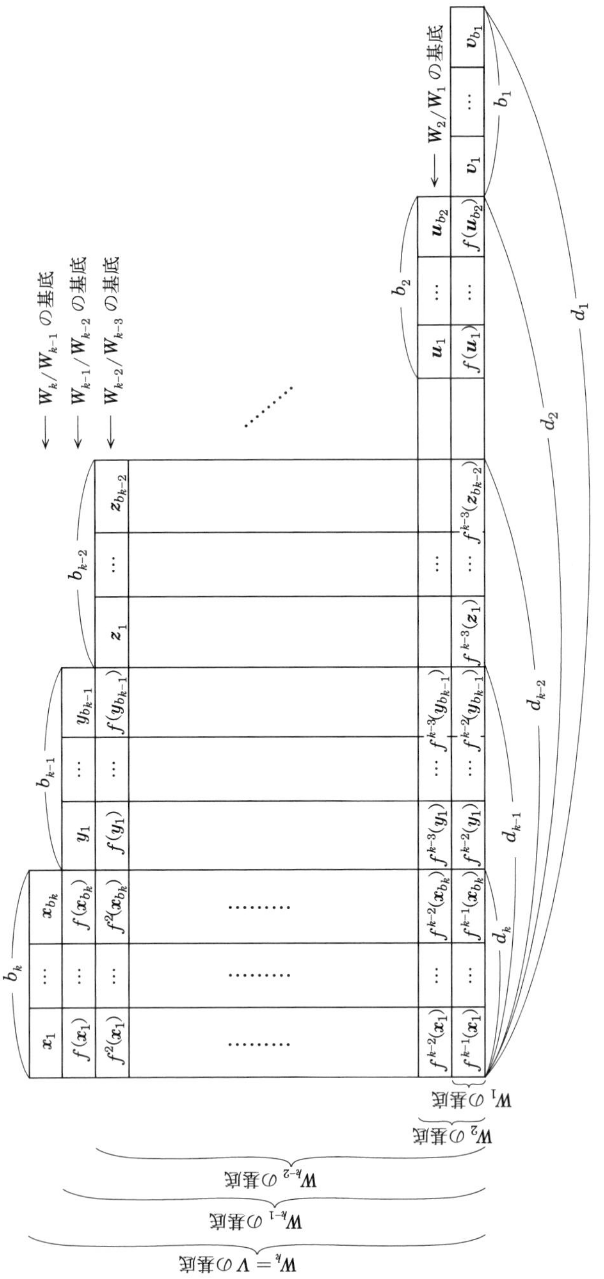

$\leftarrow$ W_k/W_{k-1} の基底
$\leftarrow$ W_{k-1}/W_{k-2} の基底
$\leftarrow$ W_{k-2}/W_{k-3} の基底
$\leftarrow$ W_2/W_1 の基底
b_k
b_{k-1}
b_{k-2}
b_2
b_1
x_1 … x_{b_k}
$f(x_1)$ … $f(x_{b_k})$
$f^2(x_1)$ … $f^2(x_{b_k})$
$f^{k-2}(x_1)$ … $f^{k-2}(x_{b_k})$
$f^{k-1}(x_1)$ … $f^{k-1}(x_{b_k})$
y_1 … $y_{b_{k-1}}$
$f(y_1)$ … $f(y_{b_{k-1}})$
$f^{k-3}(y_1)$ … $f^{k-3}(y_{b_{k-1}})$
$f^{k-2}(y_1)$ … $f^{k-2}(y_{b_{k-1}})$
z_1 … $z_{b_{k-2}}$
$f^{k-3}(z_1)$ … $f^{k-3}(z_{b_{k-2}})$
u_1 … u_{b_2}
$f(u_1)$ … $f(u_{b_2})$
v_1 … v_{b_1}
d_k
d_{k-1}
d_{k-2}
d_2
d_1
W_1 の基底
W_2 の基底
W_{k-2} の基底
W_{k-1} の基底
$W_k = V$ の基底

図 12.3

例　べき零写像 $f\colon V \to V$ が定めるジョルダン・ダイヤグラムが

$\boldsymbol{v}_1$	$\cdots\cdots\cdots$	$\boldsymbol{v}_n$

という形になるのは，$\{\mathbf{0}\} \neq W_1 = V$　の場合．つまり，f が零写像の場合である．

例　べき零写像 $f\colon V \to V$ が定めるジョルダン・ダイヤグラムが

$\boldsymbol{x}$
$f(\boldsymbol{x})$
$\vdots$
$f^{k-1}(\boldsymbol{x})$

となるのは，f によるフィルトレーション

$$\{\mathbf{0}\} \neq W_1 \subsetneq W_2 \subsetneq \cdots \subsetneq W_k = V$$

において，各 W_i の次元の差が 1 ずつになっているときである．

例　べき零写像 $f\colon V \to V$ が定めるジョルダン・ダイヤグラムが

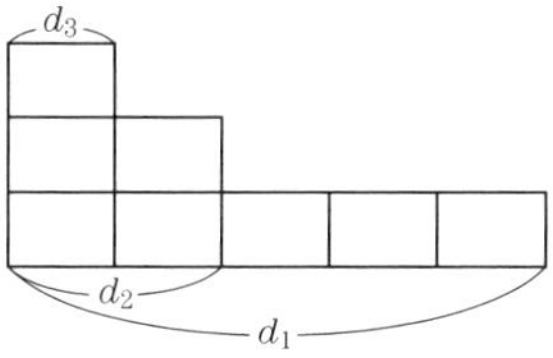

図 12.4

となるのは，f によるフィルトレーションが

$$\{\mathbf{0}\} \neq W_1 \subsetneq W_2 \subsetneq W_3 = V \qquad \dim W_1 = d_1 = 5$$

$$\dim W_2 = d_1 + d_2 = 7 \qquad \dim W_3 = \dim V = d_1 + d_2 + d_3 = 8$$

となっているときである．

コメント　任意のジョルダン・ダイヤグラムが与えられたとき，ベクトル空間 V とべき零写像 $f\colon V \to V$ が存在して，f のジョルダン・ダイヤグラムが与えられたものと一致する．このことは次節の「べき零行列の標準形」のところで示される．

12.9 べき零行列の標準形

前節では，線形写像 $f\colon V \to V$ がべき零のときに，f に関係したある基底を与えた．ここでは，その基底に関する f の行列表示を考えてみる．

前節のジョルダン・ダイヤグラムの一番左の柱を構成するベクトルを下から順に $\boldsymbol{a}_1, \cdots, \boldsymbol{a}_k$ とおく．すなわち，

$$\boldsymbol{a}_1 = f^{k-1}(\boldsymbol{x}_1),\ \ \boldsymbol{a}_2 = f^{k-2}(\boldsymbol{x}_1),\ \ \cdots,\ \ \boldsymbol{a}_k = \boldsymbol{x}_1$$

とおくと，これらは定理 12.7.2 より 1 次独立であって，f による像は

$$f(\boldsymbol{a}_1) = f^k(\boldsymbol{x}_1) = \boldsymbol{0},\ \ f(\boldsymbol{a}_2) = f^{k-1}(\boldsymbol{x}_1) = \boldsymbol{a}_1,\ \ \cdots,\ \ f(\boldsymbol{a}_k) = f(\boldsymbol{x}_1) = \boldsymbol{a}_{k-1}$$

よって，ベクトル $\boldsymbol{a}_1, \cdots, \boldsymbol{a}_k$ で得られる空間 $S[\boldsymbol{a}_1, \cdots, \boldsymbol{a}_k]$ は写像 f で不変であり，この空間に f を制限した写像

$$f|S[\boldsymbol{a}_1, \cdots, \boldsymbol{a}_k]\colon S[\boldsymbol{a}_1, \cdots, \boldsymbol{a}_k] \longrightarrow S[\boldsymbol{a}_1, \cdots, \boldsymbol{a}_k]$$

を，基底 $\boldsymbol{a}_1, \cdots, \boldsymbol{a}_k$ を用いて行列表現する．一般に

$$f(\boldsymbol{a}_j) = \sum_{i=1}^{k} c_{ij}\boldsymbol{a}_i$$

としたとき，行列 $C = (c_{ij})$ が，基底 $\boldsymbol{a}_1, \cdots, \boldsymbol{a}_k$ に関する線形写像 f の行列表現であったから，今の場合を書くと

$$\begin{pmatrix} 0 & 1 & & O \\ \vdots & \ddots & \ddots & \\ \vdots & & \ddots & 1 \\ 0 & \cdots & \cdots & 0 \end{pmatrix}$$

となる．この行列を $J(0, k)$ と書くことにする．

ただし，$J(0, 1)$ は 0 が 1 個からなる 1×1 行列 (0) を表わす．

以上は，前節で考察した V の基底の一部

$$f^{k-1}(\boldsymbol{x}_1),\ \ f^{k-2}(\boldsymbol{x}_1),\ \ \cdots,\ \ f(\boldsymbol{x}_1),\ \ \boldsymbol{x}_1$$

で生成される部分空間に写像 f を制限したものだが，この考察を，前節でまとめた f に関係する V の基底の**縦に並んだブロック（柱）ごとに実行**することによって，$J(0, k_i)$ が現われる．ここで，k_i は各ブロック（柱）の高さを表わす．

そして，これらの行列は全部で

$$d_1 = b_1 + b_2 + \cdots + b_k$$

個ある．したがって，V の基底をこのようにブロックに分け，写像 f をこれらの基底に関して行列表示すると

$$\begin{pmatrix} J(0,k_1) & & & O \\ & J(0,k_2) & & \\ & & \ddots & \\ O & & & J(0,k_p) \end{pmatrix} \quad (p = d_1)$$

の形になる．この形の行列を，**べき零行列の標準形**という．また，上記行列を

$$J(0,k_1)\oplus J(0,k_2)\oplus\cdots\oplus J(0,k_p)$$

と表わすこともある．以上をまとめておこう．

定理 12.9.1 べき零な線形写像 $f\colon V\to V$ が与えられたとき，V の適当な基底を選んで f を行列表示すると，それはべき零行列の標準形になる．

また，べき零な正方行列 A に対しては，適当な正則行列 P を選ぶと $P^{-1}AP$ がべき零行列の標準形になる．

証明 前半はすでに証明したことである．後半はべき零な n 次正方行列 A を線形写像 $A\colon \boldsymbol{R}^n\to\boldsymbol{R}^n$ とみなして，定理の前半を適用する．すなわち $\boldsymbol{R}^n$ の適当な基底を選ぶとそれによる線形写像 A の行列表示がべき零行列の標準形になるが，この基底を並べてできる正則行列を P とすると，定理6.10.3より $P^{-1}AP$ がこの基底に関する行列表示になるから定理の結論を得る． ■

定理 12.9.2 任意の自然数 e に対して，k 次正方行列 $J(0,k)^e$ が定義する線形写像

$$J(0,k)^e\colon \boldsymbol{R}^k \longrightarrow \boldsymbol{R}^k$$

について，$1\leqq e\leqq k$ に対して

$$\dim\operatorname{Im} J(0,k)^e = \operatorname{rank} J(0,k)^e = k-e, \qquad \dim\operatorname{Ker} J(0,k)^e = e$$

特に，

$$J(0,k)^e = O \iff e\geqq k$$

証明 等式

$$J(0,k)^e = \begin{pmatrix} 0 & 0 & \overset{\overset{e+1}{\vee}}{1} & & O \\ & \ddots & \ddots & \ddots & \\ & & \ddots & \ddots & 1 \\ & & & \ddots & 0 \\ O & & & & 0 \end{pmatrix}$$

を帰納法で示す．$e=1$ のとき．$J(0,k)$ の定義そのものである．

$e=m$ のとき成り立つと仮定する．

$$J(0,k)^{m+1}=J(0,k)^{m}J(0,k)$$

$$=\begin{pmatrix} 0 & \cdots & 0 & \overset{\overset{m+1}{\vee}}{1} & & O \\ & \ddots & & \ddots & \ddots & \\ & & \ddots & & \ddots & 1 \\ & & & \ddots & & 0 \\ & O & & & \ddots & \vdots \\ & & & & & 0 \end{pmatrix}\begin{pmatrix} 0 & 1 & & O \\ & \ddots & \ddots & \\ & & \ddots & 1 \\ O & & & 0 \end{pmatrix}=\begin{pmatrix} 0 & 0 & \overset{\overset{m+2}{\vee}}{1} & & O \\ & \ddots & \ddots & \ddots & \\ & & \ddots & \ddots & 1 \\ & & & \ddots & 0 \\ O & & & & 0 \end{pmatrix}$$

よって $m+1$ のときに成立し，帰納法のステップが進む．

得られた等式よりただちに

$$\dim\mathrm{Im}\,J(0,k)^{e}=\mathrm{rank}\,J(0,k)^{e}=k-e$$

が結論される．また，線形写像の基本定理より，

$$\dim\mathrm{Ker}\,J(0,k)^{e}=\dim\boldsymbol{R}^{k}-\dim\mathrm{Im}\,J(0,k)^{e}=k-(k-e)=e$$

となる．また，得られた等式の $e=k$ の場合を考えれば，$J(0,k)^{k}=O$ である．したがって，$e>k$ に対しても

$$J(0,k)^{e}=J(0,k)^{k}J(0,k)^{e-k}=OJ(0,k)^{e-k}=O$$

となる．また，始めに示した等式より $1\leqq e<k$ なる e に対しては，

$$J(0,k)^{e}\neq O$$

であるから逆も成り立つ． ∎

ジョルダン・ダイヤグラムとべき零行列の標準形

定理 12.9.3　任意にジョルダン・ダイヤグラム

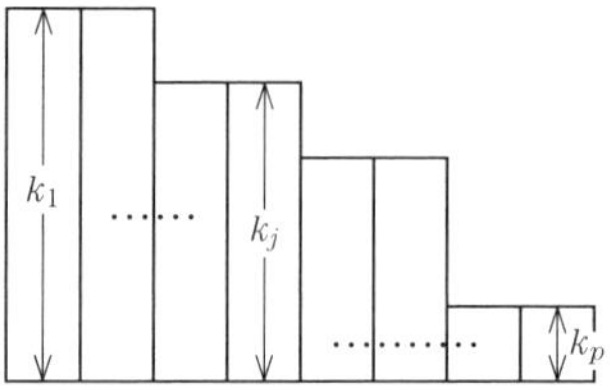

図 12.5

が与えられたとする．このダイヤグラムの各柱の高さを $k_1, k_2, \cdots, k_p$ とするとき，行列 J を

$$J=\begin{pmatrix} J(0,k_1) & & & O \\ & J(0,k_2) & & \\ & & \ddots & \\ O & & & J(0,k_p) \end{pmatrix}$$

によって定義する．そして，

$$n=k_1+k_2+\cdots+k_p$$

とおくとき，行列 J が定義する線形写像 $J\colon \boldsymbol{R}^n \longrightarrow \boldsymbol{R}^n$ はべき零写像となり，J が定めるジョルダン・ダイヤグラムは始めに与えられたジョルダン・ダイヤグラムと一致する．

証明　任意の自然数 e に対して，

$$J^e=\begin{pmatrix} J(0,k_1)^e & & & O \\ & J(0,k_2)^e & & \\ & & \ddots & \\ O & & & J(0,k_p)^e \end{pmatrix}$$

となる．定理 12.9.2 より，$1 \leqq e \leqq k_i$ に対して

$$\dim \operatorname{Ker} J(0,k_i)^e = e$$

であり，$e \geqq k_i$ に対しては $J(0,k_i)^e = O$ であるから，$e \geqq k_i$ のとき

$$\dim \operatorname{Ker} J(0,k_i)^e = k_i$$

が成り立つ．したがって，$N=\max\{k_1,\cdots,k_p\}$ とおくと，$J^N=O$ となり，

$$J\colon \boldsymbol{R}^n \longrightarrow \boldsymbol{R}^n$$

はべき零写像である．そして

$$\dim \operatorname{Ker} J^e = \sum_{i=1}^{p} \dim \operatorname{Ker} J(0,k_i)^e = \sum_{i=1}^{p} \begin{Bmatrix} k_i \geqq e \text{ なる } i \text{ に対しては } e \\ k_i < e \text{ なる } i \text{ に対しては } k_i \end{Bmatrix}$$

$$= \begin{Bmatrix} \text{与えられたダイヤグラムを高さ } e \text{ で} \\ \text{切った面積（} e \text{ 以下の柱の高さの和）} \end{Bmatrix}$$

この値はまた，次のようにもいい表わされる．

$$= d_1+d_2+\cdots+d_e$$

ここで，d_i は与えられたダイヤグラムの下から第 i 行の長さを表わす．

つまり，べき零写像 $J\colon \boldsymbol{R}^n \longrightarrow \boldsymbol{R}^n$ が定めるジョルダン・ダイヤグラムを考えると，これは始めに与えられたジョルダン・ダイヤグラムと一致する．　∎

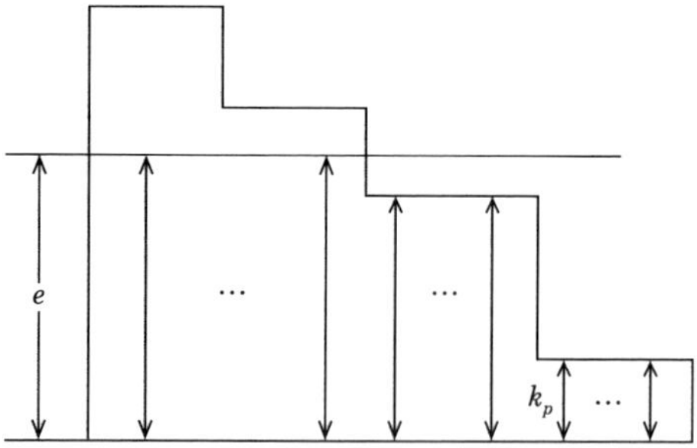

図 12.6

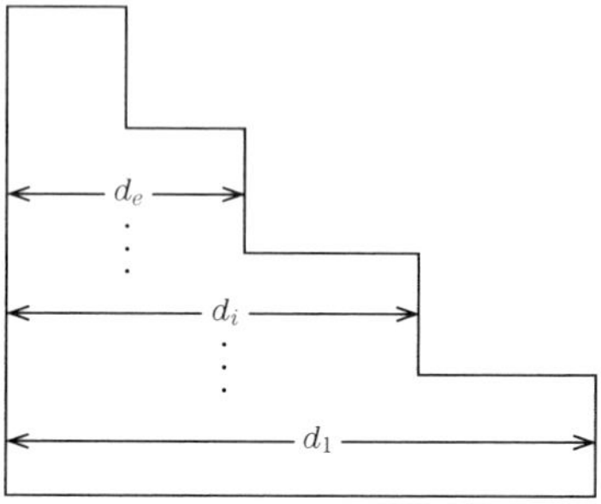

図 12.7

与えられたジョルダン・ダイヤグラムに対して，定理12.9.3により定まるべき零行列を，**ジョルダン・ダイヤグラムが定めるべき零行列**という．

例　次のジョルダン・ダイヤグラム

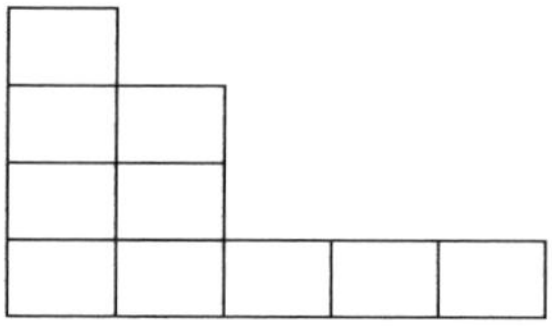

図 12.8

が定めるべき零行列は，次の形となる．

$$\begin{pmatrix} J(0,4) & & & & O \\ & J(0,3) & & & \\ & & J(0,1) & & \\ O & & & J(0,1) & \\ & & & & J(0,1) \end{pmatrix}$$

$$= \begin{pmatrix} \boxed{\begin{matrix} 0 & 1 & 0 & 0 \\ 0 & 0 & 1 & 0 \\ 0 & 0 & 0 & 1 \\ 0 & 0 & 0 & 0 \end{matrix}} & & & & O \\ & \boxed{\begin{matrix} 0 & 1 & 0 \\ 0 & 0 & 1 \\ 0 & 0 & 0 \end{matrix}} & & & \\ & & \boxed{0} & & \\ O & & & \boxed{0} & \\ & & & & \boxed{0} \end{pmatrix}$$

12.10　ジョルダンの標準形

いよいよジョルダンの標準形の定式化とその証明に入ることにしよう．

k 次正方行列 $J(\lambda, k)$ を

$$J(\lambda, k) = \begin{pmatrix} \lambda & 1 & & O \\ & \ddots & \ddots & \\ & & \ddots & 1 \\ O & & & \lambda \end{pmatrix}$$

によって定義し，**ジョルダン・ブロック**（または**ジョルダン細胞**）という．

$\lambda = 0$ とした特別の場合が前節ですでに登場したべき零行列 $J(0, k)$ に他ならない．対角線にそってジョルダン・ブロックが並んだ形の行列

$$\begin{pmatrix} J(a_1, k_1) & & & O \\ & J(a_2, k_2) & & \\ & & \ddots & \\ O & & & J(a_p, k_p) \end{pmatrix}$$

を**ジョルダンの標準形**という．この行列を

$$J(a_1, k_1) \oplus J(a_2, k_2) \oplus \cdots \oplus J(a_p, k_p)$$

と表わすこともある．

定理 12.10.1　n 次実正方行列 A が，重複もこめて n 個の固有値をもつならば，適当な正則行列 P によって

$$P^{-1}AP$$

はジョルダンの標準形になる．

この標準形はブロックの順序を除いて一意的である．

ジョルダン・ブロックの個数 p は，A の各固有値 λ_i ごとに決まる固有空間の次元（すなわち，各 λ_i の一般固有空間 $W(\lambda_i)$ の d_1）の（i に関する）和に等しい．

証明　n 次実正方行列 A を線形変換 $A: \boldsymbol{R}^n \longrightarrow \boldsymbol{R}^n$ ともみなす．定理 12.6.1 より，$\boldsymbol{R}^n$ は A の固有値 $\lambda_1, \cdots, \lambda_r$ に属する一般固有空間の直和になる．

$$\boldsymbol{R}^n = W(\lambda_1) \oplus \cdots \oplus W(\lambda_r)$$

しかも，各 $W(\lambda_i)$ は A に関して不変部分空間である．

いま，各 $W(\lambda_i)$ の基底を選び，それらを合わせて $\boldsymbol{R}^n$ の基底とする．この基底を順に並べてできる行列を Q とおくと Q は正則で，線形変換 A のこの基底に関する行列表現 B は

$$B = Q^{-1}AQ = \begin{pmatrix} B_1 & & & O \\ & B_2 & & \\ & & \ddots & \\ O & & & B_r \end{pmatrix}$$

となる．ここで，B_i は A を $W(\lambda_i)$ に制限した線形変換

$$A \,|\, W(\lambda_i) : W(\lambda_i) \longrightarrow W(\lambda_i)$$

の，上で取った $W(\lambda_i)$ の基底に関する行列表現に他ならない．したがって十分大きな自然数 N をとると，$(B_i - \lambda_i E)^N = O$（零行列）である．つまり $C_i = B_i - \lambda_i E$ とおくと，C_i はべき零行列であるから，定理 12.9.1 より正則行列 P_i があって $P_i^{-1}C_iP_i$ がべき零行列の標準形

$$J(0, k_{i_1}) \oplus \cdots \oplus J(0, k_{is_i})$$

の形になる．そして，$\lambda_i E$ は P_i と可換であるから

$$P_i^{-1}C_iP_i = P_i^{-1}(B_i - \lambda_i E)P_i = P_i^{-1}B_iP_i - P_i^{-1}\lambda_i EP_i = P_i^{-1}B_iP_i - \lambda_i E$$

ゆえに，

$$\begin{aligned} P_i^{-1}B_iP_i &= P_i^{-1}C_iP_i + \lambda_i E = J(0, k_{i1}) \oplus \cdots \oplus J(0, k_{is_i}) + \lambda_i E \\ &= J(\lambda_i, k_{i1}) \oplus \cdots \oplus J(\lambda_i, k_{is_i}) \end{aligned}$$

ここで，n 次正方行列 P を

$$P=\begin{pmatrix} P_1 & & & O \\ & P_2 & & \\ & & \ddots & \\ O & & & P_r \end{pmatrix} \text{ によって定義すると } P^{-1}=\begin{pmatrix} {P_1}^{-1} & & & O \\ & {P_2}^{-1} & & \\ & & \ddots & \\ O & & & {P_r}^{-1} \end{pmatrix}$$

であるから,

$$P^{-1}BP=\begin{pmatrix} {P_1}^{-1}B_1P_1 & & & O \\ & {P_2}^{-1}B_2P_2 & & \\ & & \ddots & \\ O & & & {P_r}^{-1}B_rP_r \end{pmatrix}$$

$$=\begin{pmatrix} J(\lambda_1, k_{11}) & & & & & & & O \\ & \ddots & & & & & & \\ & & J(\lambda_1, k_{1s_1}) & & & & & \\ & & & J(\lambda_2, k_{21}) & & & & \\ & & & & \ddots & & & \\ & & & & & J(\lambda_2, k_{2s_2}) & & \\ & & & & & & \ddots & \\ & & & & & & J(\lambda_r, k_{r1}) & \\ & O & & & & & & \ddots \\ & & & & & & & J(\lambda_r, k_{rs_r}) \end{pmatrix}$$

となる．そして，行列 B は $B=Q^{-1}AQ$ であったから,

$$P^{-1}BP=P^{-1}Q^{-1}AQP=(QP)^{-1}A(QP)$$

となり，最初に与えられた行列 A のジョルダンの標準形が得られた．

一意性は，上記証明中の k_{ij} が写像 $A\,|\,W(\lambda_i)$ によって一意的に定まることからしたがう． ■

コメント　通常，ジョルダンの標準形は複素数を成分とする行列のカテゴリーで与えられる．本書では実数の範囲で条件をつけて標準形を与えた．その条件は明らかにジョルダンの標準形を得るための必要かつ十分条件である．そして，この条件は，複素数の範囲ではつねに満たされる．

問 12.10.1　n 次正方行列 A が重複をこめて n 個の固有値をもつとき，次が同値であることを示せ．

（1）A は対角化可能

（2）A の各固有値 λ_i について，λ_i に属する固有空間と λ_i に属する一般固有空間は一致する．

（3）A のジョルダンの標準型の各ジョルダン・ブロックは1次元のもののみである．

ジョルダンの標準形を求める手順

与えられた正方行列からジョルダンの標準形を求める方法は，定理 12.10.1 の証明およびそのための準備の中にいい尽くされているが，その手順だけを取りあげて整理しておくことにしよう．

A を与えられた n 次正方行列とし，A は重複をこめて n 個の固有値をもつとする．λ を A の固有値の1つ，r を λ の重複度とする．自然数 i に対して，

$$n_i = n - \mathrm{rank}(A-\lambda E)^i$$

とおくとき，$n_{k-1} < n_k = r$ となる k までこの計算を行う．そして

$$d_1 = n_1,\ \ d_j = n_j - n_{j-1}\quad (2 \leqq j \leqq k)$$

とおくと，$d_1 \geqq d_2 \geqq \cdots \geqq d_k \geqq 1$　が成り立つが，ここでさらに

$$b_k = d_k,\ \ b_j = d_j - d_{j+1}\quad (1 \leqq j \leqq k-1)$$

とおく．以上の準備のもとに次のジョルダン・ブロックの直和を考える．

$$\begin{array}{ll} J(\lambda, k)\oplus\cdots\oplus J(\lambda, k) & b_k \text{ 個の直和} \\ \oplus J(\lambda, k-1)\oplus\cdots\oplus J(\lambda, k-1) & b_{k-1} \text{ 個の直和} \\ \cdots\cdots\cdots & \\ \oplus J(\lambda, 1)\oplus\cdots\oplus J(\lambda, 1) & b_1 \text{ 個の直和} \end{array}$$

以上の直和を各固有値 λ で考えて，それらの直和が行列 A のジョルダンの標準形である．

例題 12.10.1　次の行列のジョルダンの標準形を求めよ．

（1）$\begin{pmatrix} 1 & 3 & -8 \\ 0 & 2 & 0 \\ 0 & -7 & 5 \end{pmatrix}$　（2）$\begin{pmatrix} -4 & 3 & -1 \\ -6 & 5 & -2 \\ -9 & 9 & -4 \end{pmatrix}$

解答　（1）$|A-tE| = -(t-1)(t-2)(t-5)$ となるから，A は固有値 1, 2, 5 をもち，相異なるから対角化される．

（2）$|A-tE| = -(t+1)^3$ である．ゆえに重複度 3 の固有値 -1 をもつ．(したがって $A-(-1)E$ はべき零行列である．) $A-(-1)E$ のランクを計算するために行基本変形を施す．

$$A-(-1)E = \begin{pmatrix} -3 & 3 & -1 \\ -6 & 6 & -2 \\ -9 & 9 & -4 \end{pmatrix} \longrightarrow \begin{pmatrix} -3 & 3 & -1 \\ 0 & 0 & 0 \\ 0 & 0 & 0 \end{pmatrix}$$

ゆえに，$\mathrm{rank}(A-(-1)E) = 1$ である．したがって

$$d_1 = n_1 = 3-\mathrm{rank}(A-(-1)E) = 2$$

となる．この結果 $d_2 \geqq 1$ であるが $d_1+d_2 \leqq 3$ であるから $d_2 = 1$ となる．以上から $k = 2$，$b_2 = 1$，$b_1 = d_1-d_2 = 1$ となる．つまりべき零行列 $A-(-E)$ のジョルダン・ダイヤグラムは

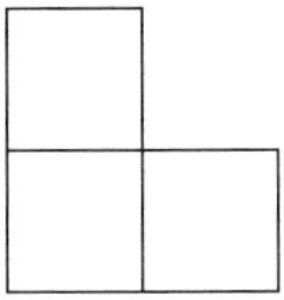

図 12.9

となる．これより行列 A のジョルダンの標準形は次の形となる

$$\begin{pmatrix} -1 & 1 & 0 \\ 0 & -1 & 0 \\ 0 & 0 & -1 \end{pmatrix}$$

∎

問　題

1.　次の行列のジョルダンの標準形を求めよ．

（1）$\begin{pmatrix} 0 & 1 \\ 1 & 0 \end{pmatrix}$　　（2）$\begin{pmatrix} 1 & 1 & 1 \\ 0 & 1 & 1 \\ 0 & 0 & 1 \end{pmatrix}$

2.　n 次正方行列は重複もこめて n 個の固有値をもつとき，対角化可能な行列とべき零行列の和として表わされることを示せ．

3.　次の行列のジョルダンの標準形を求めよ．

（1）$\begin{pmatrix} 1 & 1 & 0 \\ 0 & 1 & 3 \\ 0 & 0 & 2 \end{pmatrix}$　　（2）$\begin{pmatrix} \cos\theta & -\sin\theta \\ \sin\theta & \cos\theta \end{pmatrix}$

（3）$\begin{pmatrix} 1 & 0 & 1 \\ 0 & 1 & 1 \\ 0 & 0 & 1 \end{pmatrix}$　　（4）$\begin{pmatrix} 0 & 1 & 1 \\ 0 & 0 & 0 \\ 0 & 0 & 0 \end{pmatrix}$

4.　次の行列のジョルダンの標準形を求めよ．

$$\begin{pmatrix} 0 & -3 & 7 & -1 \\ 0 & -5 & 8 & 0 \\ 0 & -4 & 7 & 0 \\ 1 & -3 & 7 & -2 \end{pmatrix}$$

5.　3 次正方行列のジョルダンの標準形をすべてあげよ．

6.　次の行列のジョルダンの標準形，一般固有空間を求めよ．

（1）$\begin{pmatrix} 2 & -4 \\ 4 & -6 \end{pmatrix}$　　（2）$\begin{pmatrix} 1 & 2 & 3 \\ 0 & 1 & 2 \\ 0 & 0 & 1 \end{pmatrix}$

7.　n 次正方行列 A が $A^2 = A$ をみたすとき，A のジョルダンの標準形はどのような形になるか．

解答とヒント

1章

1.1.1 $\sqrt{2^2+1^2} = \sqrt{5}$，$\sqrt{1^2+2^2+3^2} = \sqrt{14}$

1.2.1 $\boldsymbol{x} = \boldsymbol{b} - \boldsymbol{a}$

1.3.1 $z\bar{z} = (a+bi)(a-bi) = a^2 - b^2 i^2 = a^2 + b^2$

1.3.2 $z = a+bi$（a, b 実数）と書くとき，

$$z = 0 \iff a = b = 0 \iff a^2 + b^2 = 0 \iff |z| = 0$$

1.3.3 iz は z を 90 度回転した位置．

1.3.4 $n = 1$ のとき明らか．n のとき成立すると仮定すると，定理1.3.2より

$$\begin{aligned}(\cos\theta + i\sin\theta)^{n+1} &= (\cos n\theta + i\sin n\theta)(\cos\theta + i\sin\theta) \\ &= \cos(n\theta+\theta) + i\sin(n\theta+\theta) \\ &= \cos(n+1)\theta + i\sin(n+1)\theta\end{aligned}$$

ゆえに $n+1$ のときに成立する．

問題

1. $z = a+bi$（a, b 実数）に対して (a, b) を対応させる写像 $\boldsymbol{C} \to \boldsymbol{R}^2$ は全単射であり，和を保つ．しかもスカラーとして $\boldsymbol{R}$ を考えるとスカラー倍も保つ写像であるから両者は同一視できる．

2. $\boldsymbol{C}^n$ は $\boldsymbol{C}$ を n 個並べたものであるから，1. より $\boldsymbol{C}^n$ は $\boldsymbol{R}$ を $2n$ 個並べたものとみなされる．

3. $\bar{z}$ は z を実軸に線対称に移した点．$-z$ は z を原点に関して点対称に移した点．$\dfrac{1+i}{\sqrt{2}}$ は長さが 1 であって実軸の正方向から 45 度回転したベクトルであるから，$\dfrac{1+i}{\sqrt{2}}z$ は z を 45 度回転した点．$1+\sqrt{3}\,i$ は長さが 2 であって実軸の正方向から 60 度の点であるから，$(1+\sqrt{3}\,i)z$ はベクトル z を 2 倍にして 60 度回転した点である．

4. $\begin{pmatrix}1\\1\end{pmatrix}$ の長さは $\sqrt{2}$ であり，この方向の単位ベクトルは $\dfrac{1}{\sqrt{2}}\begin{pmatrix}1\\1\end{pmatrix}$．

$\begin{pmatrix}1\\\sqrt{3}\end{pmatrix}$ の長さは 2 であり，この方向の単位ベクトルは $\dfrac{1}{2}\begin{pmatrix}1\\\sqrt{3}\end{pmatrix}$．

$\begin{pmatrix} -\sqrt{3} \\ 1 \\ 2 \end{pmatrix}$ の長さは $2\sqrt{2}$ であり，この方向の単位ベクトルは $\dfrac{1}{2\sqrt{2}}\begin{pmatrix} -\sqrt{3} \\ 1 \\ 2 \end{pmatrix}$.

5.　$z^n = 1$ より，$|z| = 1$ であるから，$z = \cos\theta + i\sin\theta$ と書かれる．そしてド・モアブルの公式より

$$z^n = \cos n\theta + i\sin n\theta = 1$$

であるから，$n\theta \equiv 0 \pmod{2\pi}$ となる．ゆえに

$$\zeta = \cos\frac{2\pi}{n} + i\sin\frac{2\pi}{n}$$

とおくとき，$1, \zeta, \zeta^2, \cdots, \zeta^{n-1}$ が 1 の n 乗根である．

$n = 6$ のとき，単位円周を図のように 6 等分した点である．

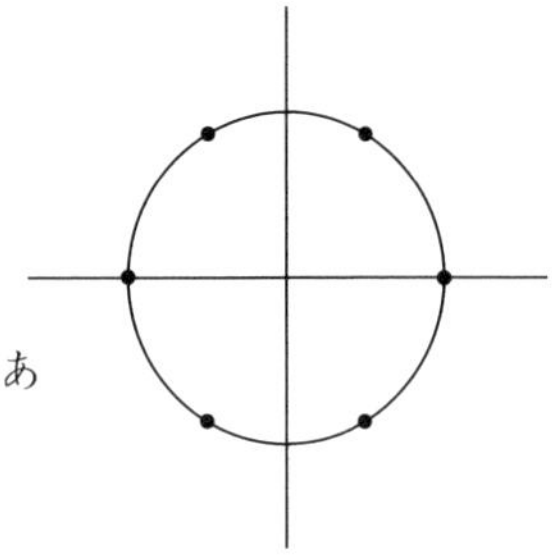

2章

2.1.1　(2, 3) 成分 9，(4, 5) 成分 3，第 3 行 $(1\ \ 7\ \ 3\ \ 4\ \ 5)$，第 4 列 $\begin{pmatrix} 7 \\ 2 \\ 4 \\ 8 \end{pmatrix}$.

2.1.2　(1) ${}^tA = \begin{pmatrix} 2 & 0 & 6 \\ 3 & 7 & 3 \\ 1 & 4 & 5 \\ 0 & 0 & 1 \end{pmatrix}$　(2) $\boldsymbol{a}_1 = (2\ \ 3\ \ 1\ \ 0)$，$\boldsymbol{a}_2 = (0\ \ 7\ \ 4\ \ 0)$，$\boldsymbol{a}_3 = (6\ \ 3\ \ 5\ \ 1)$ とおくとき，$A = \begin{pmatrix} \boldsymbol{a}_1 \\ \boldsymbol{a}_2 \\ \boldsymbol{a}_3 \end{pmatrix}$　(3)　$\boldsymbol{a}_1' = \begin{pmatrix} 2 \\ 0 \\ 6 \end{pmatrix}$，$\boldsymbol{a}_2' = \begin{pmatrix} 3 \\ 7 \\ 3 \end{pmatrix}$，$\boldsymbol{a}_3' = \begin{pmatrix} 1 \\ 4 \\ 5 \end{pmatrix}$，$\boldsymbol{a}_4' = \begin{pmatrix} 0 \\ 0 \\ 1 \end{pmatrix}$ とおくとき，$A = (\boldsymbol{a}_1'\ \ \boldsymbol{a}_2'\ \ \boldsymbol{a}_3'\ \ \boldsymbol{a}_4')$

2.2.1　(1) $\begin{pmatrix} 8 & 13 & 4 & 9 \\ 19 & 14 & 6 & 7 \end{pmatrix}$　(2) $\begin{pmatrix} 0 & -3 & -2 \\ 5 & -2 & -2 \\ -5 & -7 & -7 \end{pmatrix}$

2.4.1　定義より容易に確かめられる．

2.4.2　(1) $\begin{pmatrix} 3 & 3 & -1 \\ 10 & 8 & 6 \end{pmatrix}$　(2) $\begin{pmatrix} 2 & 0 & -4 \\ -1 & 0 & 2 \\ 0 & 0 & 0 \end{pmatrix}$　(3) (-4)

(4) $\begin{pmatrix} 2 & 0 & 4 & 6 \\ 4 & -1 & -1 & 9 \\ 3 & 2 & 24 & 15 \end{pmatrix}$

2.5.1 $\begin{pmatrix} 0 & 0 \\ 1 & 1 \end{pmatrix}\begin{pmatrix} a & b \\ c & d \end{pmatrix} = \begin{pmatrix} 0 & 0 \\ a+c & b+d \end{pmatrix}$ であるから A は正則ではない．
$\begin{pmatrix} 0 & -1 \\ 1 & 0 \end{pmatrix}\begin{pmatrix} a & b \\ c & d \end{pmatrix} = \begin{pmatrix} -c & -d \\ a & b \end{pmatrix}$ より，この行列は $a = d = 0$，$b = 1$，$c = -1$ のとき単位行列になるから，B は正則行列である．

2.5.2 $A^{-1} = \begin{pmatrix} 1 & -1 \\ -1 & 2 \end{pmatrix}$

2.6.1 $\left(\begin{array}{c|c} \begin{pmatrix} 1 & 2 \\ 3 & 4 \end{pmatrix}\begin{pmatrix} 1 & 1 \\ 2 & 3 \end{pmatrix} & \begin{pmatrix} 1 & 2 \\ 3 & 4 \end{pmatrix}+\begin{pmatrix} 2 & 0 \\ 0 & 1 \end{pmatrix} \\ \hline \begin{matrix} 0 & 0 \\ 0 & 0 \end{matrix} & \begin{pmatrix} 3 & 1 \\ 5 & 1 \end{pmatrix}\begin{pmatrix} 2 & 0 \\ 0 & 1 \end{pmatrix} \end{array}\right) = \left(\begin{array}{cc|cc} 5 & 7 & 3 & 2 \\ 11 & 15 & 3 & 5 \\ \hline 0 & 0 & 6 & 1 \\ 0 & 0 & 10 & 1 \end{array}\right)$

2.6.2 $(\boldsymbol{a}_1 - \boldsymbol{a}_2 + 2\boldsymbol{a}_3)$　**2.6.3** $(3\boldsymbol{a}_1 + 2\boldsymbol{a}_2 \quad 7\boldsymbol{a}_1 - \boldsymbol{a}_2)$

2.7.1 $\bar{A} = \begin{pmatrix} 1-i & -3i \\ -7i & 2+5i \end{pmatrix}$，　$(1+2i)A = \begin{pmatrix} -1+3i & -6+3i \\ -14+7i & 12-i \end{pmatrix}$

$^tA = \begin{pmatrix} 1+i & 7i \\ 3i & 2-5i \end{pmatrix}$，　$\dfrac{1}{2}(A+\bar{A}) = \begin{pmatrix} 1 & 0 \\ 0 & 2 \end{pmatrix}$

$\dfrac{1}{2}(A-\bar{A}) = \begin{pmatrix} i & 3i \\ 7i & -5i \end{pmatrix}$，　$-\dfrac{i}{2}(A-\bar{A}) = \begin{pmatrix} 1 & 3 \\ 7 & -5 \end{pmatrix}$

2.7.2 $A^* = \begin{pmatrix} -i & 5 \\ 2-3i & 3+i \\ 1+i & -7i \end{pmatrix}$，　$AA^* = \begin{pmatrix} 16 & -4+9i \\ -4-9i & 84 \end{pmatrix}$

問題

1. （1）$\begin{pmatrix} 23 & 30 \\ 58 & 76 \end{pmatrix}$　（2）$\begin{pmatrix} 8 & 0 & 6 \\ 37 & 16 & 8 \\ 17 & 0 & 29 \end{pmatrix}$　（3）$\begin{pmatrix} 0 & -9 \\ 1 & -4 \\ 6 & -20 \end{pmatrix}$

（4）$\begin{pmatrix} 7 & 2 \\ 34 & 1 \end{pmatrix}$

2. （1）$\begin{pmatrix} -1-2i & 3-11i \\ 2+17i & -9-27i \end{pmatrix}$　（2）$\begin{pmatrix} 2-5i & 0 & 8+i \\ 13+2i & -5i & -1+5i \\ 10-14i & -1-3i & 11-15i \end{pmatrix}$

（3）$\begin{pmatrix} 3-8i & -21-7i \\ -3-3i & -16 \\ -14+31i & 17-16i \end{pmatrix}$　（4）$\begin{pmatrix} -3 & 5-3i \\ -13+28i & -3-17i \end{pmatrix}$

3. $A^n = \begin{pmatrix} 1 & 9n \\ 0 & 1 \end{pmatrix}$

4. $A^2 = \begin{pmatrix} 0 & 0 & 1 \\ 0 & 0 & 0 \\ 0 & 0 & 0 \end{pmatrix}$, $A^n = 0$ $(n \geqq 3)$　　$B^n = \begin{pmatrix} a^n & 0 & 0 \\ 0 & b^n & 0 \\ 0 & 0 & c^n \end{pmatrix}$

$C^n = \begin{pmatrix} a^n & 0 \\ (a^{n-1}+a^{n-2}+\cdots+a+1)b & 1 \end{pmatrix}$　$(n \geqq 2)$

$D^n = E$　(単位行列)　$(n = 3k)$,　　$D^n = D$　$(n = 3k+1)$

$D^n = \begin{pmatrix} 0 & 0 & 1 \\ 1 & 0 & 0 \\ 0 & 1 & 0 \end{pmatrix}$　$(n = 3k+2)$

5. (1)　非可換　　(2)　$a = c$ のとき可換，$a \neq c$ のとき非可換.

6. $\begin{pmatrix} 0 & 0 & 1 \\ -1 & 0 & 0 \\ 0 & 1 & 0 \end{pmatrix}^{-1} = \begin{pmatrix} 0 & 1 & 0 \\ 0 & 0 & 1 \\ 1 & 0 & 0 \end{pmatrix}$　　$\begin{pmatrix} 0 & -1 & 0 \\ -1 & 0 & 0 \\ 0 & 0 & 1 \end{pmatrix}^{-1} = \begin{pmatrix} 0 & -1 & 0 \\ -1 & 0 & 0 \\ 0 & 0 & 1 \end{pmatrix}$

7. $(E-A)(E+A+A^2+\cdots+A^{m-1}) = E-A^m = E$ より $E-A$ は正則行列. $(E+A)(E-A+A^2-\cdots+(-A)^{m-1}) = E+A(-A)^{m-1} = E+(-1)^{m-1}A^m = E$ より $E+A$ は正則行列.

8. $B^{-1} = \begin{pmatrix} E_m & -A \\ 0 & E_n \end{pmatrix}$,　　$B^k = \begin{pmatrix} E_m & kA \\ 0 & E_n \end{pmatrix}$

9. $G = \begin{pmatrix} A^{-1} & -A^{-1}BC^{-1} \\ 0 & C^{-1} \end{pmatrix}$ とおくと，$FG = GF = E$ をみたすから F は正則行列である.

10. ${}^t(A+{}^tA) = {}^tA+{}^t({}^tA) = {}^tA+A$,　　${}^t(A{}^tA) = {}^t({}^tA){}^tA = A{}^tA$ より，いずれも対称行列である.

11. $A+{}^tA = O$ であるから $A = (a_{ij})$ とおくと，$a_{ij}+a_{ji} = 0$ が任意の $1 \leqq i, j \leqq n$ に対して成り立つから，$a_{ii} = 0$ が任意の i に対して成り立つ.

12. $(A-{}^tA)+{}^t(A-{}^tA) = A-{}^tA+{}^tA-{}^t({}^tA) = 0$ より，$A-{}^tA$ は交代行列.

13. ${}^tA = A$ かつ，${}^tA = -A$ ならば $A = -A$ であるから $A = O$.

14. 任意の実正方行列 A に対して，$A = \dfrac{1}{2}(A+{}^tA)+\dfrac{1}{2}(A-{}^tA)$ とおくと上記問題 10, 12 より，A は対称行列と交代行列の和に表わされた．また，A に対して $A = A'+A''$，A' は対称行列，A'' は交代行列，と表わされたとすると，

$$A+{}^tA = A'+{}^tA'+A''+{}^tA'' = 2A',\ A-{}^tA = A'-{}^tA'+A''-{}^tA'' = 2A''$$

であるから，$A' = (A+{}^tA)/2$，$A'' = (A-{}^tA)/2$ が成り立ち，一意性が示された.

15. エルミット行列 A は定義より $A = {}^t\overline{A}$ をみたすから，$A = (a_{ij})$ とおくと，$a_{ij} = \overline{a_{ji}}$ が任意の $1 \leqq i, j \leqq n$ に対して成り立つから，とくに $a_{ii} = \overline{a_{ii}}$ であるから対角成分は実数である.

16. $(A+A^*)^* = A^*+(A^*)^* = A^*+A$，$(AA^*)^* = (A^*)^*A^* = AA^*$ より，いずれもエルミット行列である.

3章

3.1.1　任意の数 k に対して，$x^3-x-k=0$ は解をもつから f は全射である．また，$f(0)=f(1)=0$ であるから単射ではない．

3.2.1　$a=0$ のときは線形写像，$a\neq 0$ のときは，$f(1)+f(1)=2a$，$f(2)=4a$ であるから線形写像ではない．

3.2.2　$b=c=0$

3.3.1　（1）$\begin{pmatrix}2 & -1\\ 5 & 7\\ 0 & -3\end{pmatrix}$　（2）$\begin{pmatrix}1 & -2 & 3\\ 5 & -7 & 4\end{pmatrix}$

3.4.1　$ad-bc\neq 0$ が同型写像である必要十分条件．

問題

1.　（1）$f\circ g(x)=2x^3+2x^2+1$　　$g\circ f(x)=(2x+1)^3+(2x+1)^2$

（2）$f\circ g\begin{pmatrix}x_1\\ x_2\end{pmatrix}=\begin{pmatrix}4x_1+2x_2+9\\ -5x_1-13x_2+8\end{pmatrix}$　　$g\circ f\begin{pmatrix}x_1\\ x_2\end{pmatrix}=\begin{pmatrix}x_1+4x_2+5\\ 8x_1-10x_2-1\end{pmatrix}$

2.　（1）線形写像　（2）線形写像でない　（3）線形写像

3.　（1）$(7,3)$　（2）$\begin{pmatrix}3 & -1\\ 7 & 9\end{pmatrix}$

（3）$\begin{pmatrix}0 & 1 & 2\\ 3 & -5 & 4\\ 9 & 7 & -8\end{pmatrix}$　（4）$\begin{pmatrix}2 & 0 & 0 & 5\\ 7 & -1 & 3 & 1\\ 0 & 4 & -3 & 9\end{pmatrix}$

4.　（1）f に対応する行列は $\begin{pmatrix}-1 & 1\\ 2 & -5\end{pmatrix}$，$g$ に対応する行列は $\begin{pmatrix}9 & 5\\ 7 & 4\end{pmatrix}$．

$$g\circ f\begin{pmatrix}x_1\\ x_2\end{pmatrix}=\begin{pmatrix}x_1-16x_2\\ x_1-13x_2\end{pmatrix}=\begin{pmatrix}1 & -16\\ 1 & -13\end{pmatrix}\begin{pmatrix}x_1\\ x_2\end{pmatrix},$$

他方 $\begin{pmatrix}9 & 5\\ 7 & 4\end{pmatrix}\begin{pmatrix}-1 & 1\\ 2 & -5\end{pmatrix}=\begin{pmatrix}1 & -16\\ 1 & -13\end{pmatrix}$ だから，写像の合成に行列の積が対応する．

（2）f に対応する行列は $\begin{pmatrix}2 & 3\\ 1 & -5\\ 7 & 6\end{pmatrix}$，　g に対応する行列は $\begin{pmatrix}3 & -1 & 2\\ 2 & 5 & -1\\ 7 & -4 & 9\end{pmatrix}$

$$g\circ f\begin{pmatrix}x_1\\ x_2\end{pmatrix}=\begin{pmatrix}19x_1+26x_2\\ 2x_1-25x_2\\ 73x_1+95x_2\end{pmatrix}=\begin{pmatrix}19 & 26\\ 2 & -25\\ 73 & 95\end{pmatrix}\begin{pmatrix}x_1\\ x_2\end{pmatrix}$$

他方
$$\begin{pmatrix}3 & -1 & 2\\ 2 & 5 & -1\\ 7 & -4 & 9\end{pmatrix}\begin{pmatrix}2 & 3\\ 1 & -5\\ 7 & 6\end{pmatrix}=\begin{pmatrix}19 & 26\\ 2 & -25\\ 73 & 95\end{pmatrix}$$
であるから写像の合成に行列の積が対応する．

5.　$A = \begin{pmatrix} 2 & 1 & -1 \\ 3 & 5 & 4 \\ 7 & -2 & 9 \end{pmatrix}$, $\boldsymbol{x} = \begin{pmatrix} x_1 \\ x_2 \\ x_3 \end{pmatrix}$, $\boldsymbol{b} = \begin{pmatrix} 2 \\ 7 \\ 3 \end{pmatrix}$ とおくとき，与えられた連立1次方程式は $A\boldsymbol{x} = \boldsymbol{b}$ と表わされる．

4章

4.3.1　$\tau\sigma = \begin{pmatrix} 1 & 2 & 3 \\ 2 & 1 & 3 \end{pmatrix}$,　$\sigma\tau = \begin{pmatrix} 1 & 2 & 3 \\ 1 & 3 & 2 \end{pmatrix}$,　$\tau^2 = \begin{pmatrix} 1 & 2 & 3 \\ 1 & 2 & 3 \end{pmatrix}$,　$\tau\sigma\tau = \begin{pmatrix} 1 & 2 & 3 \\ 3 & 1 & 2 \end{pmatrix}$,

$\sigma^{-3} = \begin{pmatrix} 1 & 2 & 3 \\ 1 & 2 & 3 \end{pmatrix}$

4.3.2　$\sigma = (1\ 4\ 3\ 5)(2\ 6) = (1\ 5)(1\ 3)(1\ 4)(2\ 6)$

4.4.1　(1)　$(1\ 2\ 3)(4\ 5)$ より，符号は $(-1)^3 = -1$ である．

(2)　$(1\ 4\ 5\ 3)(2\ 6)$ より符号は $(-1)^4 = 1$ である．

4.5.1　(1)　13　(2)　1　(3)　-11　(4)　$a^3+b^3+c^3-3abc$

4.6.1　16

4.6.2　(1)　0　(2)　0

4.7.1　(1)　16　(2)　8　(3)　2　(4)　1

4.7.2　(1)　$-3abcd$　(2)　0　(3)　$(x+y+2)(x+y-2)(x-y)^2$

4.7.3　(1)　$\widetilde{A} = \begin{pmatrix} 1 & 1 & -2 \\ -1 & -1 & 1 \\ -1 & 0 & 1 \end{pmatrix}$,　$A\widetilde{A} = \begin{pmatrix} -1 & 0 & 0 \\ 0 & -1 & 0 \\ 0 & 0 & -1 \end{pmatrix}$

(2)　$\widetilde{A} = \begin{pmatrix} 5 & -4 & -4 \\ -5 & 22 & 4 \\ 2 & 2 & 2 \end{pmatrix}$,　$A\widetilde{A} = \begin{pmatrix} 18 & 0 & 0 \\ 0 & 18 & 0 \\ 0 & 0 & 18 \end{pmatrix}$

4.9.1　(1)　$|A| = 0$ ゆえに正則ではない．(2)　$|A| = 4$ ゆえに正則である．

$$\widetilde{A} = \begin{pmatrix} 13 & 2 & -3 \\ 3 & 2 & -1 \\ -22 & -4 & 6 \end{pmatrix}, \quad A^{-1} = \frac{1}{4}\begin{pmatrix} 13 & 2 & -3 \\ 3 & 2 & -1 \\ -22 & -4 & 6 \end{pmatrix}$$

4.10.1　(1)　$1\cdot2\cdot3\cdot2\cdot4\cdot5 = 240$

(2)　$2^2\cdot3\cdot(-2)\cdot(-1)\cdot(-4)\cdot2\cdot3\cdot(-1) = 576$

問題

1.　(1)　$\begin{pmatrix} 1 & 2 & 3 & 4 & 5 \\ 4 & 5 & 1 & 3 & 2 \end{pmatrix}$,　(2)　$\begin{pmatrix} 1 & 2 & 3 & 4 & 5 \\ 3 & 5 & 4 & 2 & 1 \end{pmatrix}$

2.　(1)　$(1\ 5\ 4\ 7)(2\ 6\ 9)(3\ 8) = (1\ 7)(1\ 4)(1\ 5)(2\ 9)(2\ 6)(3\ 8)$

(2)　$(1\ 6\ 5)(2\ 7\ 4\ 3) = (1\ 5)(1\ 6)(2\ 3)(2\ 4)(2\ 7)$

3. （1）　$(1\ 4)(1\ 3)(1\ 7)(1\ 2)$　ゆえに符号は 1.

（2）　$(1\ 7)(1\ 2)(1\ 8)(1\ 4)(1\ 3)$　ゆえに符号は -1.

（3）　$(1\ 3\ 5\ 4)(2\ 6) = (1\ 4)(1\ 5)(1\ 3)(2\ 6)$　ゆえに符号は 1.

（4）　$(1\ 7\ 5\ 8)(2\ 4)(3\ 6) = (1\ 8)(1\ 5)(1\ 7)(2\ 4)(3\ 6)$　ゆえに符号は -1.

4. 偶置換

$$\begin{pmatrix}1&2&3&4\\1&2&3&4\end{pmatrix}, \begin{pmatrix}1&2&3&4\\2&3&1&4\end{pmatrix}, \begin{pmatrix}1&2&3&4\\3&1&2&4\end{pmatrix}, \begin{pmatrix}1&2&3&4\\2&4&3&1\end{pmatrix},$$
$$\begin{pmatrix}1&2&3&4\\4&1&3&2\end{pmatrix}, \begin{pmatrix}1&2&3&4\\3&2&4&1\end{pmatrix}, \begin{pmatrix}1&2&3&4\\4&2&1&3\end{pmatrix}, \begin{pmatrix}1&2&3&4\\1&3&4&2\end{pmatrix},$$
$$\begin{pmatrix}1&2&3&4\\1&4&2&3\end{pmatrix}, \begin{pmatrix}1&2&3&4\\2&1&4&3\end{pmatrix}, \begin{pmatrix}1&2&3&4\\3&4&1&2\end{pmatrix}, \begin{pmatrix}1&2&3&4\\4&3&2&1\end{pmatrix},$$

奇置換

$$\begin{pmatrix}1&2&3&4\\2&1&3&4\end{pmatrix}, \begin{pmatrix}1&2&3&4\\3&2&1&4\end{pmatrix}, \begin{pmatrix}1&2&3&4\\1&3&2&4\end{pmatrix}, \begin{pmatrix}1&2&3&4\\4&2&3&1\end{pmatrix},$$
$$\begin{pmatrix}1&2&3&4\\1&4&3&2\end{pmatrix}, \begin{pmatrix}1&2&3&4\\1&2&4&3\end{pmatrix}, \begin{pmatrix}1&2&3&4\\2&3&4&1\end{pmatrix}, \begin{pmatrix}1&2&3&4\\2&4&1&3\end{pmatrix},$$
$$\begin{pmatrix}1&2&3&4\\3&4&2&1\end{pmatrix}, \begin{pmatrix}1&2&3&4\\3&1&4&2\end{pmatrix}, \begin{pmatrix}1&2&3&4\\4&3&1&2\end{pmatrix}, \begin{pmatrix}1&2&3&4\\4&1&2&3\end{pmatrix}$$

5. （1）　63　　（2）　310　　（3）　-24

6. 第 1 行の (-1) 倍を第 2 行，第 3 行に加え，第 1 列に関して展開する．

$$与式 = \begin{vmatrix}1 & a & a^3\\0 & b-a & b^3-a^3\\0 & c-a & c^3-a^3\end{vmatrix} = \begin{vmatrix}b-a & b^3-a^3\\c-a & c^3-a^3\end{vmatrix}$$

最後の式の第 1 行から $b-a$，第 2 行から $c-a$ をくくり出して

$$= (b-a)(c-a)\begin{vmatrix}1 & b^2+ba+a^2\\1 & c^2+ca+a^2\end{vmatrix}$$
$$= (b-a)(c-a)(c^2+ca+a^2-b^2-ba-a^2)$$
$$= (a-b)(b-c)(c-a)(a+b+c)$$

（2）
$$\begin{vmatrix}1 & ab & a+b\\1 & bc & b+c\\1 & ca & c+a\end{vmatrix} = \begin{vmatrix}1 & ab & a+b\\0 & bc-ab & c-a\\0 & ca-ab & c-b\end{vmatrix} = \begin{vmatrix}b(c-a) & c-a\\a(c-b) & c-b\end{vmatrix}$$
$$= (c-a)(c-b)\begin{vmatrix}b & 1\\a & 1\end{vmatrix} = (a-b)(b-c)(c-a)$$

（3）　第 3 行の (-1) 倍を第 1 行に加え，第 1 列と第 3 列を第 2 列に加える．

$$\begin{vmatrix}a+b+c & 0 & -(a+b+c)\\b & b+c+2a & c\\c & a & c+a+2b\end{vmatrix} = \begin{vmatrix}a+b+c & 0 & -(a+b+c)\\b & 2(a+b+c) & c\\c & 2(a+b+c) & c+a+2b\end{vmatrix}$$

第 1 行から $a+b+c$，第 2 列から $2(a+b+c)$ をくくり出して，

$$= 2(a+b+c)^2 \begin{vmatrix} 1 & 0 & -1 \\ b & 1 & c \\ c & 1 & c+a+2b \end{vmatrix} = 2(a+b+c)^3$$

7. (1)　$8abc$　　(2)　$(a-b)(b-c)(c-a)(a+b+c)$
(3)　$-(a-b)(b-c)(c-a)(ab+bc+ca)$　　(4)　$2(a+b)(b+c)(c+a)$

8. (1)　$(a+b+c+d)(a-b+c-d)(a+b-c-d)(a-b-c+d)$
(2)　$(a^2+b^2+c^2+d^2)^2$　　(3)　$abc(a-1)(b-1)(c-1)(a-b)(b-c)(c-a)$
(4)　$-ab(a-b)^4$

9. (1)　$\begin{vmatrix} A & B \\ B & A \end{vmatrix} = \begin{vmatrix} A+B & B \\ A+B & A \end{vmatrix} = \begin{vmatrix} A+B & B \\ 0 & A-B \end{vmatrix} = |A+B|\cdot|A-B|$
(ブロックとしての第2列を第1列に加え，第2行から第1行をひいた.)
(2)　$\begin{vmatrix} A & -B \\ B & A \end{vmatrix} = \begin{vmatrix} A-iB & -B \\ B+iA & A \end{vmatrix} = \begin{vmatrix} A-iB & -B \\ 0 & A+iB \end{vmatrix} = |A-iB|\cdot|A+iB|$
(2番目の等式は，行列のブロックとしての第1行に $(-i)$ 倍して第2行に加えた.)

10. (1)　第1行の (-1) 倍を他の行すべてに加え，第1列に関して展開する. これを続ける.
(2)　第1行を他の行すべてに加えると三角行列になり，対角成分の積が行列式である.
(3)　第2行以下のすべての行を第1行に加え，第1行から $na+b$ をくくり出す. 第1行の $(-a)$ 倍を第2行以下すべての行に加えると，対角成分が $1, b, \cdots, b$ の三角行列になる.
(4)　第2行以下のすべての行を第1行に加え，第1行から $n-1$ をくくり出す. 第1行の (-1) 倍を第2行以下のすべての行に加えると，対角成分が $1, -1, \cdots, -1$ なる対角行列になる.

11. (1)　第1行の x^n 倍, 第2行の x^{n-1} 倍, $\cdots$, 第 n 行の x 倍をすべて第 $n+1$ 行に加える. 第 $n+1$ 行で展開する.
(2)　第 $n+1$ 行の (-1) 倍を第1行, $\cdots$, 第 n 行に加えると対角成分が, $x-a_1, \cdots, x-a_n, 1$ である三角行列になる.
(3)　第1行の $(-b_i)$ 倍を第 $i+1$ 行に加えることを $i=1, \cdots, n-1$ に対して行うと，対角成分が $1, a_1, -b_1, \cdots, a_{n-1}-b_{n-1}$ である三角行列になる.
(4)　第 n 行の (-1) 倍を他のすべての行に加えると，対角成分が $1-n, 2-n, \cdots, -1, n$ である三角行列になる.
(5)　帰納法を用いる.

12. 余因子行列は省略. (1)　正則でない.

（2）　正則．逆行列は $\frac{1}{116}\begin{pmatrix} 35 & -11 & 7 \\ 1 & 3 & -23 \\ 5 & 15 & 1 \end{pmatrix}$

13． 行列の積の行列式の公式から $|A||A^{-1}| = |AA^{-1}| = |E| = 1$．$A$，$A^{-1}$ の成分が整数であると $|A|$，$|A^{-1}|$ も整数であるから $|A| = \pm 1$ である．逆に $|A| = \pm 1$ とすると $A^{-1} = \frac{1}{|A|}\widetilde{A}$ より，A^{-1} の成分は整数となる．

14． 行列式 $|F(x)|$ は $f_{ij}(x)$ の多項式で書かれるから微分可能である．そして関数の積の微分の公式

$$\begin{aligned}(g_1(x)\cdots g_n(x))' &= g_1'(x)g_2(x)\cdots g_n(x) + g_1(x)g_2'(x)\cdots g_n(x) \\ &\quad + \cdots + g_1(x)\cdots g_{n-1}(x)g_n'(x)\end{aligned}$$

を行列式の各項に適用することによってこの等式は導かれる．

15． $A(E-A) = A-A^2 = E$　（仮定より）

16． $a^3+b^3+c^3-3abc \neq 0$ が正則であるための必要十分条件．正則のとき逆行列は

$$\frac{1}{a^3+b^3+c^3-3abc}\begin{pmatrix} a^2-bc & c^2-ab & b^2-ca \\ b^2-ca & a^2-bc & c^2-ab \\ c^2-ab & b^2-ca & a^2-bc \end{pmatrix}$$

17． AB正則 $\Longleftrightarrow |AB| \neq 0 \Longleftrightarrow |A| \neq 0,\ |B| \neq 0 \Longleftrightarrow A$ も B も正則

5章

問題

1．（1）$\begin{vmatrix} 3 & -1 & 4 \\ 2 & 5 & -1 \\ 1 & 3 & 1 \end{vmatrix} = 31$　　$x_1 = \frac{1}{31}\begin{vmatrix} 7 & -1 & 4 \\ -2 & 5 & -1 \\ 1 & 3 & 1 \end{vmatrix} = \frac{11}{31}$

$x_2 = \frac{1}{31}\begin{vmatrix} 3 & 7 & 4 \\ 2 & -2 & -1 \\ 1 & 1 & 1 \end{vmatrix} = \frac{-8}{31}$　　$x_3 = \frac{1}{31}\begin{vmatrix} 3 & -1 & 7 \\ 2 & 5 & -2 \\ 1 & 3 & 1 \end{vmatrix} = \frac{44}{31}$

（2）$\begin{vmatrix} 2i & -1 & 2+i \\ 1 & 2i & -1 \\ -1 & 1+2i & i \end{vmatrix} = -7+8i$

$$x_1 = \frac{1}{-7+8i}\begin{vmatrix} 2 & -1 & 2+i \\ 1+2i & 2i & -1 \\ -3 & 1+2i & i \end{vmatrix} = \frac{-23+22i}{-7+8i}$$

$$x_2 = \frac{1}{-7+8i}\begin{vmatrix} 2i & 2 & 2+i \\ 1 & 1+2i & -1 \\ -1 & -3 & i \end{vmatrix} = \frac{-6-10i}{-7+8i}$$

$$x_3 = \frac{1}{-7+8i}\begin{vmatrix} 2i & -1 & 2 \\ 1 & 2i & 1+2i \\ -1 & 1+2i & -3 \end{vmatrix} = \frac{20+16i}{-7+8i}$$

2. $\begin{vmatrix} 3 & -1 & 1 & 2 \\ 5 & -2 & 7 & 1 \\ -1 & 2 & -1 & 1 \\ 1 & -1 & 1 & 2 \end{vmatrix} = -56$

$$x_1 = -\frac{1}{56}\begin{vmatrix} 5 & -1 & 1 & 2 \\ 8 & -2 & 7 & 1 \\ -2 & 2 & -1 & 1 \\ 3 & -1 & 1 & 2 \end{vmatrix} = 1 \qquad x_2 = -\frac{1}{56}\begin{vmatrix} 3 & 5 & 1 & 2 \\ 5 & 8 & 7 & 1 \\ -1 & -2 & -1 & 1 \\ 1 & 3 & 1 & 2 \end{vmatrix} = -\frac{5}{7}$$

$$x_3 = -\frac{1}{56}\begin{vmatrix} 3 & -1 & 5 & 2 \\ 5 & -2 & 8 & 1 \\ -1 & 2 & -2 & 1 \\ 1 & -1 & 3 & 2 \end{vmatrix} = \frac{1}{7} \qquad x_4 = -\frac{1}{56}\begin{vmatrix} 3 & -1 & 1 & 5 \\ 5 & -2 & 7 & 8 \\ -1 & 2 & -1 & -2 \\ 1 & -1 & 1 & 3 \end{vmatrix} = \frac{4}{7}$$

3. (1)　$x = \dfrac{k(k-b)(k-c)}{a(a-b)(a-c)}$, $y = \dfrac{k(k-c)(k-a)}{b(b-c)(b-a)}$, $z = \dfrac{k(k-a)(k-b)}{c(c-a)(c-b)}$

(2)　$x = 1$, $y = 0$, $z = 0$

6章

6.1.1　$0+0=0$ であるから，$0\boldsymbol{a}+0\boldsymbol{a} = (0+0)\boldsymbol{a} = 0\boldsymbol{a}$ より $0\boldsymbol{a} = \boldsymbol{0}$.

$\boldsymbol{a}+(-1)\boldsymbol{a} = (1+(-1))\boldsymbol{a} = 0\boldsymbol{a} = \boldsymbol{0}$ より，$(-1)\boldsymbol{a} = -\boldsymbol{a}$.

$-(-\boldsymbol{a}) = (-1)((-1)\boldsymbol{a}) = (-1)^2\boldsymbol{a} = 1\boldsymbol{a} = \boldsymbol{a}$.

$\boldsymbol{0}+\boldsymbol{0} = \boldsymbol{0}$ であるから $\lambda\boldsymbol{0}+\lambda\boldsymbol{0} = \lambda(\boldsymbol{0}+\boldsymbol{0}) = \lambda\boldsymbol{0}$ ゆえに $\lambda\boldsymbol{0} = \boldsymbol{0}$.

6.2.1　(1)　$\boldsymbol{x} = \boldsymbol{a}+2\boldsymbol{b}$　　(2)　$\boldsymbol{x} = 3\boldsymbol{a}-2\boldsymbol{b}$

6.2.2　(1)　部分空間　　(2)　部分空間でない　　(3)　部分空間でない

6.3.1　(1)　$\mathrm{Im}\, f = \left\{ \begin{pmatrix} u \\ v \\ w \end{pmatrix} \in \boldsymbol{R}^3 \,\middle|\, u+w = 2v \right\}$,　　$\mathrm{Ker}\, f = \{\boldsymbol{0}\}$

(2)　$\mathrm{Im}\, f = \left\{ \begin{pmatrix} p \\ q \\ r \end{pmatrix} \in \boldsymbol{R}^3 \,\middle|\, p+r = q \right\}$

$$\mathrm{Ker}\, f = \left\{ \begin{pmatrix} x \\ y \\ x \\ -x \end{pmatrix} \in \boldsymbol{R}^4 \,\middle|\, x, y \text{ は任意の実数} \right\}$$

6.4.1　(1)　1次独立　　(2)　1次従属　　(3)　1次独立　　(4)　1次従属

6.5.1　$a = 1, -2$

6.6.1 $\begin{vmatrix} 2 & 0 & 3 & -1 \\ -1 & 2 & 0 & 0 \\ 0 & 1 & 7 & -1 \\ 1 & 0 & 0 & 5 \end{vmatrix} = 133$ より，ベクトルの組は 1 次独立.

6.7.1 （1） 基底 （2） 基底でない （3） 基底でない （4） 基底でない

6.8.1 （1） 2 次元 （2） 3 次元 （3） 2 次元 （4） 2 次元

6.11.1 （1） 同型でない （2） 同型 （3） 同型

問題

1. $f_1(x), f_2(x)$ がこの微分方程式をみたしたとすると，任意のスカラー k_1, k_2 に対して，

$$\begin{aligned} &(k_1f_1(x)+k_2f_2(x))''+c_1(k_1f_1(x)+k_2f_2(x))'+c_2(k_1f_1(x)+k_2f_2(x)) \\ &= k_1f_1''(x)+k_2f_2''(x)+c_1k_1f_1'(x)+c_1k_2f_2'(x)+c_2k_1f_1(x)+c_2k_2f_2(x) \\ &= k_1(f_1''(x)+c_1f_1'(x)+c_2f_1(x))+k_2(f_2''(x)+c_1f_2'(x)+c_2f_2(x)) \\ &= 0+0=0 \end{aligned}$$

より，この微分方程式の解全体は関数全体からなるベクトル空間の部分空間である．したがってベクトル空間である．

2. すべての項が 0 からなる数列を $\mathbf{0}$ とし，任意の数列 $\{a_n\}$ に対して，$\{-a_n\}$ を $\{a_n\}$ の逆ベクトルとするベクトル空間になる．複素数列の場合も同様である．

3. 和は複素数としての和を考え，スカラー倍は $k \in \boldsymbol{R}$，$\boldsymbol{z} \in \boldsymbol{C}$ に対して通常の積 $k\boldsymbol{z}$ を考えることによってベクトル空間になる．そして，$1, i$ が $\boldsymbol{R}$ 上のベクトル空間としての基底になるから 2 次元である．

4. （1） 部分空間 （2） ゼロベクトルが入らないから部分空間ではない．

（3） $\begin{pmatrix} 1 \\ 0 \\ 0 \end{pmatrix}, \begin{pmatrix} 0 \\ 1 \\ 0 \end{pmatrix}$ がこの部分集合に入るが，これらの和 $\begin{pmatrix} 1 \\ 1 \\ 0 \end{pmatrix}$ はこの部分集合に入らないから部分空間ではない． （4） 部分空間

5. （1） 零行列がゼロベクトルであるが，これは正則ではない．

（2） $\begin{pmatrix} 1 & & & O \\ & 0 & & \\ & & \ddots & \\ O & & & 0 \end{pmatrix}, \begin{pmatrix} 0 & & & O \\ & 1 & & \\ & & \ddots & \\ O & & & 1 \end{pmatrix}$ はこの集合に入るが，和は単位行列であるからこの部分集合に入らない．

（3） A, B を対称行列，c, d をスカラーとすると ${}^t(cA+dB) = c\,{}^tA+d\,{}^tB = cA+dB$ より，対称行列全体は部分空間である．

6. $AX_1 = X_1B$，$AX_2 = X_2B$ をみたしたとする．任意のスカラー k_1, k_2 に対して，$A(k_1X_1+k_2X_2) = k_1AX_1+k_2AX_2 = k_1X_1B+k_2X_2B = (k_1X_1+k_2X_2)B$
ゆえに，$\{X \in M(n, \boldsymbol{R}) \mid AX = XB\}$ は $M(n, \boldsymbol{R})$ の部分空間である．

7. （1） なる　（2） なる　（3） なる　（4） ならない　（5） なる　（6） なる

8. $W_1 \cap W_2 \ni \boldsymbol{w}_1, \boldsymbol{w}_2$ とすると，W_1, W_2 が部分空間であるから，任意のスカラー k_1, k_2 に対して $W_1 \ni k_1\boldsymbol{w}_1 + k_2\boldsymbol{w}_2$ かつ $W_2 \ni k_1\boldsymbol{w}_1 + k_2\boldsymbol{w}_2$. したがって，$W_1 \cap W_2 \ni k_1\boldsymbol{w}_1 + k_2\boldsymbol{w}_2$. ゆえに $W_1 \cap W_2$ は V の部分空間．同様に $W_1 + W_2$ が部分空間であることが示される．

9. たとえば $\boldsymbol{R}^2$ において，$W_1 = \{(x, 0) \mid x \in \boldsymbol{R}\}$ と $W_2 = \{(0, y) \mid y \in \boldsymbol{R}\}$ とおくと $W_1 \cup W_2$ は部分空間ではない．なぜなら $a \neq 0$，$b \neq 0$ に対して $(a, 0) \in W_1$，$(0, b) \in W_2$ であるが $(a, 0) + (0, b) = (a, b)$ は $W_1 \cup W_2$ のベクトルではない．

10. （1） $X_1, X_2 \in M(n, \boldsymbol{R})$，$k_1, k_2 \in \boldsymbol{R}$ とするとき，

$$\begin{aligned} f(k_1X_1 + k_2X_2) &= A^{-1}(k_1X_1 + k_2X_2)A = k_1A^{-1}X_1A + k_2A^{-1}X_2A \\ &= k_1f(X_1) + k_2f(X_2) \end{aligned}$$

ゆえに f は線形写像である．

（2） $X_1, X_2 \in M(n, \boldsymbol{R})$，$k_1, k_2 \in \boldsymbol{R}$ とするとき，

$$\begin{aligned} &f(k_1X_1 + k_2X_2) = A(k_1X_1 + k_2X_2) - (k_1X_1 + k_2X_2)A \\ &= k_1AX_1 + k_2AX_2 - k_1X_1A - k_2X_2A = k_1(AX_1 - X_1A) + k_2(AX_2 - X_2A) \\ &= k_1f(X_1) + k_2f(X_2) \end{aligned}$$

ゆえに f は線形写像である．

11. $A = (a_{ij})$，$B = (b_{ij})$ を任意の n 次正方行列，c, d を任意の実数とする．

$$\mathrm{tr}(cA + dB) = \sum_{i=1}^{n}(ca_{ii} + db_{ii}) = c\sum_{i=1}^{n} a_{ii} + d\sum_{i=1}^{n} b_{ii} = c\,\mathrm{tr}\,A + d\,\mathrm{tr}\,B$$

ゆえに $\mathrm{tr}\,A$ は線形写像である．写像 $f(A) = |A|$ に対しては，$f(kA) = |kA| = k^n|A| = k^nf(A)$ であるから，n が 1 のとき以外は線形写像ではない．

12. $f, g \in L(V, W)$，$c, d \in \boldsymbol{R}$. $(f+g)(\boldsymbol{v}) = f(\boldsymbol{v}) + g(\boldsymbol{v})$，$(cf)(\boldsymbol{v}) = c(f(\boldsymbol{v}))$ によって和およびスカラー倍を定義する．任意の $\boldsymbol{v}_1, \boldsymbol{v}_2 \in V$ と任意の $k_1, k_2 \in \boldsymbol{R}$ に対して

$$\begin{aligned} &(cf + dg)(k_1\boldsymbol{v}_1 + k_2\boldsymbol{v}_2) = cf(k_1\boldsymbol{v}_1 + k_2\boldsymbol{v}_2) + dg(k_1\boldsymbol{v}_1 + k_2\boldsymbol{v}_2) \\ &= ck_1f(\boldsymbol{v}_1) + ck_2f(\boldsymbol{v}_2) + dk_1g(\boldsymbol{v}_1) + dk_2g(\boldsymbol{v}_2) \\ &= k_1(cf(\boldsymbol{v}_1) + dg(\boldsymbol{v}_1)) + k_2(cf(\boldsymbol{v}_2) + dg(\boldsymbol{v}_2)) \\ &= k_1(cf + dg)(\boldsymbol{v}_1) + k_2(cf + dg)(\boldsymbol{v}_2) \end{aligned}$$

ゆえに $cf + dg \in L(V, W)$. V のすべてのベクトルを W のゼロベクトルに写す写像 f_0 を $L(V, W)$ のゼロベクトルとし，$L(V, W)$ の任意のベクトル f に対して $-f$ を f の逆ベクトルとして，$L(V, W)$ がベクトル空間になることが示される．

13. （1） 区間 I 上の連続関数全体 $C(I)$ はベクトル空間であり，任意の $f, g \in C^\infty(I)$，任意の $c, d \in \boldsymbol{R}$ に対して $cf + dg \in C^\infty(I)$ より $C^\infty(I)$ は部分空間になる．

（2） $D((cf + dg)(x)) = (cf + dg)'(x) = cf'(x) + dg'(x) = cD(f(x)) + dD(g(x))$
ゆえに D は線形写像である．

（3） $D(f(x)) = f'(x) \equiv 0$ とすると，$f(x) =$ 定数 であるから，$\mathrm{Ker}\,D$ は定数

関数全体からなる．また，任意の $f(x) \in C^{\infty}(I)$ に対してその原始関数 $F(x)$ が存在して $F'(x) = f(x)$ となるから，$\mathrm{Im}\, D = C^{\infty}(I)$ である．

14. 任意の $f, g \in C$，$c, d \in \boldsymbol{R}$ に対して，$F(x) = \int_a^x f(t)\, dt$ は連続関数であるから $F(x) \in C$ となり，

$$\int_a^x (cf+dg)(t)\, dt = c\int_a^x f(t)\, dt + d\int_a^x g(t)\, dt$$

であるから，対応 $f(x) \to F(x)$ は線形写像である．

15. （1） 対称行列　（2） 交代行列

16. （1） (1) の 2 つの条件のそれぞれの否定が (2) の 2 つの条件であるから (1) と (2) とは同値である．したがって (2) を示せばよい．

（2） ある i に対して $S_i = S_{i+1}$ とすると，$\boldsymbol{a}_{i+1} \in S_i$ であり，$\boldsymbol{a}_{i+1}$ が $\boldsymbol{a}_1, \cdots, \boldsymbol{a}_i$ の 1 次結合で書かれる．$\boldsymbol{a}_{i+1} = c_1\boldsymbol{a}_1 + \cdots + c_i\boldsymbol{a}_i$ を移項して $c_1\boldsymbol{a}_1 + \cdots + c_i\boldsymbol{a}_i - \boldsymbol{a}_{i+1} = \boldsymbol{0}$ となるから，$\boldsymbol{a}_1, \cdots, \boldsymbol{a}_{i+1}$ は 1 次従属である．ゆえに $\boldsymbol{a}_1, \cdots, \boldsymbol{a}_m$ は 1 次従属である．

逆に $\boldsymbol{a}_1, \cdots, \boldsymbol{a}_m$ が 1 次従属とする．自明でない 1 次関係式を $c_1\boldsymbol{a}_1 + \cdots + c_m\boldsymbol{a}_m = \boldsymbol{0}$ とする．$c_j \neq 0$ となる j のうち最大のものを i とすると $c_1\boldsymbol{a}_1 + \cdots + c_i\boldsymbol{a}_i = \boldsymbol{0}$ で $c_i \neq 0$．c_i^{-1} をかけて移項すると，$\boldsymbol{a}_i = c_1'\boldsymbol{a}_1 + \cdots + c_{i-1}'\boldsymbol{a}_{i-1}$ となり $S_i = S_{i+1}$ が成り立つ．

17. （1） $c_1\boldsymbol{v}_1 + \cdots + c_r\boldsymbol{v}_r = \boldsymbol{0}$ とする．両辺を f で写し，f の線形性を用いると

$$c_1 f(\boldsymbol{v}_1) + \cdots + c_r f(\boldsymbol{v}_r) = f(\boldsymbol{0}) = \boldsymbol{0}$$

仮定より $c_1 = \cdots = c_r = 0$ となるから，$\boldsymbol{v}_1, \cdots, \boldsymbol{v}_r$ は 1 次独立である．

（2） $c_1 f(\boldsymbol{v}_1) + \cdots + c_r f(\boldsymbol{v}_r) = \boldsymbol{0}$ とする．f の線形性より $f(c_1\boldsymbol{v}_1 + \cdots + c_r\boldsymbol{v}_r) = \boldsymbol{0}$ となるが，仮定より $c_1\boldsymbol{v}_1 + \cdots + c_r\boldsymbol{v}_r = \boldsymbol{0}$．$\boldsymbol{v}_1, \cdots, \boldsymbol{v}_r$ が 1 次独立であるから $c_1 = \cdots = c_r = 0$．ゆえに $f(\boldsymbol{v}_1), \cdots, f(\boldsymbol{v}_r)$ は 1 次独立．

18. 係数の行列式 $\begin{vmatrix} 2 & -1 & 1 \\ 1 & 3 & -1 \\ 1 & -2 & 2 \end{vmatrix} \neq 0$ であるから，自明な解以外の解をもたない．

19. （1） ならない　（2） なる

20. 係数の行列式で判定する．（1） 同型写像　（2） 同型写像でない．

21. $\dim S = s$，$\dim T = t$，$\dim S \cap T = r$ とする．$\boldsymbol{a}_1, \cdots, \boldsymbol{a}_r$ を $S \cap T$ の基底とし，これを拡張して S の基底 $\boldsymbol{a}_1, \cdots, \boldsymbol{a}_r, \boldsymbol{b}_1, \cdots, \boldsymbol{b}_{s-r}$ および T の基底 $\boldsymbol{a}_1, \cdots, \boldsymbol{a}_r, \boldsymbol{c}_1, \cdots, \boldsymbol{c}_{t-r}$ を考えると，$\boldsymbol{a}_1, \cdots, \boldsymbol{a}_r, \boldsymbol{b}_1, \cdots, \boldsymbol{b}_{s-r}, \boldsymbol{c}_1, \cdots, \boldsymbol{c}_{t-r}$ が $S+T$ の基底になる．これらは $S+T$ を生成することは明らかであるから 1 次独立を示せばよい．

$$a_1\boldsymbol{a}_1 + \cdots + a_r\boldsymbol{a}_r + b_1\boldsymbol{b}_1 + \cdots + b_{s-r}\boldsymbol{b}_{s-r} + c_1\boldsymbol{c}_1 + \cdots + c_{t-r}\boldsymbol{c}_{t-r} = \boldsymbol{0}$$

とする．一部を移項して

$$a_1\boldsymbol{a}_1 + \cdots + a_r\boldsymbol{a}_r + b_1\boldsymbol{b}_1 + \cdots + b_{s-r}\boldsymbol{b}_{s-r} = -(c_1\boldsymbol{c}_1 + \cdots + c_{t-r}\boldsymbol{c}_{t-r})$$

とすると左辺は S のベクトル，右辺は T のベクトルであるから，この両辺は $S \cap T$ に入る．したがって，右辺は $\boldsymbol{a}_1, \cdots, \boldsymbol{a}_r$ の 1 次結合で一意的に書かれ，しかも $\boldsymbol{a}_1, \cdots, \boldsymbol{a}_r, \boldsymbol{c}_1, \cdots, \boldsymbol{c}_{t-r}$ が T の基底であるから，$\boldsymbol{0}$ である．したがって $c_1 = \cdots =$

$c_{t-r}=0$ である．また $\boldsymbol{a}_1,\cdots,\boldsymbol{a}_r,\boldsymbol{b}_1,\cdots,\boldsymbol{b}_{s-t}$ は S の基底であるから，$a_1=\cdots=a_r=b_1=\cdots=b_{s-r}=0$ を得る．したがって，1 次独立である．

22.（1） $a_0 1+a_1x+a_2x^2+a_3x^3=0$ とする．この恒等式に $x=0$ を代入して $a_0=0$．両辺を x で微分して $x=0$ を代入して $a_1=0$．同様にして $a_2=a_3=0$ も導かれる．

（2） $a_1\sin x+a_2\sin 2x+a_3\sin 3x+a_4\sin 4x=0$ とする．両辺を 2 回，4 回，6 回微分した式を並べることによって，次の等式を得る．

$$\begin{pmatrix}1&1&1&1\\1&4&9&16\\1&4^2&9^2&16^2\\1&4^3&9^3&16^3\end{pmatrix}\begin{pmatrix}a_1\sin x\\a_2\sin 2x\\a_3\sin 3x\\a_4\sin 4x\end{pmatrix}=\begin{pmatrix}0\\0\\0\\0\end{pmatrix}$$

係数行列の行列式はファンデアモンデの行列式で 0 ではない．ゆえに $a_1\sin x=a_2\sin 2x=a_3\sin 3x=a_4\sin 4x=0$ が恒等的に成り立つ．x として $0<x<\pi/4$ をとれば $\sin x\neq 0$，$\sin 2x\neq 0$，$\sin 3x\neq 0$，$\sin 4x\neq 0$ より $a_i=0$（$i=1,2,3,4$）．

(3), (4) の証明も同様である．

23.（1） 1 次結合を行列で表わすと $\begin{pmatrix}2&-1&1\\1&3&-1\\-1&-1&5\end{pmatrix}$ である．この行列式は 0 ではないから 1 次独立である．（2） 1 次結合を行列で表わすと $\begin{pmatrix}5&-1&3\\-1&3&-1\\3&-2&2\end{pmatrix}$ である．この行列式は 0 であるから 1 次従属である．

24. 1 次結合を行列で表わすと $\begin{pmatrix}1&0&\cdots\cdots&0\\1&1&0\cdots&0\\\vdots&\vdots&\ddots\ \ddots&\vdots\\\vdots&\vdots&\ddots&0\\1&1&\cdots\cdots&1\end{pmatrix}$ である．この行列式は 1 であるから 1 次独立である．このベクトル空間の次元が n であるから，V の基底である．

25.

$$f\begin{pmatrix}1\\0\\0\end{pmatrix}=\begin{pmatrix}2\\1\\-1\end{pmatrix}=a_{11}\begin{pmatrix}1\\0\\0\end{pmatrix}+a_{21}\begin{pmatrix}1\\1\\0\end{pmatrix}+a_{31}\begin{pmatrix}1\\1\\1\end{pmatrix}$$

$$f\begin{pmatrix}1\\1\\0\end{pmatrix}=\begin{pmatrix}3\\0\\1\end{pmatrix}=a_{12}\begin{pmatrix}1\\0\\0\end{pmatrix}+a_{22}\begin{pmatrix}1\\1\\0\end{pmatrix}+a_{32}\begin{pmatrix}1\\1\\1\end{pmatrix}$$

$$f\begin{pmatrix}1\\1\\1\end{pmatrix}=\begin{pmatrix}0\\1\\6\end{pmatrix}=a_{13}\begin{pmatrix}1\\0\\0\end{pmatrix}+a_{23}\begin{pmatrix}1\\1\\0\end{pmatrix}+a_{33}\begin{pmatrix}1\\1\\1\end{pmatrix}$$

以上より次の連立１次方程式を得る．

$$\begin{pmatrix}1&1&1\\0&1&1\\1&0&1\end{pmatrix}\begin{pmatrix}a_{11}\\a_{21}\\a_{31}\end{pmatrix}=\begin{pmatrix}2\\1\\-1\end{pmatrix},\quad \begin{pmatrix}1&1&1\\0&1&1\\0&0&1\end{pmatrix}\begin{pmatrix}a_{12}\\a_{22}\\a_{32}\end{pmatrix}=\begin{pmatrix}3\\0\\1\end{pmatrix}$$

$$\begin{pmatrix}1&1&1\\0&1&1\\0&0&1\end{pmatrix}\begin{pmatrix}a_{13}\\a_{23}\\a_{33}\end{pmatrix}=\begin{pmatrix}0\\1\\6\end{pmatrix}$$

これを解くことにより $(a_{ij})=\begin{pmatrix}1&3&-1\\2&-1&-5\\-1&1&6\end{pmatrix}$.

7章

7.1.1　（1）　3　（2）　2　（3）　2

7.2.1　（1）　2　（2）　3

7.3.1　$\mathrm{rank}\, f=2$,　$\dim \mathrm{Ker}\, f=1$

問題

1.　（1）　3　（2）　2

2.　（1）　$\dim \mathrm{Ker}\, f=1$,　$\dim \mathrm{Im}\, f=2$　（2）　$\dim \mathrm{Ker}\, f=1$,　$\dim \mathrm{Im}\, f=2$

3.　$\dim \mathrm{Ker}\, \mathrm{tr}=n^2-1$,　$\dim \mathrm{Im}\, \mathrm{tr}=1$

4.　（1）　$a\neq -2b$ で $a\neq b$ のとき 3，$a=-2b\neq 0$ のとき 2，$a=b\neq 0$ のとき 1，$a=b=0$ のとき 0．　（2）　$a\neq b$，$b\neq c$，$c\neq a$ のとき 3，a, b, c のうちのどれか 2 つが同じで他はそれと異なるとき 2，$a=b=c$ のとき 1.

8章

8.1.1　係数行列 $\begin{pmatrix}7&-2&5\\3&-1&-1\\-2&1&8\end{pmatrix}=\begin{pmatrix}\boldsymbol{a}_1\\\boldsymbol{a}_2\\\boldsymbol{a}_3\end{pmatrix}$ とおくとき，$\boldsymbol{a}_1-3\,\boldsymbol{a}_2=\boldsymbol{a}_3$．解をもつためには k は $5-3k=-4$ をみたすことが必要十分である．ゆえに $k=3$ である．

8.2.1　$\begin{pmatrix}-3\\-2\\1\\0\end{pmatrix},\ \begin{pmatrix}-1\\1\\0\\1\end{pmatrix}$

8.3.1　$k=7$．一般解は $\begin{pmatrix}9/5\\-1/5\\0\end{pmatrix}+p\begin{pmatrix}-1\\1\\1\end{pmatrix}$．ここで p は任意の数.

8.4.1　2つの式を $(a), (b)$ とする.

$$\begin{cases}(a)\\(b)\end{cases}\xrightarrow{(\mathrm{II})}\begin{cases}(a)\\(b)-(a)\end{cases}\xrightarrow{(\mathrm{II})}\begin{cases}(b)\\(b)-(a)\end{cases}\xrightarrow{(\mathrm{II})}\begin{cases}(b)\\-(a)\end{cases}\xrightarrow{(\mathrm{I})}\begin{cases}(b)\\(a)\end{cases}$$

8.5.1　問 8.4.1 と同様.

8.5.2　行列の積を計算すれば確かめられる.

8.5.3　定理 8.5.2 の証明と同様である.

8.6.1　(1)

$$\begin{pmatrix}1&3&0&0&-1\\4&2&0&-2&2\\3&-1&7&1&0\\0&1&0&3&5\end{pmatrix}\xrightarrow{(\mathrm{III})}\begin{pmatrix}1&3&0&0&-1\\0&1&0&3&5\\3&-1&7&1&0\\4&2&0&-2&2\end{pmatrix}$$

$$\xrightarrow{(\mathrm{II})}\begin{pmatrix}1&3&0&0&-1\\0&1&0&3&5\\0&-10&7&1&3\\0&-10&0&-2&6\end{pmatrix}\xrightarrow{(\mathrm{II})}\begin{pmatrix}1&3&0&0&-1\\0&1&0&3&5\\0&0&7&31&53\\0&0&0&28&56\end{pmatrix}$$

(2)

$$\begin{pmatrix}1&2&0&-1&3\\2&5&2&-2&2\\3&6&0&-2&6\\1&3&2&-1&-1\end{pmatrix}\xrightarrow{(\mathrm{II})}\begin{pmatrix}1&2&0&-1&3\\0&1&2&0&-4\\0&0&0&1&-3\\0&1&2&0&-4\end{pmatrix}$$

$$\xrightarrow{(\mathrm{II})}\begin{pmatrix}1&2&0&-1&3\\0&1&2&0&-4\\0&0&0&1&-3\\0&0&0&0&0\end{pmatrix}$$

8.6.2

$$\begin{pmatrix}1&-1&0&3\\2&1&-1&0\\1&2&-1&-3\\3&0&-1&3\end{pmatrix}\xrightarrow{(\mathrm{II})}\begin{pmatrix}1&-1&0&3\\0&3&-1&-6\\0&3&-1&-6\\0&3&-1&-6\end{pmatrix}$$

$$\xrightarrow{(\mathrm{II})}\begin{pmatrix}1&-1&0&3\\0&3&-1&-6\\0&0&0&0\\0&0&0&0\end{pmatrix}$$

よってランクは2である.

8.7.1

$$\begin{pmatrix}1&-1&0&3\\2&1&-1&0\\1&2&-1&-3\\3&0&-1&3\end{pmatrix}\xrightarrow{(\mathrm{II})}\begin{pmatrix}1&-1&0&3\\0&3&-1&-6\\0&3&-1&-6\\0&3&-1&-6\end{pmatrix}$$

$$\xrightarrow{\text{(II)}} \begin{pmatrix} 1 & -1 & 0 & 3 \\ 0 & 3 & -1 & -6 \\ 0 & 0 & 0 & 0 \\ 0 & 0 & 0 & 0 \end{pmatrix}$$

第1行は $x-y+3w=0$，第2行は $3y-z-6w=0$ を意味する．未知数 z, w の値として，任意の数 p, q を与えれば，$y=\frac{1}{3}p+2q$，$x=y-w=\frac{1}{3}p+2q-3q=\frac{1}{3}p-q$ となる．したがって一般解は

$$\begin{pmatrix} x \\ y \\ z \\ w \end{pmatrix} = \begin{pmatrix} \frac{1}{3}p-q \\ \frac{1}{3}p+2q \\ p \\ q \end{pmatrix} = p\begin{pmatrix} \frac{1}{3} \\ \frac{1}{3} \\ 1 \\ 0 \end{pmatrix} + q\begin{pmatrix} -1 \\ 2 \\ 0 \\ 1 \end{pmatrix}$$

で与えられる．

8.7.2 $\begin{pmatrix} 1 & 1 & 1 & 1 \\ 1 & 3 & 2 & 2 \\ 1 & 9 & 5 & k \end{pmatrix} \xrightarrow{\text{(II)}} \begin{pmatrix} 1 & 1 & 1 & 1 \\ 0 & 2 & 1 & 1 \\ 0 & 8 & 4 & k-1 \end{pmatrix} \xrightarrow{\text{(II)}} \begin{pmatrix} 1 & 1 & 1 & 1 \\ 0 & 2 & 1 & 1 \\ 0 & 0 & 0 & k-5 \end{pmatrix}$

ゆえに $k=5$，$z=0$ として特殊解は $x=y=1/2$，同伴する連立斉1次方程式の解は任意の p に対して $x=y=-1/2$，$z=p$ で与えられる．ゆえに一般解は

$$\begin{pmatrix} 1/2 \\ 1/2 \\ 0 \end{pmatrix} + p\begin{pmatrix} -1/2 \\ -1/2 \\ 1 \end{pmatrix}$$

8.8.1 $\left(\begin{array}{ccc|ccc} 1 & 3 & 2 & 1 & 0 & 0 \\ 2 & 5 & 4 & 0 & 1 & 0 \\ 3 & 6 & 5 & 0 & 0 & 1 \end{array}\right) \xrightarrow{\text{(II)}} \left(\begin{array}{ccc|ccc} 1 & 3 & 2 & 1 & 0 & 0 \\ 0 & -1 & 0 & -2 & 1 & 0 \\ 0 & -3 & -1 & -3 & 0 & 1 \end{array}\right)$

$$\xrightarrow{\text{(II)}} \left(\begin{array}{ccc|ccc} 1 & 3 & 2 & 1 & 0 & 0 \\ 0 & -1 & 0 & -2 & 1 & 0 \\ 0 & 0 & -1 & 3 & -3 & 1 \end{array}\right) \xrightarrow{\text{(II)}} \left(\begin{array}{ccc|ccc} 1 & 0 & 2 & -5 & 3 & 0 \\ 0 & -1 & 0 & -2 & 1 & 0 \\ 0 & 0 & -1 & 3 & -3 & 1 \end{array}\right)$$

$$\xrightarrow{\text{(II)}} \left(\begin{array}{ccc|ccc} 1 & 0 & 0 & 1 & -3 & 2 \\ 0 & -1 & 0 & -2 & 1 & 0 \\ 0 & 0 & -1 & 3 & -3 & 1 \end{array}\right) \xrightarrow{\text{(II)}} \left(\begin{array}{ccc|ccc} 1 & 0 & 0 & 1 & -3 & 2 \\ 0 & 1 & 0 & 2 & -1 & 0 \\ 0 & 0 & 1 & -3 & 3 & -1 \end{array}\right)$$

ゆえに逆行列は $\begin{pmatrix} 1 & -3 & 2 \\ 2 & -1 & 0 \\ -3 & 3 & -1 \end{pmatrix}$．

問題

1.　(1)　もたない　　(2)　もつ

2. $\begin{pmatrix} 4 \\ 3 \\ 1 \\ 0 \end{pmatrix}$, $\begin{pmatrix} -9/2 \\ -5/2 \\ 0 \\ 1 \end{pmatrix}$

3. $k=8$, $\begin{pmatrix} 5 \\ -1 \\ 0 \end{pmatrix} + p\begin{pmatrix} 2 \\ 0 \\ 1 \end{pmatrix}$

4.　(1)

$$\begin{pmatrix} 0 & 2 & 3 & 0 & 1 \\ 1 & -1 & 0 & 2 & 0 \\ 4 & -3 & 1 & 0 & 5 \\ 2 & 0 & 3 & -1 & 1 \end{pmatrix} \xrightarrow{\text{(III)}} \begin{pmatrix} 1 & -1 & 0 & 2 & 0 \\ 0 & 2 & 3 & 0 & 1 \\ 4 & -3 & 1 & 0 & 5 \\ 2 & 0 & 3 & -1 & 1 \end{pmatrix}$$

$$\xrightarrow{\text{(II)}} \begin{pmatrix} 1 & -1 & 0 & 2 & 0 \\ 0 & 2 & 3 & 0 & 1 \\ 0 & 1 & 1 & -8 & 5 \\ 0 & 2 & 3 & -5 & 1 \end{pmatrix} \xrightarrow{\text{(III)}} \begin{pmatrix} 1 & -1 & 0 & 2 & 0 \\ 0 & 1 & 1 & -8 & 5 \\ 0 & 2 & 3 & 0 & 1 \\ 0 & 2 & 3 & -5 & 1 \end{pmatrix}$$

$$\xrightarrow{\text{(II)}} \begin{pmatrix} 1 & -1 & 0 & 2 & 0 \\ 0 & 1 & 1 & -8 & 5 \\ 0 & 0 & 1 & 16 & -9 \\ 0 & 0 & 1 & 11 & -9 \end{pmatrix} \xrightarrow{\text{(II)}} \begin{pmatrix} 1 & -1 & 0 & 2 & 0 \\ 0 & 1 & 1 & -8 & 5 \\ 0 & 0 & 1 & 16 & -9 \\ 0 & 0 & 0 & -4 & 0 \end{pmatrix}$$

(2)

$$\begin{pmatrix} 1 & 2 & 3 & 4 & 5 \\ 6 & 7 & 8 & 9 & 10 \\ 11 & 12 & 13 & 14 & 15 \\ 16 & 17 & 18 & 19 & 20 \end{pmatrix} \xrightarrow{\text{(II)}} \begin{pmatrix} 1 & 2 & 3 & 4 & 5 \\ 0 & -5 & -10 & -15 & -20 \\ 0 & -10 & -20 & -30 & -40 \\ 0 & -15 & -30 & -45 & -60 \end{pmatrix}$$

$$\xrightarrow{\text{(II)}} \begin{pmatrix} 1 & 2 & 3 & 4 & 5 \\ 0 & -5 & -10 & -15 & -20 \\ 0 & 0 & 0 & 0 & 0 \\ 0 & 0 & 0 & 0 & 0 \end{pmatrix}$$

5.　(1)

$$\begin{pmatrix} 0 & 1 & 0 & 1 & 0 \\ 1 & 0 & 1 & 0 & 1 \\ 0 & -1 & 0 & -1 & 0 \\ -1 & 0 & -1 & 0 & -1 \end{pmatrix} \xrightarrow{\text{(III)}} \begin{pmatrix} 1 & 0 & 1 & 0 & 1 \\ 0 & 1 & 0 & 1 & 0 \\ 0 & -1 & 0 & -1 & 0 \\ -1 & 0 & -1 & 0 & -1 \end{pmatrix}$$

$$\xrightarrow{\text{(II)}} \begin{pmatrix} 1 & 0 & 1 & 0 & 1 \\ 0 & 1 & 0 & 1 & 0 \\ 0 & -1 & 0 & -1 & 0 \\ 0 & 0 & 0 & 0 & 0 \end{pmatrix} \xrightarrow{\text{(II)}} \begin{pmatrix} 1 & 0 & 1 & 0 & 1 \\ 0 & 1 & 0 & 1 & 0 \\ 0 & 0 & 0 & 0 & 0 \\ 0 & 0 & 0 & 0 & 0 \end{pmatrix}$$

ゆえにランクは2

(2) $\begin{pmatrix} 1 & -1 & 0 & 1 \\ 2 & 0 & -3 & 5 \\ 0 & 1 & 4 & -1 \\ 1 & 0 & -2 & 7 \end{pmatrix} \xrightarrow{\text{(II)}} \begin{pmatrix} 1 & -1 & 0 & 1 \\ 0 & 2 & -3 & 3 \\ 0 & 1 & 4 & -1 \\ 0 & 1 & -2 & 6 \end{pmatrix}$

$\xrightarrow{\text{(III)}} \begin{pmatrix} 1 & -1 & 0 & 1 \\ 0 & 1 & -2 & 6 \\ 0 & 1 & 4 & -1 \\ 0 & 2 & -3 & 3 \end{pmatrix} \xrightarrow{\text{(II)}} \begin{pmatrix} 1 & -1 & 0 & 1 \\ 0 & 1 & -2 & 6 \\ 0 & 0 & 6 & -7 \\ 0 & 0 & 1 & -9 \end{pmatrix}$

$\xrightarrow{\text{(III)}} \begin{pmatrix} 1 & -1 & 0 & 1 \\ 0 & 1 & -2 & 6 \\ 0 & 0 & 1 & -9 \\ 0 & 0 & 6 & -7 \end{pmatrix} \xrightarrow{\text{(II)}} \begin{pmatrix} 1 & -1 & 0 & 1 \\ 0 & 1 & -2 & 6 \\ 0 & 0 & 1 & -9 \\ 0 & 0 & 0 & 47 \end{pmatrix}$

ゆえにランクは4

6. (1) $a \neq 1$, $a \neq -2$ のとき3, $a = -2$ のとき2, $a = 1$ のとき1.

(2) a, b, c, d のうちどの2つも異なるとき4, 等しいものが1組あるとき3, 等しいものが2組あるとき2, すべて等しいとき1.

7. (1) $p\begin{pmatrix} -13/18 \\ -4/9 \\ 5/6 \\ 1 \end{pmatrix}$ p は任意の数　(2) $p\begin{pmatrix} 1/3 \\ 2/3 \\ 1 \\ 0 \end{pmatrix} + q\begin{pmatrix} -1 \\ -1 \\ 0 \\ 1 \end{pmatrix}$ p, q は任意の数

8. $\begin{pmatrix} x \\ y \\ z \\ w \end{pmatrix} = \begin{pmatrix} 11/7 \\ -5/7 \\ 0 \\ 0 \end{pmatrix} + p\begin{pmatrix} 1/7 \\ -10/7 \\ 1 \\ 0 \end{pmatrix} + q\begin{pmatrix} 1/7 \\ 4/7 \\ 0 \\ 1 \end{pmatrix}$　p, q は任意の数

9. $a = 1$ のとき解なし, $a = -2$ のとき解の自由度は1, $a \neq 1$, $a \neq -2$ のときただ1つの解をもち解の自由度は0.

10. a, b, c のうち少なくとも2つが等しいこと.

11. $a+b+c = d$

12. 解をもつための条件は, $a+b = c$, $a+2b = d$. そのとき一般解は

$$\begin{cases} x = 2a-b-5p-8q \\ y = a-b-3p-5q \\ z = p \\ w = q \end{cases} \quad p, q \text{ は任意}$$

13.　拡大係数行列は基本変形によって$\begin{pmatrix} 1 & 1 & -1 & 0 \\ 0 & -2 & k+2 & 0 \\ 0 & k-1 & 5 & 2 \\ 0 & 0 & 0 & 1 \end{pmatrix}$となるから解をもたない．

14.　拡大係数行列は基本変形によって

$$\begin{pmatrix} 1 & 1 & 2 & 1 \\ 0 & 1-k & 1-2k & k+3 \\ 0 & 0 & -4 & k+3 \\ 0 & 0 & 0 & (k+3)(k-2) \end{pmatrix}$$

となるから解をもつのは $k=-3$，そのとき解は $x=1$，$y=z=0$．または，$k=2$，解は $x=\dfrac{19}{4}$，$y=z=-\dfrac{5}{4}$．

15.　$A(b_1\boldsymbol{x}_1+\cdots+b_n\boldsymbol{x}_n)=b_1A\boldsymbol{x}_1+\cdots+b_nA\boldsymbol{x}_n=b_1\boldsymbol{e}_1+\cdots+b_n\boldsymbol{e}_n=\boldsymbol{b}$ より，$b_1\boldsymbol{x}_1+\cdots+b_n\boldsymbol{x}_n$ は $A\boldsymbol{x}=\boldsymbol{b}$ の解である．A は正則だから，$A\boldsymbol{x}=\boldsymbol{b}$ の解はただ1つである．したがってその解は $b_1\boldsymbol{x}_1+\cdots+b_n\boldsymbol{x}_n$ 以外にはない．

16.　(1)　$x=1$，$y=z=0$ はつねに解．　(2)　$a+b+c=0$ のとき，$x=1+q$，$y=z=p$（p は任意），$a=b=c$ のとき $x=1-p-q$，$y=p$，$z=q$（p, q は任意）　(3)　$x=1$，$y=z=0$．

17.　(1)　$\begin{pmatrix} 1 & 1 & \cdots & 1 \\ & 1 & \ddots & \vdots \\ & & \ddots & 1 \\ O & & & 1 \end{pmatrix}$　(2)　$\begin{pmatrix} 1 & & O & -a_1 \\ & \ddots & & -a_2 \\ & & \ddots & \vdots \\ & & & -a_{n-1} \\ O & & & 1 \end{pmatrix}$

9章

9.2.1　(1)　固有値は -3，6

$$V(-3)=\left\{c\begin{pmatrix} 1 \\ -1 \end{pmatrix} \middle| c\in\boldsymbol{R}\right\}\qquad V(6)=\left\{c\begin{pmatrix} 5 \\ 4 \end{pmatrix} \middle| c\in\boldsymbol{R}\right\}$$

(2)　固有値は 5　　$V(5)=\left\{c\begin{pmatrix} 1 \\ 1 \end{pmatrix} \middle| c\in\boldsymbol{R}\right\}$

(3)　固有値は 1，-2，4　　$V(1)=\left\{c\begin{pmatrix} 1 \\ 0 \\ 0 \end{pmatrix} \middle| c\in\boldsymbol{R}\right\}$

$$V(-2)=\left\{c\begin{pmatrix} -5/3 \\ 1 \\ 1 \end{pmatrix} \middle| c\in\boldsymbol{R}\right\}\qquad V(4)=\left\{c\begin{pmatrix} 1/3 \\ -1 \\ 1 \end{pmatrix} \middle| c\in\boldsymbol{R}\right\}$$

(4)　固有値は -1，2

$$V(-1)=\left\{c\begin{pmatrix}-1\\1\\0\end{pmatrix}+d\begin{pmatrix}-1\\0\\1\end{pmatrix}\middle|\, c,d\in\boldsymbol{R}\right\}$$

$$V(2)=\left\{c\begin{pmatrix}1\\1\\1\end{pmatrix}\middle|\, c\in\boldsymbol{R}\right\}$$

9.2.2　$A-tE$ も同じ型をしており，定理 4.6.2 よりこの等式が導かれる．

9.3.1　（1）　固有多項式 $-(t-1)(t^2+t+1)$ で，$t^2+t+1>0$ であるから固有値は 1 で重複度 1 である．よって対角化不可能である．

（2）　固有値は 0，$\pm\sqrt{2}$．これらはすべて異なるから対角化可能である．

9.3.2　（1）　固有値 -2，$\pm\sqrt{2}$ をもち，異なるから対角化可能である．

（2）　固有値 -1（重根），-2 をもつ．$V(-1)=\left\{c\begin{pmatrix}1\\1\\0\end{pmatrix}\middle|\, c\in\boldsymbol{R}\right\}$

$\dim V(-1)=1\neq$（固有値 -1 の重複度）であるから対角化不可能．

問題

1.　（1）　-1，6，$\begin{pmatrix}-1\\1\end{pmatrix}$，$\begin{pmatrix}2\\5\end{pmatrix}$　　（2）　6，-3（重複），$\begin{pmatrix}2\\1\\2\end{pmatrix}$，$\begin{pmatrix}-1\\2\\0\end{pmatrix}$，$\begin{pmatrix}-1\\0\\1\end{pmatrix}$

2.　$|A-tE|=0$ が $t=0$ で成り立つ必要十分条件は $|A|=0$ であるから，それぞれの否定は同値になる．

3.　（1）　固有値 -4（重複度 2），5 をもつ．$V(-4)=\left\{c\begin{pmatrix}1\\-1\\0\end{pmatrix}\middle|\, c\in\boldsymbol{R}\right\}$ となり，$\dim V(-4)=1\neq$（固有値 -4 の重複度）であるから対角化不可能である．

（2）　固有値 1（重複度 2），2．$V(1)=\left\{c\begin{pmatrix}1\\1\\0\end{pmatrix}\middle|\, c\in\boldsymbol{R}\right\}$ となり，$\dim V(1)=1\neq$（固有値 -1 の重複度）であるから対角化不可能である．

（3）　-1（重複度 2），2．

$$V(-1)=\left\{c\begin{pmatrix}1\\-1\\0\end{pmatrix}+d\begin{pmatrix}1\\0\\-1\end{pmatrix}\middle|\, c,d\in\boldsymbol{R}\right\}$$

$$V(2)=\left\{c\begin{pmatrix}1\\1\\1\end{pmatrix}\middle|\, c\in\boldsymbol{R}\right\}$$

$\dim V(-1)=2=$（固有値 -1 の重複度），　$\dim V(2)=1=$（固有値 2 の重複度）

ゆえに対角化可能である．$P=\begin{pmatrix} 1 & 1 & 1 \\ -1 & 0 & 1 \\ 0 & -1 & 1 \end{pmatrix}$ とおくとき

$$P^{-1}\begin{pmatrix} 0 & 1 & 1 \\ 1 & 0 & 1 \\ 1 & 1 & 0 \end{pmatrix}P=\begin{pmatrix} -1 & 0 & 0 \\ 0 & -1 & 0 \\ 0 & 0 & 2 \end{pmatrix}$$

4.（1）　固有値は 1（重複度 2），-1（重複度 2）

$$V(1)=\left\{c\begin{pmatrix} 1 \\ 0 \\ 0 \\ 1 \end{pmatrix}+d\begin{pmatrix} 0 \\ 1 \\ 1 \\ 0 \end{pmatrix}\middle|\, c, d\in \boldsymbol{R}\right\}$$

$$V(-1)=\left\{c\begin{pmatrix} 1 \\ 0 \\ 0 \\ -1 \end{pmatrix}+d\begin{pmatrix} 0 \\ 1 \\ -1 \\ 0 \end{pmatrix}\middle|\, c, d\in \boldsymbol{R}\right\}$$

いずれの固有値もその重複度と固有空間の次元が一致するから対角化可能である．

$$P=\begin{pmatrix} 1 & 0 & 1 & 0 \\ 0 & 1 & 0 & 1 \\ 0 & 1 & 0 & -1 \\ 1 & 0 & -1 & 0 \end{pmatrix}\text{とおくとき，}\quad P^{-1}\begin{pmatrix} 0 & 0 & 0 & 1 \\ 0 & 0 & 1 & 0 \\ 0 & 1 & 0 & 0 \\ 1 & 0 & 0 & 0 \end{pmatrix}P=\begin{pmatrix} 1 & 0 & 0 & 0 \\ 0 & 1 & 0 & 0 \\ 0 & 0 & -1 & 0 \\ 0 & 0 & 0 & -1 \end{pmatrix}$$

（2）　固有値 2, 3（重複度 2）　　$V(3)=\left\{c\begin{pmatrix} 2 \\ 1 \\ 0 \end{pmatrix}\middle|\, c\in \boldsymbol{R}\right\}$

$\dim V(3)=1\neq$（固有値 3 の重複度）であるから対角化不可能．

5.　a は重複度 2 の固有値である．　$V(a)=\left\{c\begin{pmatrix} 1 \\ 0 \\ 0 \end{pmatrix}\middle|\, c\in \boldsymbol{R}\right\}$

$\dim V(a)=1\neq$（固有値 a の重複度）であるから対角化不可能である．

（2）　固有値 a（重複度 2），b である．

$$V(a)=\left\{p\begin{pmatrix} 1 \\ 0 \\ 0 \end{pmatrix}+q\begin{pmatrix} 0 \\ 1 \\ 0 \end{pmatrix}\middle|\, p, q\in \boldsymbol{R}\right\}$$

$$V(b)=\left\{p\begin{pmatrix} 0 \\ c \\ b-a \end{pmatrix}\middle|\, p\in \boldsymbol{R}\right\}$$

$\dim V(a)=2=$（固有値 a の重複度），　$\dim V(b)=1=$（固有値 b の重複度）

であるから対角化可能である．$P=\begin{pmatrix}1&0&0\\0&1&c\\0&0&b-a\end{pmatrix}$とおくとき，

$$P^{-1}\begin{pmatrix}a&0&0\\0&a&c\\0&0&b\end{pmatrix}P=\begin{pmatrix}a&0&0\\0&a&0\\0&0&b\end{pmatrix}$$

6. 対角化可能ならば，その対角行列の対角線上にはλだけが並ぶから，正則行列Pが存在して$P^{-1}AP=\lambda E$．ゆえに$A=P\lambda EP^{-1}=\lambda E$となり，対偶が示された．

7. （1） 固有値は4（重複度2），固有ベクトルとして$\begin{pmatrix}1\\-1\end{pmatrix}$がとれる．このベクトルにベクトル$\boldsymbol{w}$を加えて$\boldsymbol{R}^2$の基底になるようにする．$\boldsymbol{w}$として例えば$\begin{pmatrix}0\\1\end{pmatrix}$がとれる．よって$P=\begin{pmatrix}1&0\\-1&1\end{pmatrix}$とおくと$P^{-1}\begin{pmatrix}5&1\\-1&3\end{pmatrix}P=\begin{pmatrix}4&1\\0&4\end{pmatrix}$.

（2） 固有値は2（重複度3）．　$V(2)=\left\{c\begin{pmatrix}1\\0\\-1\end{pmatrix}\middle|\,c\in\boldsymbol{R}\right\}$

$\dim V(2)=1$である．固有ベクトル$\begin{pmatrix}1\\0\\-1\end{pmatrix}$に，例えば$\begin{pmatrix}0\\1\\0\end{pmatrix}$，$\begin{pmatrix}0\\0\\1\end{pmatrix}$を加えて$\boldsymbol{R}^3$の基底とする．これより$P=\begin{pmatrix}1&0&0\\0&1&0\\-1&0&1\end{pmatrix}$とおき，$P^{-1}AP=\begin{pmatrix}2&3&2\\0&4&1\\0&-4&0\end{pmatrix}$

次に，行列$\begin{pmatrix}4&1\\-4&0\end{pmatrix}$を三角化する．この行列の固有値は2（重複度2），固有ベクトルとして例えば$\begin{pmatrix}1\\-2\end{pmatrix}$がとれる．このベクトルに例えば$\begin{pmatrix}0\\1\end{pmatrix}$を合せて$\boldsymbol{R}^2$の基底とする．そして，これより$Q'=\begin{pmatrix}1&0\\-2&1\end{pmatrix}$とおき，$Q'^{-1}\begin{pmatrix}4&1\\-4&0\end{pmatrix}Q'=\begin{pmatrix}2&1\\0&2\end{pmatrix}$

$Q=\left(\begin{array}{c|cc}1&0&0\\\hline 0&\multicolumn{2}{c}{\multirow{2}{*}{Q'}}\\0&&\end{array}\right)$とおくと，$(PQ)^{-1}APQ=\begin{pmatrix}2&-1&2\\0&2&1\\0&0&2\end{pmatrix}$と，三角化される．

8. Aの固有値がすべて0とすると，Aの固有多項式はx^n．よってハミルトン-ケーリーの定理より$A^n=O$．逆に，$A^m=O$とすると，等式$A\boldsymbol{x}=\lambda\boldsymbol{x}$，$\boldsymbol{x}\neq\boldsymbol{0}$より，$\lambda^m=0$が導かれる．

9. $|A-tE|=|{}^t(A-tE)|=|{}^tA-tE|$

10.　行列 A を三角化する．$P^{-1}AP=\begin{pmatrix}\lambda_1 & & * \\ & \ddots & \\ O & & \lambda_n\end{pmatrix}$

そのとき，$P^{-1}A^mP=(P^{-1}AP)\cdots(P^{-1}AP)=\begin{pmatrix}\lambda_1{}^m & & * \\ & \ddots & \\ O & & \lambda_n{}^m\end{pmatrix}$

他方，$P^{-1}A^mP=P^{-1}EP=E$ であるから，$\lambda_i{}^m=1$ がすべての i に対して成り立つ．

11.　$P^{-1}AP=\begin{pmatrix}\lambda_1 & & O \\ & \ddots & \\ O & & \lambda_n\end{pmatrix}$ とする．他方 8. より $\lambda_1=\cdots=\lambda_n=0$ であるから，$P^{-1}AP$ は零行列．したがって A は零行列である．

12.　$A\boldsymbol{x}=\lambda\boldsymbol{x}$ の両辺に左から A をかけて $A^2=A$ に注意すると $\lambda\boldsymbol{x}=\lambda^2\boldsymbol{x}$．$\boldsymbol{x}\neq\boldsymbol{0}$ より $\lambda^2=\lambda$．

13.　A の固有多項式を $\varphi(t)$ とすると，ハミルトン-ケーリーの定理から

$$\varphi(A)=(-1)^nA^n+\cdots+|A|E=0$$

この式より
$$E=\frac{1}{|A|}((-1)^{n-1}A^n+\cdots+c_1A)$$

この式の両辺に A^{-1} をかけて，次の A の多項式を得る．

$$A^{-1}=\frac{1}{|A|}((-1)^{n-1}A^{n-1}+\cdots+c_1E)$$

14.　A の固有値を $\lambda_1,\cdots,\lambda_n$ とすると，

$$\varphi(t)=|A-tE|=(-1)^n(t-\lambda_1)\cdots(t-\lambda_n)$$

であるから，
$$|E-A|=(-1)^n\varphi(1)=(1-\lambda_1)\cdots(1-\lambda_n)>0$$

15.　固有値 1, 2, 3 で，これらに属する固有ベクトルからなる行列

$P=\begin{pmatrix}1 & 3 & 1 \\ 0 & 1 & 0 \\ 0 & 1 & 2\end{pmatrix}$ を考えると，P は正則であって対角化 $P^{-1}AP=\begin{pmatrix}1 & 0 & 0 \\ 0 & 2 & 0 \\ 0 & 0 & 3\end{pmatrix}$ が得られる．

$A^n=P(P^{-1}AP)^nP^{-1}$ であるから，

$$A^n=P\begin{pmatrix}1 & 0 & 0 \\ 0 & 2 & 0 \\ 0 & 0 & 3\end{pmatrix}^nP^{-1}=P\begin{pmatrix}1 & 0 & 0 \\ 0 & 2^n & 0 \\ 0 & 0 & 3^n\end{pmatrix}P^{-1}$$
$$=\frac{1}{2}\begin{pmatrix}2 & -5+3\cdot 2^{n+1}-3^n & -1+3^n \\ 0 & 2^{n+1} & 0 \\ 0 & 2^{n+1}-2\cdot 3^n & 2\cdot 3^n\end{pmatrix}$$

16.　(1)　t^n の項が出るのは対角線の成分をかけたところからだけであるから $(-t)^n=(-1)^nt^n$ となる．t^{n-1} の項が出るのは対角成分のうち $n-1$ 個の $-t$ ともう 1 つの定数との積であるが，このもう 1 つの定数も行列式の定義から残りの対角成分からし

かとれない．それらはちょうど n 個あってその和は $\mathrm{tr}\,A$ に他ならない．また定数項は $\varphi(0)$ であるから $|A|$ に一致する．

（2） 定理9.2.6より A の固有多項式と $P^{-1}AP$ のそれとは一致するから，(1) より (2) は従う．

17. （1） A の固有多項式 $\varphi(t)$ は $\varphi(t)=(\lambda_1-t)(\lambda_2-t)\cdots(\lambda_n-t)$ であるから 16.の (1) の式と比較して得られる．

（2） 16.の (2) より相似な行列のトレースは一致する．A の三角化の対角成分は $\lambda_1,\cdots,\lambda_n$ であり，その三角行列の m 乗の対角成分は $\lambda_1{}^m,\cdots,\lambda_n{}^m$ となるから．

18. A の固有多項式 $\varphi(t)$ は $\varphi(t)=-t^3+t^2+t-1$ であるから，ハミルトン-ケーリーの定理から $A^3-A^2-A+E=O$．これより $A(A^2-E)=A^2-E$ となるから，$A^{n-2}(A^2-E)=A^2-E$，すなわち等式 $A^n=A^{n-2}+A^2-E$ を得る．この式を帰納的に用いて

$$A^{100}=E+50(A^2-E)=\begin{pmatrix}1&0&0\\200&1&0\\0&0&1\end{pmatrix}$$

19. （1） $|A-tE|=(t-1)(t-(p+q-1))$ より，固有値1，$p+q-1$ をもつ．

（2） $P=\begin{pmatrix}1-q&1\\1-p&-1\end{pmatrix}$ とおくとき，$P^{-1}AP=\begin{pmatrix}1&0\\0&p+q-1\end{pmatrix}$

（3） $A^n=P(P^{-1}AP)^nP^{-1}=P\begin{pmatrix}1&0\\0&(p+q-1)^n\end{pmatrix}P^{-1}$

（4） $\displaystyle\lim_{n\to\infty}A^n=P\begin{pmatrix}1&0\\0&0\end{pmatrix}P^{-1}=\frac{1}{2-p-q}\begin{pmatrix}1-q&1-q\\1-p&1-p\end{pmatrix}$

20. A を三角化する．$P^{-1}AP=\begin{pmatrix}\lambda_1&&*\\&\ddots&\\O&&\lambda_n\end{pmatrix}$

任意の多項式 $f(x)$ に対して $P^{-1}f(A)P=f(P^{-1}AP)$ が成り立つことと，三角行列のべき乗は

$$\begin{pmatrix}\lambda_1&&*\\&\ddots&\\O&&\lambda_n\end{pmatrix}^k=\begin{pmatrix}\lambda_1{}^k&&*\\&\ddots&\\O&&\lambda_n{}^k\end{pmatrix}$$

の形になることから容易に導かれる．

10章

10.1.1 $\boldsymbol{e}_3,\boldsymbol{e}_1,\boldsymbol{e}_2$　**10.2.1，10.2.2，10.5.1** 略

10.8.1 ${}^tPP=E$ の両辺の行列式をとることにより $|{}^tP||P|=|E|=1$．他方 $|{}^tP|=|P|$ であるから $|P|^2=1$．ゆえに $|P|=\pm1$．

10.8.2 （1） $\cos^2\theta+\sin^2\theta=1$ よりしたがう．

（2） 定義より容易に確かめられる．

10.9.1 $(\boldsymbol{a}, \boldsymbol{b}+\boldsymbol{c}) = \overline{(\boldsymbol{b}+\boldsymbol{c}, \boldsymbol{a})} = \overline{(\boldsymbol{b}, \boldsymbol{a})+(\boldsymbol{c}, \boldsymbol{a})}$

$$= \overline{(\boldsymbol{b}, \boldsymbol{a})}+\overline{(\boldsymbol{c}, \boldsymbol{a})} = (\boldsymbol{a}, \boldsymbol{b})+(\boldsymbol{a}, \boldsymbol{c})$$

$$(\boldsymbol{a}, k\boldsymbol{b}) = \overline{(k\boldsymbol{b}, \boldsymbol{a})} = \overline{k(\boldsymbol{b}, \boldsymbol{a})} = \overline{k}\,\overline{(\boldsymbol{b}, \boldsymbol{a})} = \overline{k}(\boldsymbol{a}, \boldsymbol{b})$$

10.10.1 $(AB)^* = {}^t\overline{(AB)} = {}^t(\overline{A}\,\overline{B}) = {}^t\overline{B}\,{}^t\overline{A} = B^*A^*$

10.10.2 ${}^t\overline{A}\cdot A = E$ の両辺の行列式をとることによって $|{}^t\overline{A}|\,|A| = |E| = 1$. 他方，$|{}^t\overline{A}| = |\overline{A}| = \overline{|A|}$ であるから，$|A|\overline{|A|} = 1$. よって $|A|$ は絶対値が 1 の複素数である.

10.10.3 （1） $\begin{pmatrix} \bar{\alpha} & -\beta \\ \bar{\beta} & \alpha \end{pmatrix}\begin{pmatrix} \alpha & \beta \\ -\bar{\beta} & \bar{\alpha} \end{pmatrix} = \begin{pmatrix} |\alpha|^2+|\beta|^2 & 0 \\ 0 & |\alpha|^2+|\beta|^2 \end{pmatrix} = E$

（2） $\begin{pmatrix} \cos\theta-i\sin\theta & 0 \\ 0 & \cos\tau-i\sin\tau \end{pmatrix}\begin{pmatrix} \cos\theta+i\sin\theta & 0 \\ 0 & \cos\tau+i\sin\tau \end{pmatrix}$

$$= \begin{pmatrix} \cos^2\theta+\sin^2\theta & 0 \\ 0 & \cos^2\tau+\sin^2\tau \end{pmatrix} = E$$

問題

1. （1） $\dfrac{1}{\sqrt{2}}\begin{pmatrix} 1 \\ 0 \\ 1 \end{pmatrix}, \begin{pmatrix} 0 \\ 1 \\ 0 \end{pmatrix}, \dfrac{1}{\sqrt{2}}\begin{pmatrix} 1 \\ 0 \\ -1 \end{pmatrix}$

（2） $\dfrac{1}{2}\begin{pmatrix} 1 \\ 1 \\ 1 \\ 1 \end{pmatrix}, \dfrac{1}{2}\begin{pmatrix} 1 \\ 1 \\ -1 \\ -1 \end{pmatrix}, \dfrac{1}{2}\begin{pmatrix} 1 \\ -1 \\ -1 \\ 1 \end{pmatrix}, \dfrac{1}{2}\begin{pmatrix} 1 \\ -1 \\ 1 \\ -1 \end{pmatrix}$

2. （1） 被積分関数 $f(x)g(x)$ と $g(x)f(x)$ で等しいから.

（2），（3） 積分の線形性より成り立つ.

（4） $(f, f) = \displaystyle\int_a^b f(x)^2 dx \geqq 0$ であり，$f(x) \neq 0$ とすると $f(x)^2 \geqq 0$ かつある $x_0 \in [a, b]$ で $f(x_0)^2 > 0$ となり，f は連続だから，$(f, f) > 0$ が成り立つ.

3. （1） $\sqrt{2}/2$, $(\sqrt{6}/2)x$, $(\sqrt{10}/4)(3x^2-1)$

（2） $\sqrt{2}/2$, $(\sqrt{6}/2)x$, $(\sqrt{10}/4)(3x^2-1)$

（3） $(\sqrt{6}/4)(1+x)$, $(\sqrt{10}/4)(-1+x+2x^2)$, $(\sqrt{2}/4)(-1-2x+5x^2)$

4. $A = \begin{pmatrix} a & b \\ c & d \end{pmatrix}$ とおくとき，等式 ${}^tAA = E$ は $a^2+c^2 = 1$, $b^2+d^2 = 1$, $ab+cd = 0$ と同値になる．第 1 式より，$a = \cos\theta$, $c = \sin\theta$ となる θ が存在する．また第 2 式より $b = \sin\tau$, $d = \cos\tau$ となる τ が存在する．これらを第 3 式に代入すると，$\cos\theta\sin\tau+\sin\theta\cos\tau = 0$ となるが，これは加法定理より $\sin(\theta+\tau) = 0$. したがって $\theta+\tau = n\pi$（n は整数）である．これより $\tau = -\theta+n\pi$. したがって対 $(\sin\tau, \cos\tau)$ は n が偶数のときは対 $(-\sin\theta, \cos\theta)$ に等しく，n が奇数のときに対 $(\sin\theta, -\cos\theta)$ に等しい．よって定理の主張が成り立つ.

5.　与えられた行列を A とし，${}^tAA$ を計算する．一般に成り立つ関係式 $\cos^2\alpha+\sin^2\alpha=1$，$\cos^2\beta+\sin^2\beta=1$ を用いて簡単にすることによって ${}^tAA$ は単位行列に等しいことが示される．

6.　$a=\pm 1/\sqrt{3}$，$b=\pm 1/\sqrt{2}$，$c=\pm 1/\sqrt{6}$，$d=-2c$．ただし a, b, c の符号は任意でよい．

7.　$\dfrac{1}{\sqrt{2}}\begin{pmatrix}1\\0\\i\end{pmatrix}$，$\dfrac{1}{2\sqrt{2}}\begin{pmatrix}1+i\\-2\\1-i\end{pmatrix}$，$\dfrac{1}{2\sqrt{5}}\begin{pmatrix}-1+2i\\1+3i\\2+\ i\end{pmatrix}$

8.　$(a, b, c)=\pm 1/\sqrt{21}(2+2i, 3, -2)$

9.　$A{}^tB$ は正方行列であり，${}^t(A{}^tB)=B{}^tA$ であるから，$A{}^tB$ と $B{}^tA$ の対角成分は一致し，したがって，

$$(A, B)=\mathrm{tr}(A{}^tB)=\mathrm{tr}(B{}^tA)=(B, A)$$
$$\begin{aligned}(A, B+C)&=\mathrm{tr}(A{}^t(B+C))=\mathrm{tr}(A{}^tB+A{}^tC)\\&=\mathrm{tr}(A{}^tB)+\mathrm{tr}\,A{}^tC=(A, B)+(A, C)\end{aligned}$$
$$(kA, B)=\mathrm{tr}(kA){}^tB=\mathrm{tr}\,k(A{}^tB)=k\,\mathrm{tr}(A{}^tB)=k(A, B)$$

行列 A の第 i 行を $\boldsymbol{a}_i$ とすると

$$(A, A)=\mathrm{tr}(A{}^tA)=(\boldsymbol{a}_1, \boldsymbol{a}_1)+\cdots+(\boldsymbol{a}_m, \boldsymbol{a}_m)\geqq 0$$

$A\neq O$ とするとある i で $\boldsymbol{a}_i\neq\boldsymbol{0}$．よって $(\boldsymbol{a}_i, \boldsymbol{a}_i)>0$ となり，$(A, A)>0$ となる．

10.　(1)　任意の $\boldsymbol{x}\in(W_1+W_2)^{\perp}$ をとる．任意の $\boldsymbol{w}_1\in W_1$，$\boldsymbol{w}_2\in W_2$ に対して，$\boldsymbol{x}\perp\boldsymbol{w}_1$．$\boldsymbol{x}\perp\boldsymbol{w}_2$ であるから，$\boldsymbol{x}\in W_1^{\perp}\cap W_2^{\perp}$．したがって $(W_1+W_2)^{\perp}\subset W_1^{\perp}\cap W_2^{\perp}$．逆に，任意の $\boldsymbol{x}\in W_1^{\perp}\cap W_2^{\perp}$ をとる．任意の $\boldsymbol{w}_1\in W_1$，$\boldsymbol{w}_2\in W_2$ に対して，$\boldsymbol{x}\perp\boldsymbol{w}_1$，$\boldsymbol{x}\perp\boldsymbol{w}_2$ であるから，$\boldsymbol{x}\perp(\boldsymbol{w}_1+\boldsymbol{w}_2)$．ゆえに $(W_1+W_2)^{\perp}\supset W_1^{\perp}\cap W_2^{\perp}$．

(2)　W_1，W_2 のかわりに $W_1^{\perp}$，$W_2^{\perp}$ をとると (1) の関係式は $(W_1^{\perp}+W_2^{\perp})^{\perp}=(W_1^{\perp})^{\perp}\cap(W_2^{\perp})^{\perp}=W_1\cap W_2$ となる．この式の両辺の直交補空間を考えればよい．

11.　(1)　定義からただちに得られる．

(2)　$\Rightarrow$　グラム行列 $G(\boldsymbol{a}_1, \cdots, \boldsymbol{a}_r)$ の列ベクトルが1次独立であることを示す．そこで，$\displaystyle\sum_{j=1}^{r}c_j\begin{pmatrix}(\boldsymbol{a}_1, \boldsymbol{a}_j)\\\vdots\\(\boldsymbol{a}_r, \boldsymbol{a}_j)\end{pmatrix}=\boldsymbol{0}$，すなわち $\displaystyle(\boldsymbol{a}_i, \sum_{j=1}^{r}c_j\boldsymbol{a}_j)=0$ が任意の i に対して成り立つとする．この式より $\displaystyle(\sum_{j=1}^{r}c_j\boldsymbol{a}_j, \sum_{j=1}^{r}c_j\boldsymbol{a}_j)=0$ が導かれ，$\displaystyle\sum_{j=1}^{r}c_j\boldsymbol{a}_j=\boldsymbol{0}$ となる．したがって $c_j=0$（任意の i）であるからグラム行列の列ベクトルは1次独立である．

$\Leftarrow$　$\sum c_j\boldsymbol{a}_j=\boldsymbol{0}$ とすると $\displaystyle(\boldsymbol{a}_i, \sum_{j=1}^{r}c_j\boldsymbol{a}_j)=0$ が任意の i に対して成り立つから，

$$G(\boldsymbol{a}_1, \cdots, \boldsymbol{a}_r)\begin{pmatrix}c_1\\\vdots\\c_r\end{pmatrix}=\boldsymbol{0}$$

仮定よりグラム行列 $G(\boldsymbol{a}_1, \cdots, \boldsymbol{a}_r)$ は正則で，$c_j = 0$ が任意の j に対して成り立つ．

12.　11.よりグラム行列 $G(\boldsymbol{a}_1, \cdots, \boldsymbol{a}_n)$ は正則であるから，行列 $B = (b_{jk})$ が存在して $G(\boldsymbol{a}_1, \cdots, \boldsymbol{a}_n)B = E$ となる．これより $(\boldsymbol{a}_i, \sum_{j=1}^{n} b_{jk}\boldsymbol{a}_j) = \delta_{ik}$ となるから，$\boldsymbol{b}_k = \sum_{j=1}^{n} b_{jk}\boldsymbol{a}_j$ とおけばよい．次に一意性を示す．$\boldsymbol{b}_k'$ が同様の式をみたすとすると，$(\boldsymbol{a}_i, \boldsymbol{b}_k - \boldsymbol{b}_k') = 0$ が任意の i に対して成り立つ．$\boldsymbol{a}_1, \cdots, \boldsymbol{a}_n$ は基底であるから $\boldsymbol{b}_k - \boldsymbol{b}_k' = \sum c_j\boldsymbol{a}_j$ と書かれ，$(\sum c_j\boldsymbol{a}_j, \sum c_j\boldsymbol{a}_j) = 0$ が導かれるから，$\sum c_j\boldsymbol{a}_j = \boldsymbol{0}$．したがって $c_j = 0$ が任意の j に対して成り立ち $\boldsymbol{b}_k = \boldsymbol{b}_k'$ が成り立つ．最後に $\boldsymbol{b}_1, \cdots, \boldsymbol{b}_n$ が U の基底となることを示す．$\sum c_j\boldsymbol{b}_j = \boldsymbol{0}$ とする．$c_i = (\boldsymbol{a}_i, \sum c_j\boldsymbol{b}_j) = (\boldsymbol{a}_i, \boldsymbol{0}) = 0$ より，$\boldsymbol{b}_1, \cdots, \boldsymbol{b}_n$ は 1 次独立．V は n 次元であるからこれは V の基底である．

13.　固有値は 1（重複），2

$$P = \begin{pmatrix} 0 & 1/\sqrt{3} & \sqrt{2}/\sqrt{3} \\ 1/\sqrt{2} & -1/\sqrt{3} & 1/\sqrt{6} \\ -1/\sqrt{2} & -1/\sqrt{3} & 1/\sqrt{6} \end{pmatrix}$$

とおくと P は直交行列であって

$$P^{-1}AP = \begin{pmatrix} 1 & 2\sqrt{2}/\sqrt{3} & 5/\sqrt{3} \\ 0 & 1 & \sqrt{2} \\ 0 & 0 & 2 \end{pmatrix}$$

14.　ユニタリ行列 U は定義より $U^*U = E$．両辺の行列式をとると，$|U^*||U| = |E| = 1$．$|U^*| = |{}^t\bar{U}| = |\bar{U}| = \overline{|U|}$ であるから，$\overline{|U|}\,|U| = 1$.

11 章

11.1.1　$(A\boldsymbol{x}, \boldsymbol{x}) = (\lambda\boldsymbol{x}, \boldsymbol{x}) = \lambda(\boldsymbol{x}, \boldsymbol{x})$．他方，$A^* = -A$ であるから，

$$(A\boldsymbol{x}, \boldsymbol{x}) = (\boldsymbol{x}, A^*\boldsymbol{x}) = (\boldsymbol{x}, -A\boldsymbol{x}) = (\boldsymbol{x}, -\lambda\boldsymbol{x}) = -\bar{\lambda}(\boldsymbol{x}, \boldsymbol{x})$$

よって $\lambda = -\bar{\lambda}$ であるから，λ は純虚数である．

11.1.2　（1）

$$P = \begin{pmatrix} 1/\sqrt{3} & 1/\sqrt{2} & 1/\sqrt{6} \\ 1/\sqrt{3} & -1/\sqrt{2} & 1/\sqrt{6} \\ -1/\sqrt{3} & 0 & 2/\sqrt{6} \end{pmatrix} \text{によって } P^{-1}AP = \begin{pmatrix} 2 & 0 & 0 \\ 0 & 1 & 0 \\ 0 & 0 & -1 \end{pmatrix}$$

（2）

$$P = \begin{pmatrix} 0 & 1/\sqrt{4-2\sqrt{2}} & 1/\sqrt{4+2\sqrt{2}} \\ 1 & 0 & 0 \\ 0 & (\sqrt{2}-1)/\sqrt{4-2\sqrt{2}} & (-\sqrt{2}-1)/\sqrt{4+2\sqrt{2}} \end{pmatrix} \text{によって}$$

$$P^{-1}AP = \begin{pmatrix} 1 & 0 & 0 \\ 0 & \sqrt{2} & 0 \\ 0 & 0 & -\sqrt{2} \end{pmatrix}$$

（3）　$P=\begin{pmatrix} 1/\sqrt{3} & 1/\sqrt{2} & -1/\sqrt{6} \\ -1/\sqrt{3} & 1/\sqrt{2} & 1/\sqrt{6} \\ 1/\sqrt{3} & 0 & 2/\sqrt{6} \end{pmatrix}$ によって $P^{-1}AP=\begin{pmatrix} 5 & 0 & 0 \\ 0 & -1 & 0 \\ 0 & 0 & -1 \end{pmatrix}$

11.1.3　省略

11.1.4　（1）

$$U=\begin{pmatrix} 1 & 0 & 0 \\ 0 & (-1-i)/\sqrt{3} & (1+i)/\sqrt{6} \\ 0 & 1/\sqrt{3} & 2/\sqrt{6} \end{pmatrix} \text{によって } U^{-1}AU=\begin{pmatrix} 1 & 0 & 0 \\ 0 & -1 & 0 \\ 0 & 0 & 2 \end{pmatrix}$$

（2）

$$U=\begin{pmatrix} i/\sqrt{2} & -i/2 & 1/2 \\ 1/\sqrt{2} & 1/2 & i/2 \\ 0 & -\sqrt{2}\,i/2 & -\sqrt{2}/2 \end{pmatrix} \text{によって } U^{-1}AU=\begin{pmatrix} 0 & 0 & 0 \\ 0 & \sqrt{2} & 0 \\ 0 & 0 & -\sqrt{2} \end{pmatrix}$$

11.2.1　（1）　正規行列でない　　（2）　正規行列　　（3）　正規行列

11.2.2　（1）　$U=\begin{pmatrix} i/\sqrt{2} & -i/\sqrt{2} \\ 1/\sqrt{2} & 1/\sqrt{2} \end{pmatrix}$ によって $U^{-1}AU=\begin{pmatrix} i & 0 \\ 0 & -i \end{pmatrix}$

（2）　$U=\begin{pmatrix} i/\sqrt{2} & 1/\sqrt{2} \\ 1/\sqrt{2} & i/\sqrt{2} \end{pmatrix}$ によって $U^{-1}AU=\begin{pmatrix} a+bi & 0 \\ 0 & a-bi \end{pmatrix}$

11.3.1　解は 1 通りではない．以下は解の一例である．

（1）　$3{y_1}^2-{y_2}^2$　　（2）　${y_1}^2-{y_2}^2-{y_3}^2$　　（3）　$3|y_1|^2-2|y_2|^2$

問題

1.　（1）　$P=\begin{pmatrix} 1/\sqrt{2} & 0 & 1/\sqrt{2} \\ 0 & 1 & 0 \\ -1/\sqrt{2} & 0 & 1/\sqrt{2} \end{pmatrix}$ によって $P^{-1}AP=\begin{pmatrix} 1 & 0 & 0 \\ 0 & 1 & 0 \\ 0 & 0 & -1 \end{pmatrix}$

（2）　$P=\begin{pmatrix} 0 & 2/\sqrt{14} & 5/\sqrt{35} \\ 1/\sqrt{10} & -3/\sqrt{14} & 3/\sqrt{35} \\ -3/\sqrt{10} & -1/\sqrt{14} & 1/\sqrt{35} \end{pmatrix}$ によって $P^{-1}AP=\begin{pmatrix} -1 & 0 & 0 \\ 0 & -3 & 0 \\ 0 & 0 & 4 \end{pmatrix}$

2.　（1）　$U=\begin{pmatrix} 1/\sqrt{3} & 1/\sqrt{2} & 1/\sqrt{6} \\ -i/\sqrt{3} & 0 & 2i/\sqrt{6} \\ -1/\sqrt{3} & 1/\sqrt{2} & -1/\sqrt{6} \end{pmatrix}$ によって $U^{-1}AU=\begin{pmatrix} -1 & 0 & 0 \\ 0 & 2 & 0 \\ 0 & 0 & 2 \end{pmatrix}$

（2）　$U=\begin{pmatrix} 1/\sqrt{2} & i/2 & -i/2 \\ i/\sqrt{2} & 1/2 & -1/2 \\ 0 & 1/\sqrt{2} & 1/\sqrt{2} \end{pmatrix}$ によって $U^{-1}AU=\begin{pmatrix} 0 & 0 & 0 \\ 0 & \sqrt{2} & 0 \\ 0 & 0 & -\sqrt{2} \end{pmatrix}$

3.　（1）　交代行列であるから正規行列．

$$U=\begin{pmatrix} -2/3 & 5/3\sqrt{10} & 5/3\sqrt{10} \\ 1/3 & (2-6i)/3\sqrt{10} & (2+6i)/3\sqrt{10} \\ -2/3 & -(4+3i)/3\sqrt{10} & -(4-3i)/3\sqrt{10} \end{pmatrix} \text{によって}$$

$$U^{-1}AU=\begin{pmatrix}0&0&0\\0&3i&0\\0&0&-3i\end{pmatrix}$$

（2）　交代行列であるから正規行列.

$$U=\begin{pmatrix}1&0&1&0\\0&1&0&1\\-i&0&i&0\\0&-i&0&i\end{pmatrix}\text{によって } U^{-1}AU=\begin{pmatrix}i&0&0&0\\0&i&0&0\\0&0&-i&0\\0&0&0&-i\end{pmatrix}$$

（3）　$AA^*=\begin{pmatrix}3&0\\0&3\end{pmatrix}=A^*A$ より A は正規行列.

$$U=\begin{pmatrix}(1+i)/2&(1+i)/2\\1/\sqrt{2}&-1/\sqrt{2}\end{pmatrix}\text{によって } U^{-1}AU=\begin{pmatrix}\sqrt{2}+i&0\\0&-\sqrt{2}+i\end{pmatrix}$$

4.　$(A+B)^*=A^*+B^*=A+B$, $(AB+BA)^*=(AB)^*+(BA)^*=B^*A^*+A^*B^*=BA+AB$, $(i(AB-BA))^*=(iAB)^*-(iBA)^*=-iB^*A^*+iA^*B^*=-iBA+iAB=i(AB-BA)$

5.　（1）　$9X^2-Y^2$　　（2）　$X^2+3Y^2-Z^2$　　（3）　$3X^2+3Y^2-6Z^2$

6.　$B=(A+A^*)/2$, $C=(A-A^*)/2i$ とおくと B, C はエルミット行列で $A=B+iC$ が成り立つ. また, エルミット行列 B', C' により $A=B'+iC'$ と書けたとすると, $A^*=B'^*-iC'^*=B'-iC'$ であるから, $B'=(A+A^*)/2$, $C'=(A-A^*)/2i$ となり一意性が成り立つ.

7.　U^*AU が対角行列となるユニタリ行列 U が存在する.

（1）　A の固有値がすべて絶対値 $1 \Longleftrightarrow (U^*AU)^*U^*AU=E \Longleftrightarrow U^*A^*UU^*AU=E \Longleftrightarrow U^*A^*AU=E \Longleftrightarrow A^*A=E \Longleftrightarrow A$ はユニタリ行列

（2）　A の固有値はすべて実数 $\Longleftrightarrow (U^*AU)^*=U^*AU \Longleftrightarrow U^*A^*U=U^*AU \Longleftrightarrow A^*=A \Longleftrightarrow A$ はエルミット行列

8.　A が正規行列であるとあるユニタリ行列 U によって U^*AU が対角行列になる. この対角行列を D とすると $AU=UD$ となるから, U の各列ベクトルが固有ベクトルであり, しかも U がユニタリ行列であるからこれらは正規直交基底である. 逆もそのままたどることができる.

9.　（1）　$\sqrt{5}\,x^2-2y=0$　　（2）　$y^2-2x=0$

10.　（1）　$2x^2+y^2-2z^2-8=0$　　（2）　$3x^2+y^2-2\sqrt{3}\,z=0$

（3）　$3x^2-3y^2-2z=0$

11.　直交行列 P が存在して $D=P^{-1}AP$ が対角行列になる. $A=PDP^{-1}$ であるから, 仮定より D は零行列 O ではない. したがって任意の自然数 m に対して $D^m\neq 0$. そして $D^m=P^{-1}A^mP$ であるから $A^m\neq O$.

12.　ユニタリ行列 U が存在して $U^{-1}AU$ が対角行列にできる. その対角成分を $\lambda_1, \cdots, \lambda_n$ とすると, これらは実数である. $\boldsymbol{x}=U\boldsymbol{y}$ とすると,

$$(\boldsymbol{x}, A\boldsymbol{x}) = (U\boldsymbol{y}, AU\boldsymbol{y}) = (\boldsymbol{y}, U^*AU\boldsymbol{y}) = \lambda_1|y_1|^2+\cdots+\lambda_n|y_n|^2$$

これより，$m\|\boldsymbol{y}\|^2 \leqq (\boldsymbol{x}, A\boldsymbol{x}) \leqq M\|\boldsymbol{y}\|^2$．ところが U はユニタリ行列であるから $\|\boldsymbol{x}\| = \|U\boldsymbol{y}\| = \|\boldsymbol{y}\|$ であり，定理の主張が成り立つ．

13. ユニタリ行列 U が存在して $U^{-1}AU = \begin{pmatrix} \lambda & & O \\ & \ddots & \\ O & & \lambda_n \end{pmatrix}$ (λ_i 実数) とできる．

そのとき

$$U^{-1}(E \pm iA)U = E \pm iU^{-1}AU = \begin{pmatrix} 1\pm i\lambda_1 & & O \\ & \ddots & \\ O & & 1\pm i\lambda_n \end{pmatrix}$$

であるから $E \pm iA$ は正則行列である．

14. (1) U^*AU：正規 $\Longleftrightarrow (U^*AU)(U^*AU)^* = (U^*AU)^*(U^*AU)$ $\Longleftrightarrow U^*AUU^*A^*U = U^*A^*UU^*AU \Longleftrightarrow U^*AA^*U = U^*A^*AU \Longleftrightarrow$ $AA^* = A^*A \Longleftrightarrow A$：正規

(2) U^*AU：エルミット $\Longleftrightarrow (U^*AU)^* = U^*AU \Longleftrightarrow U^*A^*U = U^*AU$ $\Longleftrightarrow A^* = A \Longleftrightarrow A$：エルミット

(3) ${}^tPAP$：対称 $\Longleftrightarrow {}^t({}^tPAP) = {}^tPAP \Longleftrightarrow {}^tP{}^tAP = {}^tPAP \Longleftrightarrow {}^tA = A$ $\Longleftrightarrow A$：対称

12章

12.5.1 (1) 固有値 -1 (重複度 3)．$\dim V(-1) = 1$，$\dim W(-1) = 3$

(2) 固有値 2 (重複度 2)，-1 (重複度 2)．$\dim V(2) = 2$，$\dim W(2) = 2$，$\dim V(-1) = 1$，$\dim W(-1) = 2$

12.10.1 (1) と (2) の同値性は定理 9.3.6 と定理 12.5.3 による．(1) と (3) の同値性は定理 12.10.1 による．

問題

1. (1) $\begin{pmatrix} 1 & 0 \\ 0 & -1 \end{pmatrix}$　(2) $\begin{pmatrix} 1 & 1 & 0 \\ 0 & 1 & 1 \\ 0 & 0 & 1 \end{pmatrix}$

2. 行列 A のジョルダンの標準形を

$$P^{-1}AP = \begin{pmatrix} J(\lambda_1, k_1) & & O \\ & \ddots & \\ O & & J(\lambda_p, k_p) \end{pmatrix}$$

とする．ここで

$$D' = \begin{pmatrix} \lambda_1 E_{k_1} & & O \\ & \ddots & \\ O & & \lambda_p E_{k_p} \end{pmatrix}, \quad N' = \begin{pmatrix} J(0, k_1) & & O \\ & \ddots & \\ O & & J(0, k_p) \end{pmatrix}$$

とおくと，

$$P^{-1}AP = D' + N'$$

そして $D = PD'P^{-1}$，$N = PN'P^{-1}$ とおくと $A = D+N$ で D は対角化可能な行列，N はべき零行列である．

3.　（1）　$|A-tE| = -(t-1)^2(t-3)$．固有値 1 について，$d_1 = n_1 = 3-\mathrm{rank}(A-E) = 1$，$n_2 = 3-\mathrm{rank}(A-E)^2 = 2$．ゆえに $d_2 = n_2 - n_1 = 1$．これより $b_2 = d_2 = 1$，$b_1 = d_1 - d_2 = 0$．よって $A-E$ を固有値 1 に属する一般固有空間に制限したべき零行列のジョルダン・ダイヤグラムは

である．固有値 3 については重複度 1 であるから対角化される．よってジョルダンの標準形は

$$\begin{pmatrix} 1 & 1 & 0 \\ 0 & 1 & 0 \\ 0 & 0 & 3 \end{pmatrix}$$

（2）　$\cos\theta = 1$ のとき E，$\cos\theta = -1$ のとき，その他のときは実数のカテゴリーで固有値をもたないのでジョルダンの標準形をもたない．複素数のカテゴリーでは固有値 $\cos\theta \pm \sqrt{-1}\sin\theta$ をもち相異なるので対角化される．

$$\begin{pmatrix} \cos\theta + \sqrt{-1}\sin\theta & 0 \\ 0 & \cos\theta - \sqrt{-1}\sin\theta \end{pmatrix}$$

（3）　$\begin{pmatrix} 1 & 1 & 0 \\ 0 & 1 & 0 \\ 0 & 0 & 1 \end{pmatrix}$　　（4）　$\begin{pmatrix} 0 & 1 & 0 \\ 0 & 0 & 0 \\ 0 & 0 & 0 \end{pmatrix}$

4.　固有多項式は $(x+1)^3(x-3)$．　$\begin{pmatrix} -1 & 1 & 0 & 0 \\ 0 & -1 & 0 & 0 \\ 0 & 0 & -1 & 0 \\ 0 & 0 & 0 & 3 \end{pmatrix}$

5.　a, b, c を相異なる数として

$$\begin{pmatrix} a & 0 & 0 \\ 0 & b & 0 \\ 0 & 0 & c \end{pmatrix}, \begin{pmatrix} a & 0 & 0 \\ 0 & a & 0 \\ 0 & 0 & b \end{pmatrix}, \begin{pmatrix} a & 1 & 0 \\ 0 & a & 0 \\ 0 & 0 & b \end{pmatrix}$$

$$\begin{pmatrix} a & 0 & 0 \\ 0 & a & 0 \\ 0 & 0 & a \end{pmatrix}, \begin{pmatrix} a & 1 & 0 \\ 0 & a & 0 \\ 0 & 0 & a \end{pmatrix}, \begin{pmatrix} a & 1 & 0 \\ 0 & a & 1 \\ 0 & 0 & a \end{pmatrix}$$

の 6 つのタイプ．

6. （1） $\begin{pmatrix} -2 & 1 \\ 0 & -2 \end{pmatrix}$, $\boldsymbol{R}^2$ が一般固有空間.

（2） $\begin{pmatrix} 1 & 1 & 0 \\ 0 & 1 & 1 \\ 0 & 0 & 1 \end{pmatrix}$, $\boldsymbol{R}^3$ が一般固有空間.

7. A のジョルダン標準形を

$$P^{-1}AP = \begin{pmatrix} J(\lambda_1, k_1) & & O \\ & \ddots & \\ O & & J(\lambda_p, k_p) \end{pmatrix}$$

とする．$A^2 = A$ より，$(P^{-1}AP)^2 = P^{-1}AP$ となるので，

$$J(\lambda_i, k_i)^2 = J(\lambda_i, k_i)$$

が成り立つ．$k_i = 2$ の場合は，

$$\begin{pmatrix} \lambda_i & 1 \\ 0 & \lambda_i \end{pmatrix}^2 = \begin{pmatrix} \lambda_i & 1 \\ 0 & \lambda_i \end{pmatrix}\begin{pmatrix} \lambda_i & 1 \\ 0 & \lambda_i \end{pmatrix} = \begin{pmatrix} {\lambda_i}^2 & 2\lambda_i \\ 0 & {\lambda_i}^2 \end{pmatrix}$$

だから，${\lambda_i}^2 = \lambda_i$, $2\lambda_i = 1$ となる．これは成り立たない．$k_i = 3$ なら

$$\begin{pmatrix} \lambda_i & 1 & 0 \\ 0 & \lambda_i & 1 \\ 0 & 0 & \lambda_i \end{pmatrix}\begin{pmatrix} \lambda_j & 1 & 0 \\ 0 & \lambda_1 & 1 \\ 0 & 0 & \lambda_i \end{pmatrix} = \begin{pmatrix} {\lambda_i}^2 & 2\lambda_i & 1 \\ 0 & {\lambda_i}^2 & 2\lambda_i \\ 0 & 0 & {\lambda_i}^2 \end{pmatrix}$$

より，やはり成り立たない．$k_i \geqq 4$ も同様に有り得ないから $k_i = 1$ に限る．このとき，${\lambda_i}^2 = \lambda_i$ が成り立つから，$\lambda_i = 0, 1$ である．結局 $P^{-1}AP$ は成分が 0 か 1 の対角行列となる．

索引

●さ行

●た行

●な行

●は行

●ま行

●や行

●ら行

●わ行

●**著者**——川久保 勝夫　（かわくぼ・かつお）

1942年　長野県生まれ

1968年　東京大学大学院理学系研究科修士課程修了

元大阪大学大学院理学研究科教授・理学博士

1999年　歿

著　書　The Theory of Transformation Groups（Oxford University Press）

変換群論（岩波書店）

はじめよう微積分（遊星社）

入門ビジュアルサイエンス・数学のしくみ（日本実業出版社）

トポロジーの発想（講談社ブルーバックス），など

線形代数学［新装版］

1999年 3 月 31 日　第 1 版第 1 刷発行
2010年 9 月 1 日　新装版第 1 刷発行
2025年 4 月 20 日　新装版第 16 刷発行

著　者／川久保勝夫

発行所／株式会社　日本評論社

〒170-8474 東京都豊島区南大塚 3-12-4

電話 03-3987-8621（販売）　-8599（編集）

振替 00100-3-16

印　刷／中央印刷株式会社

製　本／株式会社難波製本

装　幀／海保　透

ISBN978-4-535-78654-7

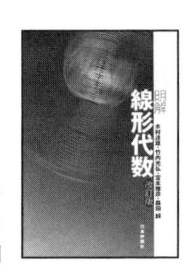